俄罗斯数学教材选译

“十一五”国家重点图书

● 数学天元基金资助项目

线性空间引论

(第二版)

□ Г.Е.希洛夫 著

□ 王梓坤 吴大任 陈 鹀 周学光 金子瑜 高鸿勋 曾鼎稣 董克诚 译

XIANXING KONGJIAN YINLUN

高等教育出版社·北京

内容简介

本书是一部经典的线性代数教科书，其内容根据作者在莫斯科大学和基辅大学的授课材料整理修订而成，曾被用作苏联高等院校的教材。全书内容包括：行列式、线性空间、线性方程组、以向量为自变量的线性函数、坐标变换、双线性型与二次型、欧几里得空间、正交化与体积的测度、不变子空间与特征向量、欧氏空间里的二次型、二次曲面和无穷维欧氏空间的几何学。

本书的特点是：一、配有大量的例题和习题；二、把线性代数和解析几何巧妙融合在一起，在文中自然运用几何的术语和概念对代数的对象进行解释和描述；三、从有限维空间（线性代数）巧妙地过渡到无穷维空间（泛函分析），为读者学习泛函分析打下基础。

本书可供各级各类高等学校的理工科各专业作为教学参考书。

图书在版编目（CIP）数据

线性空间引论 ： 第二版 /（俄罗斯）希洛夫著 ； 王梓坤等译．—2版．—北京：高等教育出版社，2013.7（2020.12重印）

ISBN 978-7-04-037341-7

Ⅰ．①线… Ⅱ．①希… ②王… Ⅲ．①线性空间－研究生－教材 Ⅳ．①O177.3

中国版本图书馆CIP数据核字（2013）第096978号

策划编辑 赵天夫　　责任编辑 赵天夫　　封面设计 赵　阳　　版式设计 范晓红
责任校对 孟　玲　　责任印制 韩　刚

出版发行	高等教育出版社	网　　址	http://www.hep.edu.cn
社　　址	北京市西城区德外大街4号		http://www.hep.com.cn
邮政编码	100120	网上订购	http://www.landraco.com
印　　刷	涿州市星河印刷有限公司		http://www.landraco.com.cn
开　　本	787mm×1092mm　1/16		
印　　张	16.25	版　　次	1957年10月第1版
字　　数	320千字		2013年7月第2版
购书热线	010-58581118	印　　次	2020年12月第2次印刷
咨询电话	400-810-0598	定　　价	49.00元

本书如有缺页、倒页、脱页等质量问题，请到所购图书销售部门联系调换

物 料 号　37341-00

《俄罗斯数学教材选译》序

从上世纪 50 年代初起, 在当时全面学习苏联的大背景下, 国内的高等学校大量采用了翻译过来的苏联数学教材. 这些教材体系严密, 论证严谨, 有效地帮助了青年学子打好扎实的数学基础, 培养了一大批优秀的数学人才. 到了 60 年代, 国内开始编纂出版的大学数学教材逐步代替了原先采用的苏联教材, 但还在很大程度上保留着苏联教材的影响, 同时, 一些苏联教材仍被广大教师和学生作为主要参考书或课外读物继续发挥着作用. 客观地说, 从解放初一直到文化大革命前夕, 苏联数学教材在培养我国高级专门人才中发挥了重要的作用, 起了不可忽略的影响, 是功不可没的.

改革开放以来, 通过接触并引进在体系及风格上各有特色的欧美数学教材, 大家眼界为之一新, 并得到了很大的启发和教益. 但在很长一段时间中, 尽管苏联的数学教学也在进行积极的探索与改革, 引进却基本中断, 更没有及时地进行跟踪, 能看懂俄文数学教材原著的人也越来越少, 事实上已造成了很大的隔膜, 不能不说是一个很大的缺憾.

事情终于出现了一个转折的契机. 今年初, 在由中国数学会、中国工业与应用数学学会及国家自然科学基金委员会数学天元基金联合组织的迎春茶话会上, 有数学家提出, 莫斯科大学为庆祝成立 250 周年计划推出一批优秀教材, 建议将其中的一些数学教材组织翻译出版. 这一建议在会上得到广泛支持, 并得到高等教育出版社的高度重视. 会后高等教育出版社和数学天元基金一起邀请熟悉俄罗斯数学教材情况的专家座谈讨论, 大家一致认为: 在当前着力引进俄罗斯的数学教材, 有助于扩大视野, 开拓思路, 对提高数学教学质量、促进数学教材改革均十分必要.《俄罗斯数学教材选译》系列正是在这样的情况下, 经数学天元基金资助, 由高等教育出版社组织出版的.

经过认真选题并精心翻译校订, 本系列中所列入的教材, 以莫斯科大学的教材为主, 也包括俄罗斯其他一些著名大学的教材. 有大学基础课程的教材, 也有适合大学高年级学生及研究生使用的教学用书. 有些教材虽曾翻译出版, 但经多次修订重版,面目已有较大变化, 至今仍广泛采用、深受欢迎, 反射出俄罗斯在出版经典教材方面所作的不懈努力, 对我们也是一个有益的借鉴. 这一教材系列的出版, 将中俄数学教学之间中断多年的链条重新连接起来, 对推动我国数学课程设置和教学内容的改革, 对提高数学素养、培养更多优秀的数学人才, 可望发挥积极的作用, 并起着深远的影响, 无疑值得庆贺, 特为之序.

李大潜

2005 年 10 月

第 2 版序言

本书是根据著者近年在以罗蒙诺索夫命名的国立莫斯科大学和以舍夫琴科命名的国立基辅大学里所进行的课堂讲授和讨论班的材料, 加以修订而成的。

这本书的内容包括线性代数的必读部分和它在分析上若干应用的阐述, 以及一系列的和它们接近的问题 (用小号字排印的), 这些问题, 可以用于专题讨论和家庭作业。

与这本书的基本内容相配合的, 还有一系列的习题。在很大程度上, 这些习题可以训练专门技巧; 它们一般是说明和推广课本中的主要材料, 也可以用于专题讨论。部分习题采自各种的习题集, 其中我们必须提到 Д. К. 法捷耶夫与 И. С. 索明斯基的《高等代数习题集》和 Н. М. 京特与 Р. О. 库兹明的《高等数学习题集》。

在第 2 版里, 有些地方的内容作了重新安排, 也有一点点补充 (关于不相容组和最小二乘方法以及一系列的新习题)。关于无穷维空间的叙述, 省略了很多: 在第 1 版的第十二、十三、十四三章中, 现在只留下第十二章, 这里面是一些关于无穷维欧氏空间的几何性质的问题 (傅里叶级数积分方程的几何解释)。第 1 版里原有的关于度量空间和有模空间的部分, 现在删掉了, 因为它们脱离了本书的主要方向; 这个问题在现在的教材里 (特别是在 А. Н. 柯尔莫戈洛夫与 С. В. 佛明的《函数论与泛函分析初步》[①]一书里) 已经有相当多的完备的叙述。

作者对于第 1 版的编辑 Н. В. 叶菲莫夫以及 Д. А. 赖科夫表示诚恳的感谢, 前者对本书的改进给了很多的帮助, 后者读完了本书的初稿并且提供了一系列的宝贵的意见。

Г. 希洛夫

[①] 中译本: А. Н. 柯尔莫戈洛夫, С. В. 佛明. 函数论与泛函分析初步. 第 7 版. 北京: 高等教育出版社, 2006 —— 译者.

目 录

第一章

行列式

§1. 线性方程组

我们在这一章和下两章里研究线性方程组.

一般线性方程组的形状为:

$$\left.\begin{array}{l} a_{11}x_1 + a_{12}x_2 + \cdots + a_{1n}x_n = b_1, \\ a_{21}x_1 + a_{22}x_2 + \cdots + a_{2n}x_n = b_2, \\ \cdots\cdots\cdots\cdots\cdots\cdots\cdots\cdots\cdots \\ a_{k1}x_1 + a_{k2}x_2 + \cdots + a_{kn}x_n = b_k. \end{array}\right\} \tag{1}$$

这里的 $x_1, x_2, \cdots, x_n$ 表示待定的未知数 (注意: 在此并未假定未知数的个数必须等于方程的个数). 我们把 $a_{11}, a_{12}, \cdots, a_{kn}$ 叫作方程组的系数. 各系数的第一下标表示它所在的方程的号码, 第二下标表示具有此系数的变量的号码①. 方程组 (1) 右端的量 $b_1, b_2, \cdots, b_k$ 叫作方程组的常数项, 它们和系数都假定为已知的.

若一组数 $c_1, c_2, \cdots, c_n$, 代替了方程组 (1) 中的 $x_1, x_2, \cdots, x_n$ 之后, 使这组的每一个方程都变成恒等式, 则这组数就叫作方程组的解②.

并不是具形状 (1) 的每一个线性方程组都有解. 例如方程组

$$\left.\begin{array}{l} 2x_1 + 3x_2 = 5, \\ 2x_1 + 3x_2 = 6 \end{array}\right\} \tag{2}$$

就没有解. 实际上, 将任何数 c_1, c_2 代替了未知数 x_1, x_2 之后, 都使 (2) 里两式的左端相同, 而右端却不相同. 因此, 这样代替之后, 方程组 (2) 的两个方程不能同时变

①因此, 例如 a_{34} 就应当读作 “a, 3, 4”(而不是 “a, 三十四”).

②应当着重指出: 这一组数 $c_1, c_2, \cdots, c_n$ 构成一组解 (而不是 n 个解).

成恒等式.

若具形状 (1) 的方程组有解 (只要有一组), 就称它为相容的; 若没有解, 就称它为不相容的.

相容的方程组可能有一组解, 也可能有多组解. 在后一情况下, 为了区别不同组的解, 我们在解的右上方的括弧中写出它们的号码; 例如第一组解 $c_1^{(1)}, c_2^{(1)}, \cdots, c_n^{(1)}$, 第二组解 $c_1^{(2)}, c_2^{(2)}, \cdots, c_n^{(2)}$ 等等. 在两组解 $c_1^{(1)}, c_2^{(1)}, \cdots, c_n^{(1)}$ 及 $c_1^{(2)}, c_2^{(2)}, \cdots, c_n^{(2)}$ 之中, 只要 $c_i^{(1)}$ 中至少有一个与对应的 $c_i^{(2)}$ $(i = 1, 2, \cdots, n)$ 不同, 就把这两组解看作是不同的. 例如方程组

$$\begin{aligned} 2x_1 + 3x_2 = 0, \\ 4x_1 + 6x_2 = 0 \end{aligned} \tag{3}$$

有不同的解 $c_1^{(1)} = c_2^{(1)} = 0, c_1^{(2)} = 3, c_2^{(2)} = -2$ (还有无穷多个其他的解). 如果相容的方程组有唯一的一组解, 就称它为确定的; 若至少有两组不同的解, 就称它为不定的.

现在我们可以概括出研究方程组 (1) 时会发生的一些基本问题:

I. 判别方程组 (1) 是相容的或不相容的.

II. 若方程组 (1) 是相容的, 则判别它是否确定的.

III. 若方程组 (1) 是相容的而且是确定的, 则求出它的唯一解.

IV. 若方程组 (1) 是相容的而且是不定的, 则写出它全部的解.

行列式的理论是研究线性方程组的基本数学工具; 我们现在就去叙述它.

§2. n 阶行列式

1. 取一个方 (矩) 阵, 即由 n^2 个数 a_{ij} $(i, j = 1, 2, \cdots, n)$ 所构成的一个表:

$$\begin{bmatrix} a_{11} & a_{12} & \cdots & a_{1n} \\ a_{21} & a_{22} & \cdots & a_{2n} \\ \vdots & \vdots & & \vdots \\ a_{n1} & a_{n2} & \cdots & a_{nn} \end{bmatrix} \tag{4}$$

表示矩阵 (4) 的行或列的个数的整数 n, 称为它的阶. 数 a_{ij} 称为方阵的元素, 元素 a_{ij} 中的第一个及第二个下标, 依次表示它所在的行及列的号码.

在矩阵 (4) 中, 取任意 n 个在不同的行又在不同的列的元素, 即: 在每一行每一列中取一个而且只取一个元素. 这些元素的乘积可以写成如下形状:

$$a_{\alpha_1 1} a_{\alpha_2 2} \cdots a_{\alpha_n n}. \tag{5}$$

实际上, 可以这样进行: 在矩阵 (4) 的第一列选取一个元素作为第一个因子; 若用 α_1 表示这个元素所在的行的号码, 则这个元素的下标是 α_1 及 1. 同样的, 由第二列选取一个元素作为第二个因子, 它的下标是 α_2 及 2, 其中 α_2 表示这个元素所在的行的号码. 其余类推. 于是, 在乘积 (5) 的因子中各元素的下标 $\alpha_1, \alpha_2, \cdots, \alpha_n$ 的次序对应于它们的列下标的递增的次序.

按照条件, 元素 $a_{\alpha_1 1}, a_{\alpha_2 2}, \cdots, a_{\alpha_n n}$ 在矩阵 (4) 的不同行中, 每行一个, 所以这些下标 $\alpha_1, \alpha_2, \cdots, \alpha_n$ 全不相同, 而它们是 $1, 2, \cdots, n$ 的一种排列.

在下标的排列是 $\alpha_1, \alpha_2, \cdots, \alpha_n$ 的序列里, 当一个大的下标在一个小的下标前边时, 我们就说有一个 "逆序", 全体 "逆序" 的个数, 我们用 $N(\alpha_1, \alpha_2, \cdots, \alpha_n)$ 表示.

例如在四个数字的排列 2, 1, 4, 3 里, 有两个逆序 (2 在 1 前, 4 在 3 前), 因此

$$N(2, 1, 4, 3) = 2.$$

在排列 4, 3, 1, 2 里, 有五个逆序 (4 在 3 前, 4 在 1 前, 4 在 2 前, 3 在 1 前, 3 在 2 前), 于是

$$N(4, 3, 1, 2) = 5.$$

如果在 $\alpha_1, \cdots, \alpha_n$ 的序列里, 逆序的个数是偶数, 就在乘积 (5) 前面添上 "+" 号; 如果是奇数, 就在乘积的前面添上 "−" 号. 换句话说, 我们规定: 在每一个像 (5) 那样的乘积的前方, 添上一个符号

$$(-1)^{N(\alpha_1, \alpha_2, \cdots, \alpha_n)}.$$

从所给的 n 阶矩阵, 作一切像 (5) 那样的乘积, 它们的个数等于 $1, 2, \cdots, n$ 的一切可能的排列的个数, 即等于 $n!$.

现在我们引进下述的定义:

取 $n!$ 个形状如 (5) 的乘积, 每个乘积按照上述规则添上确定的符号. 它们的代数和称为方阵 (4) 的行列式:

$$D = \sum (-1)^{N(\alpha_1, \alpha_2, \cdots, \alpha_n)} a_{\alpha_1 1} a_{\alpha_2 2} \cdots a_{\alpha_n n}. \tag{6}$$

今后, 凡具有形状 (5) 的乘积就称为行列式的项, 矩阵 (4) 的元素 a_{ij} 称为行列*式的元素.*

与矩阵 (4) 相对应的行列式, 可用下述的任意一个符号来表示:

$$D = \begin{vmatrix} a_{11} & a_{12} & \cdots & a_{1n} \\ a_{21} & a_{22} & \cdots & a_{2n} \\ \vdots & \vdots & & \vdots \\ a_{n1} & a_{n2} & \cdots & a_{nn} \end{vmatrix} = \det[a_{ij}] = \det[a_{ij}]_{i,j=1,2,\cdots,n}. \tag{7}$$

例如对于 2 阶及 3 阶行列式, 我们有下述的表达式:

$$\begin{vmatrix} a_{11} & a_{12} \\ a_{21} & a_{22} \end{vmatrix} = a_{11}a_{22} - a_{21}a_{12},$$

$$\begin{vmatrix} a_{11} & a_{12} & a_{13} \\ a_{21} & a_{22} & a_{23} \\ a_{31} & a_{32} & a_{33} \end{vmatrix} = \begin{aligned} & a_{11}a_{22}a_{33} + a_{21}a_{32}a_{13} + a_{31}a_{12}a_{23} \\ & -a_{31}a_{22}a_{13} - a_{21}a_{12}a_{33} - a_{11}a_{32}a_{23}. \end{aligned}$$

我们取含两个未知数的两个线性方程所构成的一组为例, 来说明在解这个线性方程组时行列式的作用. 若所给的方程组为

$$a_{11}x_1 + a_{12}x_2 = b_1,$$

$$a_{21}x_1 + a_{22}x_2 = b_2,$$

则用普通的方法, 每次消去一个未知数, 即得到公式

$$x_1 = \frac{b_1a_{22} - b_2a_{12}}{a_{11}a_{22} - a_{21}a_{12}}, \quad x_2 = \frac{a_{11}b_2 - a_{21}b_1}{a_{11}a_{22} - a_{21}a_{12}},$$

但须假定上述分式的分母不为零. 上述分式的分子与分母可以表示为二阶行列式:

$$a_{11}a_{22} - a_{12}a_{21} = \begin{vmatrix} a_{11} & a_{12} \\ a_{21} & a_{22} \end{vmatrix},$$

$$b_1a_{22} - b_2a_{12} = \begin{vmatrix} b_1 & a_{12} \\ b_2 & a_{22} \end{vmatrix},$$

$$a_{11}b_2 - a_{21}b_1 = \begin{vmatrix} a_{11} & b_1 \\ a_{21} & b_2 \end{vmatrix},$$

对于含有任意多个未知数的方程组的解, 相似的公式成立 (参看 §7).

2. 为了确定行列式某一项的符号, 其规则还可以另外用几何术语来叙述.

在矩阵 (4) 里, 可以按照元素的号码标出正的方向, 沿着行的正方向是从左到右, 沿着列的正方向是自上而下. 同时, 对联结矩阵的任意两个元素的斜线段, 也可以给它规定方向: 联结元素 a_{ij} 与 a_{kl} 的线段, 如果右端低于左端就叫作*正斜率线段*; 如果右端高于左端就叫作*负斜率线段*. 今设想在矩阵 (4) 中, 把乘积 (5) 里的元素 $a_{\alpha_1 1}, a_{\alpha_2 2}, \cdots, a_{\alpha_n n}$ 逐对联结, 选出其中一切具有负斜率的线段. 若这些线段的个数是偶数, 则在乘积 (5) 的前方添上 "+" 号, 若是奇数, 则添上 "–" 号.

例如, 在 4 阶方阵中, 乘积 $a_{21}a_{12}a_{43}a_{34}$ 的前面应当添上 "+" 号, 因为在矩阵中, 有两个负斜率线段联结所给乘积的元素:

$$\begin{bmatrix} a_{11} & \textcircled{a_{12}} & a_{13} & a_{14} \\ \textcircled{a_{21}} & a_{22} & a_{23} & a_{24} \\ a_{31} & a_{32} & a_{33} & \textcircled{a_{34}} \\ a_{41} & a_{42} & \textcircled{a_{43}} & a_{44} \end{bmatrix};$$

但在乘积 $a_{41}a_{32}a_{13}a_{24}$ 的前面, 应当添上 "–" 号, 因为在矩阵中有五个负斜率线段联结此乘积的元素:

$$\begin{bmatrix} a_{11} & a_{12} & \textcircled{a_{13}} & a_{14} \\ a_{21} & a_{22} & a_{23} & \textcircled{a_{24}} \\ a_{31} & \textcircled{a_{32}} & a_{33} & a_{34} \\ \textcircled{a_{41}} & a_{42} & a_{43} & a_{44} \end{bmatrix}.$$

在这些例子中, 联结所给项里诸元素的负斜率线段的个数, 等于在所给项里诸元素第一个下标的排列中的 "逆序" 的个数: 在第一例中, 第一个下标依次为 2, 1, 4, 3, 有两个 "逆序"; 在第二例中, 第一个下标依次为 4, 3, 1, 2, 有五个 "逆序 ".

让我们来证明: *确定行列式各项符号的第二个方法与第一个方法是一致的*. 为此只要证明: 所给项中诸元素的第一个下标的 "逆序" 的个数 (当第二个下标按自然数次序排列时) 总等于联结矩阵里所给项中诸元素的负斜率线段的个数. 这几乎是

不言而喻的; 因为若联结元素 $a_{\alpha_i i}$ 及 $a_{\alpha_j j}$ 的线段的斜率是负的, 这就表示在 $i<j$ 时, $\alpha_i>\alpha_j$, 也就是在第一个下标的排列中, 有一个 "逆序" 存在.

习题

1. 在六阶行列式中, 下面的项应当带有什么符号?

a) $a_{23}a_{31}a_{42}a_{56}a_{14}a_{65}$,

b) $a_{32}a_{43}a_{14}a_{51}a_{66}a_{25}$.

答 a) +, b) +.

2. 在四阶行列式中, 写出所有包含因子 a_{23} 而且带有负号的项.

答 $a_{11}a_{32}a_{23}a_{44}$, $a_{41}a_{12}a_{23}a_{34}$, $a_{31}a_{42}a_{23}a_{14}$.

3. n 阶行列式的项 $a_{1n}a_{2,n-1}\cdots a_{n1}$ 应当带有什么符号?

答 $(-1)^{\frac{n(n-1)}{2}}$.

§3. n 阶行列式的性质

1. **转置运算** 将行列式 (7) 各行分别代以相同号码的列, 所得的行列式

$$\begin{vmatrix} a_{11} & a_{21} & \cdots & a_{n1} \\ a_{12} & a_{22} & \cdots & a_{n2} \\ \vdots & \vdots & & \vdots \\ a_{1n} & a_{2n} & \cdots & a_{nn} \end{vmatrix} \tag{8}$$

叫作行列式 (7) 的转置行列式. 今证明转置行列式的值与原来行列式的值相等. 实际上, 行列式 (7) 及行列式 (8) 显然是由相同的项构成; 因此, 我们只要证明: 在行列式 (7) 及 (8) 中, 相同的项具有相同的符号. 从一个行列式得到它的转置行列式, 显然是绕对角线 (在空间) 转 180° 的结果. 对于这个转动, 每个负斜率线段 (例如它与矩阵的行所成的角是 $\alpha<90°$) 仍变成一个负斜率线段 (即它与方阵的行所成的角是 $90°-\alpha$). 因此, 联结每一项的元素的负斜率线段的个数, 经过转置之后, 并不改变, 因而这一项的符号也不改变. 一切项的符号不变, 因而行列式的值也不变.

此处所证明的行列式的性质, 说明了它的行和列具有相同的作用. 因此, 我们以后专就行列式的列的性质加以叙述与证明.

2. **反对称性质** 关于列的反对称性质是指行列式下面的性质: 当两列互换时, 行列式变号. 我们先考虑行列式两邻列互换的情形. 例如取第 j 列及第 $j+1$ 列: 它们互换之后, 所得的行列式, 显然就是由原来行列式中的项所组成. 我们取原来行列式的任意一项, 这一项的因子中有第 j 列及第 $j+1$ 列的元素, 若联结这两元素的线段的斜率是负的, 则经过列的互换之后, 它们联线的斜率变成正的; 反过来, 原来的斜率若是正的, 互换之后变成负的. 但是对于这一选定的项, 各对元素的其他联线, 在两列互换之后, 斜率的正负号不变. 所以, 在两列互换之后, 联结所给项的元素的负斜率线段的个数, 显然增加或减少一个; 于是行列式的每一项在两列互换之后, 符

号改变, 而整个行列式也是如此.

设互换的两列不是相邻的, 例如, 是第 j 列及第 k 列 $(j < k)$①, 而且在它们之间, 设有 m 个其他的列, 则这个互换可以按下述的顺序, 逐次把相邻的两列互换来完成: 第 j 列首先与第 $j+1$ 列互换, 然后与第 $j+2$ 列, $\cdots$, 第 k 列互换; 第二步使第 $k-1$ 列 (原第 k 列) 与第 $k-2$ 列, 第 $k-3$ 列, $\cdots$, 第 j 列 (原第 $j+1$ 列) 互换. 总共经过 $m+1+m=2m+1$ 个相邻列的互换; 每次互换, 行列式变号一次, 所以, 最后所得的行列式与原来的符号相反 (不论 m 是什么整数, $2m+1$ 总是奇数).

推论 行列式若有两列相同就等于零.

因为将这相同的两列互换, 行列式不变; 但是另一方面, 按照前面证明的性质, 它又应当变号. 因此, $D=-D$, 故 $D=0$.

习题

试证明: 根据 §2 的定义, 行列式的 $n!$ 个项中, 恰好一半 (即 $\frac{n!}{2}$) 应添上 "+" 号, 另一半应添上 "−" 号.

提示 考察所有元素皆是 1 的行列式.

3. **行列式的线性性质** 我们把这个性质叙述如下: 若行列式 D 的第 j 列的所有元素都是两项的线性组合:

$$a_{ij}=\lambda b_i+\mu c_i \quad (i=1,2,\cdots,n)$$

(λ 及 μ 是固定的数), 则行列式 D 等于两个行列式的线性组合:

$$D=\lambda D_1+\mu D_2, \tag{9}$$

在这里, 在 D_1, D_2 两个行列式中, 除去第 j 列以外, 所有的列都与行列式 D 相同, 而行列式 D_1 的第 j 列则是由 b_i 所构成, 行列式 D_2 的第 j 列是由 c_i 所构成.

实际上, 行列式 D 的一切项, 能表示成如下形状:

$$\begin{aligned} a_{\alpha_1 1}a_{\alpha_2 2}\cdots a_{\alpha_j j}\cdots a_{\alpha_n n} &= a_{\alpha_1 1}a_{\alpha_2 2}\cdots(\lambda b_{\alpha_j}+\mu c_{\alpha_j})\cdots a_{\alpha_n n} \\ &= \lambda a_{\alpha_1 1}a_{\alpha_2 2}\cdots b_{\alpha_j}\cdots a_{\alpha_n n}+\mu a_{\alpha_1 1}a_{\alpha_2 2}\cdots c_{\alpha_j}\cdots a_{\alpha_n n}. \end{aligned}$$

将所有如上的式中的第一项聚在一起 (分别添上原来行列式里的对应项的符号), 并且把 λ 提出括弧之外, 则在括弧内显然得到行列式 D_1; 同样的将第二项聚在一起 (分别添上符号), 并且把 μ 提出括弧之外, 即得到行列式 D_2. 于是公式 (9) 成立.

为了方便起见, 还可以把这个公式写成几种别的形状. 设 D 表示任意一个固定的行列式. $D_j(p_i)$ 表示用数 p_i $(i=1,2,\cdots,n)$ 代替行列式 D 的第 j 列的元素后所得到的行列式. 那么我们所证明的等式 (9) 可以写成下面的样子:

$$D_j(\lambda b_i+\mu c_i)=\lambda D_j(b_i)+\mu D_j(c_i).$$

行列式的线性性质很容易地推广到如下的情形: 即第 j 列的每个元素, 不是两个数, 而是任意多个数的线性组合:

$$a_{ij}=\lambda b_i+\mu c_i+\cdots+\tau f_i.$$

---

①此是译者增注.

在这种情形下,

$$\begin{aligned} D_j(a_{ij}) &= D_j(\lambda b_i + \mu c_i + \cdots + \tau f_i) \\ &= \lambda D_j(b_i) + \mu D_j(c_i) + \cdots + \tau D_j(f_i). \end{aligned} \tag{10}$$

推论 1 行列式的一列所有元素的公因子, 可以提到行列式符号之外.

事实上若 $a_{ij} = \lambda b_i$, 则由公式 (10),

$$D_j(a_{ij}) = D_j(\lambda b_i) = \lambda D_j(b_i).$$

证完.

推论 2 若行列式的某一列全都是零, 则行列式等于零.

事实上, 0 是所给的列的公因子, 将它提到行列式符号之外, 即得:

$$D_j(0) = D_j(0 \cdot 1) = 0 \cdot D_j(1) = 0.$$

习题

将下列行列式

$$\Delta = \begin{vmatrix} am + bp & an + bq \\ cm + dp & cn + dq \end{vmatrix},$$

先分解成它的加项再计算.

答 $\Delta = (mq - np)(ad - bc)$.

4. **将另一列的任意倍数加到一列上** 若对于一列的各元素, 加上任何另一列的对应元素的常数倍数, 则行列式的值不变.

若对于第 j 列, 加上第 k 列 $(k \neq j)$ 的 λ 倍, 则所得行列式的第 j 列的元素为 $a_{ij} + \lambda a_i k$ $(i = 1, 2, \cdots, n)$. 利用公式 (10), 得:

$$D_j(a_{ij} + \lambda a_{ik}) = D_j(a_{ij}) + \lambda D_j(a_{ik}).$$

在第二个行列式中, 第 j 列是由诸元素 a_{ik} 构成, 即与第 k 列相同. 按第 2 段的推论就得到 $D_j(a_{ik}) = 0$, 所以

$$D_j(a_{ij} + \lambda a_{ik}) = D_j(a_{ij}),$$

证完.

这个性质当然可以叙述成更普遍的形式: 若对于行列式 D 的第 j 列的各元素, 加上与它对应的第 k 列的元素的 λ 倍, 第 l 列的元素的 μ 倍, $\cdots$, 第 p 列的元素的 τ 倍 $(k \neq j, l \neq j, \cdots, p \neq j)$, 行列式 D 的值不变.

习题

数 20604, 53227, 25755, 20927 及 78421 可被 17 除尽, 试证明行列式

$$\begin{vmatrix} 2 & 0 & 6 & 0 & 4 \\ 5 & 3 & 2 & 2 & 7 \\ 2 & 5 & 7 & 5 & 5 \\ 2 & 0 & 9 & 2 & 7 \\ 7 & 8 & 4 & 2 & 1 \end{vmatrix}$$

也可被 17 除尽.

提示 将第 1 列乘上 10^4, 第 2 列乘上 10^3, 第 3 列乘上 10^2, 第 4 列乘上 10^1, 加到末一列上, 再应用第 3 段的推论 1.

由于一个行列式和它的转置行列式相等 (第 1 段), 这一段里所证明的行列式关于它的列的一切性质, 对于它的行来说也是正确的.

§4. 行列式按行或列的展开. 余因子

现在我们来考察行列式 D 的任意一列, 譬如第 j 列. 以 a_{ij} 表示这一列的某个元素. 设有表示行列式 D 的等式 [参看 §2 公式 (6)].

$$D=\sum(-1)^{N(\alpha_1,\alpha_2,\cdots,\alpha_n)}a_{\alpha_1 1}a_{\alpha_2 2}\cdots a_{\alpha_n n},$$

在其右端我们把所有含因子 a_{ij} 的项聚集在一起, 用括弧括起来, 并且把元素 a_{ij} 提到这个括弧的外边. 若以 A_{ij} 表示剩在括弧里的量, A_{ij} 即称为*在行列式 D 里元素 a_{ij} 的余因子*.

因为行列式 D 的每一项都含有第 j 列的元素, 所以等式 (6) 具有形状:

$$D=a_{1j}A_{1j}+a_{2j}A_{2j}+\cdots+a_{nj}A_{nj}. \tag{11}$$

公式 (11) 叫作*行列式 D 按第 j 列元素的展开式*. 当然可以写出与此相似的, 行列式 D 按任意行的展开式; 譬如若将行列式按第 i 行展开, 我们得到如下的等式:

$$D=a_{i1}A_{i1}+a_{i2}A_{i2}+\cdots+a_{in}A_{in}. \tag{12}$$

计算行列式时, 可以利用公式 (11) 及公式 (12). 但是, 必须善于计算余因子; 在下一段, 我们将要引进计算余因子的规则.

在这一节末, 我们将写出公式 (11) 及 (12) 的一个推论, 这个推论以后将要用到.

关于这些量 $a_{1j},a_{2j},\cdots,a_{nj}$, 等式 (11) 是恒等式; 所以, 当 a_{ij} $(i=1,2,\cdots n)$ 被任何其他的量代替的时候, 等式仍是正确的. 在这样的代换之下, $A_{1j},A_{2j},\cdots,A_{nj}$ 是不变的, 因为它们与元素 a_{ij} 无关. 若等式 (11) 两端的元素 $a_{1j},a_{2j},\cdots,a_{nj}$, 以任意其他一列, 譬如第 k 列的对应元素代替, (11) 右端的行列式有两列相同, 因此, 由 §3 第 2 段, 它等于零. 我们得到等式 (当 $k\neq j$ 时)

$$a_{1k}A_{1j}+a_{2k}A_{2j}+\cdots+a_{nk}A_{nj}=0. \tag{13}$$

同样, 从公式 (12), 当 $l \neq i$ 时, 得

$$a_{l1}A_{i1} + a_{l2}A_{i2} + \cdots + a_{ln}A_{in} = 0. \tag{14}$$

我们将所得的结果叙述成两个定理:

定理 1 行列式 D 的任一列 (或行) 的一切元素各与其对应余因子的乘积之和就等于行列式 D 本身.

定理 2 行列式 D 的任一列 (或行) 的一切元素与另一列 (或行) 的对应元素的余因子的乘积之和等于零.

§5. 子式. 用子式表示余因子

若在一个 n 阶矩阵中, 取出某一行及某一列, 则剩下的元素自然构成一个 $n-1$ 阶矩阵. 这矩阵的行列式叫作所给的 n 阶矩阵的子式 (也叫作它的行列式 D 的子式). 如果取出了第 i 行及第 j 列, 则所得的子式用 $M_{ij}(D)$ 表示.

我们证明下述的等式:

$$A_{ij} = (-1)^{i+j}M_{ij}, \tag{15}$$

借助于这个等式, 余因子的计算就可以归结成对应的子式的计算.

要证明等式 (15), 先考虑 $i=1, j=1$ 的情形. 将等式 (6) 的右端所有含元素 a_{11} 的项归并在一起, 考察其中的一项. 显然, 除 a_{11} 外, 这一项其余一切元素的乘积是子式 M_{11} 的某一项. 因为在行列式 D 的矩阵中, 没有负斜率线段能联结元素 a_{11} 与所选项的其余元素, 在行列式 D 中, 项 $a_{11}c$ 所带有的符号与在子式 M_{11} 里 c 所带有的符号是一致的. 因此, 若取出行列式 D 中一切含有元素 a_{11} 的项, 去掉 a_{11} 之后, 就能得到子式 M_{11} 的所有的项. 然后, 行列式 D 中一切含 a_{11} 的项①的代数和等于乘积 $a_{11}M_{11}$, 但是从 §4 我们知道, 这个和等于乘积 $a_{11}A_{11}$, 因此, $A_{11} = M_{11}$, 即所求证的等式.

现在对于任意的 i 及 j, 证明公式 (15). 在 $i=j=1$ 的情形, 已经证明了这个公式是正确的, 这个情况, 我们可加以利用. 现在我们考察位于第 i 行及第 j 列交叉处的元素 $a_{ij}=a$, 把相邻的行及列逐步互换, 我们能够将 a 移到矩阵的左上角, 为此, 必须互换 $i-1+j-1=i+j-2$ 次. 结果我们得到行列式 D_1; 若将 D_1 乘以 $(-1)^{i+j-2}=(-1)^{i+j}$, 则它与所给行列式有相同的项. 行列式 D_1 的子式 $M_{11}(D_1)$ 显然与行列式 D 的子式 $M_{ij}(D)$ 相同. 按照已经证明的情形, 在行列式 D_1 中, 包含元素 a 的项的和, 构成 $aM_{11}(D_1)$. 因此, 在所给行列式 D 中, 包含元素 $a_{ij}=a$ 的项的和为

$$(-1)^{i+j}aM_{11}(D_1) = a_{ij}(-1)^{i+j}M_{ij}(D).$$

①请读者注意: 在这里和下文所谈到的行列式的 “项” 往往是已带有一定的符号的, 和 §2 中 “项” 的定义不一致 —— 译者.

但是, 依照 §4, 这个和应当等于乘积 $a_{ij}A_{ij}$, 所以 $A_{ij} = (-1)^{i+j}M_{ij}$; 因而证明了公式 (15).

例 具有形状

$$D_n = \begin{vmatrix} a_{11} & 0 & 0 & \cdots & 0 \\ a_{21} & a_{22} & 0 & \cdots & 0 \\ a_{31} & a_{32} & a_{33} & \cdots & 0 \\ \vdots & \vdots & \vdots & & \vdots \\ a_{n1} & a_{n2} & a_{n3} & \cdots & a_{nn} \end{vmatrix}$$

的行列式叫作三角行列式. 把它按第一行展开, 我们得知它等于元素 a_{11} 与 $n-1$ 阶三角行列式

$$D_{n-1} = \begin{vmatrix} a_{22} & 0 & \cdots & 0 \\ a_{32} & a_{33} & \cdots & 0 \\ \vdots & \vdots & & \vdots \\ a_{n2} & a_{n3} & \cdots & a_{nn} \end{vmatrix}$$

的乘积.

次将行列式 D_{n-1} 对于第一行展开, 得 $D_{n-1} = a_{22}D_{n-2}$, 其中 D_{n-2} 是 $n-2$ 阶行列式. 因此, 继续下去, 最后得到

$$D_n = a_{11}a_{22}\cdots a_{nn}.$$

§6. 行列式的实际计算

若行列式的第 i 行的元素除去一个, 譬如 a_{ik}, 以外都是零, 公式 (12) 具有特别简单的形状. 在这种情形下,

$$D = a_{ik}A_{ik}, \tag{16}$$

因而 n 阶行列式的计算可以直接化成 $n-1$ 阶行列式的计算. 可是, 若 $a_{ik} \neq 0$, 且第 i 行元素中又有元素 a_{ij} 也不为零, 就可以从行列式 D 的第 j 列减去第 k 列的 $\lambda = \frac{a_{ij}}{a_{ik}}$ 倍, 如此得到的行列式与原来的相等 (§3 第 4 段). 但是, 在这个行列式里, 第 i 行的第 j 个元素已然是零. 重复类似运算, 可使任何具有固定的元素 $a_{ik} \neq 0$ 的行列式化成另一个, 其中第 i 行中除去 a_{ik} 以外的元素都是零, 于是就可以按照公式 (16) 来计算. 当然, 我们也可以对于行列式的列, 施行类似的变换.

例 计算 5 阶行列式

$$D = \begin{vmatrix} -2 & 5 & 0 & -1 & 3 \\ 1 & 0 & 3 & 7 & -2 \\ 3 & -1 & 0 & 5 & -5 \\ 2 & 6 & -4 & 1 & 2 \\ 0 & -3 & -1 & 2 & 3 \end{vmatrix}.$$

在这个行列式的第 3 列中已有两个元素是零. 为了使这个列再得到两个零, 可以在第 2 行加上第 5 行的 3 倍, 且从第 4 行减去第 5 行的 4 倍. 经此运算后, 再按第 3 列将行列式展开, 我们得到,

$$D=\begin{vmatrix}-2&5&0&-1&3\\1&-9&0&13&7\\3&-1&0&5&-5\\2&18&0&-7&-10\\0&-3&-1&2&3\end{vmatrix}=(-1)^{3+5}\cdot(-1)\begin{vmatrix}-2&5&-1&3\\1&-9&13&7\\3&-1&5&-5\\2&18&-7&-10\end{vmatrix}$$

$$=-\begin{vmatrix}-2&5&-1&3\\1&-9&13&7\\3&-1&5&-5\\2&18&-7&-10\end{vmatrix}.$$

现在, 首先可以使第 1 列得到 3 个零, 为此, 我们在第 1 行加上第 2 行的 2 倍, 而从第 3 行及第 4 行分别减去第 2 行的 3 倍及 2 倍:

$$D=\begin{vmatrix}-2&5&-1&3\\1&-9&13&7\\3&-1&5&-5\\2&18&-7&-10\end{vmatrix}=-\begin{vmatrix}0&-13&25&17\\1&-9&13&7\\0&26&-34&-26\\0&36&-33&-24\end{vmatrix}$$

$$=-(-1)^{1+2}\begin{vmatrix}-13&25&17\\26&-34&-26\\36&-33&-24\end{vmatrix}.$$

为了容易计算所得的 3 阶行列式起见, 我们设法减小它的元素的绝对值. 为此目的, 从第 2 行提出公因子 2. 再将第 2 行加到第 1 行并且从第 3 行减去第 2 行的 2 倍:

$$D=2\begin{vmatrix}-13&25&17\\13&-17&-13\\36&-33&-24\end{vmatrix}=2\begin{vmatrix}0&8&4\\13&-17&-13\\10&1&2\end{vmatrix}$$

$$=2\cdot4\begin{vmatrix}0&2&1\\13&-17&-13\\10&1&2\end{vmatrix},$$

第 1 行已有一个零. 为了再得到一个零, 从第 2 列减去第 3 列的 2 倍; 经此运算, 就不难计算完毕:

$$D=8\begin{vmatrix}0&2&1\\13&-17&-13\\10&1&2\end{vmatrix}=8\begin{vmatrix}0&0&1\\13&9&-13\\10&-3&2\end{vmatrix}=8(-1)^{1+3}\begin{vmatrix}13&9\\10&-3\end{vmatrix}$$

$$=8\cdot3\begin{vmatrix}13&3\\10&-1\end{vmatrix}=8\cdot3(-13-30)=-8\cdot3\cdot43=-1032.$$

习题

1. 计算行列式

$$\Delta_1=\begin{vmatrix}246 & 427 & 327\\ 1014 & 543 & 443\\ -342 & 721 & 621\end{vmatrix},\quad \Delta_2=\begin{vmatrix}2 & 1 & 1 & 1 & 1\\ 1 & 3 & 1 & 1 & 1\\ 1 & 1 & 4 & 1 & 1\\ 1 & 1 & 1 & 5 & 1\\ 1 & 1 & 1 & 1 & 6\end{vmatrix}.$$

答 $\Delta_1=-29400000$; $\Delta_2=394$.

2. 计算行列式

$$P(x)=\begin{vmatrix}1 & 1 & 2 & 3\\ 1 & 2-x^2 & 2 & 3\\ 2 & 3 & 1 & 5\\ 2 & 3 & 1 & 9-x^2\end{vmatrix}.$$

提示 显然, $P(x)$ 是 4 次多项式. 可以计算它的首项系数, 然后从行列式的行所符合的条件, 决定它的根.

答 $P(x)=-3(x^2-1)(x^2-4)$.

3. 计算 n 阶行列式

$$\Delta=\begin{vmatrix}x & a & a & \cdots & a\\ a & x & a & \cdots & a\\ a & a & x & \cdots & a\\ \vdots & \vdots & \vdots & & \vdots\\ a & a & a & \cdots & x\end{vmatrix}.$$

提示 将所有的列加到第 1 列上.

答 $\Delta=[x+(n-1)a](x-a)^{n-1}$.

4. 计算范德蒙德行列式:

$$\Delta(x_1,x_2,\cdots,x_n)=\begin{vmatrix}1 & 1 & \cdots & 1\\ x_1 & x_2 & \cdots & x_n\\ x_1^2 & x_2^2 & \cdots & x_n^2\\ \vdots & \vdots & & \vdots\\ x_1^{n-1} & x_2^{n-1} & \cdots & x_n^{n-1}\end{vmatrix}.$$

提示 从第 1 列后边的所有诸列减去第 1 列, 按第 1 行展开, 然后从每一行减去它的前一行的 x_1 倍; 再利用数学归纳法.

答
$$\begin{aligned}\Delta(x_1x_2\cdots x_n)=&(x_2-x_1)(x_3-x_1)\cdots(x_n-x_1)\\ &\times(x_3-x_2)\cdots(x_n-x_2)\times\\ &\cdots\cdots\cdots\cdots\cdots\cdots\\ &\times(x_n-x_{n-1}).\end{aligned}$$

§7. 克拉默法则

现在可以谈线性方程组的解. 我们从考察下面的特殊形状的方程组开始:

$$\left.\begin{array}{l} a_{11}x_1 + a_{12}x_2 + \cdots + a_{1n}x_n = b_1, \\ a_{21}x_1 + a_{22}x_2 + \cdots + a_{2n}x_n = b_2, \\ \cdots\cdots\cdots\cdots\cdots\cdots\cdots\cdots\cdots\cdots \\ a_{n1}x_1 + a_{n2}x_2 + \cdots + a_{nn}x_n = b_n. \end{array}\right\} \tag{17}$$

在这种方程组中, 未知数的个数与方程的个数相同. 系数 a_{ij} $(i, j = 1, 2, \cdots, n)$ 组成*方程组的基本矩阵*, 并且我们假定它为*有异于零的行列式* D. 我们要证明这样的方程组总是相容而且确定的, 并且要推得计算它的唯一解的公式.

首先假定, 方程组 (17) 有某个解 $c_1, c_2, \cdots, c_n$, 因而有下面等式组成立:

$$\left.\begin{array}{l} a_{11}c_1 + a_{12}c_2 + \cdots + a_{1n}c_n = b_1, \\ a_{21}c_1 + a_{22}c_2 + \cdots + a_{2n}c_n = b_2, \\ \cdots\cdots\cdots\cdots\cdots\cdots\cdots\cdots\cdots\cdots \\ a_{n1}c_1 + a_{n2}c_2 + \cdots + a_{nn}c_n = b_n. \end{array}\right\} \tag{18}$$

在等式 (18) 中, 以元素 a_{11} 的代数余子式 A_{11} 乘第 1 个等式, 以 A_{21} 乘第 2 个, 以 A_{31} 乘第 3 个, 如此下去, 直乘到最后等式为止; 然后把一切所得到的等式相加, 结果得到下式:

$$\begin{aligned} &(a_{11}A_{11} + a_{21}A_{21} + \cdots + a_{n1}A_{n1})c_1 + (a_{12}A_{11} + a_{22}A_{21} + \cdots + a_{n2}A_{n1})c_2 \\ &+ \cdots + (a_{1n}A_{11} + a_{2n}A_{21} + \cdots + a_{nn}A_{n1})c_n \\ = {} & b_1A_{11} + b_2A_{21} + \cdots + b_nA_{n1}. \end{aligned} \tag{19}$$

利用定理 1 知道, 式 (19) 中 c_1 的系数恰好等于行列式 D; 利用定理 2 知道, 所有其余 $c_j (j \neq 1)$ 的系数都是零. 式 (19) 右端是下述行列式按第 1 列展开的结果:

$$D_1 = \begin{vmatrix} b_1 & a_{12} & \cdots & a_{1n} \\ b_2 & a_{22} & \cdots & a_{2n} \\ \vdots & \vdots & & \vdots \\ b_n & a_{n2} & \cdots & a_{nn} \end{vmatrix}.$$

于是, 现在可以把等式 (19) 写成下面的形状

$$D \cdot c_1 = D_1.$$

因此,

$$c_1 = \frac{D_1}{D}.$$

完全相似的可以得到表示式

$$c_j = \frac{D_j}{D} \quad (j = 1, 2, \cdots, n), \tag{20}$$

其中

$$D_j = \begin{vmatrix} a_{11} & a_{12} & \cdots & a_{1,j-1} & b_1 & a_{1,j+1} & \cdots & a_{1n} \\ a_{21} & a_{22} & \cdots & a_{2,j-1} & b_2 & a_{2,j+1} & \cdots & a_{2n} \\ \vdots & \vdots & & \vdots & \vdots & \vdots & & \vdots \\ a_{n1} & a_{n2} & \cdots & a_{n,j-1} & b_n & a_{n,j+1} & \cdots & a_{nn} \end{vmatrix} = D_j(b_i)$$

是将行列式 D 的第 j 列用 $b_1, b_2, \cdots, b_n$ 代替而得的行列式.

我们得到下述的结果:

若方程组 (17) 的解存在, 它可以按照公式 (20) 用方程组的系数及其右端的常数来表示. 特别的, 我们看到, 方程组 (17) 的解若存在就是唯一的.

剩下还需要证明方程组 (17) 的解总是存在的. 把

$$c_j = \frac{D_j}{D} \quad (j = 1, 2, \cdots, n)$$

代替方程组 (17) 中的未知数 $x_1, x_2, \cdots, x_n$. 我们要证明如此代入之后, 方程组 (17) 的一切方程都变成恒等式. 事实上, 对于第 i 个方程, 我们有

$$\begin{aligned} a_{i1}c_1 + a_{i2}c_2 + \cdots + a_{in}c_n &= a_{i1}\frac{D_1}{D} + a_{i2}\frac{D_2}{D} + \cdots + a_{in}\frac{D_n}{D} \\ &= \frac{1}{D}[a_{i1}(b_1A_{11} + b_2A_{21} + \cdots + b_nA_{n1}) \\ &\quad + a_{i2}(b_1A_{12} + b_2A_{22} + \cdots + b_nA_{n2}) + \cdots \\ &\quad \cdots + a_{in}(b_1A_{1n} + b_2A_{2n} + \cdots + b_nA_{nn})] \\ &= \frac{1}{D}[b_1(a_{i1}A_{11} + a_{i2}A_{12} + \cdots + a_{in}A_{1n}) + \cdots \\ &\quad \cdots + b_i(a_{i1}A_{i1} + a_{i2}A_{i2} + \cdots + a_{in}A_{in}) + \cdots \\ &\quad \cdots + b_n(a_{i1}A_{n1} + a_{i2}A_{n2} + \cdots + a_{in}A_{nn})]. \end{aligned}$$

由定理 1 及 2, 得知所有在括弧中的 $b_1, b_2, \cdots, b_n$ 的系数仅有一个不为零, 即 b_i 的系数; 它等于行列式 D. 因之, 所得到的式子化成

$$\frac{1}{D} \cdot b_i D = b_i.$$

即: 与方程组的第 i 个方程右端相同.

于是, c_j 的确构成方程组 (17) 的解. 这样, 就获得求方程组 (17) 的解的法则 (克拉默法则):

如果方程组 (17) 的行列式不为零, 则它的 (唯一的) 解可以这样得到: 未知量 x_j 的数值为一个分式, 它的分母是方程组 (17) 的行列式, 分子是将方程组 (17) 右边诸数代入方程组 (17) 的行列式第 j 列所得的行列式.

因此, 求方程组 (17) 的解就变成计算行列式.

习题

解方程组

$$
\begin{aligned}
x_1 + 2x_2 + 3x_3 + 4x_4 + 5x_5 &= 13, \\
2x_1 + x_2 + 2x_3 + 3x_4 + 4x_5 &= 10, \\
2x_1 + 2x_2 + x_3 + 2x_4 + 3x_5 &= 11, \\
2x_1 + 2x_2 + 2x_3 + x_4 + 2x_5 &= 6, \\
2x_1 + 2x_2 + 2x_3 + 2x_4 + x_5 &= 3.
\end{aligned}
$$

答 $c_1 = 0, c_2 = 2, c_3 = -2, c_4 = 0, c_5 = 3.$

更一般的方程组 (行列式为零, 或方程的个数和所含的未知数的个数不相等) 的解法, 将在下两章中给出.

附记 有时候会遇到这样的情形: 线性方程组的常数项不是数而是向量 (在解析几何及力学中). 对于这种情形, 克拉默定理及其证法仍旧正确: 只要注意此时未知量 $x_1, x_2, \cdots, x_n$ 的值不是数而是向量. 例如方程组

$$x_1 + x_2 = i - 3j,$$

$$x_1 - x_2 = i + 5j$$

有 (唯一的) 解

$$c_1 = i + j, \quad c_2 = -4j.$$

§8. 任意阶的子式. 拉普拉斯定理

在 §4 中所述的, 行列式按一行或一列的展开法, 是行列式按一定个数的行或列的整体而展开的更一般定理的特殊情形. 在叙述这个一般定理 (拉普拉斯定理) 之前, 我们先介绍一些新的定义.

设在 n 阶矩阵中, 任意选定 $k \leqslant n$ 个不同的行及 k 个不同的列. 在这些行和列交叉处的元素构成一个 k 阶方阵; 它的行列式称为所给 n 阶矩阵的 k 阶子式 (也叫作行列式 D 的 k 阶子式), 表示它的符号是:

$$M = M_{j_1, j_2, \cdots, j_k}^{i_1, i_2, \cdots, i_k},$$

这里 $i_1, i_2, \cdots, i_k$ 表示所选定的诸行的号码, 而 $j_1, j_2, \cdots, j_k$ 是所选定的诸列的号码.

若在原来的矩阵中, 去掉子式 M 所用过的行及列, 则剩下的元素又构成一个 $n-k$ 阶的方阵; 它的行列式称为子式 M 的余子式, 记以符号

$$\overline{M} = \overline{M}_{j_1, j_2, \cdots, j_k}^{i_1, i_2, \cdots, i_k}.$$

特殊的, 如果原来的子式是 1 阶的, 即行列式 D 的某一元素 a_{ij}, 则余子式就是 §5 中所述的子式 M_{ij}.

我们来考察由行列式 D 的前 k 行及前 k 列所构成的子式:

$$M_1 = M_{1,2,\cdots,k}^{1,2,\cdots,k},$$

它的余子式是下述的子式:

$$M_2 = \overline{M}_1 = \overline{M}_{1,2,\cdots,k}^{1,2,\cdots,k}.$$

从 §2 公式 (6) 的右端, 选出行列式的一部分的项, 这些项的前 k 个元素属于 M_1, 因而其余的 $n-k$ 个元素属于 $\overline{M}_1$. 在这些项里, 我们先固定一项, 并确定应该添到这项之前的符号; 我们用 c 表示这个固定的项. 这项的前 k 个元素, 确定了子式 M_1 的某一项 c_1; 若以 N_1 表示 c_1 里的负斜率线段的个数, 则在子式 M_1 中, c_1 这一项之前应添上符号 $(-1)^{N_1}$. c 的其余 $n-k$ 个元素确定了子式 M_2 的某一项 c_2; 在子式 M_2 中, c_2 这一项之前应添上符号 $(-1)^{N_2}$, 这里 N_2 表示在子式 M_2 中, c_2 里的负斜率线段的个数. 在行列式 D 的方阵中联结 M_1 的元素与 M_2 的元素的线段没有一个有负斜率, 故在 c 里联结元素的负斜率线段总数是 N_1+N_2. 因此, c 前应添上符号 $(-1)^{N_1+N_2}$, 即等于在子式 M_1 及 M_2 中的 c_1 及 c_2 的符号的乘积. 我们更要注意, M_1 的任一项与 M_2 的任一项的乘积就是在行列式 D 中所选定的那些项中的一个. 因而得到结论: 由 §2 公式 (6) 表出的行列式 D 的展开式中, 我们所选定的那些项之和, 等于子式 M_1 及 M_2 的乘积.

我们现在要解答关于任意子式

$$M_1 = M_{j_1,j_2,\cdots,j_k}^{i_1,i_2,\cdots,i_k}$$

与余子式 M_2 的乘积的同样问题. 逐步交换相邻的行及列, 我们能够将子式 M_1 移动到行列式 D 的左上方; 为了这个目的, 一共需要交换 $(i_1-1)+(i_2-2)+\cdots+(i_k-k)+(j_1-1)+(j_2-2)+\cdots+(j_k-k)$ 次. 结果我们得到行列式 D_1; 若将它乘上 $(-1)^{i+j}$, 其中 $i=i_1+i_2+\cdots+i_k, j=j_1+j_2+\cdots+j_k$, 则它与原来的行列式 D 有相同的项. 按照已经证明的结果, 在行列式 D_1 中, 所有前 k 个元素在子式 M_1 中的那些项之和, 等于乘积 M_1M_2. 由此得出, 行列式 D 中那些对应项的和, 等于乘积

$$(-1)^{i+j}M_1M_2 = M_1A_2,$$

其中 $A_2=(-1)^{i+j}M_2$ 称为在行列式 D 里 M_1 的代数余子式①. 有时使用符号:

$$A_2 = \overline{A}_{j_1,j_2,\cdots,j_k}^{i_1,i_2,\cdots,i_k},$$

其中的上、下标表示所去掉的行及列的号码.

今在行列式 D 中, 我们固定那些号码为 $i_1,i_2,\cdots,i_k$ 的行. 行列式 D 的每一项都含有这些行的某些元素. 现在把行列式这样一部分的项收集在一起; 这些项里面的元素属于所选定的行, 同时属于固定的, 号码为 $j_1,j_2,\cdots,j_k$ 的 k 个列, 则按已经证明的结论, 这些项的和将等于子式

$$M_{j_1,j_2,\cdots,j_k}^{i_1,i_2,\cdots,i_k}$$

与它的对应代数余子式的乘积, 因此, 行列式所有的项, 能够分成若干组, 每一组由我们所固定的 k 列所确定. 在每一组中, 一切项的和等于对应的子式及它的代数余子式的乘积. 因此, 整个的行列式可以写成和的形状:

$$D = \sum M_{j_1,j_2,\cdots,j_k}^{i_1,i_2,\cdots,i_k}\overline{A}_{j_1,j_2,\cdots,j_k}^{i_1,i_2,\cdots,i_k}. \tag{21}$$

①这里的 "代数余子式" 和 §4 里的余因子 (即一个元素的代数余子式) 在俄文是同一名词, 但按科学院出版的数学名词以及习惯用法, 我们将它们仍加以区别 —— 译者.

在连加号中, 上标 $i_1, i_2, \cdots, i_k$ (所选出的行的指标) 固定, 表示列的下标 $j_1, j_2, \cdots, j_k$ 则取所有可能的值 $(1 \leqslant j_1 < j_2 < \cdots < j_k \leqslant n)$. 行列式 D 能用等式 (21) 来表出的这个性质叫作拉普拉斯定理. 显然, 公式 (21) 实际上是 §4 里行列式按一行展开的公式的推广.

例 设有形状为

$$D = \begin{vmatrix} a_{11} & \cdots & a_{1k} & 0 & \cdots & 0 \\ a_{21} & \cdots & a_{2k} & 0 & \cdots & 0 \\ \vdots & & \vdots & \vdots & & \vdots \\ a_{k1} & \cdots & a_{kk} & 0 & \cdots & 0 \\ a_{k+1,1} & \cdots & a_{k+1,k} & a_{k+1,k+1} & \cdots & a_{k+1,n} \\ \vdots & & \vdots & \vdots & & \vdots \\ a_{n1} & \cdots & a_{nk} & a_{n,k+1} & \cdots & a_{nn} \end{vmatrix}$$

的行列式, 在这个行列式的前 k 行、后 $n-k$ 列交叉处的元素都是零; 称它为拟三角行列式. 为了计算这个行列式, 我们可以借助于拉普拉斯定理, 把它按前 k 个行展开. 在和式 (21) 中只剩了一项, 即

$$D = \begin{vmatrix} a_{11} & \cdots & a_{1k} \\ \vdots & & \vdots \\ a_{k1} & \cdots & a_{kk} \end{vmatrix} \cdot \begin{vmatrix} a_{k+1,k+1} & \cdots & a_{k+1,n} \\ \vdots & & \vdots \\ a_{n,k+1} & \cdots & a_{nn} \end{vmatrix}.$$

习题

像由定理 1 推证定理 2 那样, 叙述并证明由拉普拉斯定理所推得的以下定理 (参看 §4):

答

$$\sum M_{j_1, j_2, \cdots, j_k}^{i_1, i_2, \cdots, i_k} \cdot \overline{A}_{j_1, j_2, \cdots, j_k}^{i'_1, i'_2, \cdots, i'_k} = 0,$$

其中 $i_1 < i_2 < \cdots < i_k$ 及 $i'_1 < i'_2 < \cdots < i'_k$ 是固定的, 但至少有一个 i_α 和对应于它的 i'_α 不同 [柯西].

§9. 关于行列式的列与列之间的线性关系

1. 设已给若干个列, 譬如 m 个, 每列有 n 个数:

$$A_1 = \begin{bmatrix} a_{11} \\ a_{21} \\ \vdots \\ a_{n1} \end{bmatrix}, \quad A_2 = \begin{bmatrix} a_{12} \\ a_{22} \\ \vdots \\ a_{n2} \end{bmatrix}, \quad \cdots, \quad A_m = \begin{bmatrix} a_{1m} \\ a_{2m} \\ \vdots \\ a_{nm} \end{bmatrix}.$$

将第 1 列的每一个元素乘以某数 λ_1, 将第 2 列的每一个元素乘以某数 $\lambda_2, \cdots$, 最后将第 m 列的每一个元素乘以某数 λ_m, 然后将所得的诸列相对应的元素加在一起. 结果得到具有一些新数的列, 它的元素我们用字母 $c_1, c_2, \cdots, c_n$ 表示. 所有这些

运算可以借下述方式显式地表达出来.

$$\lambda_1 \begin{bmatrix} a_{11} \\ a_{21} \\ \vdots \\ a_{n1} \end{bmatrix} + \lambda_2 \begin{bmatrix} a_{12} \\ a_{22} \\ \vdots \\ a_{n2} \end{bmatrix} + \cdots + \lambda_m \begin{bmatrix} a_{1m} \\ a_{2m} \\ \vdots \\ a_{nm} \end{bmatrix} = \begin{bmatrix} c_1 \\ c_2 \\ \vdots \\ c_n \end{bmatrix}.$$

或简短地写成:

$$\lambda_1 A_1 + \lambda_2 A_2 + \cdots + \lambda_m A_m = C,$$

这里的 C 表示所得到的列. 这一列 C 称为所取的诸列 $A_1, A_2, \cdots, A_m$ 的*线性组合*; $\lambda_1, \lambda_2, \cdots, \lambda_m$ 诸数称为这个线性组合的*系数*.

现在设所取的列不是任意的而是由某一个 n 阶行列式 D 的列中选出的. 我们证明下面定理:

定理 3 *若行列式 D 的一列是其他列的线性组合, 则 $D = 0$.*

证 设行列式 D 的第 q 列是这个行列式 D 的第 j 列, 第 k 列, $\cdots$, 及第 p 列的线性组合, 且对应的系数为 $\lambda_j, \lambda_k, \cdots, \lambda_p$. 从第 q 列减去第 j 列的 λ_j 倍, 然后减去第 k 列的 λ_k 倍, $\cdots$, 最后减去第 p 列的 λ_p 倍, 我们从 §3 第 4 段, 知道行列式 D 的值不变, 但是结果第 q 列每一元素都变成零, 由此得 $D = 0$.

应注意, 逆定理是正确的: 若所给的行列式 D 等于零, 则 (至少) 有一列是其他列的线性组合. 证明这个定理需要一些预备知识, 我们现在加以叙述.

2. 再设有 m 个列而每列有 n 个元素, 我们可以把它们写成 n 行 m 列的矩阵如下:

$$A = \begin{bmatrix} a_{11} & a_{12} & \cdots & a_{1m} \\ a_{21} & a_{22} & \cdots & a_{2m} \\ \vdots & \vdots & & \vdots \\ a_{n1} & a_{n2} & \cdots & a_{nm} \end{bmatrix}.$$

若固定这矩阵的某 k 个列及同样个数的行, 则这些列及行交叉处的元素, 自然构成一个 k 阶方阵. 它的行列式称为*矩阵 A 的 k 阶子式*; 它可以等于零或异于零. 如果在数 a_{ik} 里有不是零的 (我们将永远如此假定), 则总可以求出具有下述性质的一个整数 r:

a) 在矩阵 A 中有异于零的 r 阶子式;

b) 矩阵 A 的一切 $r+1$ 阶的或更高阶的子式 (如在一般情况它们存在的时候) 等于零.

具有所述性质的数 r 叫作矩阵 A 的*秩*. 若一切的 a_{ik} 等于零, 则矩阵的秩可看作等于零 ($r = 0$). 以后我们假定 $r > 0$. 那些异于零的 r 阶子式, 称为矩阵 A 的*基 [底] 子式* (自然, 矩阵 A 能够有若干个基子式, 但是它们都有相同的阶 r). 构成一个基子式的那些列称为*基 [底] 列*.

于是得到重要的定理:

定理 4 (关于基子式的定理) 矩阵 A 的每一列是它的诸基列的线性组合.

证 为了明确起见, 我们假设矩阵 A 的基子式位于矩阵 A 的前 r 行及前 r 列. 设 s 是任意一个从 1 到 m 的整数, k 是任意一个从 1 到 n 的整数. 我们来考察 $r+1$ 阶行列式

$$D=\begin{vmatrix} a_{11} & a_{12} & \cdots & a_{1r} & a_{1s} \\ a_{21} & a_{22} & \cdots & a_{2r} & a_{2s} \\ \vdots & \vdots & & \vdots & \vdots \\ a_{r1} & a_{r2} & \cdots & a_{rr} & a_{rs} \\ a_{k1} & a_{k2} & \cdots & a_{kr} & a_{ks} \end{vmatrix}.$$

若 $k \leqslant r$, 则行列式 D 显然等于零, 因为这时在 D 中有两个相同的行. 同样当 $s \leqslant r$ 时, $D=0$.

若 $k>r$ 及 $s>r$, 则行列式 D 也等于零, 因为它是秩为 r 的一个 $r+1$ 阶矩阵的子式. 因之, 对于 k 及 s 的任意值, 有 $D=0$. 将 D 按最末一行展开, 我们得到等式

$$a_{k1}A_{k1}+a_{k2}A_{k2}+\cdots+a_{kr}A_{kr}+a_{ks}A_{ks}=0, \tag{22}$$

这里的数 $A_{k1},A_{k2},\cdots,A_{kr},A_{ks}$ 表示行列式 D 最末行的元素 $a_{k1},a_{k2},\cdots,a_{kr},a_{ks}$ 的余因子. 这些余因子与 k 无关, 因为它们是用元素 a_{ij} 来组成的, 而对于这些 $a_{ij}, i \leqslant r$, 因此, 我们可以引进符号

$$A_{k1}=C_1, \quad A_{k2}=C_2, \quad \cdots, \quad A_{kr}=C_r, \quad A_{ks}=C_s.$$

在等式 (22) 中, 依次令 $k=1,2,\cdots,n$, 即得到方程组

$$\left.\begin{array}{c} C_1a_{11}+C_2a_{12}+\cdots+C_ra_{1r}+C_sa_{1s}=0, \\ C_1a_{21}+C_2a_{22}+\cdots+C_ra_{2r}+C_sa_{2s}=0, \\ \cdots\cdots\cdots\cdots\cdots\cdots\cdots\cdots\cdots\cdots \\ C_1a_{n1}+C_2a_{n2}+\cdots+C_ra_{nr}+C_sa_{ns}=0. \end{array}\right\} \tag{23}$$

数 $C_s=A_{ks}$ 异于零, 因为 A_{ks} 是矩阵 A 的基子式. 以 C_s 除等式 (23) 中的每一个, 然后将末项以外的各项移到等式右端, 并用 λ_j $(j=1,2,\cdots,r)$ 表示 $-\frac{C_j}{C_s}$, 即得到,

$$\left.\begin{array}{c} a_{1s}=\lambda_1a_{11}+\lambda_2a_{12}+\cdots+\lambda_ra_{1r}, \\ a_{2s}=\lambda_1a_{21}+\lambda_2a_{22}+\cdots+\lambda_ra_{2r}, \\ \cdots\cdots\cdots\cdots\cdots\cdots\cdots\cdots\cdots \\ a_{ns}=\lambda_1a_{n1}+\lambda_2a_{n2}+\cdots+\lambda_ra_{nr}. \end{array}\right\} \tag{24}$$

这些等式证明矩阵 A 的第 s 列是这个矩阵前 r 列的线性组合 (系数为 λ_1, $\lambda_2,\cdots,\lambda_r$). 既然 s 可以是从 1 到 m 的任何整数, 我们的定理证毕.

3. 现在我们可以证明在第 1 段末所述的定理 3 的逆定理.

定理 5 *若行列式 D 等于零, 则它有一列是其他诸列的线性组合.*

证 我们考虑行列式 D 的矩阵. 既然 $D=0$, 这个矩阵的基子式的阶 $r<n$, 因此, 在我们找出 r 个基列之后, 至少还可以找到一列不在这些基列之中. 根据关于基子式的定理, 它一定是基列的某个线性组合. 于是我们看出, 在行列式 D 中, 有一列是其他诸列的线性组合, 这就是所要证明的结果.

应当指出, 我们可以把行列式 D 的所有其余的列都包括在这个线性组合内, 譬如我们可以选取零作为它们前面的系数.

4. 我们可以将所得的结果叙述成更对称的形状:

若 m 个列 $A_1, A_2, \cdots, A_m$ (参看第 1 段) 的线性组合的系数 $\lambda_1, \lambda_2, \cdots, \lambda_m$ 取为零, 则结果显然得到零列, 即由零组成的列. 但是, 也有可能, 以所给诸列作成零列, 不仅可以用这种方法, 还可以借助于不全为零的系数 $\lambda_1, \lambda_2, \cdots, \lambda_m$. 在这种情形下, 所取的列 $A_1, A_2, \cdots, A_m$ 称为线性相关.

例如, 诸列

$$A_1=\begin{bmatrix}1\\2\\3\\4\end{bmatrix}, \quad A_2=\begin{bmatrix}2\\4\\6\\8\end{bmatrix}, \quad A_3=\begin{bmatrix}1\\1\\1\\1\end{bmatrix}$$

是线性相关的, 因为由下述线性组合的结果

$$2\cdot A_1-1\cdot A_2+0\cdot A_3$$

得到零列.

线性相关的定义可以更详细地说成: 对于诸列

$$A_1=\begin{bmatrix}a_{11}\\a_{21}\\\vdots\\a_{n1}\end{bmatrix}, \quad A_2=\begin{bmatrix}a_{12}\\a_{22}\\\vdots\\a_{n2}\end{bmatrix}, \cdots, \quad A_m=\begin{bmatrix}a_{1m}\\a_{2m}\\\vdots\\a_{nm}\end{bmatrix},$$

若有不皆为零的量 $\lambda_1, \lambda_2, \cdots, \lambda_m$ 存在, 满足方程组

$$\left.\begin{array}{l}\lambda_1a_{11}+\lambda_2a_{12}+\cdots+\lambda_ma_{1m}=0,\\ \lambda_1a_{21}+\lambda_2a_{22}+\cdots+\lambda_ma_{2m}=0,\\ \cdots\cdots\cdots\cdots\cdots\cdots\cdots\cdots\cdots\cdots\\ \lambda_1a_{n1}+\lambda_2a_{n2}+\cdots+\lambda_ma_{nm}=0,\end{array}\right\}$$

或者, 与此同样的

$$\lambda_1A_1+\lambda_2A_2+\cdots+\lambda_mA_m=0^{①},$$

①右端的符号 0 表示零列.

则它们称为线性相关. 若在诸列 $A_1, A_2, \cdots, A_m$ 中, 有一列, 譬如最后一列, 是其余诸列的线性组合,

$$A_m = \lambda_1 A_1 + \lambda_2 A_2 + \cdots + \lambda_{m-1} A_{m-1}, \tag{25}$$

则可以断言: $A_1, A_2, \cdots, A_m$ 诸列线性相关. 实际上, (25) 式与

$$\lambda_1 A_1 + \lambda_2 A_2 + \cdots + \lambda_{m-1} A_{m-1} - A_m = 0$$

等价. 因此, $A_1, A_2, \cdots, A_m$ 诸列的一个线性组合存在, 且其系数不都等于零, (例如最后的系数等于 -1) 而它却是零列; 这就表示 $A_1, A_2, \cdots, A_m$ 诸列线性相关.

倒转过来, 若 $A_1, A_2, \cdots, A_m$ 诸列线性相关, 则可断言, 在这些列中, (至少) 有一个是其余的列的线性组合. 事实上, 在表示诸列 $A_1, A_2, \cdots, A_m$ 线性相关的等式

$$\lambda_1 A_1 + \lambda_2 A_2 + \cdots + \lambda_{m-1} A_{m-1} + \lambda_m A_m = 0 \tag{26}$$

里, 譬如设系数 λ_m 不是零, 则 (26) 式与

$$A_m = -\frac{\lambda_1}{\lambda_m} A_1 - \frac{\lambda_2}{\lambda_m} A_2 - \cdots - \frac{\lambda_{m-1}}{\lambda_m} A_{m-1}$$

等价, 此即证明列 A_m 是 $A_1, A_2, \cdots, A_{m-1}$ 诸列的线性组合.

所以, 已给 $A_1, A_2, \cdots, A_m$ 诸列, 当这些列里有一个是其余诸列的线性组合时, 而且仅当此时, 所给诸列线性相关.

由定理 3 及 5, 可知当一个行列式 D 的列之中, 有一个是其余诸列的线性组合时, 而且仅当此时, 行列式等于零.

利用所得的性质, 我们可以叙述下面的定理:

定理 6 *当一个行列式 D 的诸列线性相关时, 而且仅当此时, 行列式等于零.*

5. 因为行列式经过转置之后, 其值不变 (§3 第 1 段), 而列却被行所代替, 所以在这一段的所有叙述中, 可以用行代替列. 特别地, 下述结果成立:

当一个行列式 D 的诸行线性相关时, 而且仅当此时, 行列式等于零.

习题

1. 作 4 个列, 每列含 4 个数, 而它们不线性相关.

提示 只要使所对应的 4 阶行列式不等于零.

2. 试证: 如果一个 n 阶行列式的行线性相关, 则它的列也线性相关.

提示 利用第 4 段及第 5 段的结果.

第二章

线性空间

§10. 引论

常数项等于零的线性方程组, 即

$$\left.\begin{array}{l}a_{11}x_1+a_{12}x_2+\cdots+a_{1n}x_n=0,\\ a_{21}x_1+a_{22}x_2+\cdots+a_{2n}x_n=0,\\ \cdots\cdots\cdots\cdots\cdots\cdots\cdots\cdots\cdots\cdots\cdots\\ a_{k1}x_1+a_{k2}x_2+\cdots+a_{kn}x_n=0\end{array}\right\}\tag{1}$$

称为齐次线性方程组. 这种方程组总是相容的, 因为它显然有"零解" $x_1=x_2=\cdots=x_n=0$. 这种方程组的解具有下述的显著性质:

设 $c_1^{(1)},c_2^{(1)},\cdots,c_n^{(1)}$ 及 $c_1^{(2)},c_2^{(2)},\cdots,c_n^{(2)}$ 是方程组的两组解, 我们作下列诸数:

$$c_1=c_1^{(1)}+c_1^{(2)},\quad c_2=c_2^{(1)}+c_2^{(2)},\cdots,c_n=c_n^{(1)}+c_n^{(2)}.\tag{2}$$

可以肯定, $c_1,c_2,\cdots,c_n$ 也是方程组 (1) 的解. 实际上, 将这些数代入此方程组的第 i 个方程, 就得

$$\begin{aligned}&a_{i1}c_1+a_{i2}c_2+\cdots+a_{in}c_n\\ =&a_{i1}(c_1^{(1)}+c_1^{(2)})+a_{i2}(c_2^{(1)}+c_2^{(2)})+\cdots+a_{in}(c_n^{(1)}+c_n^{(2)})\\ =&(a_{i1}c_1^{(1)}+a_{i2}c_2^{(1)}+\cdots+a_{in}c_n^{(1)})+(a_{i1}c_1^{(2)}+a_{i2}c_2^{(2)}+\cdots+a_{in}c_n^{(2)})=0,\end{aligned}$$

此即所求证的事实.

我们称这个解为二组解 $c_1^{(1)},c_2^{(1)},\cdots,c_n^{(1)}$ 及 $c_1^{(2)},c_2^{(2)},\cdots,c_n^{(2)}$ 的和. 同样, 若 $c_1,c_2,\cdots,c_n$ 为方程组 (1) 的任意一个解, 则对于固定的实数 $\lambda,\lambda_{c_1},\lambda_{c_2},\cdots,\lambda_{c_n}$ 也是方程组 (1) 的解; 我们称这个解为解 $c_1,c_2,\cdots,c_n$ 与 λ 的乘积.

因而齐次方程组的解可以相加也可以乘上一个实数.

在代数、分析及几何等不同范围内, 我们遇到一些对象, 对于它们可以施行加法也可以施行乘以实数的运算. 实数本身 (复数也如此) 首先就是这种对象. 在解析几何学及力学中所应用的平面或空间的自由向量, 可以作为第二种例子; 对于它们, 按照完全确定的规则, 也存在着加法与乘以实数的运算. 如刚才所看到的, 加法及乘以实数的运算可以施于齐次线性方程的解, 而这些则是代数对象. 在第一章末, 我们曾经把 n 个元素所构成的列彼此相加及乘以实数. 如果我们愿意的话, 可以称那里的对象为算术对象. 在分析中, 任何线段上给定的函数, 按照大家知道的规则, 也可以相加与乘以实数.

也许有人要反对说, 这种类比是无益的, 因为上述对象的性质完全不同, 因此对它们定义的加法与乘上实数的运算, 相互之间, 也许除去命名相同之外, 毫无共同之处. 实际上, 这种结论提得太早了一些. 但是, 若留心观察一下在上面列举的不同类型的对象上所施行的加法运算, 则我们可以发现, 它们具有很多的共同性质. 例如在一切情况中, 相加的结果与被加项的次序无关. 又如, 在一切情况中, 加法的结合律与关于加法的乘以实数的分配律都能满足, 前者可用等式

$$(x+y)+z=x+(y+z)$$

表示, 而后者则可用等式

$$\lambda(x+y)=\lambda x+\lambda y$$

表示, 其中 x, y, z 是所讨论的集合的任意对象, λ 是任意的实数; 另外一些算术规律也都满足. 此外, 凡是仅仅根据这些规律就能推出的事实, 都是所考虑的一切集合的共同东西. 如果我们只是研究这种共同的东西, 则就没有必要去考虑所给集里的对象的具体性质; 不但如此, 纠缠于对象的具体性质, 只会使我们的研究陷入与我们问题无关的次要的探讨中去①.

我们来引进线性空间的概念. 已给具有任意性质的对象的一个集, 如果在它的对象间能够施行某些姑且称为 "加法" 及 "乘上实数" 的运算, 则这个集将称为线性空间. 元素的性质既然没有给出, 我们就不能说明在它们之间如何进行运算; 但是我们能够假定这些运算服从一定的算术规律, 以后将用适当的方法把这些规律叙述成公理的形状.

线性空间的元素将称为向量, 尽管从其本身的具体性质来看, 它们可以完全与习惯上的有向线段不相类似. 有关 "向量" 这个名词的几何表示法, 会帮助我们了解及常常预见所需要的结果, 同时可以找出有关代数及分析的种种事实的直接几何意义, 没有几何表示法, 则几何意义就不是那样的明显. 特别是在下一章, 我们将得到齐次或非齐次线性方程组一切解的一个简单的几何特征. 在本书最后一章, 我们将介绍傅里叶级数及其他分析对象的几何解释.

---

① 当然, 这一点与所论问题的普遍性大小有关. 在 §90 里, 我们可以见到另外的情形. 解决问题要求确定对象的具体性质, 因而一般的考虑是不够的.

§11. 线性空间的定义

1. 一个集 R (它的元素以后称为 "向量", 用字母 $x, y, z, \cdots$ 表示), 如果满足以下条件, 就称为线性 (仿射) 空间: 1) 有这样一个规律, 根据它, 对于 R 中每两个元素 x, y, 可以作出 R 中的第三个元素 z ($z \in R$[①]); z 称为 x, y 的和, 用 $x+y$ 表示; 2) 有这样一个规律, 根据它, 对于每一个元素 $x \in R$[②] 和每一个实数 λ, 可以作出 R 中一个元素 u; u 称为 "*元素 x 乘上实数 λ 之积*", 用 λx 表示; 3) 元素之和与元素乘上实数之积的构成规则, 满足以下条件:

I. a) 对于 R 中任意的 x 与 y, $x+y=y+x$;

b) 对于 R 中任意的 x, y, z, $(x+y)+z=x+(y+z)$;

c) 有一元素 0 ("零向量") 存在, 对于任意一个 $x \in R$, 它使 $x+0=x$;

d) 对于每一个 $x \in R$, 有一元素 $y \in R$, 使 $x+y=0$ ("逆元素");

Ⅱ. e) 对于任一个 $x \in R$, $1 \cdot x = x$;

f) 对于任一个 $x \in R$ 及任意的实数 α 及 β, $\alpha(\beta x)=(\alpha\beta)x$;

Ⅲ. g) 对于任一个 $x \in R$ 及任意的实数 α 及 β, $(\alpha+\beta)x=\alpha x+\beta x$;

h) 对于 R 中任意的 x, y 及任意的实数 α, $\alpha(x+y)=\alpha x+\alpha y$.

从公理 I—Ⅲ, 我们首先可以得到下面的一些定理:

定理 7 *在任何线性空间里有唯一的零 (向量) 存在.*

证 由公理 I, c) 可以断定至少有一个零存在. 假定空间 R 中有两个零 0_1 及 0_2.

在公理 I. c) 里, 假定 $x=0_1, 0=0_2$, 我们得到:

$$0_1+0_2=0_1.$$

仍在公理 I. c) 里, 假定 $x=0_2, 0=0_1$, 我们得到:

$$0_2+0_1=0_2.$$

将所得的第一等式与第二等式相比较, 并利用公理 I. a), 得 $0_1=0_2$, 这就是所要证明的.

定理 8 *在任何线性空间里, 对于每一个元素, 有唯一逆元素存在.*

证 由公理 I. d) 可以断定至少有一个逆元素存在. 假定对于某一个元素 x, 有两个逆元素 y_1 及 y_2. 在等式 $x+y_1=0$ 两端加上元素 y_2; 利用公理 I. b) 及 I. c) 我们得到:

$$y_2+(x+y_1)=(y_2+x)+y_1=0+y_1=y_1,$$

$$y_2+(x+y_1)=y_2+0=y_2,$$

---

① 此后我们要利用集合论中的一些符号. $a \in A$ 表示*元素 a 属于集 A*; $B \subset A$ 表示*集 B 是集 A 的一部分* (B 也可以与 A 相同). 若 $B \subset A, A \subset B$ 两个关系同时成立, 则 A 与 B 两集相同. 符号 $\in, \subset$ 叫作包含符号.

② 不应读成 "对于每一个元素 x 属于 R", 应读成 "对于每一个属于 R 的元素 x", 以下仿此 —— 译者.

因此, $y_1 = y_2$, 即所要求证明的.

定理 9 *对于任何线性空间的每个元素 x, 等式*

$$0 \cdot x = 0$$

成立 (等式右端的 0 表示零向量, 左端的表示实数 0).

证 考虑元素 $0 \cdot x + 1 \cdot x$; 利用公理 Ⅲ. g) 及 Ⅱ. e), 我们得到:

$$0 \cdot x + 1 \cdot x = (0+1)x = 1 \cdot x = x, \quad 0 \cdot x + 1 \cdot x = 0 \cdot x + x,$$

因此

$$x = 0 \cdot x + x;$$

在等式的两端加上 x 的逆元素 y, 我们得到:

$$0 = x + y = (0 \cdot x + x) + y = 0 \cdot x + (x + y) = 0 \cdot x + 0 = 0 \cdot x,$$

因此

$$0 = 0 \cdot x,$$

证毕.

定理 10 *对于任何线性空间的每个元素 x,*

$$y = (-1) \cdot x$$

为它的逆元素.

证 作二元素的和 $x + y$; 利用上述公理及定理 9, 我们得到

$$x + y = 1 \cdot x + (-1) \cdot x = (1 - 1) \cdot x = 0 \cdot x = 0.$$

证毕.

现在我们用 $-x$ 表示所给的元素 x 的逆元素; 证明了定理 10 之后, 这样来表示是很自然的.

有了逆元素, 就可以导出减法运算的概念; 即: x 及 $-y$ 的和称为 x 与 y 之差 $x - y$. 这个定义与算术里的减法定义一致.

若给出了元素 $x, y, z, \cdots$ 的性质以及关于它们的演算的具体规则 [它们应当遵守公理 a)—h)], 这个线性空间将称为*具体的*.

2. 下述三种具体的空间今后对于我们特别重要.

空间 V_3. 这个空间的元素看作是空间解析几何里所用的自由向量. 每一个向量的特征是长及方向[①]. 向量加法用普通的方法按平行四边形法则来规定. 向量乘以实数也用通常的方法规定 (即, 向量的长乘以 $|\lambda|$, 而且若 $\lambda > 0$, 方向保持不变, 若 $\lambda < 0$, 则以相反的方向来代替). 容易验证, 对于这个空间所有公理 a)—h) 都满足. 平面上的及直线上的向量所构成的类似的集合也是线性空间, 我们依次用符号 V_2 及 V_1 来表示.

[①]零向量是例外, 它的长等于零, 而方向是任意的.

空间 T_n. 这个空间的元素是含 n 个实数的任一集合: $x=(\xi_1,\xi_2,\cdots,\xi_n)$. 这些数 $\xi_1,\xi_2,\cdots,\xi_n$ 称为元素 x 的坐标. 加法及乘上实数的运算按照下述的规定进行:

$$(\xi_1,\xi_2,\cdots,\xi_n)+(\eta_1,\eta_2,\cdots,\eta_n)=(\xi_1+\eta_1,\xi_2+\eta_2,\cdots,\xi_n+\eta_n),$$

$$\lambda(\xi_1,\xi_2,\cdots,\xi_n)=(\lambda\xi_1,\lambda\xi_2,\cdots,\lambda\xi_n).$$

容易验证, 公理 a)—h) 都满足. 特殊的, 元素 0 是含 n 个零的一组: $0=(0,0,\cdots,0)$. 事实上, 在 §9, 我们曾接触到这个空间的元素, 不过我们在那里不是把它们写成行而是写成列.

空间 $C(a,b)$. 这个空间的元素, 是线段 $a\leqslant t\leqslant b$ 上定义的任何连续函数 $x=x(t)$, 函数的加法及乘上实数的运算规则都按分析里的规则来定义. 公理 a)—h) 被满足是明显的. 这时元素 0 是一个恒等于零的函数.

可以指出, 一切仅根据公理 I—III 推得的, 关于具体空间 (例如向量空间 V_3) 元素的各种性质, 对于任意线性空间的元素来说, 也都正确. 例如, 可以指出, 在分析用以解线性方程组

$$\begin{aligned}
&a_{11}x_1+a_{12}x_2+\cdots+a_{1n}x_n=b_1,\\
&a_{21}x_1+a_{22}x_2+\cdots+a_{2n}x_n=b_2,\\
&\cdots\cdots\cdots\cdots\cdots\cdots\cdots\cdots\\
&a_{n1}x_1+a_{n2}x_2+\cdots+a_{nn}x_n=b_n
\end{aligned}$$

的克拉默法则时, 涉及 $b_1,b_2,\cdots,b_n$ 诸量的部分, 这个证明只根据了下述的事实: 这些量可以按照规律 I—III 相加及乘上实数. 如同在 §7 里已经指出的, 这就使我们能够把克拉默法则推广到 $b_1,b_2,\cdots,b_n$ 是向量 (空间 V_3 的元素) 的那种方程组去. 不但如此, 这同时也使我们看到, 克拉默法则对于更普遍的方程组也还正确, 在那些方程组内, $b_1,b_2,\cdots,b_n$ 诸量是任意线性空间 R 的元素. 我们只要注意, 此时未知量 $x_1,x_2,\cdots,x_n$ 的值也是这个空间 R 的元素, 它们可以写成 $b_1,b_2,\cdots,b_n$ 的线性组合.

习题

1. 在平面上, 始点在原点, 终点在第一象限范围里的向量的集合, (具有通常的运算) 是否构成一个线性空间?

答 不, 因为在这个集里, 不能施行乘上 -1 的运算.

2. 若在平面上的一切向量中, 除去平行于某一已给直线的向量, 所余的是否构成一个线性空间?

答 不, 因为在这个集里, 关于所给直线对称的两个向量不能相加.

3. 考虑正的实数集 P. 按下面规则引进运算: 两个数的 "加法" 了解为它们 (通常的) 相乘, 而元素 $r\in P$ 乘上实数 λ 理解为 (通常的) 数 r 自乘 λ 次. 按照这样规定的运算, P 是不是线性空间?

答 是, 特殊的, 空间 P 里的 "零" 是 $1\in P$.

3. 附记 在解析几何中, 为方便起见, 常把向量不看作是自由的, 而是使向量的始点固定在原点上. 这样做的好处在于每一个向量联系着空间的某一点, 即它自

己的终点, 而空间中每一个点, 就能用一个与它对应的向量 —— 称为这个点的径向量来确定. 注意到这种情形, 我们就把线性空间的元素常常不叫作向量, 而叫作点. 当然, 名称的这种改变, 并不连带着定义的任何改变, 而仅仅是引进了一种几何的表达法.

§12. 线性相关

设 $x_1, x_2, \cdots, x_k$ 是线性空间 R 的向量, $C_1, C_2, \cdots, C_k$ 是实数. 向量

$$y = C_1 x_1 + C_2 x_2 + \cdots + C_k x_k$$

称为向量 $x_1, x_2, \cdots, x_k$ 的线性组合; 实数 $C_1, C_2, \cdots, C_k$ 称为这个线性组合的系数.

若 $C_1 = C_2 = \cdots = C_k = 0$, 则由定理 3 及公理 I. c), 我们得到 $y = 0$. 但是可能有这种情形, 即对于 $x_1, x_2, \cdots, x_k$, 有一个线性组合存在, 其中的系数不皆为零, 然而结果是一个零向量: 此时, 向量 $x_1, x_2, \cdots, x_k$ 称为线性相关. 换言之, 若有不皆为零的数 $C_1, C_2, \cdots, C_k$ 存在, 使

$$C_1 x_1 + C_2 x_2 + \cdots + C_k x_k = 0. \tag{3}$$

则向量 $x_1, x_2, \cdots, x_k$ 称为线性相关. 若等式 (3) 只是在 $C_1 = C_2 = \cdots = C_k = 0$ 这唯一的情况时才能成立, 则向量 $x_1, x_2, \cdots, x_k$ 称为线性无关.

例

1. 在线性空间 V_3 中, 两个向量线性相关, 就表示它们平行于同一直线; 三个向量线性相关, 就表示它们平行于同一平面. 任何四个向量都线性相关.

2. 我们来阐明, 线性空间 T_n 的向量 $x_1, x_2, \cdots, x_k$ 线性相关表示什么? 设向量 x_i 的坐标为 $\xi_1^{(i)}, \xi_2^{(i)}, \cdots, \xi_n^{(i)} (i = 1, 2, \cdots, k)$, 则线性关系

$$C_1 x_1 + C_2 x_2 + \cdots + C_k x_k = 0$$

表示以下 n 个等式成立:

$$\left.\begin{array}{l} C_1 \xi_1^{(1)} + C_2 \xi_1^{(2)} + \cdots + C_k \xi_1^{(k)} = 0, \\ C_1 \xi_2^{(1)} + C_2 \xi_2^{(2)} + \cdots + C_k \xi_2^{(k)} = 0, \\ \cdots\cdots\cdots\cdots\cdots\cdots\cdots\cdots\cdots\cdots \\ C_1 \xi_n^{(1)} + C_2 \xi_n^{(2)} + \cdots + C_k \xi_n^{(k)} = 0, \end{array}\right\} \tag{4}$$

而在常数 $C_1, C_2, \cdots, C_k$ 之中, 有不为零的; 这刚好就是我们在 §9 里对于以实数组成的列曾规定的线性相关的定义.

因此, 向量 $x_1, x_2, \cdots, x_k$ 的线性相关问题, 一般地归结为以所给向量的坐标为系数的齐次方程组的非零解的存在问题. 在下一章 (§20), 这个问题将完全得到解决, 从而得到一个规则, 利用这个规则根据向量的坐标就能判断空间 T_n 中已给向量的线性相关或线性无关.

但是, 在某些场合, 我们现在已经能够判定已知向量系的线性相关或线性无关.

譬如, 在空间 T_n 中取 n 个向量

$$e_1=(1,0,0,\cdots,0),\quad e_2=(0,1,0,\cdots,0),\quad \cdots,\quad e_n=(0,0,0,\cdots,1).$$

对于这些向量, 方程组 (4) 成为以下形状:

$$\begin{aligned}&C_1\cdot 1+C_2\cdot 0+C_3\cdot 0+\cdots+C_n\cdot 0=0,\\&C_1\cdot 0+C_2\cdot 1+C_3\cdot 0+\cdots+C_n\cdot 0=0,\\&\cdots\cdots\cdots\cdots\cdots\cdots\cdots\cdots\cdots\cdots\cdots\cdots,\\&C_1\cdot 0+C_2\cdot 0+C_3\cdot 0+\cdots+C_n\cdot 1=0.\end{aligned}$$

显然它只有唯一的解, $C_1=C_2=\cdots=C_n=0$, 因此, 向量 $e_1,e_2,\cdots,e_n$ 在空间 T_n 中线性无关.

习题

试证明在空间 T_n 里, n 个已给向量线性无关的判别准则是它们的坐标组成的行列式不等于零.

提示 利用 §9 的定理 6.

3. 空间 $C(a,b)$ 中, 向量 $x_1=x_1(t),x_2=x_2(t),\cdots,x_k=x_k(t)$ 线性相关, 表示在函数 $x_1(t),x_2(t),\cdots,x_k(t)$ 之间有关系

$$C_1x_1(t)+C_2x_2(t)+\cdots+C_kx_k(t)\equiv 0,$$

其中常数 $C_1,C_2,\cdots,C_k$ 不全等于零.

例 函数 $x_1(t)=\cos^2 t,x_2(t)=\sin^2 t,x_3(t)=1$ 线性相关; 因为关系

$$x_1(t)+x_2(t)-x_3(t)\equiv 0$$

成立. 另一方面我们将验证, $1,t,t^2,\cdots,t^k$ 线性无关. 假定有一关系

$$C_0\cdot 1+C_1t+\cdots+C_kt^k\equiv 0\tag{5}$$

存在, 则将等式 (5) 继续微分 k 次, 我们得到关于 $C_0,C_1,\cdots,C_k$ 诸量的 $k+1$ 个方程的方程组, 它的行列式显然不为零 (§5, 例); 按照克拉默法则 (§7), 我们得到方程组的解:

$$C_0=C_1=\cdots=C_k=0.$$

于是函数 $1,t,t^2,\cdots,t^k$ 在空间 $C(a,b)$ 中线性无关. 证毕.

习题

试证, 在空间 $C(a,b)$ 中若 $\alpha_1,\alpha_2,\cdots,\alpha_k$ 是不同的实数, 函数 $t^{\alpha_1},t^{\alpha_2},\cdots,t^{\alpha_k}$ 线性无关.

我们指出, 线性相关的向量组有以下两个简单的性质.

引理 1 若向量 $x_1,x_2,\cdots,x_k$ 中的一部分是线性相关的, 则全组 $x_1,x_2,\cdots,x_k$ 是线性相关的.

证 可以认为向量 $x_1,x_2,\cdots,x_j\ (j\leqslant k)$ 线性相关而不失普遍性; 于是就有关系

$$C_1x_1+C_2x_2+\cdots+C_jx_j=0,$$

这里在常数 $C_1, C_2, \cdots, C_j$ 之中, 有不是零的. 利用定理 3 (§11) 及公理 I. c), 得知等式

$$C_1x_1 + C_2x_2 + \cdots + C_jx_j + 0 \cdot x_{j+1} + \cdots + 0 \cdot x_k = 0$$

是正确的, 此即证明向量 $x_1, x_2, \cdots, x_k$ 仍然线性相关; 因为在常数 $C_1, C_2, \cdots, C_j, 0, \cdots, 0$ 之中, 有不是零的.

引理 2 已给向量 $x_1, x_2, \cdots, x_k$, 当其中有一个向量能表示成其他向量的线性组合时, 而且仅当此时, 所给诸向量才线性相关.

在前边已经碰到相似的命题; 在 §9, 第 4 段关于实数组成的列曾证明过这样的命题. 若再检查一遍那个证明, 即可看出, 它仅仅根据列的加法运算及乘上实数的运算. 于是这个证明适用于任意线性空间的元素, 因而可知我们的预备定理对于任意线性空间是正确的. 证毕.

§13. 基底及坐标

1. 已给一个线性空间 R 的线性无关的向量组 $e_1, e_2, \cdots, e_n$, 若对于任一向量 $x \in R$, 存在有一个如下的分解式:

$$x = \xi_1 e_1 + \xi_2 e_2 + \cdots + \xi_n e_n, \tag{6}$$

则它们称为构成空间 R 的一个基 (底).

在规定的条件下, 容易看出, 分解式 (6) 的系数唯一地确定.

实际上, 若对于某个向量 x, 可写成两种分解式

$$x = \xi_1 e_1 + \xi_2 e_2 + \cdots + \xi_n e_n,$$

$$x = \eta_1 e_1 + \eta_2 e_2 + \cdots + \eta_n e_n,$$

则逐项相减, 我们得到等式

$$0 = (\xi_1 - \eta_1)e_1 + (\xi_2 - \eta_2)e_2 + \cdots + (\xi_n - \eta_n)e_n.$$

因为已假设向量 $e_1, e_2, \cdots, e_n$ 线性无关, 我们得到

$$\xi_1 = \eta_1, \quad \xi_2 = \eta_2, \quad \cdots, \quad \xi_n = \eta_n.$$

这些唯一确定的数 $\xi_1, \xi_2, \cdots, \xi_n$ 称为向量 x 对于基底 $e_1, e_2, \cdots, e_n$ 的坐标.

例

1) 在空间 V_3 中, 我们熟悉的基底是由三个互相垂直的单位向量 $\boldsymbol{i}, \boldsymbol{j}, \boldsymbol{k}$ 所构成. 对于这个基底向量 x 的坐标 ξ_1, ξ_2, ξ_3, 是向量 x 在坐标轴上的射影.

2) 在 §12 中所讨论的向量组 $e_1 = (1, 0, \cdots, 0), e_2 = (0, 1, \cdots, 0), \cdots, e_n = (0, \cdots, 0, 1)$ 是空间 T_n 中的基底的例. 实际上, 对于任意向量 $x = (\xi_1, \xi_2, \cdots, \xi_n) \in T_n$, 等式

$$x = \xi_1(1, 0, \cdots, 0) + \xi_2(0, 1, \cdots, 0) + \cdots + \xi_n(0, 0, \cdots, 1)$$

显然成立. 但已知向量 $e_1, e_2, \cdots, e_n$ 线性无关, 所以这些向量构成空间 T_n 的一个基底.

而在这里面, 数 $\xi_1, \xi_2, \cdots, \xi_n$ 不是别的, 就是向量 x 对于基底 $e_1, e_2, \cdots, e_n$ 的坐标.

3) 在空间 $C(a,b)$ 里, 根据我们这里所规定的意义, 基底是不存在的; 我们将在下一段里给出这个论断的证明.

2. 线性空间的基底的主要意义在于: 已给定了基底之后, 本来是抽象地给出的空间里的线性运算, 变成数量的普通线性运算, 也就是所取向量对于这个基底的坐标的线性运算. 即: 下面定理成立.

定理 11 空间 R 的两个向量相加相当于它们的坐标 (对任意的基) 相加. 向量乘上一个数相当于这个向量的一切坐标乘上这个数.

证 设 $x = \xi_1 e_1 + \xi_2 e_2 + \cdots + \xi_n e_n, y = \eta_1 e_1 + \eta_2 e_2 + \cdots + \eta_n e_n$.

故根据 §11 的公理,

$$x + y = (\xi_1 + \eta_1)e_1 + (\xi_2 + \eta_2)e_2 + \cdots + (\xi_n + \eta_n)e_n,$$

$$\lambda x = \lambda\xi_1 e_1 + \lambda\xi_2 e_2 + \cdots + \lambda\xi_n e_n.$$

证明完毕.

习题

1. 对于线性空间 R 的向量组 $e_1, e_2, \cdots, e_n$, 已知:

a) 对于每一个向量 $x \in R$, 有分解式

$$x = \xi_1 e_1 + \xi_2 e_2 + \cdots + \xi_n e_n.$$

b) 对于某一个固定向量 $x_0 \in R$, 这个分解式是唯一的.

试证明 $e_1, e_2, \cdots, e_n$ 构成空间 R 的基底.

提示 证明零向量对于 $e_1, e_2, \cdots, e_n$ 也有唯一的分解式. 由此证明这一组向量线性无关.

2. 在空间 P (§11, 习题 3) 里, 是否有基底存在?

答 有, 由一个向量 —— 任一个不是 1 的元素 $x \in P$—— 构成.

§14. 维 (数)

若在线性空间 R 里, 能找到 n 个线性无关的向量, 而这个空间中的任何 $n+1$ 个向量线性相关, 则 n 就称为空间 R 的维 (数); 而空间 R 就称为 n 维的. 若在一个线性空间, 可以找出随便多少个线性无关的向量, 这个线性空间就称为无穷维的.

定理 12 在 n 维空间 R 里, 有由 n 个向量作成的基底存在; 并且, 空间 R 里任何一组 n 个线性无关的向量都构成这个空间的一个基底.

证 设 $e_1, e_2, \cdots, e_n$ 表示所给 n 维空间 R 的一组 n 个线性无关的向量. 若 x 表示这个空间的一个固定的向量, 则 $n+1$ 个向量

$$x, e_1, e_2, \cdots, e_n$$

必是线性相关, 即有关系

$$C_0 x + C_1 e_1 + \cdots + C_n e_n = 0, \tag{7}$$

在这关系里, 在系数 $C_0, C_1, \cdots, C_n$ 中有异于零的. 显然更可断言, 系数 C_0 不为零; 因为, 否则我们得出 $e_1, e_2, \cdots, e_n$ 之间的一个线性关系, 而按假定, 这是不可能的. 在这种情形下, 用寻常方法, 即以 C_0 除方程, 并且将所有其他的项, 移至右端, 即知 x 可用向量 $e_1, e_2, \cdots, e_n$ 的线性式表出. x 既是空间 R 的任一向量, 即知向量 $e_1, e_2, \cdots, e_n$ 构成这个空间的一个基底. 证毕.

下面的定理 13 是定理 12 的逆定理.

定理 13 *若空间 R 中有基底存在, 则这个空间的维数等于基向量的个数.*

证 设向量 $e_1, e_2, \cdots, e_n$ 构成空间 R 的基底. 依基底的定义, 即知向量 $e_1, e_2, \cdots, e_n$ 线性无关; 因此, 我们已经有 n 个线性无关的向量. 我们再证明空间 R 里任何 $n+1$ 个向量线性相关.

设在空间 R 里, 已给 $n+1$ 个向量

$$
\begin{gathered}
x_1 = \xi_1^{(1)} e_1 + \xi_2^{(1)} e_2 + \cdots + \xi_n^{(1)} e_n, \\
x_2 = \xi_1^{(2)} e_1 + \xi_2^{(2)} e_2 + \cdots + \xi_n^{(2)} e_n, \\
\cdots\cdots\cdots\cdots\cdots\cdots\cdots\cdots\cdots\cdots \\
x_{n+1} = \xi_1^{(n+1)} e_1 + \xi_2^{(n+1)} e_2 + \cdots + \xi_n^{(n+1)} e_n.
\end{gathered}
$$

将其中每个向量的坐标分别写成列, 则得一个 n 行 $n+1$ 列的矩阵

$$
A = \begin{bmatrix}
\xi_1^{(1)} & \xi_1^{(2)} & \cdots & \xi_1^{(n+1)} \\
\xi_2^{(1)} & \xi_2^{(2)} & \cdots & \xi_2^{(n+1)} \\
\vdots & \vdots & & \vdots \\
\xi_n^{(1)} & \xi_n^{(2)} & \cdots & \xi_n^{(n+1)}
\end{bmatrix}.
$$

矩阵 A 的基子式 (§9) 的阶 $r \leqslant n$. 若 $r = 0$, 则所给的 $n+1$ 个向量显然线性相关. 设 $r > 0$. 当摘出 r 个基列之后, 我们还能至少找出一列, 它不在基列里面. 但是, 根据关于基子式的定理, 这个列是诸基列的线性组合. 在空间 R 里, 与这个列相对应的向量是其余的向量 (由已给的 $x_1, x_2, \cdots, x_{n+1}$ 之中摘出) 的线性组合. 但是, 在这种情形下, 根据 §12 引理 2, 向量 $x_1, x_2, \cdots, x_{n+1}$ 线性相关. 证明完毕.

例

1. 空间 V_3 是三维的, 因为它的基底是由三个向量 $\boldsymbol{i}, \boldsymbol{j}, \boldsymbol{k}$ (§13) 构成; V_2 是二维的, V_1 是一维的.

2. 空间 T_n 是 n 维的, 因为它具有一个由 n 个向量 $e_1, e_2, \cdots, e_n$ (§13) 构成的基底.

3. 在空间 $C(a, b)$ 里, 有无穷多个线性无关的向量 (§12). 于是这个空间是无穷维的, 所以没有基底; 假若有基底存在, 则与定理 13 矛盾. 基底的概念在无穷维空间的推广, 在第十二章里讨论.

习题

空间 P (§11 习题 3) 是几维的?

答 1.

§15. 子空间

1. 假定线性空间 R 的元素的某个集合 L, 具有下述性质:

a) 若 $x \in L, y \in L$, 则 $x + y \in L$;

b) 若 $x \in L, \lambda$ 是实数, 则 $\lambda x \in L$.

则在所给的元素集内确定了一个线性运算. 我们将证明 L 也是线性空间. 为此, 必须验证: 具有运算 a)—b) 的集 L, 遵守 §12 的公理. 公理 I. a), b)、Ⅱ 及 Ⅲ 是满足的, 因为 R 的所有元素皆满足它们. 尚需验证公理 I. c) 及 d). 设 x 是 L 的任一元素; 则按照条件, 对于任一实数 λ, 有 $\lambda x \in L$.

选择 $\lambda = 0$; 因为按定理 3 (§11), $0 \cdot x = 0$, 所以零向量属于子空间 L. 因而公理 I. c) 已满足. 今取 $\lambda = -1$; 因为按定理 4 (§11), $(-1) \cdot x$ 是元素 x 的逆元素, 所以集 L 的每个元素皆有逆元素. 因之, 公理 I. d) 已满足. 于是我们的论断完全证毕.

所以, 满足条件 a) 及 b) 的一切集 $L \subset R$ 称为空间 R 的*线性子空间* (或简称*子空间*).

例

1) 空间 R 的零向量显然构成空间 R 的、在可能范围内最小的子空间.

2) 整个空间 R 构成空间 R 的、在可能范围内最大的子空间.

3) 设 L_1 及 L_2 表示同一线性空间 R 的两个子空间. 所有同时属于 L_1 及 L_2 的一切向量 $x \in R$ 的集, 构成一个子空间, 称为子空间 L_1 及 L_2 的*交* (*空间*). 一切具形状 $y + z$ 的向量 (其中 $y \in L_1, z \in L_2$) 构成一个子空间, 称为子空间 L_1 及 L_2 的*和* (*空间*).

4) 在空间 V_3 里, 一切平行于某一个平面 (或某一条直线) 的向量, 构成一个子空间. 若不用向量的名称而用点 (参看 §11 第 3 段), 则在通过坐标原点的平面 (或直线) 上的点集是空间 V_3 的子空间.

5) 在空间 T_n 中, 我们考虑那些向量 $x = (\xi_1, \xi_2, \cdots, \xi_n)$ 的集 L, 它们的坐标满足一定的线性方程组:

$$\left.\begin{array}{l} a_{11}x_1 + a_{12}x_2 + \cdots + a_{1n}x_n = 0, \\ a_{21}x_1 + a_{22}x_2 + \cdots + a_{2n}x_n = 0, \\ \cdots\cdots\cdots\cdots\cdots\cdots\cdots\cdots \\ a_{k1}x_1 + a_{k2}x_2 + \cdots + a_{kn}x_n = 0. \end{array}\right\} \tag{8}$$

在 §10, 我们看到: 这个方程组的解相加及乘上实数后仍是这方程组的解. 因此, 集 L 是空间 T_n 的子空间. 于是, 它也是线性空间, 称为*方程组* (8) *的解空间*. 在 §23, 我们将计算这个空间的维数并且作出它的基底.

习题

在空间 V_3 中, 选出两个不同的二维子空间 L_1 及 L_2 (两个不同的, 通过坐标原点的平面), 什么是它们的交及和?

答　交是普通意义下的两个平面的交线, 和是整个空间.

2. 我们指出子空间的一些与 §12—§14 中诸定义有关的性质.

首先, 子空间 L 里的向量 $x, y, \cdots, z$ 的一切线性关系, 在整个空间里也是成立的, 并且倒过来: 特别是, 向量 $x, y, \cdots, z \in L$ 线性相关这一事实在子空间 L 及空间 R 中是同时成立的. 例如, 若在空间 R 中每 $n+1$ 个向量线性相关, 则这个论断在子空间 L 中也成立. 由此可知: n 维空间 R 的任意一个子空间 L 的维数不能超过 n. 在这种情况, 按照定理 12 可知, 在每一个子空间 $L \subset R$ 中, 构成它的基底的向量的个数与它的维数相同. 若在空间 R 中已选择了基底 $e_1, e_2, \cdots, e_n$, 则在一般情形下, 当然不能从向量 $e_1, e_2, \cdots, e_n$ 之中直接选择子空间 L 的基向量, 因为它们之中, 甚至可能一个也不含在子空间 L 里. 但是, 可以断定它的逆命题: 若在子空间 L 里 (为了确定起见, 设其维数 $l < n$) 已选定了基底 $f_1, f_2, \cdots, f_l$, 则在整个空间 R 中, 永远能够再补选向量 $f_{l+1}, \cdots, f_n$ 使向量组 $f_1, f_2, \cdots, f_n$ 构成整个空间 R 的基底.

这一点可以证明如下: 在空间 R 中, 有不能用 $f_1, f_2, \cdots, f_l$ 线性地表示的向量存在; 因为这样的向量若不存在, 则按照线性无关的条件 $f_1, f_2, \cdots, f_l$ 构成空间 R 的基底, 因而由定理 13, R 的维数应是 l 而不是 n. 今设 f_{l+1} 为不能用 $f_1, f_2, \cdots, f_l$ 线性地表示的向量之中的一个. 向量组 $f_1, f_2, \cdots, f_{l+1}$ 线性无关; 因为像

$$C_1 f_1 + C_2 f_2 + \cdots + C_l f_l + C_{l+1} f_{l+1} = 0$$

这样的关系若存在, 则当 $C_{l+1} \neq 0$ 时, 我们将推得向量 f_{l+1} 能用 $f_1, f_2, \cdots, f_l$ 线性地表示; 而当 $C_{l+1} = 0$ 时, 将推得向量 $f_1, f_2, \cdots, f_l$ 线性相关; 这两种结论皆与假设矛盾. 若空间 R 的一切向量可以用 $f_1, f_2, \cdots, f_l, f_{l+1}$ 线性地表示, 则向量组 $f_1, f_2, \cdots, f_l, f_{l+1}$ 构成 R 的基底 (且 $l+1=n$), 而我们的作法终止. 若 $l+1<n$, 则有向量 f_{l+2} 不能用 $f_1, f_2, \cdots, f_l, f_{l+1}$ 线性地表示. 因此, 能继续作下去, 以至最后 (经过 $n-l$ 个步骤) 得到空间 R 的基底.

习题

若子空间 $L \subset R$ 的维数与空间 R 的维数相等, 则 $L \equiv R$.

3. 我们试求一个线性空间 R 的两个有限维的子空间 L 及 M 的和的维数. 以 l 及 m 表示这两个子空间的维数. 以 K 表示子空间 L 及 M 的交, 并以 k 表示它的维数. 在 K 中选定基底 $e_1, e_2, \cdots, e_k$, 并参照第 3 段, 补添向量 $f_{k+1}, f_{k+2}, \cdots, f_l$, 以构成子空间 L 的基底, 补添向量 $g_{k+1}, g_{k+2}, \cdots, g_m$ 以构成子空间 M 的基底. 根据定义和空间 $L+M$ 的每一个向量, 是 L 的向量与 M 的向量之和, 因而能够用向量 $e_1, e_2, \cdots, e_k, f_{k+1}, \cdots, f_l, g_{k+1}, \cdots, g_m$ 线性地表示. 我们将证明这些向量构成子空间 $L+M$ 的基底. 为此, 我们只要验证它们线性无关. 假设存在线性关系式

$$\alpha_1 e_1 + \cdots + \alpha_k e_k + \beta_{k+1} f_{k+1} + \cdots + \beta_l f_l + \gamma_{k+1} g_{k+1} + \cdots + \gamma_m g_m = 0, \tag{9}$$

而在系数 $\alpha_1, \cdots, \gamma_m$ 之中有异于零的. 我们能断言: 在 $\gamma_{k+1}, \cdots, \gamma_m$ 中, 有异于零的数, 因为否则向量 $e_1, e_2, \cdots, e_k, f_{k+1}, \cdots, f_l$ 线性相关, 但是由于它们构成子空间 L 的基底, 这是不可能

的. 因为向量 $g_{k+1},\cdots,g_m$ 线性无关, 于是向量

$$x=\gamma_{k+1}g_{k+1}+\cdots+\gamma_m g_m\neq 0. \tag{10}$$

但是从 (9) 得到

$$-x=\alpha_1 e_1+\cdots+\beta_l f_l\in L,$$

而由 (10) 知 $x\in M$. 因此, x 属于 L 及 M, 因而含于子空间 K 中. 但这样则

$$x=\gamma_{k+1}g_{k+1}+\cdots+\gamma_m g_m=\lambda_1 e_1+\lambda_2 e_2+\cdots+\lambda_k e_k.$$

由于向量 $e_1,e_2,\cdots,e_k,g_{k+1},\cdots,g_m$ 线性无关, 得 $\gamma_{k+1}=\cdots=\gamma_m=0$, 与上面结果矛盾. 于是证明了向量 $e_1,e_2,\cdots,e_k,f_{k+1},\cdots,f_l,g_{k+1},\cdots,g_m$ 的确线性无关.

按照定理 13, 子空间 $L+M$ 的维数等于向量 $e_1,\cdots,e_k,f_{k+1},\cdots,f_l,g_{k+1},\cdots,g_m$ 的个数, 而此数等于 $l+m-k$. 由此可见: *两个子空间之和的维数等于它们的维数之和减去它们交的维数*.

§16. 线性包 (空间)

1. 构成已给向量组的线性包 (空间) 是建立子空间的重要方法.

设 $x,y,z,\cdots$ 表示线性空间 R 的一组向量, 一切具有实系数 $\alpha,\beta,\gamma,\cdots$ 的 (有限的) 线性组合

$$\alpha x+\beta y+\gamma z+\cdots \tag{11}$$

所构成的集, 合称为向量组 $x,y,z,\cdots$ 的线性包 (空间). 容易验证, 这个集满足 §15 第一段的条件 a), b); 因而向量组 $x,y,z,\cdots$ 的线性包是空间 R 的子空间. 这个子空间显然包含向量 $x,y,z,\cdots$. 另一方面, 凡是包含向量 $x,y,z,\cdots$ 的子空间, 就包含它们的一切线性组合 (11); 因此, *向量 $x,y,z,\cdots$ 的线性包是包含这些向量的最小子空间*.

向量 $x,y,z,\cdots$ 的线性包用 $L(x,y,z,\cdots)$ 表示.

例

1) 构成某一空间 R 的基底的向量 $e_1,e_2,\cdots,e_n$ 的线性包, 显然即是整个空间 R.

2) 空间 V_2 中两个 (不共线的) 向量的线性包是由平行于这两个向量的平面的一切向量所构成.

3) 空间 $C(a,b)$ 中函数组 $1,t,t^2,\cdots,t^k$ 的线性包就是 t 的一切不高于 k 次的多项式所构成的集. 函数 $1,t,t^2,\cdots$ 所作的无穷多的函数组的线性包是由变量 t 的一切 (任意高次的) 多项式所构成.

2. 我们指出线性包的两个简单性质.

引理 1 *若向量 $x',y',\cdots$ 属于向量 $x,y,\cdots$ 的线性包, 则整个线性包 $L(x',y',\cdots)$ 含于线性包 $L(x,y,\cdots)$ 内.*

事实上, 向量 $x', y', \cdots$ 属于子空间 $L(x, y, \cdots)$, 因此, 它们的所有线性组合也属于子空间 $L(x, y, \cdots)$. 但这些线性组合构成线性包 $L(x', y', \cdots)$, 故后者含在 $L(x, y, \cdots)$ 内.

引理 2 在向量组 $x, y, \cdots$ 里, 如果其中某些向量分别为组中其余向量的线性组合, 那么, 可以去掉这些向量而线性包不变.

事实上, 若 x 为向量 $y, z, \cdots$ 的线性组合, 则 $x \in L(y, z, \cdots)$. 由此及引理 1, 得到 $L(x, y, z) \subset L(y, z, \cdots)$. 另一方面, 显然 $L(y, z, \cdots) \subset L(x, y, z, \cdots)$. 由所得的两个包含关系即得 $L(y, z, \cdots) = L(x, y, z, \cdots)$, 证明完毕.

3. 我们现在提出关于建立线性包的基底及确定它的维数的问题, 在解决这个问题时, 我们将假设, 产生线性包的向量 $x, y, z, \cdots$ 的个数是有限的 (虽然结论的某些部分实质上不需要这样的假设).

我们假定, 在产生线性包 $L(x, y, \cdots)$ 的向量 $x, y, \cdots$ 之间, 能够找到 r 个线性无关的向量, 用 $x_1, x_2, \cdots, x_r$ 来表示, 但向量组 $x, y, \cdots$ 中每一个向量可以表示成它们的线性组合. 在这种情况下, 我们可以断定: 向量 $x_1, x_2, \cdots, x_r$ 构成空间 $L(x, y, \cdots)$ 的基底. 因为, 按照线性包的定义, 任何向量 $z \subset L(x, y, \cdots)$ 可用 $x, y, \cdots$ 中的有限多个向量表示; 但是根据所给条件, 这一组中的每个向量可以用 $x_1, x_2, \cdots, x_r$ 线性地表示. 所以, 经过有限多次计算之后, 向量 z 能够直接用向量 $x_1, x_2, \cdots, x_r$ 线性地表示. 结合向量 $x_1, x_2, \cdots, x_r$ 是线性无关的假设, 我们得知它们满足基底的两个条件 (§13). 证完.

按照定理 13, 可知空间 $L(x, y, \cdots)$ 的维数等于 r. 因为在 r 维空间中, 不能有多于 r 个线性无关的向量, 我们可以作出以下的结论:

A. 若产生线性包的向量 $x, y, \cdots$ 的个数大于 r, 则向量 $x, y, \cdots$ 线性相关; 若它们的个数等于 r, 则它们线性无关.

B. 向量组 $x, y, \cdots$ 中, 每 $r+1$ 个向量线性相关.

C. 空间 $L(x, y, \cdots)$ 的维数可以规定为: $x, y, \cdots$ 中线性无关向量的最大个数.

§17. 超平面

1. 在 §15 中已指出: 对于空间 V_3, 在 "点的" (而不是 "向量的") 解释之下, 与子空间概念相对应的几何对象, 是通过坐标原点的平面 (或直线). 但是我们希望不通过坐标原点的平面及直线, 也包含在我们讨论的范围之内. 若注意到这样的平面及直线可以由通过坐标原点的平面及直线, 在空间里经过平移得到, 即可自然地得到下述的一般作法.

设 L 是线性空间 R 的某一个子空间, x_0 是一个固定向量, 一般地不属于 L. 考虑一切按公式

$$x = x_0 + y$$

得来的向量 x 的集 H, 其中向量 y 在整个子空间 L 内变动. 集 H 称为子空间 L 按向量 x_0 平移的结果或称为超平面.

我们指出, 一般说来超平面本身不是子空间.

例

1) 空间 V_3 中, 所有以坐标原点为始点, 以某一平面 γ 上的点为终点的向量集, 构成一个超平面. 容易验证, 当平面 γ 通过原点时, 而且仅当此时, 这个超平面是子空间.

2) 在空间 T_n 中, 我们来考察那些向量 $x=(\xi_1,\xi_2,\cdots,\xi_n)$ 的集 H, 它们的坐标满足相容的非齐次线性方程组:

$$\left.\begin{array}{l} a_{11}x_1+a_{12}x_2+\cdots+a_{1n}x_n=b_1,\\ a_{21}x_1+a_{22}x_2+\cdots+a_{2n}x_n=b_2,\\ \cdots\cdots\cdots\cdots\cdots\cdots\cdots\cdots\cdots\cdots\\ a_{k1}x_1+a_{k2}x_2+\cdots+a_{kn}x_n=b_k, \end{array}\right\} \tag{12}$$

同时考虑那些向量 $y=(\eta_1,\eta_2,\cdots,\eta_n)$ 的集 L, 它们的坐标满足与方程组 (12) 有相同的系数的齐次线性方程组:

$$\left.\begin{array}{l} a_{11}y_1+a_{12}y_2+\cdots+a_{1n}y_n=0,\\ a_{21}y_1+a_{22}y_2+\cdots+a_{2n}y_n=0,\\ \cdots\cdots\cdots\cdots\cdots\cdots\cdots\cdots\cdots\cdots\\ a_{k1}y_1+a_{k2}y_2+\cdots+a_{kn}y_n=0. \end{array}\right\} \tag{13}$$

我们已知, 集 L 是空间 T_n 的子空间. 设 $x_0=(\xi_1^{(0)},\xi_2^{(0)},\cdots,\xi_n^{(0)})$ 是方程组 (12) 的某一个固定的解. 我们证明, 集 H 与由所有的向量和 x_0+y 所构成的集一致, 这里的 y 在整个子空间 L 内变动. 因为, 若 $y=(\eta_1,\eta_2,\cdots,\eta_n)$ 是方程组 (13) 的一个解, 则向量 $x=x_0+y=(\xi_1^{(0)}+\eta_1,\xi_2^{(0)}+\eta_2,\cdots,\xi_n^{(0)}+\eta_n)$ 显然是方程组 (12) 的解, 即包含在集 H 中. 倒转过来, 若 x 是集合 H 的任意一个向量, 则向量差 $y=x-x_0$ 满足方程组 (13), 即向量 y 包含在子空间 L 中. 利用我们上述的定义, 可知集 H 是超平面, 即子空间 L 按向量 x_0 平移的结果.

2. 每个超平面即使本身不是子空间, 也可以认为有一定的维数, 即超平面 H 的维数. 我们将以子空间 L —— 即经过平移得到超平面 H 的那个子空间 —— 的维数为超平面 H 的维数.

要使这个定义是合理的, 须要证明: 经过平移可以得到所给超平面 H 的子空间, 只有一个. 为了证明这个诊断, 假定超平面 H 是子空间 L 按向量 x_0 平移的结果, 同时又是子空间 L' 按向量 x_0' 平移的结果.

因此, 对于任意的 $z\in H$, 有 $z=x_0+y$, 这里 $y\in L$, 同时有 $z=x_0'+y'$, 这里 $y'\in L'$. 由此可知, L' 是由公式 $y'=(x_0-x_0')+y$ 所规定的向量 y' 的集, 这里 y 是 L 的任意的向量, 所以子空间 L' 是子空间 L 按向量 $x_1=x_0-x_0'$ 平移的结果. 我们要证明向量 x_1 包含在子空间 L 里. 和子空间 L' 的任何元素一样, 零向量可以写

成 x_1+y_1 的形状, 其中 $y_1 \in L$ (因为 L' 是子空间 L 按向量 x_1 平移的结果); 由此得到 $x_1=-y_1$, 因此 x_1 包含在 L 中, 这就是我们的诊断. 但是这样一来, 任何向量 $y' \in L'$ 包含在子空间 L 中, 因为它是向量 $x_1 \in L$ 及某一向量 $y \in L$ 的和. 因此, 包含关系 $L' \subset L$ 成立. 利用类似的、完全对称的步骤, 可以证明 $L \subset L'$. 故 $L \equiv L'$. 证明完毕.

今后我们称一维的超平面为*直线*, 二维的超平面为*平面*.

习题

1. 构造超平面时所用的平移向量 x_0 是否被这个超平面本身唯一地确定?

答 不, 它可以用这个超平面的任一个另外的向量来代替.

2. 试证明任何超平面 $H \subset R$ 具有下述性质: 若 $x \in H, y \in H$ 则对于任意的实数 α 有 $\alpha x+(1-\alpha)y \in H$. 倒转过来, 若某一子集 $H \subset R$ 具有所述性质, 则 H 是超平面. 这种性质表示超平面的什么几何特征?

答 在"点的"解释下, 每一超平面包含它任意两个点的联线.

3. 设超平面 H_1 及 H_2 的维数分别为 p 及 q. 问超平面 H_3 的维数 (最小) 应当多大, H_3 才能够包含 H_1 及 H_2?

答 若 $p+q+1$ 不超过整个空间的维数, H_3 的维数一般就是 $p+q+1$.

4. 同上题, 但这一次已给三个超平面 H_1, H_2, H_3, 其维数分别为 p, q, r.

答 若 $p+q+r+2$ 这个数不超过整个空间的维数, 则这个数就是所求的维数.

§18. 线性空间的同构

在 §13 第 3 段引进的定理 11 指出, 具有含 n 个向量的基底的任意一个线性空间 R (特殊的, 任意 n 维空间) 与任何其他的, 含 n 个向量的基底的空间 (例如空间 T_n) 实质上没有什么不同: 它们的每一个向量由 n 个数, 即坐标 $\xi_1, \xi_2, \cdots, \xi_n$ 确定, 而且向量间的线性运算归结成它们坐标的完全同样的运算. 这个事实将准确地表达在下面的定理 14 里. 我们先引进同构的定义.

两个满足下述条件的线性空间 R' 及 R'' 称为*同构*: 在向量 $x' \in R'$ 及 $x'' \in R''$ 之间, 能够建立一个一一对应[①], 它使得: 1) 若向量 $x' \in R'$ 与向量 $x'' \in R''$ 对应, 而向量 $y' \in R'$ 与向量 $y'' \in R''$ 对应, 则向量 $x'+y' \in R'$ 与向量 $x''+y'' \in R''$ 对应. 2) 若向量 $x' \in R'$ 与向量 $x'' \in R''$ 对应, 且 λ 是实数, 则向量 $\lambda x' \in R'$ 与向量 $\lambda x'' \in R''$ 对应.

定理 14 *任何两个 n 维空间 R' 及 R'' 是同构的.*

证 设 $e_1', e_2', \cdots, e_n'$ 表示空间 R' 的基底, $e_1'', e_2'', \cdots, e_n''$ 表示空间 R'' 的基底. 根据定理 12, 这两个基底是存在的. 更设 $x'=\sum_{k=1}^{n} \xi_k e_k'$ 是空间 R' 的任一向量, 对

[①]若元素 $x' \in R'$ 及 $x'' \in R''$ 之间的对应满足以下两条件, 则称为一一的:

1) 对于每个元素 $x' \in R'$, 有一个且仅有一个元素 $x'' \in R''$ 与它对应;

2) 同样地, 对于每个元素 $x'' \in R''$, 有一个且仅有一个元素 $x' \in R'$ 被它对应了.

于这个向量, 令向量 $x'' = \sum_{k=1}^{n} \xi_k e_k'' \in R''$ (x'' 对于基底 $e_1'', e_2'', \cdots, e_n''$ 的坐标等于向量 x' 对于基底 $e_1', e_2', \cdots, e_n'$ 的坐标) 与之对应. 显然, 这种对应是一一的.

我们来验证同构条件的满足.

设在空间 R' 里选择两个向量

$$x' = \sum_{k=1}^{n} \xi_k e_k' \quad 及 \quad y' = \sum_{k=1}^{n} \eta_k e_k'$$

按照定理 11, 得,

$$x' + y' = \sum_{k=1}^{n} (\xi_k + \eta_k) e_k'.$$

在空间 R'' 里, 与它们对应的向量为

$$x'' = \sum_{k=1}^{n} \xi_k e_k'', \quad y'' = \sum_{k=1}^{n} \eta_k e_k'', \quad z'' = \sum_{k=1}^{n} (\xi_k + \eta_k) e_k''.$$

依据定理 11, $z'' = x'' + y''$, 由此可知条件 1) 已经满足. 类似地可以验证条件 2) 也能满足: 若 $x' = \sum_{k=1}^{n} \xi_k e_k'$, 则按照定理 11, 得到 $\lambda x' = \sum_{k=1}^{n} \lambda \xi_k e_k'$; 这时, 在空间 R'' 里, 与它们对应的元素为

$$x'' = \sum_{k=1}^{n} \xi_k e_k' \quad 及 \quad z'' = \sum_{k=1}^{n} \lambda \xi_k e_k''.$$

更依照定理 11, $z'' = \lambda x''$, 由此可知条件 2) 也能满足. 于是定理 14 完全证毕.

推论 任何 n 维空间同构于空间 T_n.

习题

1. 若空间 R' 及 R'' 同构, 且 $e_1', e_2', \cdots, e_n'$ 是 R' 的基底, 则与它们对应的向量 $e_1'', e_2'', \cdots, e_n'' \in R''$ 构成空间 R'' 的基底.

2. 若空间 R' 及 R'' 同构, 且 R' 的维数为 n, 则 R'' 的维数也是 n.

3. 依据定理 14 即知一维空间 V_1 及 P (§11 习题 3; §14 习题 1) 是同构的. 如何具体地实现这个同构?

答 对于每一个正数, 令它的对数与之对应.

第三章

线性方程组

---

§19. 再谈矩阵的秩

在我们的讨论中, 曾多次遇到矩阵. 在这一节里, 我们更详细地讨论与秩的概念 (§9) 有关的矩阵性质. 这就使我们对于 §1 里所提出的线性方程组的问题能得到一般的解答.

我们回忆一下 §9 里的基本定义.

设已给一个 n 行 k 列的矩阵, 它的元素是数 a_{ij}① (i 是行的指标, j 是列的指标, $i=1,2,\cdots,n; j=1,2,\cdots,k$):

$$A=\begin{bmatrix} a_{11} & a_{12} & \cdots & a_{1k} \\ a_{21} & a_{22} & \cdots & a_{2k} \\ \vdots & \vdots & & \vdots \\ a_{n1} & a_{n2} & \cdots & a_{nk} \end{bmatrix}. \tag{1}$$

若在这个矩阵里, 我们以任意方法选取 m 行及 m 列, 则在这些行与列交叉处的元素, 构成一个 m 阶方阵.

这个方阵的行列式称为*矩阵 A 的 m 阶子式*. 如果矩阵 A 有异于零的 r 阶子式, 而任何 $r+1$ 阶及较高阶的子式都等于零, 则自然数 r 称为它的秩. 若矩阵 A 的秩 $r>0$, 则任何导于零的 r 阶子式称为*基子式*. 其交叉处为基子式的元素的矩阵的列及行, 称为*基列及基行*.

我们的进一步研究的基础, 是我们能对任意由 n 个数构成的列给予一种几何意

---

①有时我们也把矩阵 A 的元素的指标作如下处理: 在 i 行 j 列的元素, 记以符号 $a_i^{(j)}$.

义, 即把它看作 n 维空间 R 里的 (§14) 向量. 引用这种几何解释后, 矩阵 A 本身对应于空间 R 某一 k 个向量的集. 设 x_j 表示与矩阵 A 的 j 列 $(j=1,2,\cdots,k)$ 相对应的向量. 矩阵的列之间的任意的线性关系, 可以解释成与它们对应的向量之间的同样的线性关系 (§12).

在空间 R 里, 建立向量 $x_1,x_2,\cdots,x_k$ 的线性包 (§16). 我们要证明: 与矩阵 A 的基列相对应的向量 —— 为确定起见, 不妨假定前 r 列是基列 —— 构成这个线性包的基底. 为此, 只要证明: 第一, 向量 $x_1,x_2,\cdots,x_r$ 线性无关; 第二, 任何其余的向量 $x_{r+1},\cdots,x_k$ 可以表示成它们的线性组合 (§16, 第 4 段). 我们先证明这两个论断中的第一个. 向量 $x_1,x_2,\cdots,x_r$ 的线性相关相当于矩阵 A 前 r 个列的线性相关. 但是, 利用定理 6 (§9) 即知在矩阵 A 中, 由这些列及任何 r 行所构成的 r 阶行列式皆等于零. 特殊的, 矩阵 A 的基子式等于零, 此与它的定义矛盾. 因此, 第一个论断已经证毕. 第二个论断事实上在 §9 里已经证过, 在那里是关于矩阵 A 的列的 "关于基子式的定理". 这样, 我们完全证明了向量 $x_1,x_2,\cdots,x_r$ 构成空间 $L(x_1,x_2,\cdots,x_k)$ 的底. 利用定理 13, 可知, 这空间的维数等于 r, 即等于矩阵 A 的秩. 我们得到下面重要的结果:

定理 15 矩阵 A 的列所确定的向量的线性包的维数等于这个矩阵的秩. 与矩阵 A 的基列相对应的向量构成线性包的基底.

下面几个命题是 §16 第 4 段内结论 A, B 及 C 的明显的推论:

定理 16 若矩阵 A 的秩小于它的列数 $(r<k)$, 则矩阵 A 的列线性相关. 若矩阵 A 的秩等于列数 $(r=k)$, 则矩阵 A 的列线性无关.

定理 17 矩阵 A 的任何 $r+1$ 个列线性相关.

定理 18 任何矩阵的秩, 等于它的线性无关的列的最大个数.

最后这个的命题有很大原则上的价值, 因为它包含着矩阵的秩的一个新定义.

若把矩阵 A 转置, 即将矩阵 A 变换为 A', 使它的行是矩阵 A 的列, 则转置矩阵 A' 的秩显然与矩阵 A 的秩相同. 但是, 根据定理 18, 矩阵 A' 的秩等于它的线性无关的列 (或者说 A 的线性无关的行) 的最大个数, 于是导出一些意外的结果:

定理 19 任意矩阵的线性无关的行的最大个数与它的线性无关的列的最大个数相等.

应当指出定理 19 并不是明显的; 它的任何直接证明要求一连串相当于定理 4 及 15 的证明的论述.

我们还特别指出下面的结果, 它是由定理 15 及 §16 第 3 段的引理 2 推得的:

定理 20 若矩阵 A 的一列是它的其余的列的线性组合, 则把它从这个矩阵里去掉后, 矩阵的秩并不减小.

习题

1. 试证定理: m 阶矩阵 $[a_{if}]$ 的秩 $r\leqslant 1$ 的充分和必要条件为: 有实数 $a_1,a_2,\cdots,a_m$ 及 $b_1,b_2,\cdots,b_m$ 存在, 使得 $a_{ij}=a_ib_j$ $(i,j=1,2,\cdots,n)$.

2. 在 n 维空间 R 中, 取 k 个线性无关的向量 $x_1, x_2, \cdots, x_k$. 设 $A = [a_i^{(j)}]$ 为向量 $x_1, x_2, \cdots, x_k$ 对于某一个基底 $e_1, e_2, \cdots, e_n$ 的坐标所构成的矩阵. 试证: 若已知矩阵 A 的所有 k 阶子式的值, 则所给向量的线性包 $L(x_1, x_2, \cdots, x_k)$ 唯一地确定.

提示 必须把向量 y 属于子空间 L 的诸条件如此写出, 使这些条件只涉及矩阵 A 的 k 阶子式. 现在设 y 为空间 R 中一个向量, 并设把 y 的坐标作为最后一列加入矩阵 A 后所得的新矩阵为 B, 则当矩阵 B 的秩为 k 时, 即当 B 的每一个 $k+1$ 阶子式等于零时, 而且仅当此时 $y \in L$. 若将矩阵 B 的每一个 $k+1$ 阶子式按最后一列展开, 则得关于向量 y 的坐标的一些线性方程组, 其中系数都是 A 的 k 阶子式.

§20. 齐次线性方程组非显明的相容

设已给齐次线性方程组

$$\left.\begin{array}{l} a_{11}x_1 + a_{12}x_2 + \cdots + a_{1n}x_n = 0, \\ a_{21}x_1 + a_{22}x_2 + \cdots + a_{2n}x_n = 0, \\ \cdots\cdots\cdots\cdots\cdots\cdots\cdots\cdots \\ a_{k1}x_1 + a_{k2}x_2 + \cdots + a_{kn}x_n = 0. \end{array}\right\} \tag{2}$$

如我们所知, 这个方程组总是相容的; 因为它具有零解 $x_1 = x_2 = \cdots = x_n = 0$. 在研究齐次线性方程组时必然遇到下述的基本问题: 在什么条件下, 齐次方程组"非显明的相容", 即除零之外还有其他的解? 由 §19 的结果, 立刻可以得到这个问题的解答. 实际上, 如我们在 §12 中所见到的, 方程组 (2) 非零解的存在, 相当于矩阵

$$A = \begin{bmatrix} a_{11} & a_{12} & \cdots & a_{1n} \\ a_{21} & a_{22} & \cdots & a_{2n} \\ \vdots & \vdots & & \vdots \\ a_{k1} & a_{k2} & \cdots & a_{kn} \end{bmatrix}$$

的诸列线性相关. 但是按定理 16, 当矩阵 A 的秩小于它的列数时, 而且仅当此时, 这个线性关系存在. 于是我们得到下述定理:

定理 21 *若矩阵 A 的秩等于 n, 则方程组 (2) 没有非零解; 若矩阵 A 的秩小于 n, 则方程组 (2) 的非零解存在; 在这种情形下而且只在这种情形下, 方程组非显明的相容.*

特殊的, 如果方程组 (2) 里的方程个数小于未知数的个数 $(k < n)$, 矩阵 A 的秩显然小于 n, 因此, 总存在着非零解. 若 $k = n$, 则非零解存在与否决定于 $\det A$ 的值: 若 $\det A \neq 0$, 则没有非零解 $(r = n)$, 若 $\det A = 0$, 则有非零解 $(r < n)$. 当 $k > n$ 时, 必须考虑所有那些由矩阵 A 的 n 行确定的 n 阶行列式; 若所有这些行列式都等于零, 则 $r < n$, 因此有非零解; 若在这些行列式里至少有一个不为零, 则 $r = n$, 因此, 只有零解.

习题

试证: 若矩阵 A 的秩小于 n, 方程组 (2) 在 $k=n$ 时有以下诸解:

$$c_1=A_{i1},\quad c_2=A_{i2},\quad \cdots,\quad c_n=A_{in}\quad (1\leqslant i\leqslant n),$$

这里 A_{ik} 是元素 a_{ik} 的余因子 (在每一个解中, i 是固定的).

注: 当基本矩阵[①]的秩等于 $n-1$ 的时候, 我们能够容易地写出方程组 (2) 的非零解.

§21. 一般线性方程组相容的条件

设已给的一般线性方程组为

$$\left.\begin{array}{l} a_{11}x_1+a_{12}x_2+\cdots+a_{1n}x_n=b_1,\\ a_{21}x_1+a_{22}x_2+\cdots+a_{2n}x_n=b_2,\\ \cdots\cdots\cdots\cdots\cdots\cdots\cdots\cdots\cdots\cdots\\ a_{k1}x_1+a_{k2}x_2+\cdots+a_{kn}x_n=b_k. \end{array}\right\} \tag{3}$$

我们取下述两个矩阵与这个方程组相联系, 矩阵

$$A=\begin{bmatrix} a_{11} & a_{12} & \cdots & a_{1n}\\ a_{21} & a_{22} & \cdots & a_{2n}\\ \vdots & \vdots & & \vdots\\ a_{k1} & a_{k2} & \cdots & a_{kn} \end{bmatrix}$$

称为方程组 (3) 的基本矩阵, 矩阵

$$A_1=\begin{bmatrix} a_{11} & a_{12} & \cdots & a_{1n} & b_1\\ a_{21} & a_{22} & \cdots & a_{2n} & b_2\\ \vdots & \vdots & & \vdots & \vdots\\ a_{k1} & a_{k2} & \cdots & a_{kn} & b_n \end{bmatrix}$$

称为它的增广矩阵. 关于方程组 (3) 相容的基本定理可叙述如下:

定理 22 当方程组 (3) 的增广矩阵的秩等于基本矩阵的秩时, 而且仅当此时, 它是相容的.

证明 先设方程组 (3) 是相容的; 如果 $c_1, c_2, \cdots, c_n$ 是它的一组解, 则有下面等式

$$\begin{array}{l} a_{11}c_1+a_{12}c_2+\cdots+a_{1n}c_n=b_1,\\ a_{21}c_1+a_{22}c_2+\cdots+a_{2n}c_n=b_2,\\ \cdots\cdots\cdots\cdots\cdots\cdots\cdots\cdots\cdots\cdots\\ a_{k1}c_1+a_{k2}c_2+\cdots+a_{kn}c_n=b_k. \end{array}$$

但是这些等式表示矩阵 A_1 的最末一列是这个矩阵的其余诸列的线性组合 (其系数为 $c_1, c_2, \cdots, c_n$). 利用定理 20, 矩阵 A_1 的最末一列可以去掉, 而它的秩不变. 但矩

[①] 即方程组系数所成的矩阵 A, 见 §21 一开始的定义 —— 译者.

阵 A_1 去掉最末一列之后正好变成矩阵 A. 因此, 若方程组 (3) 是相容的, 则矩阵 A 及 A_1 有相同的秩.

今设 A 及 A_1 有相同的秩, 然后由此证明方程组 (3) 是相容的. 令 r 为矩阵 A 的秩 (因而, 也是 A_1 的秩). 我们取出矩阵 A 的 r 个基列; 它们也是矩阵 A_1 的基列. 按定理 4, 矩阵 A_1 的最末一列可以表示为基列的线性组合, 因之, 可以表示成矩阵 A 一切列的线性组合. 如果这个线性组合的系数我们以 $c_1, c_2, \cdots, c_n$ 表示, 则得知它们满足

$$\left.\begin{array}{l}a_{11}c_1 + a_{12}c_2 + \cdots + a_{1n}c_n = b_1, \\ a_{21}c_1 + a_{22}c_2 + \cdots + a_{2n}c_n = b_2, \\ \cdots\cdots\cdots\cdots\cdots\cdots\cdots\cdots \\ a_{k1}c_1 + a_{k2}c_2 + \cdots + a_{kn}c_n = b_k.\end{array}\right\} \tag{4}$$

因此, 数值

$$x_1 = c_1, \quad x_2 = c_2, \quad \cdots, \quad x_n = c_n$$

满足方程组 (3), 因而该方程组是相容的. 这里所证的定理叫作克罗内克 – 卡佩利定理.

§22. 线性方程组的通解

克罗内克 – 卡佩利定理确定了线性方程组相容的一般条件, 但是没有给出求方程组的解的方法. 在这一节内, 我们将导出线性方程组通解的公式.

设已给相容线性方程组 (3), 它的基本矩阵 $A = [a_{ij}]$ 的秩是 r. 可以假定矩阵 A 的基子式 M 位于它的左上角; 因为如果不是这样, 经过矩阵 A 的行及列的某些互换就可以达到所假定的情形, 这种行及列的互换实在就是方程组 (3) 的方程及未知数的某些互换, 取方程组 (3) 的前 r 个方程, 并把它们写成以下形状:

$$\left.\begin{array}{l}a_{11}x_1 + a_{12}x_2 + \cdots + a_{1r}x_r = b_1 - a_{1,r+1}x_{r+1} - \cdots - a_{1n}x_n, \\ a_{21}x_1 + a_{22}x_2 + \cdots + a_{2r}x_r = b_2 - a_{2,r+1}x_{r+1} - \cdots - a_{2n}x_n, \\ \cdots\cdots\cdots\cdots\cdots\cdots\cdots\cdots\cdots\cdots\cdots\cdots \\ a_{r1}x_1 + a_{r2}x_2 + \cdots + a_{rr}x_r = b_r - a_{r,r+1}x_{r+1} - \cdots - a_{rn}x_n.\end{array}\right\} \tag{5}$$

给予未知数 $x_{r+1}, \cdots, x_n$ 完全任意的值 $c_{r+1}, \cdots, c_n$, 则对于 $x_1, x_2, \cdots, x_r$ 这 r 个未知数的方程组 (5) 变成具有不为零的行列式 M (矩阵 A 的基子式) 的 r 个方程的一组. 这个方程组可以按克拉默法则 (§7) 解出; 因之, 有这样的 n 个数 $c_1, c_2, \cdots, c_n$ 存在, 当它们代替方程组 (5) 的未知数 $x_1, x_2, \cdots, x_n$ 时, 这个方程组所有的方程两端变成相同. 我们要证明, 这些数值 $c_1, c_2, \cdots, c_n$ 满足方程组 (3) 的所有其余的方程.

方程组 (3) 的增广矩阵 A_1 的前 r 行, 是这个矩阵的基行; 因为根据相容的条件, 增广矩阵的秩等于 r, 而且在矩阵 A_1 的前 r 行含有不等于零的子式 M. 利用定理 4 (应用于行的), 矩阵 A_1 的最后诸行中每一行是前 r 行的线性组合. 对于方程组 (3),

这表示组里从第 $r+1$ 个起的每个方程是这个组前 r 个方程的线性组合. 因此, 如果方程组 (3) 的前 r 个方程被数值 $x_1=c_1, x_2=c_2, \cdots, x_n=c_n$ 满足, 则这个组里所有其余的方程, 也被这些值满足.

为了把所得到的方程组 (3) 的解用公式表示, 我们用 $M_j(\alpha_i)$ 表示将基子式 $M=\det[a_{ij}]$ $(i,j=1,2,\cdots,r)$ 的第 j 列以量 $\alpha_1,\alpha_2,\cdots,\alpha_i,\cdots,\alpha_r$ 代替后所得的行列式. 则当我们运用克拉默公式, 写出方程组 (5) 的解时, 得:

$$\begin{aligned} c_j &= \frac{1}{M}M_j(b_i - a_{i,r+1}c_{r+1} - \cdots - a_{in}c_n) \\ &= \frac{1}{M}[M_j(b_i) - c_{r+1}M_j(a_{i,r+1}) - \cdots - c_nM_j(a_{in})]. \end{aligned} \tag{6}$$

这些公式是用方程组的系数、常数项及任意的量 (参变量)

$$c_{r+1}, c_{r+2}, \cdots, c_n$$

来表示未知数 $x_j=c_j$ $(j=1,2,\cdots r)$ 的值.

我们要证明, 公式 (6) 包含方程组 (3) 的任意的解. 证法如下. 设 $c_1^0, c_2^0, \cdots, c_{r+1}^0, \cdots, c_n^0$ 是方程组 (3) 的任一个解. 显然它也是方程组 (5) 的解. 但是按照克拉默法则, 从方程组 (5), $c_1^0, c_2^0, \cdots, c_r^0$ 诸量按公式 (6) 被 $c_{r+1}^0, \cdots, c_n^0$ 诸量唯一地确定. 因此, 当 $c_{r+1}=c_{r+1}^0, \cdots, c_n=c_n^0$ 的时候, 公式 (6) 正好给出所选的解 $c_1^0, c_2^0, \cdots, c_r^0$, 此即所要证明的结果.

习题

1. 解方程组

$$\begin{aligned} x_1+x_2+x_3+x_4+x_5 &= 7, \\ 3x_1+2x_2+x_3+x_4+3x_5 &= -2, \\ x_2+2x_3+2x_4+6x_5 &= 23, \\ 5x_1+4x_2+3x_3+3x_4-x_5 &= 12. \end{aligned}$$

答 $c_1=-16+c_3+c_4+5c_5, c_2=23-2c_3-2c_4-6c_5$.

2. 求方程组

$$\begin{aligned} \lambda x+y+z &= 1, \\ x+\lambda y+z &= \lambda, \\ x+y+\lambda z &= \lambda^2 \end{aligned}$$

的解, 这些解依赖于 λ.

答 若 $(\lambda-1)(\lambda+2)\neq 0$, 则 $x=-\frac{\lambda+1}{\lambda+2}, y=\frac{1}{\lambda+2}, z=\frac{(\lambda+1)^2}{\lambda+2}$.
若 $\lambda=1$, 则方程组有解, 其解依赖于两个参变量. 若 $\lambda=-2$, 则这个方程组是不相容的.

3. 在什么条件之下, 三条直线 $a_1x+b_1y+c_1=0, a_2x+b_2y+c_2=0, a_3x+b_3y+c_3=0$ 经过同一个点?

答 矩阵 $\begin{bmatrix} a_1 & b_1 \\ a_2 & b_2 \\ a_3 & b_3 \end{bmatrix}$ 及 $\begin{bmatrix} a_1 & b_1 & c_1 \\ a_2 & b_2 & c_2 \\ a_3 & b_3 & c_3 \end{bmatrix}$ 有相同的秩.

4. 在什么条件之下, n 条直线 $a_1x+b_1y+c_1=0, a_2x+b_2y+c_2=0, \cdots, a_nx+b_ny+c_n=0$ 经过同一个点?

答 矩阵 $\begin{bmatrix} a_1 & b_1 \\ a_2 & b_2 \\ \vdots & \vdots \\ a_n & b_n \end{bmatrix}$ 及 $\begin{bmatrix} a_1 & b_1 & c_1 \\ a_2 & b_2 & c_2 \\ \vdots & \vdots & \vdots \\ a_n & b_n & c_n \end{bmatrix}$ 有相同的秩.

§23. 线性方程组的解的集合的几何性质

1. 先考虑齐次线性方程组 (2) (§20) 的情况; 我们已经知道, 这样的方程组的一切解的集合构成一个线性空间 (§15). 用 R 表示这个空间, 我们将计算它的维数并且作出它的基底.

在这个情况下, §22 的公式 (6) 有下列的形状

$$-M_{cj} = c_{r+1}M_j(a_{k,r+1}) + \cdots + c_nM_j(a_{kn}) \quad (j=1,2,\cdots,r), \tag{7}$$

因为 $M_j(b_k) = M_j(0) = 0$.

对于方程组 (2) 的每一解 $(c_1, c_2, \cdots, c_r, c_{r+1}, \cdots, c_n)$, 令空间 T_{n-r} 的向量 $(c_{r+1}, \cdots, c_n)$ 与之对应. 由于 $c_{r+1}, \cdots, c_n$ 诸数可以任意地选择, 并且它们唯一地确定方程组 (2) 的解, 所以方程组 (2) 的解空间与空间 T_{n-r} 之间, 有一个一一对应. 容易验证这个对应保持线性运算, 因之, 它是同构对应. 由此可见, *系数矩阵的秩为 r 的 n 元齐次线性方程组的解空间 R 与空间 T_{n-r} 同构*. 特殊的, 空间 R 的维数等于 $n-r$.

由定理 12 得知, 齐次线性方程组的任何一组 $n-r$ 个线性无关的解, 为一切解所构成的空间的基底, 称为*解的基本系*. 可以取空间 T_{n-r} 的任何基底作为解的基本系; 按上述的同构对应, 方程组 (2) 的对应解将组成由方程组一切解所构成的空间的基底.

空间 T_{n-r} 最简单的基底是由向量 $e_1=(1,0,\cdots,0), e_2=(0,1,\cdots,0), \cdots, e_{n-r}=(0,0,\cdots,1)$ 构成 (§13), 为了得到方程组 (2) 的解, 例如, 对应于向量 e_1 的解, 需要在公式 (7) 里设 $c_{r+1}=1, c_{r+2}=\cdots=c_n=0$, 并且确定与之对应的值

$$c_i = c_i^{(1)} \quad (i=1,2,\cdots,n)$$

类似地求出对应于每一个其他基向量 e_j $(j=2,\cdots,n-r)$ 的解. 这样所得的方程组 (2) 的解的集合称为*解的标准基本系*. 若用 $x^{(1)}, x^{(2)}, \cdots, x^{(n-r)}$ 表示这些解, 则由基底的定义, 对于任何解 x, 我们有

$$x = C_1x^{(1)} + C_2x^{(2)} + \cdots + C_{n-r}x^{(n-r)}. \tag{8}$$

因为公式 (8) 包含方程组 (2) 的任何解, 所以这个公式给出*方程组的通解*.

习题

对于下面的线性方程组, 写出它的解的标准基本系

$$\begin{aligned} x_1+x_2+x_3+x_4+x_5&=0,\\ 3x_1+2x_2+x_3+x_4-3x_5&=0,\\ x_2+2x_3+2x_4+6x_5&=0,\\ 5x_1+4x_2+3x_3+3x_4-x_5&=0. \end{aligned}$$

答

$$\begin{aligned} x^{(1)}&=(1,-2,1,0,0),\\ x^{(2)}&=(1,-2,0,1,0),\\ x^{(3)}&=(5,-6,0,0,1). \end{aligned}$$

2. 我们现在讨论一般的非齐次方程组 [§21, (3)]. 如 §17 中所述, 对应于非齐次方程组一切解的集合的几何图像 H 是 n 维空间 T_n 的一个超平面. 这个超平面 H 可以这样获得: 取对应齐次方程组的解空间 R (由证明可知它和空间 T_{n-r} 同构) 和非齐次方程组的任意一个特殊解 x_0, 然后把 R 按向量 x_0 平移. 由此, 我们首先看到, *超平面 H 的维数与子空间 R 的维数相等*. 其次, 若 r 为方程组 (13) 的基本矩阵的秩, 则子空间 R 的任意一个向量 y 可以表示成线性组合

$$y=c_1y^{(1)}+c_2y^{(2)}+\cdots+c_{n-r}y^{(n-r)},$$

这里 $y^{(1)},y^{(2)},\cdots,y^{(n-r)}$ 是子空间 R 的基向量 (构成解的基本系).

因此, 超平面 H 的任何向量 x 可以表示成

$$x=x_0+y=x_0+C_1y^{(1)}+C_2y^{(2)}+\cdots+C_{n-r}y^{(n-r)}.$$

从方程组 (3) 及 (2) 的解的观点, 看这个结果, 可叙述为:

非齐次方程组 (3) 的通解等于它的任意一个特殊解与其对应齐次方程组 (2) 的通解之和.

习题

写出 §22 习题 1 里方程组的通解 (利用 §23 第一段习题里对应齐次线性方程组的解的标准基本系).

答 例如

$$x=\begin{bmatrix}-16\\23\\0\\0\\0\end{bmatrix}+C_1\begin{bmatrix}1\\-2\\1\\0\\0\end{bmatrix}+C_2\begin{bmatrix}1\\-2\\0\\1\\0\end{bmatrix}+C_3\begin{bmatrix}5\\-6\\0\\0\\1\end{bmatrix}.$$

这里第一列表示非齐次方程组特殊解 x_0 的坐标; 其余的列是构成其对应齐次方程组的解的标准基本系的向量 $y^{(1)},y^{(2)},y^{(3)}$ 的坐标.

§24. 矩阵秩的算法及基子式的求法

为了实际运用前述各条里所述的线性方程组的解法, 必须能计算矩阵的秩以及求它的基子式. §9 里所述的矩阵秩的定义本身, 显然不能作为实际计算秩的简捷方法. 例如, 在 5 阶方阵中, 有 1 个 5 阶子式, 25 个 4 阶子式, 100 个 3 阶子式, 及 100 个 2 阶子式; 显然的, 若希望用直接计算所有子式的方法去求矩阵的秩, 则这个问题是很麻烦的. 这里, 将给出计算矩阵的秩及确定它的基子式的简单方法. 这个方法基于*初等运算*的研究; 所谓初等运算是一些使矩阵的秩不变的, 关于它的行及列的运算. 由于以前指出过, 矩阵的秩经过转置不变, 我们可以只对于矩阵的列规定这些运算; 因而在讨论中, 我们可以采用以下的几何解释法: 把一个 n 行 k 列的矩阵, 看作由 n 维空间 R 里一组 k 个向量 $x_1, x_2, \cdots, x_k$ 的坐标所构成, 而且根据定理 15, 可知这个矩阵的秩等于向量 $x_1, x_2, \cdots, x_k$ 的线性包的维.

1. 列的互换, 设将矩阵 A 的列任意地互换: 我们可以证明这个运算不改变它的秩. 事实上, 向量 $x_1, x_2, \cdots, x_k$ 的线性包的维数与它们的次序无关; 因此矩阵 A 的秩与它们列的次序无关.

2. 去掉一个已给列的元素的非零公因子. 假定所去掉的是矩阵 A 的第一列元素的公因子 $\lambda \neq 0$. 这个运算等于用向量组 $x_1, x_2, \cdots, x_k$ 代替 $\lambda x_1, x_2, \cdots, x_k$, 但是显然这两个向量组的线性包的维数相同 (因为线性包相同). 于是这个初等运算, 不改变矩阵 A 的秩。

3. 在一列上加上乘以任一因子后的另一列. 设在矩阵 A 的第 j 列上加上乘以实数 λ 的第 m 列. 这表示向量组 $x_1, \cdots, x_j, \cdots, x_m, \cdots, x_k$ 代以向量组 $x_1, \cdots, x_j + \lambda x_m, \cdots, x_m, \cdots, x_k$. 我们可以证明, 这两组向量的线性包 L_1 及 L_2 是相同的. 实际上第二组的所有向量含于第一组的线性包中; 因此, 利用 §16 第 3 段引理 1, $L_2 \subset L_1$. 另一方面, 等式

$$x_j = (x_j + \lambda x_m) - \lambda x_m$$

证明向量 x_j 含于第二组的向量的线性包中; 因为第一组的所有其余的向量显然也含于这个线性包中, 所以 $L_1 \subset L_2$. 由此可见 $L_1 = L_2$. 因此, 所讨论的初等运算不改变矩阵 A 的秩.

4. 消去由零组成的列, 由零组成的列对应于空间 R 的零向量. 在向量组 $x_1, x_2, \cdots, x_k$ 里消去零向量, 显然使线性包 $L(x_1, x_2, \cdots, x_k)$ 不变; 因而也使矩阵 A 的秩不变.

5. 消去为其他列的线性组合的一列. 这个初等运算之所以可以采用, 在 §19 (定理 20) 里已经证明.

再强调一遍, 所有在第 1 至第 5 段里对于矩阵 A 的列所证明的命题, 对于它的行也是正确的.

6. 矩阵的秩的计算及基子式的求法. 我们以下说明如何利用在 1—5 段里所列

举的运算来计算所给矩阵 A 的秩以及求它的基子式. 若矩阵 A 是全由零所构成, 则它的秩显然为零. 假定在矩阵 A 里有不为零的元素; 则经过行的互换与列的互换, 可以将这个元素移到矩阵的左上角, 然后, 从各列中减去第一列的一定倍数, 即能使第一行中其余的元素皆变成零. 我们不再改变第一行及第一列的元素①. 若在其余的元素 (即不在第一行及第一列的元素) 里没有异于零的元素, 则矩阵 A 的秩显然是 1. 若在它们之中, 有不为零的元素, 则经过行的及列的互换, 可以将它移到第二行及第二列的交叉处, 用前法处理, 可使第二行中所有在交叉处后面的元素皆变成零; 注意, 此处所采用的运算不影响第一行及第一列. 此后, 我们令第二行及第二列保持不动. 如此继续作下去, 我们可将矩阵 A 变成下述两种形状之一 (因为可以采用转置运算, 我们总可以做到矩阵 A 的列的个数不多于它的行的个数):

$$A_1 = \begin{bmatrix} \alpha_1 & 0 & 0 & \cdots & 0 & 0 & \cdots & 0 \\ c_{21} & \alpha_2 & 0 & \cdots & 0 & 0 & \cdots & 0 \\ c_{31} & c_{32} & \alpha_3 & \cdots & 0 & 0 & \cdots & 0 \\ \vdots & \vdots & \vdots & & \vdots & \vdots & & \vdots \\ c_{k1} & c_{k2} & c_{k3} & \cdots & \alpha_k & 0 & \cdots & 0 \\ c_{k+1,1} & c_{k+1,2} & c_{k+1,3} & \cdots & c_{k+1,k} & 0 & \cdots & 0 \\ \vdots & \vdots & \vdots & & \vdots & \vdots & & \vdots \\ c_{n1} & c_{n2} & c_{n3} & \cdots & c_{nk} & 0 & \cdots & 0 \end{bmatrix}$$

或

$$A_2 = \begin{bmatrix} \alpha_1 & 0 & 0 & \cdots & 0 \\ c_{21} & \alpha_2 & 0 & \cdots & 0 \\ c_{31} & c_{32} & \alpha_3 & \cdots & 0 \\ \vdots & \vdots & \vdots & & \vdots \\ c_{m1} & c_{m2} & c_{m3} & \cdots & \alpha_m \\ \vdots & \vdots & \vdots & & \vdots \\ c_{n1} & c_{n2} & c_{n3} & \cdots & c_{nm} \end{bmatrix},$$

并且 $\alpha_1, \alpha_2, \cdots$ 诸数不为零. 在第一种情况, 矩阵 A_1 的秩等于 k, 而且基子式 (在变换后的矩阵里) 位于左上角; 在第二种情况, 矩阵 A_2 的秩等于 m (列的个数) 而且基子式 (在变换后的矩阵里) 位于前 m 行. 因此, 矩阵 A 的秩被确定了; 如果按相反的顺序来考查对于矩阵 A 所进行的所有运算, 即不难求得原来基子式的位置.

①但是可以把它们互换.

我们取下述的 5 列 6 行的矩阵为例:

$$A=\begin{bmatrix}1&2&6&-2&-1\\-2&-1&0&-5&-1\\-3&1&-1&8&1\\-1&0&2&-4&-1\\-1&-2&-7&3&2\\-2&-2&-5&-1&1\end{bmatrix}.$$

在矩阵 A 的第二行有一个零; 利用一般的方法, 可以使那一行得到三个零. 为方便起见, 先把第 2 行与第 1 行互换, 次把第 1 列与第 2 列互换 (这是为了使左上角有最小绝对值的元素 -1). 我们得到①:

$$A\backsim\begin{bmatrix}-2&-1&0&-5&-1\\1&2&6&-2&-1\\3&1&-1&8&1\\-1&0&2&-4&-1\\-1&-2&-7&3&2\\-2&-2&-5&-1&1\end{bmatrix}\backsim\begin{bmatrix}-1&-2&0&-5&-1\\2&1&6&-2&-1\\1&3&-1&8&1\\0&-1&2&-4&-1\\-2&-1&-7&3&2\\-2&-2&-5&-1&1\end{bmatrix}.$$

现在为了使第 1 行得到 3 个新的零, 从第 2 行, 第 4 行, 第 5 行依次减去第 1 行的 2, 5 及 1 倍, 就得:

$$A\backsim\begin{bmatrix}-1&0&0&0&0\\2&-3&6&-12&-3\\1&1&-1&3&0\\0&-1&2&-4&-1\\-2&3&-7&13&4\\-2&2&-5&9&3\end{bmatrix}.$$

其次, 要使第 3 行获得新的零, 首先把它与第 2 行互换, 然后在第 3 列及第 4 列依次加上第 2 列的 1 倍及 -3 倍, 于是得到:

$$A\backsim\begin{bmatrix}-1&0&0&0&0\\1&1&-1&3&0\\2&-3&6&-12&-3\\0&-1&2&-4&-1\\-2&3&-7&13&4\\-2&2&-5&9&3\end{bmatrix}\backsim\begin{bmatrix}-1&0&0&0&0\\1&1&0&0&0\\2&-3&3&-3&-3\\0&-1&1&-1&-1\\-2&3&-4&4&4\\-2&2&-3&3&3\end{bmatrix}=A_1.$$

在所得的矩阵 A_1 中, 第 4 列及第 5 列与第 3 列成正比, 所以可以把它们都消去. 剩下的矩阵的秩显然是 3; 因而原来的矩阵 A 的秩等于 3.

矩阵 A_1 的基子式位于前三行及前三列. 将变换后的矩阵依次还原为原来的矩阵, 我们容易验证, 所有进行的变换不影响这个子式的绝对值. 因此, 在原来的矩阵里, 由前三行及前三列构成的子式是基子式.

---

①这里, 在两个矩阵间的符号 $\backsim$, 表示它们的秩相等.

习题

1. 确定下述矩阵的秩及其基子式:

$$A_1 = \begin{bmatrix} 1 & -2 & 3 & -1 & -1 & -2 \\ 2 & -1 & 1 & 0 & -2 & -2 \\ -2 & -5 & 8 & -4 & 3 & -1 \\ 6 & 0 & -1 & 2 & -7 & -5 \\ -1 & -1 & 1 & -1 & 2 & 1 \end{bmatrix}, \quad A_2 = \begin{bmatrix} 1 & 0 & 1 & 0 & 0 \\ 1 & 1 & 0 & 0 & 0 \\ 0 & 1 & 1 & 0 & 0 \\ 0 & 0 & 1 & 1 & 0 \\ 0 & 1 & 0 & 1 & 1 \end{bmatrix}.$$

答 A_1 的秩等于 3, 基子式例如在左上角. A_2 的秩等于5, 基子式即矩阵的行列式.

2. 设在矩阵 A 中有不为零的 r 阶子式 M, 而一切那些包含子式 M 之所有元素的 $r+1$ 阶子式等于零. 试证明, 此时, 矩阵 A 的秩等于数 r.

提示 将子式 M 移到左上角, 然后, 应用第 6 段的步骤, 证明矩阵 A 的列从第 $r+1$ 列起可以化为零.

第四章

以向量为自变量的线性函数

在一般的数学分析里面, 我们讨论一个或多个实变量的函数. 例如含三个实变量的函数就可以看作含空间 V_3 的一个向量变量的函数. 在这里, 我们将要讨论一些函数, 它们的变量是**任意**线性空间的向量. 目前我们只讨论这些函数的最简单的类型, 即线性函数. 我们将研究向量变量的线性数量函数, 这种函数的值是数量; 也将讨论向量变量的线性向量函数, 这种函数的值是向量, 而且作为函数值的向量与作为变量的向量还属于同一个线性空间.

线性向量函数也称为线性算子. 它们在线性代数和线性代数的应用里面占重要的地位.

§25. 线性型

1. 设一个向量变量 x 的数量函数 $f(x)$ 定义在一个线性空间 R 内. 如果它满足下列条件, 则称为线性型:

(I) 对于任意的 $x, y \in R, f(x+y) = f(x) + f(y)$;

(II) 对于任意的 $x \in R$ 和任意的实数 α, $f(\alpha x) = \alpha f(x)$.

应用归纳法, 不难从条件 (I), (II) 得到线性型的普遍性质:

$$f(\alpha_1 x_1 + \alpha_2 x_2 + \cdots + \alpha_k x_k) = \alpha_1 f(x_1) + \alpha_2 f(x_2) + \cdots + \alpha_k f(x_k), \tag{1}$$

对于任意的 $x_1, x_2, \cdots, x_k \in R$ 和任意的实数 $\alpha_1, \alpha_2, \cdots, \alpha_k$, 这个公式都成立.

例

1. 在 n 维空间 R 内, 设已给一定的底, 这样, R 的每一个向量都可用它的坐标 $\xi_1, \xi_2, \cdots, \xi_n$ 来表示. 显然 $f(x) = \xi_1$ (第一坐标) 是 x 的一个线性型.

2. 在同一个空间里, 一个较普遍的线性型是

$$f(x)=\sum_{k=1}^{n} c_k\xi_k,$$

其中 $c_1, c_2, \cdots, c_k$ 是任意固定的系数.

3. 在空间 $C(a,b)$ 里, 线性型的一个例是

$$f(x)=x(t_0),$$

其中 t_0 是闭区间 $a \leqslant t \leqslant b$ 内的一个定点.

4. 在同一个空间里, 我们可以研究具有

$$f(x)=\int_a^b c(t)x(t)dt$$

形状的线性型. 这里 $c(t)$ 是固定的连续函数.

5. 在空间 V_3 里, 向量 x 和一个固定的向量 x_0 的数积 (x, x_0) 是 x 的一个线性型.

在一个无穷维空间里的线性型通常称为*线性泛函*.

2. 我们现在求 n 维空间 R 里的最普遍的线性型. 设 $e_1, e_2, \cdots, e_n$ 为空间 R 里的任意基底. 用 c_k 表示 $f(e_k)$ 的值 $(k=1,2,\cdots,n)$. 这样, 根据公式 (1), 对于任意的 $x=\sum_{k=1}^{n}\xi_k e_k$,

$$f(x)=f\left(\sum_{k=1}^{n}\xi_k e_k\right)=\sum_{k=1}^{n}\xi_k f(e_k)=\sum_{k=1}^{n}\xi_k c_k,$$

即线性型可以写成向量 x 的坐标的线性型, 它的系数是固定的常数 $c_1, c_2, \cdots, c_n$.

因此, 在例 2 里, 我们已经得到 n 维空间里线性型的最普遍的表示式.

习题

假设按自然的方法来给出两个线性型相加的定义和线性型乘上实数的定义, 则空间 R 内的线性型构成一个新的线性空间 R^*. 若 R 的维数是 n, R^* 的维数是多少?

答 也是 n.

§26. 线性算子

设在线性空间 R 中有一个向量函数 A, 而且通过这个函数, 对于每一个向量 $x \in R$, 可以确定一个和它对应而在同一个空间 R 内的向量 $y=\mathrm{A}x$, 则我们说, 在 R 中已经给定一个算子 A.

若算子 A 满足以下条件, 则称为*线性算子*:

(I) 对于 R 内任意的 $x, y, \mathrm{A}(x+y)=\mathrm{A}x+\mathrm{A}y$;

(II) 对于任意的数 α 与任意的 $x \in R, \mathrm{A}(\alpha x)=\alpha \mathrm{A}x$.

和在 §25 里线性函数的情况一样, 从公式 (I) 与 (II), 不难得到更普遍的公式

$$\mathrm{A}(\alpha_1 x_1+\alpha_2 x_2+\cdots+\alpha_k x_k)=\alpha_1 \mathrm{A}x_1+\alpha_2 \mathrm{A}x_2+\cdots+\alpha_k \mathrm{A}x_k, \tag{2}$$

其中 $x_1, x_2, \cdots, x_k$ 是属于 R 的任意向量, $\alpha_1, \alpha_2, \cdots, \alpha_k$ 是任意实数.

例

1. 若通过一个算子, 空间 R 的每一个向量都对应于零向量, 这个算子显然是线性算子. 它称为零算子.

2. 使每一个向量 x 对应于自己的算子 E 显然是线性算子. 它称为恒等算子.

3. 变每一个向量 x 为 λx (λ 为固定数) 的线性算子 A 称为相似算子.

4. 在欧几里得平面 V_2 里, 向量可以用极坐标来决定: $x = \{\varphi, \rho\}$. 利用几何作图, 不难看出, 把向量 $x = \{\varphi, \rho\}$ 变为向量 $\mathrm{A}x = \{\varphi + \varphi_0, \rho\}$ (φ_0 为固定角) 的算子是线性算子. 它称为旋转 φ_0 角的算子.

5. 设 $e_1, e_2, \cdots, e_n$ 为 n 维空间 R_n 的某一基底. 令向量 $x = \sum_{k=1}^{n} \xi_k e_k$ 对应于向量 $\mathrm{P}x = \sum_{k=1}^{m} \xi_k e_k$, 其中 $m < n$. 算子 P 是线性算子. 若 R_m 是以 $e_1, e_2, \cdots, e_m$ 诸向量为基底的子空间, 则 P 称为投影于 R_m 的算子.

6. 设 $e_1, e_2, \cdots, e_n$ 为 n 维空间 R_n 的基底, $\lambda_1, \lambda_2, \cdots, \lambda_n$ 为 n 个常数. 对于诸基底, 设算子 A 有以下性质: $\mathrm{A}e_1 = \lambda_1 e_1, \mathrm{A}e_2 = \lambda_2 e_2, \cdots, \mathrm{A}e_n = \lambda_n e_n$, 则按照线性条件, 对于其他的向量 $x = \sum_{k=1}^{n} \xi_k e_k$, 自然地 $\mathrm{A}x = \sum_{k=1}^{n} \lambda_k \xi_k e_k$. 这个算子称为对角算子. 我们将要看到为什么要采用这个名称.

7. 在空间 $C(a, b)$ 里, 把已给函数乘上任意一个固定的函数 $\varphi(t)$ (特殊的用 $\varphi(t) \equiv t$) 的变换是一个线性算子.

8. 在同一空间里, 我们时常讨论弗雷德霍姆积分算子. 这个算子把一个已给函数 $x(t)$ 变成

$$y(t) = \mathrm{A}x(t) = \int_a^b K(t, s) x(s) ds,$$

其中 $K(t, s)$ 是含两个变量的一个固定函数 (弗雷德霍姆算子的 "核").

9. 在无穷维空间里, 必须讨论不能施于整个空间的算子. 在 $C(a, b)$ 里的微分算子 D:

$$\mathrm{D}x(t) = x'(t)$$

就是这样的一个, 它只能施于空间 $C(a, b)$ 里的可微函数.

习题

1. 在空间 V_3 的下列向量函数中, 决定哪些是线性算子:

a) $\mathrm{A}x = x + a$ (a 是固定的异于零的向量);

b) $\mathrm{A}x = a$;

c) $\mathrm{A}x = (a, x)a$;

d) $\mathrm{A}x = (a, x)x$;

e) $\mathrm{A}x = (\xi_1^2, \xi_2 + \xi_3, \xi_3^2)$, 其中 $x = (\xi_1, \xi_2, \xi_3)$;

f) $\mathrm{A}x = (\sin \xi_1, \cos \xi_2, 0)$;

g) $\mathrm{A}x = (2\xi_1 - \xi_3, \xi_2 + \xi_3, \xi_1)$.

答 c) 与 g).

2. 在一切多项式所构成的空间里, 以下的变换是否线性算子:

a) 乘以 t; b) 乘以 t^2; c) 微分?

答 是.

§27. n 维空间里的线性算子的普遍式

令 A 为一个线性算子, $e_1, e_2, \cdots, e_n$ 为空间 R_n 的基底. 算子 A 把向量 e_1 变为空间 R_n 的某一个向量 $\mathrm{A}e_1$; 和空间的每一个向量一样, 这个向量 $\mathrm{A}e_1$ 可用基向量表示:

$$\mathrm{A}e_1 = a_1^{(1)}e_1 + a_2^{(1)}e_2 + \cdots + a_n^{(1)}e_n. \tag{3}$$

同样, 把算子 A 施于其余的基向量, 得:

$$\begin{gathered} \mathrm{A}e_2 = a_1^{(2)}e_1 + a_2^{(2)}e_2 + \cdots + a_n^{(2)}e_n, \\ \cdots\cdots\cdots\cdots\cdots\cdots\cdots\cdots\cdots\cdots \\ \mathrm{A}e_n = a_1^{(n)}e_1 + a_2^{(n)}e_2 + \cdots + a_n^{(n)}e_n. \end{gathered} \tag{4}$$

公式 (3)—(4) 可缩写成

$$\mathrm{A}e_j = \sum_{i=1}^{n} a_i^{(j)} e_i \quad (j = 1, 2, \cdots, n). \tag{5}$$

系数 $a_i^{(j)}(i, j = 1, 2, \cdots, n)$ 确定的矩阵

$$A = A_{(e)} = \begin{bmatrix} a_1^{(1)} & a_1^{(2)} & \cdots & a_1^{(n)} \\ a_2^{(1)} & a_2^{(2)} & \cdots & a_2^{(n)} \\ \vdots & \vdots & & \vdots \\ a_n^{(1)} & a_n^{(2)} & \cdots & a_n^{(n)} \end{bmatrix}$$

称为算子 A 对于基底 $\{e\} = \{e_1, e_2, \cdots, e_n\}$ 的矩阵. 它的各列就是 $f_1 = \mathrm{A}e_1, f_2 = \mathrm{A}e_2, \cdots, f_n = \mathrm{A}e_n$ 各向量的坐标. 现在, 令 $x = \sum_{j=1}^{n} \xi_j e_j$ 为任意向量, 而 $y = \mathrm{A}x = \sum_{i=1}^{n} \eta_i e_i$; 我们来阐明如何用向量 x 的坐标 ξ_j 去表示向量 y 的坐标 η_i. 我们有:

$$\begin{aligned} \sum_{i=1}^{n} \eta_i e_i = \mathrm{A}x = \mathrm{A}\left(\sum_{j=1}^{n} \xi_j e_j\right) &= \sum_{j=1}^{n} \xi_j \mathrm{A}e_j \\ = \sum_{j=1}^{n} \xi_j \sum_{i=1}^{n} a_i^{(j)} e_i &= \sum_{i=1}^{n} \left(\sum_{j=1}^{n} a_i^{(j)} \xi_j\right) e_i. \end{aligned}$$

比较两端对于基向量 e_i 的分量, 得:

$$\eta_i = \sum_{j=1}^{n} a_i^{(j)} \xi_j \quad (i = 1, 2, \cdots, n). \tag{6}$$

写成详式:

$$\left.\begin{array}{l}\eta_1 = a_1^{(1)}\xi_1 + a_1^{(2)}\xi_2 + \cdots + a_1^{(n)}\xi_n,\\ \eta_2 = a_2^{(1)}\xi_1 + a_2^{(2)}\xi_2 + \cdots + a_2^{(n)}\xi_n,\\ \cdots\cdots\cdots\cdots\cdots\cdots\cdots\cdots\cdots\cdots\\ \eta_n = a_n^{(1)}\xi_1 + a_n^{(2)}\xi_2 + \cdots + a_n^{(n)}\xi_n.\end{array}\right\} \tag{7}$$

因此, 已知算子 A 对于基底 $e_1, e_2, \cdots, e_n$ 的矩阵, 就能确定把算子施于空间 R_n 的任意向量 $x = \sum_{k=1}^{n}\xi_k e_k$ 的结果: 向量 $y = \mathrm{A}x$ 的坐标按公式 (7) 用向量 x 的坐标表示. 注意公式 (7) 里的系数的矩阵就是矩阵 $\mathrm{A}(e)$.

让我们求 §26 里例 1—6 中所论的各算子的矩阵.

1. 零算子对于任意基底的矩阵显然是一切的元素都是零的矩阵.

2. 恒等算子变向量 e_1 为 $e_1 = 1\cdot e_1 + 0\cdot e_2 + \cdots + 0\cdot e_n$, 变向量 e_2 为 $e_2 = 0\cdot e_1 + 1\cdot e_2 + 0\cdot e_3 + \cdots + 0\cdot e_n$, 变向量 e_n 为 $e_n = 0\cdot e_1 + \cdots + 1\cdot e_n$. 可见恒等算子的矩阵成以下形状:

$$\begin{bmatrix} 1 & 0 & 0 & \cdots & 0\\ 0 & 1 & 0 & \cdots & 0\\ 0 & 0 & 1 & \cdots & 0\\ \vdots & \vdots & \vdots & & \vdots\\ 0 & 0 & 0 & \cdots & 1 \end{bmatrix}.$$

3. 同样, 相似算子的矩阵成以下形状:

$$\begin{bmatrix} \lambda & 0 & \cdots & 0\\ 0 & \lambda & \cdots & 0\\ \vdots & \vdots & & \vdots\\ 0 & 0 & \cdots & \lambda \end{bmatrix}.$$

4. 在 V_2 里, 取两个正交的单位向量 e_1, e_2 为基底. 利用图形, 不难看出, 经过转动 φ_0 角之后, 向量 e_1 变为 $\cos\varphi_0 e_1 + \sin\varphi_0 e_2$, 而向量 e_2 则变为 $-\sin\varphi_0 e_1 + \cos\varphi_0 e_2$. 因此, 转动算子的矩阵有以下的形状:

$$\begin{bmatrix} \cos\varphi_0 & -\sin\varphi_0\\ \sin\varphi_0 & \cos\varphi_0 \end{bmatrix}.$$

5. 在例 5 里, $e_1, e_2, \cdots, e_m$ 诸向量分别变为自己, 但 $e_{m+1}, \cdots, e_n$ 则变为零向量. 因此, 这个投影算子对于基底 $e_1, e_2, \cdots, e_n$ 的矩阵具有以下形状:

$$
\text{第 } m \text{ 行}\begin{bmatrix} 1 & 0 & \cdots & 0 & 0 & \cdots & 0 \\ 0 & 1 & \cdots & 0 & 0 & \cdots & 0 \\ \vdots & \vdots & & \vdots & \vdots & & \vdots \\ 0 & 0 & \cdots & 1 & 0 & \cdots & 0 \\ 0 & 0 & \cdots & 0 & 0 & \cdots & 0 \\ \vdots & \vdots & & \vdots & \vdots & & \vdots \\ 0 & 0 & \cdots & 0 & 0 & \cdots & 0 \end{bmatrix}.
$$

6. 对于基底 $e_1, e_2, \cdots, e_n$, 对角算子 (例 6) 的矩阵具有以下形状:

$$
\begin{bmatrix} \lambda_1 & 0 & \cdots & 0 \\ 0 & \lambda_2 & \cdots & 0 \\ \vdots & \vdots & & \vdots \\ 0 & 0 & \cdots & \lambda_n \end{bmatrix}.
$$

不等于零的元素都在这个矩阵的主对角线上. 这样的矩阵称为对角矩阵, 这也是对角算子之名称的由来. 应该指出, 一个对角算子对于其他基底的矩阵一般地不是对角矩阵.

习题

在 V_3 里, 若一个算子 A

$$
\begin{aligned}
&\text{变 } x_1 = (0,0,1) \text{ 为 } y_1 = (2,3,5), \\
&\text{变 } x_2 = (0,1,1) \text{ 为 } y_2 = (1,0,0), \\
&\text{变 } x_3 = (1,1,1) \text{ 为 } y_3 = (0,1,-1),
\end{aligned}
$$

求它对于以下各基底的矩阵:

a) $e_1 = (1,0,0), e_2 = (0,1,0), e_3 = (0,0,1)$;

b) x_1, x_2, x_3.

答 a) b)

$$
A_{(e)} = \begin{bmatrix} -1 & -1 & 2 \\ 1 & -3 & 3 \\ -1 & -5 & 5 \end{bmatrix}; \quad A_{(x)} = \begin{bmatrix} 2 & 0 & -1 \\ 1 & -1 & 1 \\ 2 & 1 & 0 \end{bmatrix}.
$$

我们已经看到, 施于 n 维空间的每一个线性算子 A, 按公式 (5) 与一定的 n 阶矩阵对应. 现在令 $[a_i^{(j)}]$①为任意的 n 阶矩阵. 若 $x = \sum_{j=1}^n \xi_j e_j$, 我们按以下公式作向量 $y = \sum_{i=1}^n \eta_i e_i$:

$$
\left.\begin{aligned}
\eta_1 &= a_1^{(1)}\xi_1 + a_1^{(2)}\xi_2 + \cdots + a_1^{(n)}\xi_n, \\
\eta_2 &= a_2^{(1)}\xi_1 + a_2^{(2)}\xi_2 + \cdots + a_2^{(n)}\xi_n, \\
&\cdots\cdots\cdots\cdots\cdots\cdots\cdots\cdots\cdots \\
\eta_n &= a_n^{(1)}\xi_1 + a_n^{(2)}\xi_2 + \cdots + a_n^{(n)}\xi_n.
\end{aligned}\right\} \tag{8}
$$

① 上标表示列的号码, 下标表示行的号码.

不难验证, 把向量 x 变为向量 y 的算子 A 是线性算子. 我们试求算子 A 对于基底 $e_1, e_2, \cdots, e_n$ 的矩阵. 向量 e_1 的坐标是 $\xi_1 = 1, \xi_2 = \cdots = \xi_n = 0$; 按公式 (7), 向量 $f_1 = \mathrm{A}e_1$ 的坐标是 $a_1^{(1)}, a_2^{(1)}, \cdots, a_n^{(1)}$, 故

$$f_1 = \mathrm{A}e_1 = a_1^{(1)}e_1 + a_2^{(1)}e_2 + \cdots + a_n^{(1)}e_n.$$

同样,

$$f_j = \mathrm{A}e_j = a_1^{(j)}e_1 + a_2^{(j)}e_2 + \cdots + a_n^{(j)}e_n \quad (j = 1, 2, \cdots, n). \tag{9}$$

因此, 算子 A 的矩阵就是原来的矩阵 $[a_i^{(j)}]$.

因此, 每一个 n 阶矩阵是施于 n 维空间的一定的线性算子的矩阵.

换句话说, 利用公式 (5), 在 n 维空间的线性算子与 n 阶矩阵之间, 建立了一个一一对应.

应该指出, 直接从公式 (9) 出发, 由算子 A 可以回到矩阵 $A = [a_i^{(j)}]$ (而且只能回到这个矩阵). 在公式 (9) 里, 矩阵 A 的第 j 列代表着向量 $f_j = \mathrm{A}e_j$ 的全部坐标. 由于矩阵 A 的第 j 列是可以任意选择的, 我们得到以下的结论: *在 n 维空间 R 里, 无论 $f_1, f_2, \cdots, f_n$ 是怎样的 n 个向量, 总有一个 (而且只有一个) 施于 R 内的线性算子, 把基向量 $e_1, e_2, \cdots, e_n$ 依次变为 $f_1, f_2, \cdots, f_n$.*

§28. 有关线性算子的运算

对于线性空间 R 内的线性算子, 可以施行种种的运算, 结果得到新的线性算子. 在这里, 我们讨论算子的加法运算, 数量乘算子的运算, 及算子彼此相乘的运算.

首先, 我们规定, 算子 A 与 B 相等是表示: 对于任意的 $x \in R, \mathrm{A}x = \mathrm{B}x$.

1. **算子的加法** 已给算子 A 与 B, 则算子 C=A+B 用以下公式规定:

$$\mathrm{C}x = (\mathrm{A} + \mathrm{B})x = \mathrm{A}x + \mathrm{B}x.$$

我们要验证 C 是线性算子. 令 $x = \alpha y + \beta z$, 则

$$\begin{aligned}\mathrm{C}(\alpha y + \beta z) &= \mathrm{A}(\alpha y + \beta z) + \mathrm{B}(\alpha y + \beta z)\\ &= \alpha \mathrm{A}y + \beta \mathrm{A}z + \alpha \mathrm{B}y + \beta \mathrm{B}z\\ &= \alpha(\mathrm{A}y + \mathrm{B}y) + \beta(\mathrm{A}z + \mathrm{B}z) = \alpha \mathrm{C}y + \beta \mathrm{C}z.\end{aligned}$$

由此可见 C 满足 §26 的 (I), (II) 两条件.

不难验证以下等式:

$$\left.\begin{aligned}\mathrm{A} + \mathrm{B} &= \mathrm{B} + \mathrm{A},\\ (\mathrm{A} + \mathrm{B}) + \mathrm{C} &= \mathrm{A} + (\mathrm{B} + \mathrm{C}),\\ \mathrm{A} + 0 &= \mathrm{A},\\ \mathrm{A} + (-\mathrm{A}) &= 0.\end{aligned}\right\} \tag{10}$$

这里的 A, B, C 是任意的线性算子, 0 是零算子, $-\mathrm{A}$ 是 A 的负算子, 它把每一个向量 $x \in R$ 变为向量 $-\mathrm{A}x$.

2. **数量乘算子** 设 A 为线性算子, λ 为实数, 则算子 $\mathrm{B}=\lambda\mathrm{A}$ 用以下公式规定:

$$\mathrm{B}x=(\lambda\mathrm{A})x=\lambda(\mathrm{A}x).$$

不难像第 1 段那样验证, 所得到的算子是线性的. 这里, 还有以下的关系

$$\left.\begin{aligned}\lambda_1(\lambda_2\mathrm{A})&=(\lambda_1\lambda_2)\mathrm{A},\\ 1\cdot\mathrm{A}&=\mathrm{A},\\ (\lambda_1+\lambda_2)\mathrm{A}&=\lambda_1\mathrm{A}+\lambda_2\mathrm{A},\\ \lambda(\mathrm{A}+\mathrm{B})&=\lambda\mathrm{A}+\lambda\mathrm{B}.\end{aligned}\right\}\tag{11}$$

关系 (10)—(11) 说明: *施于一个线性空间内的全部线性算子构成一个新的线性空间.*

3. **算子的乘法** 设 A, B 为线性算子, 则算子 C=AB 用下列公式规定

$$\mathrm{C}x=\mathrm{AB}x=\mathrm{A}(\mathrm{B}x)$$

(即先对于向量 x 施以算子 B, 再对于这样所得到的结果施以算子 A). C 是线性算子, 因为

$$\begin{aligned}\mathrm{C}(\alpha x+\beta y)&=\mathrm{AB}(\alpha x+\beta y)=\mathrm{A}(\alpha\mathrm{B}x+\beta\mathrm{B}y)\\ &=\alpha\mathrm{AB}x+\beta\mathrm{AB}y=\alpha\mathrm{C}x+\beta\mathrm{C}y.\end{aligned}$$

不难验证以下的等式:

$$\left.\begin{aligned}&\left.\begin{aligned}\lambda(\mathrm{AB})&=(\lambda\mathrm{A})\mathrm{B},\\ \mathrm{A}(\mathrm{BC})&=(\mathrm{AB})\mathrm{C},\end{aligned}\right\}\quad(\text{结合律})\\ &\left.\begin{aligned}(\mathrm{A}+\mathrm{B})\mathrm{C}&=\mathrm{AC}+\mathrm{BC},\\ \mathrm{A}(\mathrm{B}+\mathrm{C})&=\mathrm{AB}+\mathrm{AC}.\end{aligned}\right\}\quad(\text{分配律})\end{aligned}\right.\tag{12}$$

我们试以第二个结合律为例来验证一下. 根据我们所采用的算子相等的定义, 对于任意的 $x\in R$, 应该证明

$$[\mathrm{A}(\mathrm{BC})]x=[(\mathrm{AB})\mathrm{C}]x.$$

但是按照算子乘积的定义,

$$\begin{aligned}[\mathrm{A}(\mathrm{BC})]x&=\mathrm{A}[(\mathrm{BC})x]=\mathrm{A}[\mathrm{B}(\mathrm{C}x)],\\ [(\mathrm{AB})\mathrm{C}]x&=(\mathrm{AB})(\mathrm{C}x)=\mathrm{A}[\mathrm{B}(\mathrm{C}x)],\end{aligned}$$

由此即可得到所要证明的等式.

可以同样验证其余各等式的正确性.

逐步应用结合律, 可以按下列规则给予*算子的幂*的定义:

$$\begin{aligned}&\mathrm{A}^1=\mathrm{A},\\ &\mathrm{A}^2=\mathrm{AA},\\ &\mathrm{A}^3=\mathrm{A}^2\mathrm{A}=(\mathrm{AA})\mathrm{A}=\mathrm{A}(\mathrm{AA})=\mathrm{AA}^2,\\ &\cdots\cdots\cdots\cdots\cdots\cdots\cdots\cdots\cdots\cdots\\ &\mathrm{A}^n=\mathrm{A}^{n-1}\mathrm{A}=\mathrm{AA}^{n-1}.\end{aligned}$$

与此联系的, 有公式

$$\mathrm{A}^{m+n}=\mathrm{A}^m\mathrm{A}^n\quad(m,n=1,2,\cdots).\tag{13}$$

这个公式不难用归纳法证明.

此外, 作为定义, 令

$$\mathrm{A}^0 = \mathrm{E} \quad (\text{恒等算子}).$$

我们还指出, 当公式 (13) 中两个幂之一的指数是零时, 那个公式仍然成立. 因为如果 B 为任意算子, 则

$$(\mathrm{BE})x = \mathrm{B}(\mathrm{E}x) = \mathrm{B}x = \mathrm{E}(\mathrm{B}x),$$

故

$$\mathrm{BE} = \mathrm{EB} = \mathrm{B}.$$

令 $\mathrm{B} = \mathrm{A}^n$, 即得

$$\mathrm{A}^n\mathrm{E} = \mathrm{E}\mathrm{A}^n = \mathrm{A}^n.$$

证明完毕.

我们要强调, 算子的乘法是不可交换的: 一般地说, $\mathrm{AB} \neq \mathrm{BA}$①.

例

在空间 V_2 (即平面) 里, 已经有不可交换的算子. 设算子 A 表示 90° 的旋转 (例 4), 算子 P 表示在 e_1 轴上的投影 (例 5). 考察算子 AP 与 PA 施于 e_1 向量的结果:

$$\mathrm{AP}e_1 = \mathrm{A}(\mathrm{P}e_1) = \mathrm{A}e_1 = e_2, \quad \mathrm{PA}e_1 = \mathrm{P}(\mathrm{A}e_1) = \mathrm{P}e_2 = 0,$$

这说明 $\mathrm{AP} \neq \mathrm{PA}$.

习题

1. 在三维空间里, 设算子 A 表示绕 OX 轴旋转 90° (由 OY 到 OZ), 算子 B 表示绕 OY 轴旋转 90° (由 OZ 到 OX), 算子 C 表示绕 OZ 轴旋转 90° (由 OX 到 OY). 证明 $A^4 = B^4 = C^4 = E, \mathrm{AB} \neq \mathrm{BA}, \mathrm{A}^2\mathrm{B}^2 = \mathrm{B}^2\mathrm{A}^2$. 等式 $\mathrm{ABAB} = \mathrm{A}^2\mathrm{B}^2$ 是否成立?

2. 在一切以 t 为变量的多项式所构成的空间内, 设 A 为微分算子, B 为乘上自变量的算子:

$$\mathrm{A}P(t) = P'(t), \quad \mathrm{B}P(t) = tP(t).$$

等式 AB=BA 是否成立? 求算子 $\mathrm{AB} - \mathrm{BA}$.

答 $\mathrm{AB} - \mathrm{BA} = \mathrm{E}$.

3. 假设 $\mathrm{AB} = \mathrm{BA}$, 试证明公式

$$(\mathrm{A}+\mathrm{B})^2 = \mathrm{A}^2 + 2\mathrm{AB} + \mathrm{B}^2,$$
$$(\mathrm{A}+\mathrm{B})^3 = \mathrm{A}^3 + 3\mathrm{A}^2\mathrm{B} + 3\mathrm{AB}^2 + \mathrm{B}^3.$$

若 $\mathrm{AB} \neq \mathrm{BA}$, 这两个公式应如何更改?

答 $(\mathrm{A}+\mathrm{B})^2 = \mathrm{A}^2 + \mathrm{AB} + \mathrm{BA} + \mathrm{B}^2$,

$$(\mathrm{A}+\mathrm{B})^3 = \mathrm{A}^3 + \mathrm{A}^2\mathrm{B} + \mathrm{ABA} + \mathrm{AB}^2 + \mathrm{BA}^2 + \mathrm{BAB} + \mathrm{B}^2\mathrm{A} + \mathrm{B}^3.$$

①这并不是说, 可交换的算子不能存在, 例如对于任意的 A, AE=EA=A.

4. 假设 $\mathrm{AB}-\mathrm{BA}=\mathrm{E}$, 证明

$$\mathrm{A}^m\mathrm{B}-\mathrm{BA}^m=m\mathrm{A}^{m-1}\quad(m=1,2,\cdots).$$

§29. 对应的有关矩阵的运算

1. 设 R 为有限维空间. 我们要说明, 有关算子的运算如何反映于这些算子对于一定基底 $\{e\}=\{e_1,e_2,\cdots,e_n\}$ 的矩阵.

首先, 我们讨论那个在 §28 开始所引进的算子 A, B 相等的定义. 设 $A=[a_i^{(j)}]$ 为算子 A 对于 n 维空间 R 的基底 $\{e\}=\{e_1,e_2,\cdots,e_n\}$ 的矩阵, 而 B 为算子 $\mathrm{B}=[b_i^{(j)}]$ 对于同一个基底的矩阵. 在等式 $\mathrm{A}x=\mathrm{B}x$ 里, 令 $x=e_j$, 得

$$\sum_{i=1}^n a_i^{(j)}e_i=\mathrm{A}e_j=\mathrm{B}e_j=\sum_{i=1}^n b_i^{(j)}e_i.$$

因此, 对于一切的上下标 i 与 $j, a_i^{(j)}=b_i^{(j)}$. 故 $A=B$.

由此可见, 相等的算子有相同的矩阵.

2. 今讨论算子的**加法**运算.

在 n 维空间 R 内, 设已给两个算子 A, B, 并且选定一个基底 $\{e\}=\{e_1,e_2,\cdots,e_n\}$.

对于这个基底, 更设算子 A 对应于矩阵 $A=[a_i^{(j)}]$, 算子 B 对应于矩阵 $B=[b_i^{(j)}]$; 于是

$$\mathrm{A}e_j=\sum_{i=1}^n a_i^{(j)}e_i,\quad \mathrm{B}e_j=\sum_{i=1}^n b_i^{(j)}e_i\quad(j=1,2,\cdots,n).$$

这样,

$$(\mathrm{A}+\mathrm{B})e_j=\mathrm{A}e_j+\mathrm{B}e_j=\sum_{i=1}^n(a_i^{(j)}+b_i^{(j)})e_i,$$

由此可见, 算子 A+B 对应于矩阵 $[a_i^{(j)}+b_i^{(j)}]$. 这个矩阵称为*矩阵* $[a_i^{(j)}]$ *与* $[b_i^{(j)}]$ *之和*.

再来讨论数量乘算子的运算.

设 λ 为实数, 则

$$(\lambda\mathrm{A})e_j=\lambda(\mathrm{A}e_j)=\sum_{i=1}^n\lambda a_i^{(j)}e_i.$$

因此, 算子 $\lambda\mathrm{A}$ 对应于矩阵 $[\lambda a_i^{(j)}]$; 这个矩阵可从 $[a_i^{(j)}]$ 用 λ 乘其所有的元素得到. 这样的矩阵称为*用数量* λ *乘矩阵* $[a_i^{(j)}]$ *的乘积*.

由于 n 阶矩阵与施于 n 维空间的线性算子彼此一一对应 (§27), 由于有关算子的运算对应于具有同样名称的有关矩阵的运算, 又由于有关算子的运算服从法则 (10)—(11), 我们可以推知, 有关矩阵的运算也服从法则 (10)—(11). 这个事实也不难直接验证. 根据同样理由, 一切 n 阶矩

阵构成一个线性空间. 从它的作法来看, 它和施于 n 维空间的一切线性算子所构成的线性空间同构.

习题

1. 设 $\overline{R}$ 为施于一个 n 维空间 R 的一切线性算子所构成的线性空间. 求 $\overline{R}$ 的维数并求这个空间的一个基底.

答 空间 $\overline{R}$ 的维数是 n^2. 作为 $\overline{R}$ 的基底, 我们可以取对应于矩阵 A_{ij} 的 n^2 个基算子, 这里 A_{ij} 表示一个矩阵, 其唯一不等于零的元素在第 i 行第 j 列的交叉处.

2. 试证明: 对于每一个施于 n 维空间 R 的算子 A, 我们可以选择一个多项式

$$P(x) = a_0 + a_1 x + \cdots + a_m x^m,$$

其次数不大于 n^2, 使

$$P(\mathrm{A}) = a_0 \mathrm{E} + a_1 \mathrm{A} + \cdots + a_m \mathrm{A}^m$$

成为零算子.

提示 利用习题 1 的结果.

附记 每一个满足条件 $P(\mathrm{A}) = 0$ 的多项式称为算子 A 的*化零多项式*. 在下文我们将遇到一个 n 次的化零多项式 (§38, 习题 2).

3. 证明: 对于两个施于 n 维空间 R 的算子 A 与 B, 等式 $\mathrm{AB} - \mathrm{BA} = \mathrm{E}$ 不能成立.

提示 利用习题 2 的结果, 取可能的 (对于算子 A) 最低次的多项式 $P(x)$, 再利用 §28, 习题 4 的结果.

附记 §28 习题 2 的结果说明, 对于这里所讨论的情况, 假设空间 R 的维数有限是必要的.

3. 最后, 讨论算子的乘法. 利用上文的记号, 我们得

$$\begin{aligned}(\mathrm{AB})e_j = \mathrm{A}(\mathrm{B}e_j) &= \mathrm{A}\sum_{i=1}^{n} b_i^{(j)} e_i \\ &= \sum_{i=1}^{n} b_i^{(j)} \mathrm{A}e_i = \sum_{i=1}^{n} b_i^{(j)} \sum_{k=1}^{n} a_k^{(i)} e_k = \sum_{k=1}^{n}\left(\sum_{i=1}^{n} a_k^{(i)} b_i^{(j)}\right) e_k.\end{aligned}$$

因此, 算子 C=AB 的矩阵 C 的元素 $c_k^{(j)}$ 可以写成

$$c_k^{(j)} = \sum_{i=1}^{n} a_k^{(i)} b_i^{(j)} \quad (j, k = 1, 2, \cdots, n). \tag{14}$$

这就是我们所求的结果. 它可以表达如下: *矩阵 C 的第 k 行第 j 列的元素等于矩阵 A 的第 k 行各元素与矩阵 B 的第 j 列对应各元素的乘积之和.*

由矩阵 $[a_k^{(j)}]$ 与 $[b_k^{(j)}]$ 按公式 (14) 得到的矩阵 $C = [c_k^{(j)}]$ 称为*前一个矩阵乘以后一个矩阵之积*. 线性算子的相乘既然是不可交换的, 矩阵的相乘也是不可交换的; 因此, 必须指出, 在矩阵的乘积里, 因子的次序是很重要的.

我们已经看到, 算子的乘法适合结合律与分配律. 由于矩阵与算子互相一一对应, 而且矩阵的乘法对应于算子的乘法, 可以推知, 矩阵的乘法也适合结合律与分配律. 因此, 特殊的, 我们可以像在 §28 里那样, 对于矩阵的幂给予定义. 公式 (13) 显然对于矩阵的幂也是正确的.

习题

1. 求矩阵 A 乘以矩阵 B 之积:

$$A=\begin{bmatrix}1&2&3\\2&4&6\\3&6&9\end{bmatrix},\quad B=\begin{bmatrix}-1&-2&-4\\-1&-2&-4\\1&2&4\end{bmatrix}.$$

答 $AB=\begin{bmatrix}0&0&0\\0&0&0\\0&0&0\end{bmatrix}$.

2. 作以下矩阵的 n 次幂的运算:

$$A=\begin{bmatrix}1&1\\0&1\end{bmatrix},\quad B=\begin{bmatrix}\cos\varphi&-\sin\varphi\\\sin\varphi&\cos\varphi\end{bmatrix}.$$

答 $A^n=\begin{bmatrix}1&n\\0&1\end{bmatrix}$, $B^n=\begin{bmatrix}\cos n\varphi&-\sin n\varphi\\\sin n\varphi&\cos n\varphi\end{bmatrix}$.

3. 对于某一基底, 算子 A 与 B 的矩阵是

$$A=\begin{bmatrix}\sigma_1&0&\cdots&0\\0&\sigma_2&\cdots&0\\\vdots&\vdots&&\vdots\\0&0&\cdots&\sigma_n\end{bmatrix},\quad B=\begin{bmatrix}\sigma&1&0&\cdots&0\\0&\sigma&1&\cdots&0\\\vdots&\vdots&\vdots&&\vdots\\0&0&0&\cdots&\sigma\end{bmatrix}.$$

求算子 A^k 与 B^k 对于同一个基底的矩阵.

答

$$A^k=\begin{bmatrix}\sigma_1^k&0&\cdots&0\\0&\sigma_2^k&\cdots&0\\\vdots&\vdots&&\vdots\\0&0&\cdots&\sigma_n^k\end{bmatrix},$$

$$B^k=\begin{bmatrix}\sigma^k&C_k^1\sigma^{k-1}&C_k^2\sigma^{k-2}&\cdots&C_k^{n-1}\sigma^{k-(n-1)}\\0&\sigma^k&C_k^1\sigma^{k-1}&\cdots&C_k^{n-2}\sigma^{k-(n-2)}\\\vdots&\vdots&\vdots&&\vdots\\0&0&0&\cdots&\sigma^k\end{bmatrix}.$$

4. 试求满足条件

$$A^2=\begin{bmatrix}0&0\\0&0\end{bmatrix}$$

的一切二阶矩阵 A.

答 $A=\begin{bmatrix}a&b\\c&-a\end{bmatrix}$, 其中 $bc=-a^2$.

5. 利用公式 (14) 直接证明关于矩阵的结合律与分配律.

6. 计算 $AB-BA$.

a)

$$A=\begin{bmatrix}1&2&2\\2&1&2\\1&2&3\end{bmatrix},\quad B=\begin{bmatrix}4&1&1\\-4&2&0\\1&2&1\end{bmatrix},$$

b)

$$A=\begin{bmatrix}2&1&0\\1&1&2\\-1&2&1\end{bmatrix},\quad B=\begin{bmatrix}3&1&-2\\3&-2&4\\-3&5&-1\end{bmatrix}.$$

答 a) $\begin{bmatrix}-10&-4&-7\\6&14&4\\-7&5&-4\end{bmatrix}$, b) $\begin{bmatrix}0&0&0\\0&0&0\\0&0&0\end{bmatrix}$.

在最后两段, 我们还讨论两个有关矩阵之积的定理, 不过它们没有直接的几何意义.

4. **转置矩阵之积** 设 A 与 B 为 n 阶矩阵, $C=AB$. 用 A', B', C' 表示矩阵 A, B, C 的转置矩阵. 我们要证明等式

$$(AB)'=B'A'. \tag{15}$$

要证明这个关系, 设矩阵 A, B, C, A', B', C' 的元素依次为 $a_{ij}, b_{ij}, c_{ij}, a'_{ij}=a_{ji}$, $b'_{ij}=b_{ji}, c'_{ij}=c_{ji}$. 决定 c_{ik} 诸元素的方程 (14) 可以改写作

$$c_{ik}=c'_{ki}=\sum_{j=1}^{n}a_{ij}b_{jk}=\sum_{j=1}^{n}a'_{ji}b'_{kj}=\sum_{j=1}^{n}b'_{kj}a'_{ji}.$$

式里的连加号是对于下标 j 的和, 下标 i, k 都是固定的. 这两个固定的下标指出, 在计算 c'_{ki} 元素的时候, 我们取了矩阵 B' 的第 k 行和矩阵 A 的第 i 列. 把它们的对应元素相乘再加起来, 就得到矩阵 C' 的第 k 行第 i 列交叉处的元素 c'_{ki}. 但是, 按矩阵乘法的定义, 这就表示 C' 是矩阵 B' 乘以矩阵 A' 之积. 这样, 等式 (15) 已经证明.

5. **两个矩阵之积的行列式** 设 $A=[a_{ij}], B=[b_{jk}]$ 为两个任意矩阵, 而 $C=[c_{ik}]$ 为前者乘以后者之积: $C=AB$.

写出矩阵 C 的行列式:

$$\det C=\begin{vmatrix}a_{11}b_{11}+a_{12}b_{21}+\cdots+a_{1n}b_{n1} & a_{11}b_{12}+a_{12}b_{22}+\cdots+a_{1n}b_{n2} & \cdots & a_{11}b_{1n}+a_{12}b_{2n}+\cdots+a_{1n}b_{nn}\\ a_{21}b_{11}+a_{22}b_{21}+\cdots+a_{2n}b_{n1} & a_{21}b_{12}+a_{22}b_{22}+\cdots+a_{2n}b_{n2} & \cdots & a_{21}b_{1n}+a_{22}b_{2n}+\cdots+a_{2n}b_{nn}\\ \cdots\cdots & \cdots\cdots & \cdots & \cdots\cdots\\ a_{n1}b_{11}+a_{n2}b_{21}+\cdots+a_{nn}b_{n1} & a_{n1}b_{12}+a_{n2}b_{22}+\cdots+a_{nn}b_{n2} & \cdots & a_{n1}b_{1n}+a_{n2}b_{2n}+\cdots+a_{nn}b_{nn}\end{vmatrix}.$$

为了计算这个行列式, 我们利用行列式的线性性质 (§3, 第 3 段). 矩阵 C 的行列式的每一列都是 n 个 "简单的" 列的和, 而每一个简单的列的元素都有形状 $a_{ij}b_{jk}$ (j, k 固定, i 在列里由 1 变到 n). 因此, 整个行列式等于 n^n 个 "简单的" 行列式之和, 每个 "简单的" 行列式的列都是 "简单的" 列, 因为在每一个 "简单的" 列里, 因子 b_{jk} 不变, 它可以提到 "简单的" 行列式符号之前. 这样做了之后, 每一个 "简单的" 行列式化为以下形状:

$$b_{i_1 1}b_{i_2 2}\cdots b_{i_n n}\begin{vmatrix} a_{1i_1} & a_{1i_2} & \cdots & a_{1i_n} \\ a_{2i_1} & a_{2i_2} & \cdots & a_{2i_n} \\ \vdots & \vdots & & \vdots \\ a_{ni_1} & a_{ni_2} & \cdots & a_{ni_n} \end{vmatrix}, \tag{16}$$

其中 $i_1, i_2, \cdots, i_n$ 都是从 1 到 n 的整数. 若这里面有两数相等, 则其对应的 "简单的" 行列式显然等于零. 因此, 我们可以专讨论下标 $i_1, i_2, \cdots, i_n$ 都不相同的那些 "简单的" 行列式. 在这种情形之下, 行列式

$$A(i_1, i_2, \cdots, i_n) = \begin{vmatrix} a_{1i_1} & a_{1i_2} & \cdots & a_{1i_n} \\ a_{2i_1} & a_{2i_2} & \cdots & a_{2i_n} \\ \vdots & \vdots & & \vdots \\ a_{ni_1} & a_{ni_2} & \cdots & a_{ni_n} \end{vmatrix}$$

和矩阵 A 的行列式顶多差一个符号. 让我们来搞清楚, 在行列式 $A(i_1, i_2, \cdots, i_n)$ 之前应该加上怎样的一个符号, 它才和矩阵 A 的行列式正好相等. 为此目的, 我们把行列式 $A(i_1, i_2, \cdots, i_n)$ 里的相邻的列逐步互换, 一直到得到标准的排列次序 (即矩阵 A 各列的排列次序) 为止. 每次互换两个相邻的列, 行列式 $A(i_1, i_2, \cdots, i_n)$ 的符号就更动一次; 另一方面, 下标 $i_1, i_2, \cdots, i_n$ 的排列中的逆序的数目同时增加一个或减少一个. 这样继续下去, 最后各列的排列次序就成为自然的排列次序, 不再有逆序; 因此, 行列式更动符号的次数等于下标 $i_1, i_2, \cdots, i_n$ 的排列中逆序的数目①. 设这个数目为 N, 则 (16) 式可以写成

$$(-1)^N b_{i_1 1}b_{i_2 2}\cdots b_{i_n n}\det A. \tag{17}$$

要计算 $\det C$, 我们把一切像 (17) 那样的诸式加起来. 这时, 公因子 $\det A$ 可以提出括弧之外. 在括弧里的还有以下形状的诸项之和

$$(-1)^N b_{i_1 1}b_{i_2 2}\cdots b_{i_n n}.$$

每一个这样的项, 连符号在内, 都是矩阵 B 的行列式的一项 (§2); 一切这样的项之和等于矩阵 B 的行列式. 结果我们得到以下的重要公式:

$$\det AB = \det A \det B. \tag{18}$$

因此, 两个矩阵之积的行列式等于两个因子 (矩阵) 的行列式之积.

①注意每次把一个较小的下标经过颠倒次序放在一个较大的下标的前面的时候, 逆序的数目就减小一个.

习题

1. 在 n 维空间内, 设已给 m 个线性无关的向量

$$x_j = \sum_{i=1}^{n} \xi_k^{(j)} e_i \quad (j = 1, 2, \cdots, m),$$

并设算子 A 按照下列公式进行运算:

$$y_j = \mathrm{A} x_j = \sum_{k=1}^{m} a_k^{(j)} x_k \quad (j = 1, 2, \cdots, m).$$

证明 在 y_j 诸向量的坐标 (对于基底 $e_1, e_2, \cdots, e_n$) 所构成的矩阵里, 每个 k 阶子式等于 x_j 诸向量的坐标所构成的矩阵的对应子式与 $\det[a_k^{(j)}]$ 之积.

2. 证明: 若 r 秩矩阵 A 的基子式位于左上角, 则任意一个 r 阶子式 M 与和 M 在相同诸列, 但在前 r 行里的子式之比仅仅依赖于 M 的诸行的号码.

提示 通过前 r 行的元素来写出式子 M 的元素, 再应用第 5 段的定理.

3. 证明: 如果 A 是 r 秩矩阵, 则由 A 的 r 阶子式所组成的任意具以下形状的二阶行列式

$$\begin{vmatrix} M_{i_1 i_2 \cdots i_r}^{i_1 i_2 \cdots i_r} & M_{k_1 k_2 \cdots k_r}^{i_1 i_2 \cdots i_r} \\ M_{i_1 i_2 \cdots i_r}^{k_1 k_2 \cdots k_r} & M_{k_1 k_2 \cdots k_r}^{k_1 k_2 \cdots k_r} \end{vmatrix}$$

等于零.

4. 证明: 矩阵 $C = AB$ 的每一个 k 阶子式等于矩阵 A 的某些子式与矩阵 B 的某些子式之积之和. 写出这个公式.

提示 利用证明公式 (18) 那样的方法.

答

$$M_{j_1, j_2, \cdots, j_k}^{i_1, i_2, \cdots, i_k}(AB) = \sum_{\alpha_1, \alpha_2, \cdots, \alpha_k} M_{\alpha_1, \alpha_2, \cdots, \alpha_k}^{i_1, i_2, \cdots, i_k}(A) \cdot M_{j_1, j_2, \cdots, j_k}^{\alpha_1, \alpha_2, \cdots, \alpha_k}(B).$$

5. 证明矩阵 ABC 的每一个 k 阶子式等于矩阵 A, B, C 一些 k 阶子式之积之和.

§30. 逆算子与逆矩阵

已给施于线性空间 R 的一个算子 A, 若施于同一个空间的算子 B 满足条件

$$\mathrm{BA} = \mathrm{E}, \tag{19}$$

则 B 称为 A 的逆算子①.

不是每一个线性算子都有逆算子. 例如若算子 A 变某一个异于零的向量 $x \in R$ 为零, 则对于**每一个**线性算子 B,

$$(\mathrm{BA})x = \mathrm{B}(\mathrm{A}x) = \mathrm{B} \cdot 0 = 0.$$

因此, 对于**任何**的算子 B, 等式 BA=E 不能成立. 所以算子 A 就没有逆算子.

①有时称为左逆算子.

若 R 为有限维空间, A 与 B 为算子 A 与 B 对于任意固定的基底的矩阵, 则根据 §29, 第 3 段, 等式 (19) 和等式

$$BA = E \tag{20}$$

等价.

自然的, 满足方程 (20) 的矩阵 B 称为已给矩阵 A 的逆矩阵.

根据有关行列式之积的定理 (§29, 第 5 段), 由方程 (20), 得

$$\det B \det A = \det E = 1. \tag{21}$$

这个公式首先证明, 逆矩阵存在的一个必要条件是所给矩阵的行列式不等于零: 显然的, 若 $\det A = 0$, 方程 (21) 对于任意的矩阵 B 都不可能适合.

其次, 同一个公式 (21) 证明, 如果逆矩阵存在, 它总有一个不等于零的行列式.

以后, 行列式异于零的矩阵称为满秩, 行列式等于零的称为降秩. 我们将证明, 对于每一个满秩矩阵, 有一个唯一的确定的逆矩阵存在.

这里利用几何的方法较为便利. 对应于矩阵 A 的算子 A, 把基向量 $e_1, e_2, \cdots, e_n$ 变为一定的 n 个向量 $f_1, f_2, \cdots, f_n$, 这 n 个向量的坐标就是矩阵 A 的 n 个列的元素 (§27). 由于 $\det A \neq 0$, 这些列线性无关, 因此, $f_1, f_2, \cdots, f_n$ 诸向量就构成 n 维空间 R 的另一个基底.

目前先假定, 所寻求的逆算子 B 存在. 这样, 则等式

$$\mathrm{BA}e_k = e_k \quad (k = 1, 2, \cdots, n) \tag{22}$$

或

$$\mathrm{B}f_k = e_k \quad (k = 1, 2, \cdots, n) \tag{23}$$

必须满足. 因此, 所求的算子 B 必须把向量 f_k 变为向量 e_k. 但向量 f_k 构成空间 R 的基底, 因此, 我们可以用条件 (23) 给出 B, 而 B 就唯一确定. 由于等式 (22) 与 (23) 是等价的, 算子 BA 对于基底 $\{e\}$ 的矩阵是恒等矩阵, 而它就是恒等算子. 因此, 按条件 (23) 所确定的算子 B 是算子 A 的逆算子, 而且它还是唯一被确定了的. 应该指出, 算子 A 也是算子 B 的逆算子: 因为对于基底 $\{f\}$, 我们有

$$\mathrm{AB}f_k = \mathrm{A}e_k = f_k; \tag{24}$$

这说明了, 算子 AB 对于基底 f_k 的矩阵是恒等矩阵, 所以它是恒等算子.

现在我们求算子 B 对于基底 $\{e\}$ 的矩阵. 设这个矩阵的待决定的元素为 $b_i^{(j)}(i, j = 1, 2, \cdots, n)$, 则

$$\mathrm{B}e_j = \sum_{i=1}^{n} b_i^{(j)} e_i. \tag{25}$$

令算子 A 施于等式 (25), 并利用关系 AB=E, 得

$$e_j = \sum_{i=1}^{n} b_i^{(j)} \mathrm{A}e_i = \sum_{i=1}^{n} b_i^{(j)} f_i. \tag{26}$$

由此可见, 若以 $\{f_i\}$ 为基底, $b_i^{(j)}$ 就是 e_j 诸向量的分解式的系数. 于是, 这些系数就可以从方程组

$$f_j = \sum_{i=1}^{n} a_i^{(j)} e_i$$

的解里得到, 而这个方程组的解都是已知的. 令 $D = \det[a_i^{(j)}]$, 然后按克拉默公式 (§7) 解这个方程组, 即得

$$\begin{aligned} e_j &= \frac{1}{D}\begin{vmatrix} a_1^{(1)} & \cdots & a_{j-1}^{(1)} & f_1 & a_{j+1}^{(1)} & \cdots & a_n^{(1)} \\ a_1^{(2)} & \cdots & a_{j-1}^{(2)} & f_2 & a_{j+1}^{(2)} & \cdots & a_n^{(2)} \\ \vdots & & \vdots & \vdots & \vdots & & \vdots \\ a_1^{(n)} & \cdots & a_{j-1}^{(n)} & f_n & a_{j+1}^{(n)} & \cdots & a_n^{(n)} \end{vmatrix} \\ &= \frac{1}{D}(A_{1j}f_1 + A_{2j}f_2 + \cdots + A_{nj}f_n), \end{aligned}$$

其中 A_{ij} 是矩阵 A 内元素 $a_j^{(i)}$ 的余因子. 把这里所得到的结果和公式 (26) 比较, 得

$$b_i^{(j)} = \frac{A_{ij}}{D}.$$

因此, *逆矩阵的元素 $b_{(i)}^{j}$ 等于 $a_i^{(j)}$ 在原矩阵内的余因子与原矩阵的行列式之比.*

矩阵 A 的逆矩阵记以 A^{-1}, 又 $(A^{-1})^k$ 记以 A^{-k}. 利用归纳法, 不难证明, 公式 (13) 也可以推广到负号的指数.

类似的记号适用于逆算子及其幂. 由于公式 (13) 可以推广到矩阵的负幂, 在有限维空间里, 这公式也可以推广到算子的负幂. 在一般的情况下, 这种推广仅仅在算子 A 与它的逆算子可以交换的假设下才有可能.

习题

1. 求下列矩阵 A, B, C 的逆矩阵:

$$A = \begin{bmatrix} 1 & 2 \\ 2 & 5 \end{bmatrix}, \quad B = \begin{bmatrix} 1 & 2 & -3 \\ 0 & 1 & 2 \\ 0 & 0 & 1 \end{bmatrix},$$

$$C = \begin{bmatrix} \frac{1}{2} & \frac{1}{2} & \frac{1}{2} & \frac{1}{2} \\ \frac{1}{2} & \frac{1}{2} & -\frac{1}{2} & -\frac{1}{2} \\ \frac{1}{2} & -\frac{1}{2} & \frac{1}{2} & -\frac{1}{2} \\ \frac{1}{2} & -\frac{1}{2} & -\frac{1}{2} & \frac{1}{2} \end{bmatrix}.$$

答 $A^{-1} = \begin{bmatrix} 5 & -2 \\ -2 & 1 \end{bmatrix}, B^{-1} = \begin{bmatrix} 1 & -2 & 7 \\ 0 & 1 & -2 \\ 0 & 0 & 1 \end{bmatrix}, C^{-1} = C.$

2. 对于任意满秩矩阵 A, 证明等式

$$(A')^{-1} = (A^{-1})'.$$

3. 研究方程 $XA = 0$, 其中 A 是已给二阶矩阵, X 是未知的二阶矩阵, 0 是零矩阵 (即每个元素等于零的矩阵).

答 若 A 是零矩阵, 则 X 是任意的. 若 $\det A \neq 0$, 则 X 为零矩阵. 若 $\det A = 0$, 但 A 不是零矩阵, 则它的两行成比例; 设 $\alpha : \beta$ 为矩阵 A 第一行与第二行的对应元素之比, 则

$$X = \begin{bmatrix} -\beta p & \alpha p \\ -\beta q & \alpha q \end{bmatrix},$$

其中 p, q 为任意的.

4. 设 $A = [a_i^{(j)}]$ 为**任意** n 阶矩阵, $A_i^{(j)}$ 为在矩阵 A 的行列式内, 元素 $a_i^{(j)}$ 的余因子. 矩阵 $\widetilde{A} = [A_j^{(i)}]$ 称为 A 的伴随矩阵.

证明: $\widetilde{A}A = A\widetilde{A} = (\det A)E$.

在结束本节之前, 我们还补充一点: 关于逆算子的存在问题. 我们已经看到, 在 n 维空间里, 具有逆算子的算子 A 对于**任意的基底**都有满秩矩阵. 另一方面, 我们证明了, 若算子 A 对于**某一个**基底的矩阵是满秩的, 则 A 有逆矩阵, 因而对于**每一个**基底, 它的矩阵都是满秩的. 因此, 算子的矩阵之满秩或降秩, 与空间基底的选择无关, 而只决定于算子的本身. 具有一个逆算子的算子对于任意的基底都有满秩矩阵, 没有逆算子的算子, 对于任意的基底都有降秩矩阵.

对于无穷维空间, 逆算子的存在问题和它们的性质就远不是这样的简单. 特殊的, 从 BA=E 的关系, 一般就得不到 AB=E 的结论: 不但这样, 算子 A 的逆算子 B 自己就可能没有逆算子.

习题

1. 设 R 为含变量 t 的一切多项式所构成的线性空间. 设 A, B 为下面两个条件所决定的算子:

$$\mathrm{A}[a_0 + a_1 t + \cdots + a_n t^n] = a_1 + a_2 t + \cdots + a_n t^{n-1},$$
$$\mathrm{B}[a_0 + a_1 t + \cdots + a_n t^n] = a_0 t + a_1 t^2 + \cdots + a_n t^{n+1}.$$

证明: A 与 B 为线性算子, 而且

$$\mathrm{AB} = \mathrm{E},$$
$$\mathrm{BA} \neq \mathrm{E}.$$

算子 A 有逆算子否?

答 无.

2. 若算子 A 有逆算子 B, 而 A 本身又是一个算子 C 的逆算子, 则 1) B=C; 2) B 是 A 的唯一的逆算子.

§31. 线性算子最简单的特性

1. 设已给空间 R 内一个线性算子 A. 对于一切 $x \in R$, 向量 $y = \mathrm{A}x$ 的集合称为算子 A 的值域, 并记以 $T(\mathrm{A})$. 我们要证明, $T(\mathrm{A})$ 为 R 的**子空间**. 证明如下: 首先, 设 $y_1 = \mathrm{A}x_1, y_2 = \mathrm{A}x_2$, 则 $y_1 + y_2 = \mathrm{A}x_1 + \mathrm{A}x_2 = \mathrm{A}(x_1 + x_2)$; 其次, 对于任意的实数 λ, 显然 $\lambda y_1 = \lambda \mathrm{A}x_1 = \mathrm{A}(\lambda x_1)$; 因此, 若 y_1, y_2 两向量在算子 A 的值域内, 则向量 $y_1 + y_2$ 与向量 λy_1 也在这个值域内. 在 n 维空间 R 里, 若已给算子 A 对于一个基底 $\{e\} = \{e_1, e_2, \cdots, e_n\}$ 的矩阵, 则 A 的值域的维数不难求得, 方法如下. 设

$$x = \sum_{k=1}^{n} \xi_k e_k,$$

即得

$$y = \mathrm{A}x = \sum_{k=1}^{n} \xi_k \mathrm{A}e_k;$$

因此, 算子 A 的值域即 $\mathrm{A}e_1, \mathrm{A}e_2, \cdots, \mathrm{A}e_n$ 诸向量的线性包. 按 §16, 第 4 段, 线性包 $L(\mathrm{A}e_1, \mathrm{A}e_2, \cdots, \mathrm{A}e_n)$ 的维数等于 $\mathrm{A}e_1, \mathrm{A}e_2, \cdots, \mathrm{A}e_n$ 诸向量中线性无关向量的最大个数. 我们已经知道, 算子 A 的矩阵的各列代表 $\mathrm{A}e_j$ 各向量对于基底 $\{e\}$ 的坐标; 故求 $\mathrm{A}e_j (j = 1, 2, \cdots, n)$ 诸向量中线性无关向量的最大个数问题即化为求算子 A 的矩阵中线性无关的列的最大个数问题. 但是, 按定理 18 (§19), 后一个最大数恰好等于算子 A 的矩阵的秩. 因此, *施于 n 维空间 R 的线性算子 A 的值域的维数, 等于算子 A 对于空间 R 任意基底的矩阵的秩*. 应该注意, *问题中的维数与基底的选择无关: 可见算子 A 的矩阵的秩与基底的选择无关, 它只决定于 A 本身*. 以后算子 A 的矩阵 (对于任意基底) 的秩就简单地称为*算子 A 的秩*.

2. 现在讨论一个算子 A 的第二个几何特性. 取被算子 A 变为零的一切的向量 $x \in R$ 所构成的集. 这个集称为算子 A 的*化零流形*而记以 $N(\mathrm{A})$. 化零流形也是子空间: 显然的, 由 $\mathrm{A}x_1 = 0$ 与 $\mathrm{A}x_2 = 0$ 得 $\mathrm{A}(x_1 + x_2) = \mathrm{A}x_1 + \mathrm{A}x_2 = 0, \mathrm{A}(\lambda x_1) = \lambda \mathrm{A}x_1 = 0$.

设算子 A 施于 n 维空间 R, 我们要通过 A 对于一个基底 $\{e\} = \{e_1, e_2, \cdots, e_n\}$ 的矩阵来求它的化零流形的维数.

设 $x = \sum_{i=1}^{n} \xi_i e_i \in N(\mathrm{A})$. 这样, §27 的方程组 (6) 就成为

$$\left.\begin{aligned} a_1^{(1)}\xi_1 + a_1^{(2)}\xi_2 + \cdots + a_1^{(n)}\xi_n &= 0, \\ a_2^{(1)}\xi_1 + a_2^{(2)}\xi_2 + \cdots + a_2^{(n)}\xi_n &= 0, \\ \cdots\cdots\cdots\cdots\cdots\cdots\cdots\cdots\cdots\cdots \\ a_n^{(1)}\xi_1 + a_n^{(2)}\xi_2 + \cdots + a_n^{(n)}\xi_n &= 0. \end{aligned}\right\} \tag{27}$$

显然的, 空间 R 中, 凡坐标适合方程组 (27) 的任何向量 x 都属于算子 A 的化零流形, 倒过来说也对. 这样, 求算子 A 的化零流形的维数就等于求方程组 (27) 的解所构成的子空间的维数. 根据 §23, 后一个子空间的维数是 $n - r$, 其中 r 是这个方程组的系数矩阵的秩, 也就是算子 A 的秩.

因此, 若 A 为施于空间 R 的算子, 则 A 的化零流形的维数等于 R 的维数与 A 的秩之差.

习题

验证以下事实的正确性:

a) 关系 $N(\mathrm{A}) \supset T(\mathrm{A})$ 是等式 $\mathrm{A}^2 = 0$ 成立的充要条件;

b) 对于任意算子 $\mathrm{A}, N(\mathrm{A}) \subset N(\mathrm{A}^2) \subset N(\mathrm{A}^3) \subset \cdots$;

c) 对于任意算子 $\mathrm{A}, T(\mathrm{A}) \supset T(\mathrm{A}^2) \supset T(\mathrm{A}^3) \supset \cdots$;

d) 若 $T(\mathrm{A}^k) \subset N(\mathrm{A}^m)$, 则 $T(\mathrm{A}) \subset N(\mathrm{A}^{m+k-1}), T(\mathrm{A}^{m+k-1}) \subset N(\mathrm{A})$.

提示 包含关系 $T(\mathrm{A}^k) \subset N(\mathrm{A}^m)$ 是等式 $\mathrm{A}^{k+m} = 0$ 成立的充要条件.

3. **附记** 下面的命题是第一、二两段的逆命题.

设 N 与 T 为 n 维空间 R 的任意两个子空间, 其维数之和等于 R 的维数. 则有一个算子 A 存在, 使 $N(\mathrm{A}) = N, T(\mathrm{A}) = T$.

为了证明这个命题, 设子空间 N 与 T 的维数依次为 k 与 $m = n - k$. 在子空间 T 内选择 m 个线性无关的向量 $f_1, f_2, \cdots, f_m$. 再在空间 R 里选择任意的基底 $e_1, e_2, \cdots, e_n$, 但其中前 k 个向量须在子空间 N 里.

用以下条件决定算子 A:

$$\left.\begin{aligned} \mathrm{A}e_i &= 0 \quad (i = 1, 2, \cdots, k), \\ \mathrm{A}e_{i+k} &= f_i \quad (i = 1, 2, \cdots, m). \end{aligned}\right\} \tag{28}$$

我们要证明算子 A 满足命题中的要求. 首先, $T(\mathrm{A})$ 显然是 $f_i\ (i = 1, 2, \cdots, m)$ 诸向量的线性包, 故与子空间 T 相合. 其次, 根据条件, 子空间 N 的每个向量属于 $N(\mathrm{A})$; 故我们还要证明, 子空间 $N(\mathrm{A})$ 的任意一个向量属于 N. 对于 $N(\mathrm{A})$ 的任意向量 $x = \sum_{i=1}^{n} \xi_i e_i, \mathrm{A}x = 0$ 利用条件 (28), 得

$$0 = \mathrm{A}x = \mathrm{A}(\xi_1 e_1 + \cdots + \xi_n e_n) = \xi_{k+1} f_1 + \cdots + \xi_n f_m.$$

由于 $f_1, f_2, \cdots, f_m$ 线性无关, 得 $\xi_{k+1} = \cdots = \xi_n = 0$. 但这样则 $x = \xi_1 e_1 + \cdots + \xi_k e_k \in N$, 而证明已完成.

4. 以下关于两个矩阵之积的秩的几个定理, 从上面所叙述的几何特性即可推得.

定理 23 两个矩阵之积的秩不超过每个因子的秩.

证明 设 A 与 B 为对应于两个相乘矩阵的线性算子. 这样, 则算子 AB 的值域, 根据它本身的定义, 就含在算子 A 的值域里面. 由于每个算子的值域的维数等于其对应矩阵的秩 (根据第 1 段), 我们推知, 两个矩阵之积的秩不超过第一个因子的秩. 为了证明它也不超过第二个因子的秩, 我们取各矩阵的转置矩阵; 由 §29 的公式 (15), 得

$$AB \text{ 的秩 } = (AB)' \text{ 的秩 } = B'A' \text{ 的秩 } \leqslant B' \text{ 的秩 } = B \text{ 的秩},$$

于是证明完毕.

两个矩阵之积的秩可能小于每个因子的秩. 例如矩阵

$$A=\begin{bmatrix}1&0\\0&0\end{bmatrix},\quad B=\begin{bmatrix}0&1\\0&0\end{bmatrix}$$

的秩都等于 1, 但它们的积

$$AB=\begin{bmatrix}0&0\\0&0\end{bmatrix}$$

的秩等于零. 因此, 下面的定理是很有意义的, 它不是从上面而是从下面估计两个矩阵之积的秩:

定理 24 两个 n 阶矩阵之积的秩不小于 $(r_1+r_2)-n$, 其中 r_1 与 r_2 为因子的秩.

证明 首先我们证明, 一个 r 秩的算子 A 把空间 R 内的一个 k 维子空间 R' 变为子空间 $\mathrm{A}(R')$, 其维数不小于 $r-(n-k)$. 在空间 R 内, 适当选择一个基底 $e_1, e_2, \cdots, e_n$, 使前 k 个基向量属于子空间 R' (参考 §15, 第 2 段). $\mathrm{A}e_1, \mathrm{A}e_2, \cdots, \mathrm{A}e_k$ 等 k 个向量产生子空间 $\mathrm{A}(R')$; 它们的坐标占有算子 A 的矩阵的前 k 个列. 根据假设, 在这个矩阵里面, 有 r 列线性无关. 这 r 列分成两组: 第一组在第 1 至第 k 列里, 第二组在第 $k+1$ 至第 n 列里. 在第二组的列的数目不能大于 $n-k$; 因此在第一组的列的数目不能小于 $r-(n-k)$. 因此, 子空间 $\mathrm{A}(R')$ 含有不少于 $r-(n-k)$ 个线性无关的向量, 这就是我们所要证明的一点.

现在, 设 A 与 B 为对应于相乘的两个矩阵的算子, 并设 r_1 为 A 的秩, r_2 为 B 的秩. 按第一段, 算子 AB 的秩等于它的值域的维数. 算子 B 把整个空间 R 变成子空间 $T(\mathrm{B})$, 其维数等于 r_2. 因此, 算子 A 把子空间 $T(\mathrm{B})$ 变成另一个子空间, 其维数不小于 $r_1-(n-r_2)=r_1+r_2-n$. 由此可见算子 AB 的秩, 也就是矩阵 AB 的秩, 不小于 r_1+r_2-n. 这样, 定理已经证明.

推论 1 若两个相乘的 n 阶矩阵中, 有一个是满秩的 (即秩等于 n), 则其积的秩等于另一个矩阵的秩.

事实上, 按定理 23 与 24, 这时乘积的秩, 从上和从下估计都是一样的, 都等于其他一个矩阵的秩.

推论 2 若两个相乘的矩阵都是满秩的, 则其积也是满秩的.

从 §29 里所证明的关于两个矩阵之积的行列式的定理也可以推得这个结果.

§32. n 维空间内的线性算子所构成的代数及其理想子环

我们已经看到, 施于一定的线性空间 R 的全部线性算子本身构成一个新的线性空间. 现在用 $\mathfrak{R}$ 来表示. 在线性空间 $\mathfrak{R}$ 的元素之间, 除了线性运算之外, 还有适合结合律和分配律的乘法运算 (彼此相乘的运算). 具有适合结合律和分配律的乘法的线性空间称为一个代数, 这样, 上文中所讨论的空间 $\mathfrak{R}$ 就是代数之一例.

设已给任意一个代数 $\mathfrak{R}$, 用 $\mathrm{A},\mathrm{B},\cdots$ 等字母表示 $\mathfrak{R}$ 的元素. 设子空间 $\mathfrak{R}'\subset\mathfrak{R}$. 若由 $\mathrm{B}\in\mathfrak{R}'$ 的假设, 可以得到 $\mathrm{AB}\in\mathfrak{R}'$ 的结论, 其中 A 为 $\mathfrak{R}$ 中任意元素, 则 $\mathfrak{R}'$ 称为代数 $\mathfrak{R}$ 的一个*左理想子环*. 同样的, 若子空间 $\mathfrak{R}''\subset\mathfrak{R}$ 并且由 $\mathrm{B}\in\mathfrak{R}''$ 的假设, 可以得到 $\mathrm{BA}\in\mathfrak{R}''$ 的结论, 其中 A 为 $\mathfrak{R}$ 中任意元素, 则 $\mathfrak{R}''$ 称为代数 $\mathfrak{R}$ 的一个*右理想子环*.

现在, 在这个施于线性空间 R 的一切线性算子所构成的代数 $\mathfrak{R}$ 中, 我们举几个左理想子环和右理想子环的例子. 首先, 代数 $\mathfrak{R}$ 以及它的零元素所单独构成的子空间 (即只含有零算子的子空间) 显然同时既是左又是右理想子环. 其次, 取一个固定的子空间 $R'\subset R$, 然后取变子空间 R' 的每个向量为零的一切算子 $\mathrm{B}\in\mathfrak{R}$. 这样的算子所构成的集, 我们记以 $\mathfrak{R}'$. 不难看出, $\mathfrak{R}'$ 是代数 $\mathfrak{R}$ 的一个子空间. 但是, 它还是 $\mathfrak{R}$ 的一个左理想子环: 因为, 若对于任意的 $x\in R,\mathrm{B}x=0$, 则无论 $\mathrm{A}\in\mathfrak{R}$ 是怎样一个算子, 对于任意 $x\in R',\mathrm{AB}x=0$. 现在, 再取固定的子空间 $R''\subset R$, 然后取值域含于子空间 R'' 内的一切的算子 $\mathrm{B}\in\mathfrak{R}$. 这样的算子所构成的集, 我们记以 $\mathfrak{R}''$. $\mathfrak{R}''$ 显然是代数 $\mathfrak{R}$ 的一个子空间. 但是, 它还是 $\mathfrak{R}$ 的一个右理想子环; 因为, 若对于任意的 $x\in R,\mathrm{B}x\in R''$, 则无论 $\mathrm{A}\in\mathfrak{R}$ 是怎样一个算子, 对于任意的 $x\in R,\mathrm{BA}x\in R''$.

上文所论的空间 R 是有限维的. 在这个情形之下, 我们所举的例子事实上就是代数 $\mathfrak{R}$ 的最普遍的理想子环. 换句话说, 我们有以下的

定理 25 *设 $\mathfrak{R}$ 为施于有限维空间 R 的一切线性算子所构成的代数. 代数 $\mathfrak{R}$ 的每一个左理想子环是 $\mathfrak{R}$ 中把 R 的某一个子空间 R' 内的一切向量变为零向量的全部算子 B 所构成. 这个代数的每一个右理想子环是在 $\mathfrak{R}$ 里面值域含于 R 的某一个子空间 R'' 内的一切算子 B 所构成.*

为了证明这个定理, 我们需要几个关于 n 维空间的线性算子的化零流形和值域的引理. 我们以下用 $N(\mathrm{A}),N(\mathrm{B}),N(\mathrm{C})$ 表示算子 A, B, C 的化零流形, 而它们的维数则用 α,β,γ 表示; 这些算子的值域用 $T(\mathrm{A}),T(\mathrm{B}),T(\mathrm{C})$ 表示, 它们的维数则用 a,b,c 表示. 根据 §31,

$$\alpha+a=\beta+b=\gamma+c=n.$$

引理 1 *设 $e_1,e_2,\cdots,e_n$ 为空间 R 的基底, 其中 $e_1,e_2,\cdots,e_\alpha$ 属于 $N(\mathrm{A})$. 这样, $\mathrm{A}e_{\alpha+1},\cdots,\mathrm{A}e_n$ 就线性无关.*

证明 下面的

$$\lambda_{\alpha+1}\mathrm{A}e_{\alpha+1}+\cdots+\lambda_n\mathrm{A}e_n=0.$$

这个线性关系和

$$\mathrm{A}(\lambda_{\alpha+1}e_{\alpha+1}+\cdots+\lambda_ne_n)=0$$

实质上是一样的. 由后一个关系, 即得 $x=\lambda_{\alpha+1}e_{\alpha+1}+\cdots+\lambda_ne_n\in N(\mathrm{A})$, 但这样 x 又可以写成 $e_1,e_2,\cdots,e_\alpha$ 的线性式:

$$x=\lambda_{\alpha+1}e_{\alpha+1}+\cdots+\lambda_ne_n=\lambda_1e_1+\lambda_2e_2+\cdots+\lambda_\alpha e_\alpha.$$

由于 $e_1,e_2,\cdots,e_n$ 线性无关, 得 $\lambda_{\alpha+1}=\cdots=\lambda_n=0$.

于是证明完毕.

引理 2 *设在 $T(\mathrm{A})$ 内选择 a 个线性无关的向量 $f_1,f_2,\cdots,f_a$, 并设 $f_i=\mathrm{A}e_i$ $(i=1,2,\cdots,a)$. 又在 $N(\mathrm{A})$ 内选择 $n-a$ 个线性无关的向量 $e_{a+1},\cdots,e_n$. 这样就可断定, $e_1,e_2,\cdots,e_n$ 诸向量线性无关, 因而即可作为空间 R 的基底.*

证明 假设

$$\lambda_1 e_1 + \lambda_2 e_2 + \cdots + \lambda_n e_n = 0.$$

若将算子 A 应用于这个线性关系, 则因 $e_{a+1}, \cdots, e_n$ 含在 $N(\mathrm{A})$ 内, 又因 $\mathrm{A}e_i = f_i$ $(i = 1, 2, \cdots, a)$, 得

$$\lambda_1 f_1 + \lambda_2 f_2 + \cdots + \lambda_a f_a = 0.$$

由于 f_i 线性无关, 得 $\lambda_1 = \lambda_2 = \cdots = \lambda_a = 0$. 但这样又得 $\lambda_{a+1} = \cdots = \lambda_n = 0$, 因为按假设 $e_{a+1}, \cdots, e_n$ 线性无关. 因此, 对于每个 $i = 1, 2, \cdots, n, \lambda_i = 0$, 这就证明了 $e_1, e_2, \cdots, e_n$ 诸向量线性无关

引理 3 *若 $N(\mathrm{B}) \subset N(\mathrm{C})$, 则有一个算子 A 存在, 它适合关系 C=AB.*

证明 选择基底 $e_1, e_2, \cdots, e_n$, 使其中的 $e_1, e_2, \cdots, e_\beta$ 属于 $N(\mathrm{B})$. 这样, 根据引理 1, $f_{\beta+1} = \mathrm{B}e_{\beta+1}, \cdots, f_n = \mathrm{B}e_n$ 诸向量线性无关. 选择 $f_1, f_2, \cdots, f_\beta$ 诸向量, 使 $f_1, f_2, \cdots, f_n$ 成为空间 R 的基底. 用方程

$$\mathrm{A}f_i = \mathrm{C}e_i \quad (i = 1, 2, \cdots, n)$$

来决定算子 A. 可以断言, 这个算子 A 就是我们所要的. 事实上对于 $i \leqslant \beta$, 等式

$$\mathrm{AB}e_i = \mathrm{C}e_i$$

成立, 因为式中左右两端都等于零; 对于 $i > \beta$, 它依然成立, 因为对于这些 $i, \mathrm{B}e_i = f_i$. 由于 $e_1, e_2, \cdots, e_n$ 构成 R 的基底, AB=C. 证明完毕.

引理 4 *若 $T(\mathrm{B}) \supset T(\mathrm{C})$, 则有一个算子 A 存在, 它满足关系 C=BA.*

证明 在 $T(\mathrm{C})$ 内选择 c 个线性无关的向量 $f_1, f_2, \cdots, f_c$. 利用关系

$$f_i = \mathrm{B}e_i \quad (i = 1, 2, \cdots, c)$$

来决定 $e_1, e_2, \cdots, e_c$ 诸向量; 这是可能的, 因为 $T(\mathrm{B}) \supset T(\mathrm{C})$. 根据引理 2, 按照 $f_1, f_2, \cdots, f_c$ 诸向量和算子 C, 我们作出一个基底 $g_1, g_2, \cdots, g_n$, 使 $\mathrm{C}g_i = f_i$ $(i = 1, 2, \cdots, c), \mathrm{C}g_i = 0$ $(i > c)$.

利用条件

$$\mathrm{A}g_i = \begin{cases} e_i, & \text{对于 } i \leqslant c, \\ 0, & \text{对于 } i > c \end{cases}$$

来决定算子 A, 可以断言, 这个算子 A 就是我们所求的. 实际上对于 $i \leqslant c$ 等式

$$\mathrm{BA}g_i = \mathrm{C}g_i$$

成立, 因为对于这些 $i, \mathrm{BA}g_i = \mathrm{B}e_i = f_i = \mathrm{C}g_i$; 对于 $i > c$, 式中左右两端都等于零. 由于 $g_1, g_2, \cdots, g_n$ 是空间 R 的基底, BA=C. 证明完毕.

引理 5 *设 $N(\mathrm{A})$ 为有限多个子空间 $P, Q, \cdots$ 的交空间, 则有算子 $\mathrm{B}, \mathrm{C}, \cdots$ 存在, 使 $N(\mathrm{B}) \supset P, N(\mathrm{C}) \supset Q, \cdots$, 并且 $\mathrm{B} + \mathrm{C} + \cdots = \mathrm{A}$.*

证明 我们只须讨论两个子空间 P, Q 的情况. 设在 $N(\mathrm{A})$ 内选择 α 个线性无关的向量 $e_1, e_2, \cdots, e_\alpha$. 添上某些向量 $p_1, p_2, \cdots, p_r$ 使成为子空间 p 的基底, 另一方面, 添上某些向量 $q_1, q_2, \cdots, q_s$ 使成为子空间 Q 的基底. 根据 §15, 第 4 段, $e_1, \cdots, e_\alpha, p_1, \cdots, p_r, q_1, \cdots, q_s$ 线性

无关, 再添上某些向量 $f_1, f_2, \cdots, f_m$, 使其成为空间 R 的底. 利用条件

$$\mathrm{B}e_i = 0, \quad \mathrm{B}p_i = 0, \quad \mathrm{B}q_i = \mathrm{A}q_i, \quad \mathrm{B}f_i = \frac{1}{2}\mathrm{A}f_i,$$
$$\mathrm{C}e_i = 0, \quad \mathrm{C}p_i = \mathrm{A}p_i, \quad \mathrm{C}q_i = 0, \quad \mathrm{C}f_i = \frac{1}{2}\mathrm{A}f_i$$

来决定算子 B, C. 显然 B+C=A; 而且 $N(\mathrm{B}) \supset P, N(\mathrm{C}) \supset Q$. 证毕.

引理 6 *设 $T(\mathrm{A})$ 为有限多个子空间 $P, Q, \cdots$ 之和, 则有算子 $\mathrm{B}, \mathrm{C}, \cdots$ 存在, 使 $T(\mathrm{B}) \subset P, T(\mathrm{C}) \subset Q, \cdots$, 而且 $\mathrm{B} + \mathrm{C} + \cdots = \mathrm{A}$.*

证明 我们只须讨论两个子空间 P, Q 的情况. 设 S 表示它们的交空间. 在子空间 $T(\mathrm{A})$ 内, 选择一个基底 $e_1, \cdots, e_k, p_1, \cdots, p_r, q_1, \cdots, q_s$, 使 $e_1, \cdots, e_k$ 诸向量构成子空间 S 的基底; $e_1, \cdots, e_k, p_1, \cdots, p_r$ 诸向量构成子空间 P 的基底, 而 $e_1, \cdots, e_k, q_1, \cdots, q_s$ 诸向量构成子空间 Q 的基底.

更设利用等式 $e_i = \mathrm{A}e_i^*, p_i = \mathrm{A}p_i^*, q_i = \mathrm{A}q_i^*$ 来决定 e_i^*, p_i^*, q_i^* 诸向量.

根据引理 2, 向量 e_i^*, p_i^*, q_i^* 添上从 $N(\mathrm{A})$ 选出来的 α 个线性无关的向量 f_i^* 就构成空间 R 的一个基底. 利用公式

$$\mathrm{B}e_i^* = \frac{1}{2}e_i, \quad \mathrm{B}p_i^* = p_i, \quad \mathrm{B}q_i^* = 0, \quad \mathrm{B}f_i^* = 0,$$
$$\mathrm{C}e_i^* = \frac{1}{2}e_i, \quad \mathrm{C}p_i^* = 0, \quad \mathrm{C}q_i^* = q_i, \quad \mathrm{C}f_i^* = 0$$

决定算子 B, C.

显然 B+C=A. 又 $T(\mathrm{B})$ 为 e_i 与 p_i 诸向量所产生, 因此含于子空间 P 内; 同样, $T(\mathrm{C}) \subset Q$. 这样引理 6 已经证明.

现在回到定理 25 的证明. 首先设 $\mathfrak{R}'$ 为代数 $\mathfrak{R}$ 的任意左理想子环. 设 $N(R')$ 为 R 内被 $\mathfrak{R}'$ 内每一个算子 B 变为零的一切的向量所成的集. 显然 $N(\mathfrak{R}')$ 是一个子空间. 我们将要证明, 每一个具有性质 $N(\mathfrak{R}') \subset N(\mathrm{A})$ 的算子 A 含在理想子环 $\mathfrak{R}'$ 内; 这样就等于证明了定理 25 的第一点. 我们先假定 $N(\mathrm{A}) = N(\mathfrak{R}')$①.

子空间 $N(\mathfrak{R}')$ 可利用下面所述的有限的步骤构成. 取任意的 $B_1 \in \mathfrak{R}'$, 并作 $N(\mathrm{B}_1)$. 若对于每一个 $\mathrm{C}_1 \in \mathfrak{R}', N(\mathrm{C}_1) \supset N(\mathrm{B}_1)$, 则 $N(\mathfrak{R}') = N(\mathrm{B}_1)$, 而我们的作法已完成. 若有 $\mathrm{C}_1 \in \mathfrak{R}'$, 使 $N(\mathrm{C}_1)$ 不包含 $N(\mathrm{B}_1)$, 我们取子空间 $N(\mathrm{B}_1)$ 与 $N(\mathrm{C}_1)$ 的交空间 $N(\mathrm{B}_1, \mathrm{C}_1)$. 若对于每一个 $\mathrm{D}_1 \in \mathfrak{R}', N(\mathrm{D}_1) \supset N(\mathrm{B}_1, \mathrm{C}_1)$, 则 $N(\mathfrak{R}') = N(\mathrm{B}_1, \mathrm{C}_1)$, 而作法已完成. 如果不然, 利用适当的算子, 我们可以继续以上的步骤. 在有限多步之后, 这个过程必须完成, 因为我们的交空间的维数在逐步减小.

因此, 我们可以说, 子空间 $N(\mathfrak{R}')$ 是有限多个子空间 $P = N(\mathrm{B}_1), Q = N(\mathrm{C}_1), \cdots$ 的交空间, 其中 $\mathrm{B}_1, \mathrm{C}_1, \cdots$ 属于理想子环 $\mathfrak{R}'$. 根据引理 5, 我们可以选择算子 $\mathrm{B}, \mathrm{C}, \cdots$, 使 $N(\mathrm{B}) \supset P = N(\mathrm{B}_1), N(\mathrm{C}) \supset Q = N(\mathrm{C}_1), \cdots, \mathrm{B} + \mathrm{C} + \cdots = \mathrm{A}$. 根据引理 3, 用某些算子从**左方**乘算子 $\mathrm{B}_1, \mathrm{C}_1, \cdots$, 可以得到算子 $\mathrm{B}, \mathrm{C}, \cdots$, 因此, 除 $\mathrm{B}_1, \mathrm{C}_1, \cdots$ 以外, $\mathrm{B}, \mathrm{C}, \cdots$ 也含在理想子环 $\mathfrak{R}'$ 内; 于是 $\mathrm{B}, \mathrm{C}, \cdots$ 的和 $\mathrm{B} + \mathrm{C} + \cdots = \mathrm{A}$ 也含在 $\mathfrak{R}'$ 内. 因此, 每一个具有 $N(\mathrm{A}) = N(\mathfrak{R}')$ 的性质的算子 A 都含在理想子环 $\mathfrak{R}'$ 内. 再一次利用引理 3, 我们看到, 凡具有 $N(\mathrm{A}_1) \supset N(\mathrm{A}) = N(\mathfrak{R}')$ 的性质的算子 A_1 也属于理想子环 $\mathfrak{R}'$; 这样, 定理 25 的前半部分已经证明.

①这样的算子 A 是存在的. 例如由 §31 第 3 段即可看出.

现在令 $\mathfrak{R}''$ 为代数 $\mathfrak{R}$ 的一个右理想子环. 我们来考虑一切向量 $\mathrm{B}x$, 其中 $x \in R, \mathrm{B} \in \mathfrak{R}''$, 并取它们的线性包 $T(\mathfrak{R}'')$, 子空间 $T(\mathfrak{R}'')$ 可以作为有限多个子空间 $T(\mathrm{B}_1), T(\mathrm{C}_1)$ 的和; 我们可以采用类似证明定理前半部分时用于交空间的方法. 我们以下要证明, 每一个具有性质 $T(\mathrm{A}) \subset T(\mathfrak{R}'')$ 的算子 A 属于理想子环 $\mathfrak{R}''$; 这样就等于证明了定理 25 的后半部分. 先设 $T(\mathrm{A}) = T(\mathfrak{R}'')$. 这样, 根据引理 6, 就有算子 $\mathrm{B}, \mathrm{C}, \cdots$ 存在, 令 $T(\mathrm{B}) \subset T(\mathrm{B}_1), T(\mathrm{C}) \subset T(\mathrm{C}_1), \cdots$, 并且 $\mathrm{B}+\mathrm{C}+\cdots = \mathrm{A}$. 根据引理 4, 用某些算子从右方乘算子 $\mathrm{B}, \mathrm{C}, \cdots$, 可以得到算子 $\mathrm{B}_1\mathrm{C}_1\cdots$; 因此, 除 $\mathrm{B}_1, \mathrm{C}_1, \cdots$ 以外, $\mathrm{B}, \mathrm{C}, \cdots$ 也含在理想子环 $\mathfrak{R}''$ 内; 于是 $\mathrm{B}, \mathrm{C}, \cdots$ 的和 $\mathrm{B} + \mathrm{C} + \cdots = \mathrm{A}$ 也含在 $\mathfrak{R}''$ 内. 这样, 凡具有性质 $T(\mathrm{A}) = T(\mathfrak{R}'')$ 的算子 A 都在 $\mathfrak{R}''$ 内. 再一次利用引理 4, 我们看到, 凡具有性质 $T(\mathrm{A}_1) \subset T(\mathrm{A}) = T(\mathfrak{R}'')$ 的算子 A_1 也在 $\mathfrak{R}''$ 内. 这样, 整个定理 25 已完全证明.

附记 读者无疑已经注意到定理 25 前半部分和后半部分的证明有些平行. 事实上后半部分确可从前半部分推得. 但是, 要做这一项工作, 还需要一些新的概念, 而这些概念在第七章才能引进.

最后, 我们讨论一下 $\mathfrak{R}$ 里既是右的又是左的理想子环 $\mathfrak{R}'$ (双侧理想子环). 设 $\mathfrak{R}'$ 是这样的一个理想子环. 它既是左的, 按定理 25, 它是由变某一个子空间 $R' \subset R$ 为零的**一切**算子所构成. 它又是右的, 它是由值域含于某一个子空间 $R'' \subset R$ 的一切算子所构成. 在这种情况之下, 一个算子若把子空间 R' 变为零, 它的一切的值就在子空间 R'' 内, 倒转过来也正确. $R' = R, R'' = 0$ 就是这样情况的一个例子; 这时 $\mathfrak{R}'$ 是零理想子环, 我们已经指出, 它是双侧的. 若 $R' \neq R$, 则按 §31, 第 3 段, 子空间 R'' 含有任意已经给定的向量. 由此可见 $R'' = R$, 而理想子环 $\mathfrak{R}'$ 由一切的线性算子所组成, 即与整个的代数 $\mathfrak{R}$ 相合. 于是已证明了 n 维空间内的线性算子所构成的代数 $\mathfrak{R}$ 只有两个双侧理想子环: 即零理想子环与整个的代数 $\mathfrak{R}$. 这样的两个双侧理想子环是任意的代数所必有的.

§33. 普遍线性算子

到此为止, 我们讨论的是线性函数, 它们的变量是在一个线性空间 R 里变动的向量, 它们的值或者是数量, 或者是在同一空间内的向量. 但是我们可以采用较普遍的观点, 可以讨论向量变量的函数, 其值为一个线性空间 R' 的向量. 若这样的一个函数满足条件

$$\mathrm{A}(x+y) = \mathrm{A}x + \mathrm{A}y,$$

$$\mathrm{A}(\alpha x) = \alpha \mathrm{A}x$$

(右端的运算是空间 R' 内的运算), 则称为一个*普遍线性算子*.

特殊的, 若 R' 与 R 相合, 我们就得到寻常的线性算子; 若 R' 是一维空间, 普遍线性算子就成为普遍的线性型.

对于在一个线性空间 R 内有定义而其值则在一个线性空间 R' (R' 可能就是 R) 的普遍线性算子, 我们可以用自然的方法给予加法及用实数相乘的定义; 一切这样算子的集合就构成一个新的线性空间.

对于两个普遍线性算子 A, B 的一种自然的**乘法**运算只能在下面情形为可能: 第一个算子起

作用的空间正是第二个算子的值所在的空间. 这样, 乘积 C=AB 就由以下的公式来定义:

$$\mathrm{C}x = (\mathrm{AB})x = \mathrm{A}(\mathrm{B}x).$$

习题

1. 试求施于 n 维空间 R 而其值在 k 维空间 R' 内的线性算子的普遍式.

提示 对于每一个这样的算子联系着一个 k 行 n 列矩阵.

2. 与普遍线性算子的乘法相对应的, 是有关长方矩阵的怎样的运算?

答 k 行 n 列矩阵和 n 行 m 列矩阵的相乘的法则, 与方阵相乘的寻常法则相类似.

第五章

坐标变换

如所周知, 在利用解析几何来解决几何问题时, 坐标系的适宜选择是很重要的. 对于有关 n 维线性空间的几何学的更为广泛的问题, 坐标系的适宜选择也很重要. 在这一章里, 我们讨论 n 维线性空间里坐标变换的法则. 特殊地, 这里所获得的结果, 构成下一章的二次型分类的基础.

§34. 更换新基底的公式

设 $\{e\}=\{e_1,e_2,\cdots,e_n\}$ 为 n 维空间 R 内任意的基底, 而 $\{f\}=\{f_1,f_2,\cdots,f_n\}$ 为同一个空间内的另一基底. $\{f\}$ 的诸向量可以写成对于原来的诸基向量的分解式, 而且被这些分解式唯一地决定:

$$\left.\begin{aligned}
f_1&=a_1^{(1)}e_1+a_2^{(1)}e_2+\cdots+a_n^{(1)}e_n,\\
f_2&=a_1^{(2)}e_1+a_2^{(2)}e_2+\cdots+a_n^{(2)}e_n,\\
&\cdots\cdots\cdots\cdots\cdots\cdots\cdots\cdots\cdots\cdots\\
f_n&=a_1^{(n)}e_1+a_2^{(n)}e_2+\cdots+a_n^{(n)}e_n,
\end{aligned}\right\}\tag{1}$$

或者, 较简短些,

$$f_j=\sum_{i=1}^{n}a_i^{(j)}e_i\quad(j=1,2,\cdots,n).\tag{2}$$

在公式 (1) 或 (2) 里的系数 $a_i^{(j)}$ $(i, j = 1, 2, \cdots, n)$ 决定矩阵

$$A = [a_i^{(j)}] = \begin{bmatrix} a_1^{(1)} & a_1^{(2)} & \cdots & a_1^{(n)} \\ a_2^{(1)} & a_2^{(2)} & \cdots & a_2^{(n)} \\ \vdots & \vdots & & \vdots \\ a_n^{(1)} & a_n^{(2)} & \cdots & a_n^{(n)} \end{bmatrix},$$

它称为由基底 $\{e\}$ 到基底 $\{f\}$ 的变换矩阵, 和以前的类似情况那样 (§26 及其下), 我们把向量 f_j (对于基底 $\{e\}$) 的坐标写作矩阵 A 的列.

矩阵 A 的行列式 D **不等于零**; 因为否则它的诸列就线性相关, 因而 $f_1, f_2, \cdots, f_n$ 诸向量也就线性相关 (§19), 行列式不等于零的矩阵在前已称为满秩的. 由此可见, 由 n 维空间 R 的一个基底到另一个基底的变换总是利用某一个满秩矩阵来实现的.

倒转过来, 设 $\{e\} = \{e_1, e_2, \cdots, e_n\}$ 为 n 维空间 R 的已给基底, 而 $A = [a_i^{(j)}]$ 为一个满秩 n 阶矩阵, 按公式 (1), 取一组向量 $f_1, f_2, \cdots, f_n$. 显然的, 这些向量线性无关, 因为每一个满秩矩阵的列线性无关 (§19). 这样, $f_1, f_2, \cdots, f_n$ 诸向量就构成空间 R 的一个新基底. 因此, 每一个满秩矩阵 $A = [a_i^{(j)}]$ 总可以按公式 (1) 决定由 n 维空间 R 的一个基底到另一个基底的变换.

由于矩阵 A 是满秩的, 方程 (1) 对于 $e_1, e_2, \cdots, e_n$ 诸向量是可解的; 我们得到一组具以下形状的等式:

$$\left.\begin{aligned} e_1 &= b_1^{(1)} f_1 + b_2^{(1)} f_2 + \cdots + b_n^{(1)} f_n, \\ e_2 &= b_1^{(2)} f_1 + b_2^{(2)} f_2 + \cdots + b_n^{(2)} f_n, \\ &\cdots\cdots\cdots\cdots\cdots\cdots\cdots\cdots \\ e_n &= b_1^{(n)} f_1 + b_2^{(n)} f_2 + \cdots + b_n^{(n)} f_n. \end{aligned}\right\} \tag{3}$$

这一组的方程显然决定了由基底 $\{f\}$ 底到基底 $\{e\}$ 的变换.

由公式 (1) 与其矩阵 A, 可以得到一个对应的算子 A. 这个算子为 $f_i = \mathrm{A}e_i$ $(i = 1, 2, \cdots, n)$ 所决定, 我们也称它为由基底 $\{e\}$ 到基底 $\{f\}$ 的变换算子, 公式 (3) 决定逆算子 A^{-1}.

我们举一个更换新基底的特例: 每一个向量 f_k 等于其对应的向量 e_k 乘以一定的数 $\lambda_k \neq 0$ $(k = 1, 2, \cdots, n)$. 公式 (1) 化为

$$\begin{aligned} f_1 &= \lambda_1 e_1, \\ f_2 &= \quad \lambda_2 e_2, \\ &\cdots\cdots\cdots \\ f_n &= \qquad \lambda_n e_n, \end{aligned}$$

而矩阵 A 则化为对角式

$$A = \begin{bmatrix} \lambda_1 & & & \\ & \lambda_2 & & \\ & & \ddots & \\ & & & \lambda_n \end{bmatrix}.$$

特殊的, 若 $\lambda_1 = \lambda_2 = \cdots = \lambda_n = 1$. 我们得到恒等变换的矩阵, 或单位矩阵

$$E = \begin{bmatrix} 1 & & & \\ & 1 & & \\ & & \ddots & \\ & & & 1 \end{bmatrix}; \tag{4}$$

经过恒等变换, 原基底没有改变.

§35. 更换基底时, 向量的坐标的变换

设 $\{e\} = \{e_1, e_2, \cdots, e_n\}$ 与 $\{f\} = \{f_1, f_2, \cdots, f_n\}$ 为 n 维空间 R 内两个基底, 对于每一个向量 $x \in R$, 有两个分解式

$$x = \xi_1 e_1 + \xi_2 e_2 + \cdots + \xi_n e_n = \eta_1 f_1 + \eta_2 f_2 + \cdots + \eta_n f_n, \tag{5}$$

其中 $\xi_1, \xi_2, \cdots, \xi_n$ 为 x 对于基底 $\{e\}$ 的坐标, 而 $\eta_1, \eta_2, \cdots, \eta_n$ 为 x 对于基底 $\{f\}$ 的坐标. 我们提出以下问题: 如何从向量 x 对于基底 $\{e\}$ 的坐标计算它对于基底 $\{f\}$ 的坐标. 设已给由基底 $\{e\}$ 到基底 $\{f\}$ 的变换矩阵 $A = [a_i^{(j)}]$, 这样, $\{e\}$ 诸向量就按公式 (3) 用 $\{f\}$ 诸向量表示:

$$\begin{aligned} e_1 &= b_1^{(1)} f_1 + b_2^{(1)} f_2 + \cdots + b_n^{(1)} f_n, \\ e_2 &= b_1^{(2)} f_1 + b_2^{(2)} f_2 + \cdots + b_n^{(2)} f_n, \\ &\cdots\cdots\cdots\cdots\cdots\cdots\cdots\cdots\cdots \\ e_n &= b_1^{(n)} f_1 + b_2^{(n)} f_2 + \cdots + b_n^{(n)} f_n, \end{aligned}$$

或者, 较简短些,

$$e_j = \sum_{k=1}^{n} b_k^{(j)} f_k \quad (j = 1, 2, \cdots, n), \tag{6}$$

其中 $B = [b_k^{(j)}]$ 为矩阵 A 的逆矩阵 (§30), 将公式 (6) 代入 (5) 式, 得

$$x = \sum_{j=1}^{n} \xi_j e_j = \sum_{k=1}^{n} \eta_k f_k = \sum_{j=1}^{n} \xi_j \left(\sum_{k=1}^{n} b_k^{(j)} f_k \right) = \sum_{k=1}^{n} \left(\sum_{j=1}^{n} b_k^{(j)} \xi_j \right) f_k,$$

由此, 根据向量 x 对于基底 $\{f\}$ 的分解式的唯一性, 得

$$\eta_k = \sum_{j=1}^{n} b_k^{(j)} \xi_j \quad (k = 1, 2, \cdots, n). \tag{7}$$

写成展开式, 就得方程组

$$\begin{aligned} \eta_1 &= b_1^{(1)} \xi_1 + b_1^{(2)} \xi_2 + \cdots + b_1^{(n)} \xi_n, \\ \eta_2 &= b_2^{(1)} \xi_1 + b_2^{(2)} \xi_2 + \cdots + b_2^{(n)} \xi_n, \\ &\cdots\cdots\cdots\cdots\cdots\cdots\cdots\cdots\cdots \\ \eta_n &= b_n^{(1)} \xi_1 + b_n^{(2)} \xi_2 + \cdots + b_n^{(n)} \xi_n. \end{aligned}$$

由此可见, 向量 x 对于基底 $\{f\}$ 的坐标是它对于基底 $\{e\}$ 的坐标的线性式; 这些线性式的系数所构成的矩阵, 是由基底 $\{f\}$ 到基底 $\{e\}$ 的变换矩阵的转置矩阵 (即矩阵 A 的逆矩阵的转置矩阵).

若采用逆矩阵的符号 A^{-1} 与转置矩阵的符号 A', 则关系式 (7) 所决定的矩阵 C 可以写成 $C=(A^{-1})'$.

还有以下的逆定理:

设 $\xi_1,\xi_2,\cdots,\xi_n$ 为 n 维空间 R 的任意向量 x 对于基底 $\{e\}=\{e_1,e_2,\cdots,e_n\}$ 的坐标, 而 $\eta_1,\eta_2,\cdots,\eta_n$ 诸值则由以下方程组确定:

$$\begin{aligned}
\eta_1&=c_{11}\xi_1+c_{12}\xi_2+\cdots+c_{1n}\xi_n,\\
\eta_2&=c_{21}\xi_1+c_{22}\xi_2+\cdots+c_{2n}\xi_n,\\
&\cdots\cdots\cdots\cdots\cdots\cdots\cdots\cdots\\
\eta_n&=c_{n1}\xi_1+c_{n2}\xi_2+\cdots+c_{nn}\xi_n,
\end{aligned}$$

其中 $\det[c_{jk}]\neq 0$. 这样, 在空间 R 里可以求得新基底 $\{f\}=\{f_1,f_2,\cdots,f_n\}$, 使 $\eta_1,\eta_2,\cdots,\eta_n$ 成为向量 x 对于这个基底的坐标.

证明 我们引进矩阵 $C=[c_{jk}]$ 与矩阵 $A=(C')^{-1}$. 利用矩阵 A, 按公式 (1), 我们取一个新的基底. 可以断定, 这就是所求的基底. 证明如下: 对于新的基底, 向量 x 的坐标应当用变换公式 (7) 确定. 上面已经指出, 这一组公式的系数构成矩阵 $(A^{-1})'$. 在目前的情形下, 这个矩阵就是矩阵 C, 因为

$$(A^{-1})'=([(C')^{-1}]^{-1})'=(C')'=C.$$

因此, $\eta_1,\eta_2,\cdots,\eta_n$ 诸值确是 x 对于基底 $\{f\}$ 的坐标. 这个结论对于任意的向量 x 都是正确的, 因此定理已经证明.

习题

1. 设对于基底 $e_1,e_2,\cdots,e_n$, 向量 $x\in R$ 有坐标 $\xi_1,\xi_2,\cdots,\xi_n$. 如何选择 R 的基底, 使 x 对于新基底的坐标成为 $1,0,0,\cdots,0$?

2. 设在 n 维空间 R 内已选定基底 $e_1,e_2,\cdots,e_n$. 试证明每一个子空间 $R'\subset R$ 可以看作是那些向量的集合, 它们的坐标 (对于底 $e_1,e_2,\cdots,e_n$) 适合如下形状的方程组:

$$\sum_{j=1}^{n}a_{ij}\xi_j=0\quad(i=1,2,\cdots,k).$$

提示 适当地选择一个新基底 $f_1,f_2,\cdots,f_n$, 使前 k 个向量构成子空间 R' 的基底, 把条件 $x\in R'$ 写成一个对于新基底的坐标的方程组. 最后利用变换公式, 再求其对应的、对于原来的基底的坐标的方程组.

3. (续) 证明每一个超平面 $H\subset R$ 可以看作是那些向量 $x\in R$ 的集合, 它们的坐标 (对于基底 $e_1,e_2,\cdots,e_n$) 适合如下形状的方程组:

$$\sum_{j=1}^{n}a_{ij}\xi_j=b_i\quad(i=1,2,\cdots,k).$$

§36. 接连的变换

1. 设 $A=[a_i^{(j)}]$ 为由基底 $\{e\}=\{e_1,e_2,\cdots,e_n\}$ 到基底 $\{f\}=\{f_1,f_2,\cdots,f_n\}$ 的变换矩阵, 而 $B=[b_j^{(k)}]$ 为由基底 $\{f\}$ 到基底 $\{g\}=\{g_1,g_2,\cdots,g_n\}$ 的变换矩阵. 我们试求由基底 $\{e\}$ 直接到基底 $\{g\}$ 的变换矩阵. 由基底 $\{e\}$ 到基底 $\{f\}$ 的变换公式有如 (2) 的形状:

$$f_j=\sum_{i=1}^n a_i^{(j)}e_i \quad (j=1,2,\cdots,n). \tag{8}$$

同样, 由基底 $\{f\}$ 到基底 $\{g\}$ 的变换公式则可写成

$$g_k=\sum_{j=1}^n b_j^{(k)}f_j \quad (k=1,2,\cdots,n). \tag{9}$$

把 (8) 代入 (9), 得

$$g_k=\sum_{j=1}^n b_j^{(k)}\sum_{i=1}^n a_i^{(j)}e_i=\sum_{i=1}^n\left(\sum_{j=1}^n a_i^{(j)}b_j^{(k)}\right)e_i \quad (k=1,2,\cdots,n). \tag{10}$$

另一方面, 若用 $C=[c_i^{(k)}]$ 表示所求的由基底 $\{e\}$ 到基底 $\{g\}$ 的变换矩阵, 则我们可以令

$$g_k=\sum_{i=1}^n c_i^{(k)}e_i \quad (k=1,2,\cdots,n). \tag{11}$$

比较 (10) 与 (11), 即得

$$c_i^{(k)}=\sum_{j=1}^n a_i^{(j)}b_j^{(k)} \quad (i,k=1,2,\cdots,n). \tag{12}$$

这里所得的公式 (12) 和 §29, 第 3 段的公式 (14) 只差了指标的记法 (但它们的作用相同). 因此, *所求的矩阵 C 是矩阵 A 乘以矩阵 B 之积.*

2. 同样的方法可以用于两个接连的坐标变换. 设 $\xi_1,\xi_2,\cdots,\xi_n$ 为向量 x 对于基底 $\{e\}$ 的坐标, 并设 $\eta_1,\eta_2,\cdots,\eta_n$ 与 $\tau_1,\tau_2,\cdots,\tau_n$ 诸值依次用下列等式确定.

$$\eta_j=\sum_{i=1}^n a_i^{(j)}\xi_i \quad (j=1,2,\cdots,n),$$

$$\tau_k=\sum_{j=1}^n b_j^{(k)}\eta_j \quad (k=1,2,\cdots,n);$$

这两组方程依次对应于满秩矩阵 $A=[a_i^{(j)}]$ 与 $B=[b_j^{(k)}]$. 这样, 和第一段一样, $\{\tau\}$ 诸值可利用以下公式直接由 $\{\xi\}$ 诸值表示:

$$\tau_k=\sum_{i=1}^n\left(\sum_{j=1}^n a_i^{(j)}b_j^{(k)}\right)\xi_i=\sum_{i=1}^n c_i^{(k)}\xi_i \quad (k=1,2,\cdots,n),$$

其中 $c_i^{(k)}$ $(i,k=1,2,\cdots,n)$ 诸值构成一个矩阵 C, 而 C 等于矩阵 A 乘以矩阵 B 之积. 证明的时候, 只要把第 1 段的计算中的 e_i,f_j,g_k 诸向量依次都换成 ξ_i,η_j,τ_k 诸数.

习题

在平面里取三个基底; 设向量 x 对于它们的坐标依次等于 $\xi_1,\xi_2;\eta_1,\eta_2;\tau_1,\tau_2$. 已给

$$\eta_1 = a_{11}\xi_1 + a_{12}\xi_2, \quad \tau_1 = b_{11}\xi_1 + b_{12}\xi_2,$$

$$\eta_2 = a_{21}\xi_1 + a_{22}\xi_2, \quad \tau_2 = b_{21}\xi_1 + b_{22}\xi_2,$$

$$A = [a_{ij}], \quad B = [b_{ij}],$$

把坐标 τ_1,τ_2 用 η_1,η_2 表示.

答 所求变换的矩阵是 $C = BA^{-1}$.

§37. 线性型系数的变换

在 n 维空间 R 内, 设已给线性型 $f(x)$. 在 §25 里, 我们看到, 若在空间 R 内已选定一个基底 $\{e\} = \{e_1, e_2, \cdots, e_n\}$, 型 $f(x)$ 的值可用公式

$$f(x) = \sum_{k=1}^{n} c_k\xi_k$$

表示, 其中 ξ_k $(k = 1, 2, \cdots, n)$ 为向量 x 对于基底 $\{e\}$ 的坐标, 而系数 $c_k = f(e_k)$ $(n = 1, 2, \cdots, n)$. 显然的, c_k 诸系数与基底 $\{e\}$ 的选择有关, 我们现在试求, 在更换新基底的时候, 线性型的系数的变换规律.

设公式

$$f_j = \sum_{i=1}^{n} a_i^{(j)} e_i \quad (j = 1, 2, \cdots, n) \tag{13}$$

代表由基底 $\{e\}$ 到新基底 $\{f\}$ 的变换. 我们求线性型 $f(x)$ 对于基底 $\{f\}$ 的系数. 这些系数就是 $d_j = f(f_j)$; 利用公式 (13), 它们即可求得:

$$d_j = f(f_j) = \sum_{i=1}^{n} a_i^{(j)} f(e_i) = \sum_{i=1}^{n} a_i^{(j)} c_i.$$

由此可见, 线性型的变换和基向量的变换相同.

习题

对于 n 维空间内一个已给线性型 $f(x) \neq 0$, 选择一个基底 $g_1, g_2, \cdots, g_n$, 使对于每一个向量 $x = \sum_{k=1}^{n} \eta_k g_k$, 以下等式总是成立:

$$f(x) = \eta_1.$$

§38. 线性算子矩阵的变换

1. 在 n 维空间里, 设已给一个线性算子 A. 设用 $A_{(e)} = [a_i^{(j)}]$ 表示算子 A 对于基底 $\{e\} = \{e_1, e_2, \cdots, e_n\}$ 的矩阵, 而用 $A_{(f)} = [\alpha_q^{(p)}]$ 表示它对于基底 $\{f\} =$

$\{f_1, f_2, \cdots, f_n\}$ 的矩阵. 此外, 更假设由基底 $\{e\}$ 到基底 $\{f\}$ 的变换为

$$f_k = \sum_{j=1}^{n} c_j^{(k)} e_j \quad (k = 1, 2, \cdots, n), \tag{11*}$$

而用符号 C 表示变换矩阵 $[c_j^{(k)}]$. 我们要求出矩阵 $A_{(e)}, A_{(f)}$ 与 C 之间的关系. 矩阵 $A_{(e)}$ 由等式

$$\mathrm{A} e_j = \sum_{i=1}^{n} a_i^{(j)} e_i \quad (j = 1, 2, \cdots, n) \tag{12*}$$

确定, 而矩阵 $A_{(f)}$ 则由等式

$$\mathrm{A} f_p = \sum_{q=1}^{n} \alpha_q^{(p)} f_q \quad (p = 1, 2, \cdots, n)$$

确定. 把 f_q 诸向量在公式 (11*) 里的值代入最后的公式里, 得

$$\mathrm{A} f_p = \sum_{q=1}^{n} \alpha_q^{(p)} \sum_{i=1}^{n} c_i^{(q)} e_i = \sum_{i=1}^{n} \left(\sum_{q=1}^{n} c_i^{(q)} \alpha_q^{(p)} \right) e_i,$$

又利用 (12*) 里 $\mathrm{A} e_j$ 诸向量的表示式, 得

$$\begin{aligned} \mathrm{A} f_p = \mathrm{A} \sum_{j=1}^{n} c_j^{(p)} e_j &= \sum_{j=1}^{n} c_j^{(p)} \mathrm{A} e_j = \sum_{j=1}^{n} c_j^{(p)} \sum_{i=1}^{n} a_i^{(j)} e_i \\ &= \sum_{i=1}^{n} \left(\sum_{j=1}^{n} a_i^{(j)} c_j^{(p)} \right) e_i. \end{aligned}$$

比较最后两个分解式里 e_i 的系数, 得

$$\sum_{q=1}^{n} c_i^{(q)} \alpha_q^{(p)} = \sum_{j=1}^{n} a_i^{(j)} c_j^{(p)},$$

或者, 写成矩阵形状, 就得

$$C A_{(f)} = A_{(e)} C. \tag{13*}$$

这就是所求的矩阵 $A_{(e)}, A_{(f)}$ 与 C 之间的关系. 从左侧乘以矩阵 C^{-1}, 就得到矩阵 $A_{(f)}$ 的表示式

$$A_{(f)} = C^{-1} A_{(e)} C.$$

2. 利用关于行列式之积的定理 (§29, 第 5 段), 由 (13*), 得到以下关系:

$$\det C \det A_{(f)} = \det A_{(e)} \det C;$$

由于 $\det C \neq 0$, 就得

$$\det A_{(e)} = \det A_{(f)}.$$

由此可见, *算子矩阵的行列式与空间基底的选择无关*. 因此, 我们可用算子的行列式一名词来代表这个算子对于任意的基底的矩阵的行列式.

3. 除了行列式之外, 算子矩阵的诸元素还有其他不随基底的更换而变的函数. 为了求得这些函数, 我们取算子 $\mathrm{A} - \lambda \mathrm{E}$, 其中 λ 是一个参数. 这个算子对于基底 $\{e\}$

的矩阵显然是 $A_{(e)}-\lambda E$, 而它对于基底 $\{f\}$ 的矩阵则是 $A_{(f)}-\lambda E$. 根据刚才已经证明的结果, 对于任意的 λ,

$$\det(A_{(e)}-\lambda E)=\det(A_{(f)}-\lambda E).$$

左右两端都是 λ 的 n 次多项式. 由于这两个多项式恒等, 对于 λ 的每一个幂，它们的系数必须相同。这些系数都是算子矩阵的元素的函数，因而经过基底的更换, 这些函数都不变. 让我们来考察这些函数. 矩阵 $A_{(e)}-\lambda E$ 的行列式可以写成

$$\begin{vmatrix} a_1^{(1)}-\lambda & a_1^{(2)} & \cdots & a_1^{(n)} \\ a_2^{(1)} & a_2^{(2)}-\lambda & \cdots & a_2^{(n)} \\ \vdots & \vdots & & \vdots \\ a_n^{(1)} & a_n^{(2)} & \cdots & a_n^{(n)}-\lambda \end{vmatrix} = (-1)^n\lambda^n+\Delta_1\lambda^{n-1}+\cdots+\Delta_{n-1}\lambda+\Delta_n.$$

由行列式的基本性质, 不难推得, λ^{n-1} 的系数 Δ_1 等于诸对角线元素之和 $a_1^{(1)}+a_2^{(2)}+\cdots+a_n^{(n)}$ (附有符号 $(-1)^{n-1}$); 这个数称为算子 A 的迹. λ^{n-2} 的系数 Δ_2 是一切二阶主子式的和①, 附有符号 $(-1)^{n-2}$; 同样地, λ^{n-k} 的系数 Δ_k 是一切 k 阶主子式的和, 附有符号 $(-1)^{n-k}$. 最后, λ^0 的系数 Δ_n, 即常数项, 显然等于算子的行列式本身. 我们已经证明, 多项式 $\det(A_{(e)}-\lambda E)$ 与空间的底的选择无关, 它称为算子 A 的特征多项式.

习题

1. 设用 $B=B(\lambda)$ 表示矩阵 $A-\lambda E$ 的伴随矩阵 (§30, 习题 4), 矩阵 $B(\lambda)$ 可以写成

$$B(\lambda)=B^{(0)}+\lambda B^{(1)}+\cdots+\lambda^{n-1}B^{(n-1)},$$

其中 $B^{(0)},B^{(1)},\cdots,B^{(n-1)}$ 都是数字矩阵 (不包含 λ). 证明这些矩阵适合以下方程

$$\begin{aligned} -B^{(n-1)}&=(-1)^nE,\\ B^{(n-1)}A-B^{(n-2)}&=\Delta_1E,\\ &\cdots\cdots\cdots\cdots\\ B^{(1)}A-B^{(0)}&=\Delta_{n-1}E,\\ B^{(0)}A\qquad\quad&=\Delta_nE, \end{aligned}$$

其中 $(-1)^n,\Delta_1,\Delta_2,\cdots,\Delta_n$ 为算子 A 的特征多项式的系数.

提示 利用 §30 习题 4 的结果.

2. 证明算子 A 适合方程

$$(-1)^n\mathrm{A}^n+\Delta_1\mathrm{A}^{n-1}+\cdots+\Delta_{n-1}\mathrm{A}+\Delta_nE=0.$$

提示 把习题 1 内的诸矩阵方程第一个乘以 A^n, 第二个乘以 A^{n-1}, 等等, 然后加起来.

附记 在 §29 的习题 2②里曾讨论到算子 A 的化零多项式的存在问题. 在目前的这个习题里, 我们就具体构造了一个化零多项式, 在这里我们所构造的多项式是 n 次的; 当 n 比较大时, 这个次数 n 比 §29 里所指出的上界 n^2 要小得多.

---

①如果 $i_1=j_1,i_2=j_2,\cdots,i_k=j_k$, 则子式 $M_{i_1i_2\cdots i_k}^{j_1j_2\cdots j_k}$ 称为对角线的.

②指 §29 里第一组习题中的习题 2 —— 译者.

可以这样提出一个问题: 算子的几何性质被特征多项式确定到什么样的程度?

例如取一个对角线算子 A (§26, 例 5), 并假设 $\lambda_1, \lambda_2, \cdots, \lambda_n$ 各数都不相等. 从算子 A 对于基底 $e_1, e_2, \cdots, e_n$ 的矩阵, 可以计算出它的特征多项式为

$$\begin{vmatrix} \lambda_1 - \lambda & 0 & \cdots & 0 \\ 0 & \lambda_2 - \lambda & \cdots & 0 \\ \vdots & \vdots & & \vdots \\ 0 & 0 & \cdots & \lambda_n - \lambda \end{vmatrix} = (\lambda_1 - \lambda)(\lambda_2 - \lambda)\cdots(\lambda_n - \lambda),$$

这个 n 次多项式的根是 $\lambda_1, \lambda_2, \cdots, \lambda_n$. 在更换了基底之后, 算子 A 的矩阵一般就不再是对角线矩阵. 但是, 我们已经证明, 算子 A 的特征多项式是不变的; 从它的新矩阵来计算, 得到的多项式的根依然是 $\lambda_1, \lambda_2, \cdots, \lambda_n$. 在下面 (第九章) 我们将证明, 若算子 A 的特征多项式有 n 个不相等的实根, 它对于一定的基底, 会有对角线矩阵. 因此, 在算子 A 的特征多项式有 n 个不相等的实根的情况下, 算子 A 的几何性质是完全确定的: 即算子 A 是一个对角线算子. 但在第九章里, 我们将举例说明, 在一般的情况下, 有相同的特征多项式的算子可以有不同的几何特性.

§39. 张量

向量的坐标、线性型的系数、线性算子矩阵的元素都属于几何量的比较广泛的一类, 它们都是所谓张量的一些例子.

在引进有关的定义之前, 先把我们的记号系统加以适当的调整.

n 维空间 R 的基向量, 和以前一样, 用记号 $e_1, e_2, \cdots, e_n$ (带下标) 表示.

向量 $x, y, \cdots$ 的坐标用记号 $\xi^1, \xi^2, \cdots, \xi^n; \eta^1, \eta^2, \cdots, \eta^n, \cdots$ (带上标) 表示.

线性型的系数用 $c_1, c_2, \cdots, c_n$ (带下标) 表示.

线性算子的矩阵的元素用 a_i^j 表示; 其中上标指**行的号码**, 下标指**列的号码** (注意: 这里和 §27 所采用的记号不同).

这样安排指标之所以是适宜的, 是由于我们对求和作了以下的规定. 设有一个含 n 个单项式的和, 而且求和的指标在和的普遍项里出现两次, 一次作为上标, 另一次作为下标, 那么, **我们就可以把连加号省掉**.

例如, 按照我们的规定, 向量 x 对于基底 $\{e_1, e_2, \cdots, e_n\}$ 的分解式就成为

$$x = \xi^i e_i$$

的形状 (这表示对于 i 求和, 但连加号省掉了). 线性型 $f(x)$, 用向量 x 的坐标和型的系数表示, 就成为

$$f(x) = e_i \xi^i$$

的形状, 算子 A 施于基向量的结果, 写成以下形状

$$\mathrm{A} e_i = a_i^j e_j$$

(这表示对于指标 j 求和), 向量 A_x 的坐标 η^j, 用向量 x 的坐标表示, 成为以下形状:

$$\eta^j = a_i^j \xi^i$$

(表示对于指标 i 求和).

对于新坐标系, 各种量可用相同的记号表示, 但在每个指标加上一撇. 这样, 新基向量可以用 $e'_1, e'_2, \cdots, e'_n$ 表示, 向量 x 的新坐标则用 $\xi^{1'}, \xi^{2'}, \cdots, \xi^{n'}$ 表示, 余类推.

因此, 若 $p^i_{i'}$ 表示由基底 e_i 到基底 $e_{i'}$ 的变换的矩阵的元素, 则

$$e_{i'} = p^i_{i'} e_i \quad (\text{对于指标 } i \text{ 求和}). \tag{14}$$

我们用 $q^{i'}_i$ 表示逆变换的矩阵的元素:

$$e_i = q^{i'}_i e_{i'} \quad (\text{对于指标 } i' \text{ 求和}); \tag{15}$$

矩阵 $q^{i'}_i$ 是矩阵 $p^i_{i'}$ 的逆矩阵, 这个事实可以用等式

$$p^i_{i'} q^{i'}_j = \begin{cases} 0, & \text{对于 } i \neq j, \\ 1, & \text{对于 } i = j, \end{cases} \tag{16}$$

或等式

$$p^i_{i'} q^{j'}_i = \begin{cases} 0, & \text{对于 } i' \neq j', \\ 1, & \text{对于 } i' = j' \end{cases} \tag{17}$$

表示.

为了简化写法, 用 δ^i_j 表示和指标 i 及 j 有关的这样的量: 当指标的值不等时, 它等于零; 当指标的值相等时, 它等于 1. 这样, 等式 (16) 就可以写成

$$p^i_{i'} q^{i'}_j = \delta^i_j, \tag{18}$$

而等式 (17) 则写成

$$p^i_{i'} q^{j'}_i = \delta^{j'}_{i'}. \tag{19}$$

为了说明采用新记号的好处, 让我们重新推证向量坐标、线性型系数, 以及算子矩阵的元素在变换到新的基底时的变换公式.

令向量 $x = \xi^i e_i = \xi^{i'} e_{i'}$. 把 (15) 中 e_i 的值 $q^{i'}_i e_{i'}$ 代入, 得

$$x = \xi^i q^{i'}_i e_{i'} = \xi^{i'} e_{i'}.$$

由于 $e_{i'}$ 是基向量,

$$\xi^{i'} = q^{i'}_i \xi^i. \tag{20}$$

这就是向量坐标的变换公式. 设已给线性型 $f(x)$. 和以前一样, $c_{i'}$ 诸数用等式 $c_{i'} = f(e_{i'})$ 来规定. 把 (14) 中 $e_{i'}$ 的值 $p^i_{i'} e_i$ 代入, 得

$$c_{i'} = f(p^i_{i'} e_i) = p^i_{i'} f(e_i) = p^i_{i'} c_i.$$

于是

$$c_{i'} = p^i_{i'} c_i; \tag{21}$$

这是一个我们所要求的公式.

最后, 设已给算子 A. 对于新的基底, 它的矩阵的元素用等式

$$\mathrm{A}e_{i'} = a_{i'}^{j'} e_{j'}$$

确定.

把 (14) 内与 $e_{i'}$ $(e_{j'})$ 相等的值 $p_{i'}^i e_i$ $(p_{j'}^j e_j)$ 代入, 得

$$p_{i'}^i \mathrm{A} e_i = a_{i'}^{j'} p_{j'}^j e_j.$$

但 $\mathrm{A}e_i = a_i^j e_j$, 故

$$p_{i'}^i a_i^j e_j = a_{i'}^{j'} p_{j'}^j e_j.$$

由于 e_j 是基向量,

$$p_{i'}^i a_i^j = a_{i'}^{j'} p_{j'}^j.$$

为了由此解出 $a_{i'}^{j'}$, 用 $q_j^{k'}$ 乘等式两端, 并且对于坐标 j 求和. 利用公式 (17), 得

$$p_{i'}^i a_i^j q_j^{k'} = a_{i'}^{j'} p_{j'}^j q_j^{k'} = a_{i'}^{j'} \delta_{j'}^{k'}.$$

按 $\delta_{j'}^{k'}$ 诸量的定义, 在对于 j' 求和时, 只要保留对应于 $j' = k'$ 的一项. 对于这个 j' 值, $\delta_{k'}^{k'} = 1$; 于是

$$a_{i'}^{k'} = p_{i'}^i q_j^{k'} a_i^j. \tag{22}$$

这就是所要推证的公式. 不难验证, 现在所得到的三个变换公式都和以前用普通方法所得到的相同 (§35, 37, 38). 公式 (20), (21) 与 (22) 有很多的共同性. 首先, 对于变换中的量, 这些公式都是线性式. 其次, 这些公式的系数或者是从旧基底到新基底的变换的矩阵的元素, 或者是逆变换的矩阵的元素, 或者两种都有.

现在可以转入张量的定义. 张量分为三类, 即协变张量、反变张量和混合张量. 此外, 每个张量有确定的秩.

为确定起见, 从三秩协变张量的定义开始.

设有一个规则, 根据它, 可以在 n 维空间 R 的每一个坐标系里, 构造 n^3 个数 T_{ijk} (分量), 对于指数 i, j, k 从 1 至 n 的每一组已给值, 这些数的每一个都可以确定. 若对于变到新基底的变换, 这些量 T_{ijk} 按公式

$$T_{i'j'k'} = p_{i'}^i p_{j'}^j p_{k'}^k T_{ijk}$$

变换, 则它们构成三秩协变张量.

任意其他秩的协变张量有类似的定义: m 秩张量不是有 n^3 个而是有 n^m 个分量, 而且在变换公式中, 不只有三个, 而是有 m 个具有形状 $p_{i'}^i$ 的因子.

我们已看到, 线性型的系数按公式 (21) 变换, 它们构成一秩协变张量的一个例.

现在叙述三秩反变张量的定义.

设有一个规则, 根据它, 可以在每一个坐标系里构造 n^3 个数 T^{ijk}, 对于指数 i, j, k 的从 1 至 n 的每一组已给的值, 这些数都可以确定. 若对于基底的变换, 这些量 T^{ijk} 按公式

$$T^{i'j'k'} = q_i^{i'} q_j^{j'} q_k^{k'} T^{ijk}$$

变换, 则它们构成三秩反变张量.

类似地可以给出任意其他的秩的反变张量的定义. 特殊的, 向量 x 的坐标构成一秩反变张量.

这里引用的 “协变” 与 “反变” 两名词, 是很容易理解的. “协变” 表示和基向量的变法 “一样的变”, 即利用系数 $p^i_{i'}$. “反变” 表示 “相反方向的变”, 即利用系数 $q^{i'}_i$.

还有混合张量. 例如设在每一个坐标系里已给 n^3 个数 T^k_{ij}. 若对于基底变换, 这些量 T^k_{ij} 按公式

$$T^{k'}_{i'j'} = p^i_{i'} p^j_{j'} q^{k'}_k T^k_{ij}$$

变换, 则它们构成二权协变一权反变的三秩混合张量.

类似地可以规定 l 权协变 m 权反变的混合张量.

例如线性算子的矩阵的元素构成一权协变一权反变的二秩混合张量. 可以指出, 指数的适当的安排是为了直接表示这种或那种张量的性质.

以下还要遇到不同性质的具体的张量.

关于张量的运算 可以规定同结构的两个张量的**加法**运算. 例如两个 (二权协变一权反变) 张量 T^k_{ij} 与 S^k_{ij} 的和的定义可叙述如下: 它是一个同样结构的张量 Q^k_{ij}; 在每一个坐标系里, 对于固定的指标 i, j, k, 它的分量等于被加项的对应分量之和. Q^k_{ij} 诸量之的确构成张量, 而且与被加项同结构, 可以由以下等式看出来.

$$\begin{aligned} Q^{k'}_{i'j'} &= T^{k'}_{i'j'} + S^{k'}_{i'j'} = p^i_{i'} p^j_{j'} q^{k'}_k T^k_{ij} + p^i_{i'} p^j_{j'} q^{k'}_k S^k_{ij}. \\ &= p^i_{i'} p^j_{j'} p^{k'}_k (T^k_{ij} + S^k_{ij}) = p^i_{i'} p^j_{j'} q^{k'}_k Q^k_{ij}. \end{aligned}$$

乘法运算可施于任意结构的张量. 例如假定把张量 T_{ij} 与张量 S^l_k 相乘, 其结果将为四秩张量 Q^l_{ijk}. 在每一个坐标系里, 对于固定的指标 i, j, k, l, 它的分量规定等于因子的对应分量之积. Q^l_{ijk} 之为张量可验证如下:

$$\begin{aligned} Q^{l'}_{i'j'k'} &= T_{i'j'} S^{l'}_{k'} = p^i_{i'} p^j_{j'} T_{ij} \cdot p^k_{k'} q^{l'}_l S^l_k \\ &= p^i_{i'} p^j_{j'} p^k_{k'} q^{l'}_l T_{ij} S^l_k = p^i_{i'} p^j_{j'} p^k_{k'} q^{l'}_l Q^l_{ijk}. \end{aligned}$$

还须讨论**缩并**运算. 它可以施于至少有一个协变指标与一个反变指标的张量. 例如设已给张量 T^k_{ij}, 所谓把它按第一个下标与上标缩并, 是对于任意坐标系构造

$$T^i_{ij}$$

诸值. 这里表示要对于指标 i 求和; 其结果是一些只依赖于指标 j 的量 $T_j = T^i_{ij}$. 缩并的结果仍为张量, 它的秩比原来的张量减二. 让我们对于所论的例子来验证这个结论. 我们有

$$T_{j'} = T^{i'}_{i'j'} = p^i_{i'} p^j_{j'} q^{i'}_k T^k_{ij} = (p^i_{i'} q^{i'}_k) p^j_{j'} T^k_{ij} = \delta^i_k p^j_{j'} T^k_{ij}.$$

在这里, 为了对于指标 k 求和, 只需考虑 k 的一个值 $k = i$; 由于 $\delta^i_i = 1$, 我们得

$$T_{j'} = p^j_{j'} T^i_{ij} = p^j_{j'} T_j,$$

证明完毕.

若把二秩混合张量 T^j_i 按照它的两个指标缩并, 所得结果如何? 所得的量 $T = T^j_i$ 已不再含有指标. 换句话说, 在每一个坐标系里它只是一个数. 这个数的值在任意坐标系里都是相同的; 事实上

$$T' = T^{i'}_{i'} = p^i_{i'} q^{i'}_j T^j_i = \delta^i_j T^j_i = T^i_i = T.$$

这种不依赖于坐标系的数量为不变量. 由此可见, 经过缩并运算可能获得张量的不变量. 例如若把对应于线性算子 A 的张量 a_i^j 按它的指标缩并, 所得的不变量就是算子 A 的矩阵的对角线诸元素之和. 这个量的不变性已经用另一种方法证明了 (§38).

习题

1. 证明 δ_i^j 诸量构成一权协变一权反变的二秩张量.

2. 设在每一个坐标系里, 利用方程组

$$T^{ik}S_{ij} = \delta_j^k$$

的解, 来规定一组的量 S_{ij}, 其中 T^{ik} 为二权反变张量, 而且 $\det[T^{ik}] \neq 0$. 试证 S_{ij} 为二权协变张量.

3. 若 c_i 与 ξ^j 的意义仍如上文, 把张量

$$c_i\xi^j$$

按它的两个指标缩并的几何意义是什么?

提示 参考 §25 第 2 段.

第六章

双线性型与二次型

在本章里, 我们将研究含两个向量变量的线性函数. 与一个变量的函数的情况不同, 含两个变量的数量函数的理论已经有丰富的几何内容. 我们这里只限于讨论含两个向量变量的数量函数, 而不讨论向量函数.

§40. 双线性型

1. 设 $\mathrm{A}(x,y)$ 为线性空间 R 内两个向量变量 x,y 的一个数量函数; 若对于每一个定值 y, 它是 x 的线性函数, 而对于每一个定值 x, 它是 y 的线性函数, 则它称为*双线性函数或双线性型*.

换句话说, 若对于任意的 x,y 与 z, 以下等式成立, 则 $\mathrm{A}(x,y)$ 称为 x 与 y 的双线性型:

$$\left.\begin{array}{l}\left.\begin{array}{c}\mathrm{A}(x+z,y)=\mathrm{A}(x,y)+\mathrm{A}(z,y),\\ \mathrm{A}(\alpha x,y)=\alpha\mathrm{A}(x,y)\end{array}\right\}\text{对于第一个变量的线性;}\\ \left.\begin{array}{c}\mathrm{A}(x,y+z)=\mathrm{A}(x,y)+\mathrm{A}(x,z),\\ \mathrm{A}(x,\alpha y)=\alpha\mathrm{A}(x,y)\end{array}\right\}\text{对于第二个变量的线性.}\end{array}\right\}\qquad(1)$$

例

1. 若 $f_1(x)$ 与 $f_2(y)$ 为线性型, 则 $\mathrm{A}(x,y)=f_1(x)f_2(y)$ 显然是 x 与 y 的双线性型.
2. 在具有固定的基底 $e_1,e_2,\cdots,e_n$ 的 n 维线性空间里, 以下的函数是双线性型:

$$\mathrm{A}(x,y)=\sum_{i=1}^{n}\sum_{k=1}^{n}a_{ik}\xi_i\eta_k,$$

其中 $x=\sum_{i=1}^{n}\xi_ie_i, y=\sum_{k=1}^{n}\eta_ke_k$ 为任意向量, 而 $a_{ik}\ (i,k=1,2,\cdots,n)$ 为常数.

3. 在空间 $C(a,b)$ 里, 函数

$$\mathrm{A}(x,y)=\int_a^b\int_a^b K(s,t)x(t)y(s)dsdt$$

($K(s,t)$ 为 s 与 t 的已给连续函数) 显然是 $x(t)$ 与 $y(t)$ 两向量的双线性型.

4. 在空间 V_3 里, 两个向量 x 与 y 的数积是 x 与 y 的线性型.

根据双线性型的定义, 利用等式 (1), 不难推得以下的普遍公式

$$\mathrm{A}\left(\sum_{i=1}^{k}\alpha_i x_i,\sum_{j=1}^{m}\beta_j y_j\right)=\sum_{i=1}^{k}\sum_{j=1}^{m}\alpha_i\beta_j\mathrm{A}(x_i,y_j), \tag{2}$$

其中 $x_1,x_2,\cdots,x_k,y_1,y_2,\cdots,y_m$ 为空间 R 的任意向量, 而 $\alpha_1,\alpha_2,\cdots,\alpha_k,\beta_1,\beta_2,\cdots,\beta_m$ 为任意实数.

无穷维空间内的双线性型一般称为*双线性泛函*.

2. n 维空间双线性型的普遍式 在 n 维空间 R 内, 设已给双线性型 $\mathrm{A}(x,y)$. 在 R 内选择任意基底 $e_1,e_2,\cdots,e_n$. 令 $\mathrm{A}(e_i,e_k)=a_{ik}$ $(i,k=1,2,\cdots,n)$. 这样, 对于任意的

$$x=\sum_{i=1}^{n}\xi_i e_i,\quad y=\sum_{k=1}^{n}\eta_k e_k,$$

根据 (2),

$$\begin{aligned}\mathrm{A}(x,y)&=\mathrm{A}\left(\sum_{i=1}^{n}\xi_i e_i,\sum_{k=1}^{n}\eta_k e_k\right)=\sum_{i=1}^{n}\sum_{k=1}^{n}\xi_i\eta_k\mathrm{A}(e_i,e_k)\\&=\sum_{i=1}^{n}\sum_{k=1}^{n}a_{ik}\xi_i\eta_k.\end{aligned} \tag{3}$$

由此可见, 在例 2 里所论的已经是 n 维空间里最普遍的双线性型.

系数 a_{ik} 构成方阵

$$A=A_{(e)}=\begin{bmatrix}a_{11}&a_{12}&\cdots&a_{1n}\\a_{21}&a_{22}&\cdots&a_{2n}\\\vdots&\vdots&&\vdots\\a_{n1}&a_{n2}&\cdots&a_{nn}\end{bmatrix}=[a_{ik}],$$

这个矩阵称为*双线性型对于基底* $\{e\}=\{e_1,e_2,\cdots,e_n\}$ *的矩阵*.

3. 对称双线性型 若对于任意的向量 x 与 y,

$$\mathrm{A}(x,y)=\mathrm{A}(y,x),$$

则 $\mathrm{A}(x,y)$ 称为*对称双线性型*. 若双线性型 $\mathrm{A}(x,y)$ 对称, 则

$$a_{ik}=\mathrm{A}(e_i,e_k)=\mathrm{A}(e_k,e_i)=a_{ki},$$

因此, 对称双线性型对于空间 R 任意基底 $e_1,e_2,\cdots,e_n$ 的矩阵 $A_{(e)}$ 与其转置矩阵 $A'_{(e)}$ 相同. 不难验证, 这个结果的逆定理也是正确的, 即: 若对于任意的基底 $\{e\}=$

$\{e_1, e_2, \cdots, e_n\}, A'_{(e)} = A_{(e)}$, 则型 $\mathrm{A}(x, y)$ 对称. 这是因为

$$\mathrm{A}(y, x) = \sum_{i,k=1}^{n} a_{ik}\eta_i\xi_k = \sum_{i,k=1}^{n} a_{ki}\eta_i\xi_k = \sum_{k,i=1}^{n} a_{ik}\xi_i\eta_k = \mathrm{A}(x, y),$$

即所要证的结果.

特殊的, 我们得到以下的结论: 若对于某一个基底, 一个双线性型的矩阵与其转置矩阵相同, 则对于空间 R 任意其他的基底, 这个型的矩阵也与其转置矩阵相同.

与自己的转置矩阵相同的矩阵以后称为*对称矩阵*.

4. **更换基底时双线性型矩阵的变换** 在更换基底的时候, 双线性型的矩阵当然随着改变. 我们试求它的变换规律. 设 $A_{(e)} = [a_{ji}]$ 为双线性型 $\mathrm{A}(x, y)$ 对于基底 $\{e\} = \{e_1, e_2, \cdots, e_n\}$ 的矩阵, 而 $A_{(f)} = [b_{ik}]$ 为同一个型对于基底 $\{f\} = \{f_1, f_2, \cdots, f_n\}$ 的矩阵 $(i, j, k, l = 1, 2, \cdots, n)$. 假设由前一个基底到后一个基底的变换公式为

$$f_i = \sum_{j=1}^{n} c_j^{(i)} e_j \quad (i = 1, 2, \cdots, n),$$

其变换矩阵为 $C = [c_j^{(i)}]$. 这样,

$$b_{ik} = \mathrm{A}(f_i, f_k) = \mathrm{A}\left(\sum_{j=1}^{n} c_j^{(i)} e_j, \sum_{l=1}^{n} c_l^{(k)} e_l\right)$$

$$= \sum_{j,l=1}^{n} c_j^{(i)} c_l^{(k)} \mathrm{A}(e_j, e_l) = \sum_{j,l=1}^{n} c_j^{(i)} c_l^{(k)} a_{jl}.$$

这个公式可以写成

$$b_{ik} = \sum_{j=1}^{n}\sum_{l=1}^{n} c_i^{(j)'} a_{jl} c_l^{(k)}, \tag{4}$$

其中 $c_i^{(j)'} = c_j^{(i)}$ 为矩阵 C 的转置矩阵 C' 的元素. 公式 (4) 对应于矩阵的以下关系 (§29):

$$A_{(f)} = C' A_{(e)} C. \tag{5}$$

由于 C 与 C' 是满秩的, 根据定理 24, 推论 1, 矩阵 $A_{(f)}$ 的秩等于矩阵 $A_{(e)}$ 的秩; 因此, *双线性型矩阵的秩与基底的选择无关*.

根据关于矩阵之积的行列式的定理 (§29, 第 5 段), 对于我们这些矩阵的行列式, 得以下关系,

$$\det A_{(f)} = \det A_{(e)} (\det C)^2. \tag{6}$$

习题

双线性型的矩阵的元素是否构成张量 (§29)? 如果是, 是哪一类?

答 二秩二权协变张量.

§41. 二次型

平面解析几何学的基本问题之一是利用坐标变换把二次曲线的普遍方程化为典型式. 如所熟知, 对于中心二次曲线, 若以其中心为坐标原点 $x=0, y=0$, 则其方程成为以下形状:

$$Ax^2+2Bxy+Cy^2=D. \tag{7}$$

按以下公式引用坐标变换:

$$x=a_{11}x'+a_{12}y',$$
$$y=a_{21}x'+a_{22}y',$$

其中 $a_{11}, a_{12}, a_{21}, a_{22}$ 为一定的数 (一般的是坐标轴转角的正弦及余弦) 可以把方程 (7) 化为更简单的形状:

$$A'x'^2+B'y'^2=D.$$

在任意维的空间, 同样的问题也可以提出, 下文所叙述的二次型理论, 主要是为了解决这个问题以及与此有关的一些问题.

我们引进以下定义:

线性空间 R 内的一个二次型是把一个任意的双线性型 $\mathrm{A}(x,y)$ 里的 y 代以 x 之后所得到的, 含一个向量变量 $x\in R$ 的函数 $\mathrm{A}(x,x)$.

根据公式 (2), 在一个具有固定基底 $\{e\}=\{e_1,e_2,\cdots,e_n\}$ 的 n 维空间里, 每一个二次型有以下形状

$$\mathrm{A}(x,x)=\sum_{i=1}^{n}\sum_{k=1}^{n}a_{ik}\xi_i\xi_k, \tag{8}$$

其中 $\xi_1,\xi_2,\cdots,\xi_n$ 为向量 x 对于基底 $\{e\}$ 的坐标, 倒转过来, 若对于基底 $\{e\}$, 用公式 (8), 确定一个含向量 x 的函数 $\mathrm{A}(x,x)$, 则这个函数代表含向量 x 的一个二次型. 这是由于我们可以引进双线性型

$$\mathrm{B}(x,y)=\sum_{i=1}^{n}\sum_{k=1}^{n}a_{ik}\xi_i\eta_k,$$

其中 $\eta_1,\eta_2,\cdots,\eta_n$ 是向量 y 对于基底 $\{e\}$ 的坐标; 这样, 二次型 $\mathrm{B}(x,x)$ 显然就是函数 $\mathrm{A}(x,x)$.

注意在二重和 (8) 里, 我们可以把某些相似的项加以合并: 对于 $i\neq k$, 令

$$a_{ik}\xi_i\xi_k+a_{ki}\xi_k\xi_i=(a_{ik}+a_{ki})\xi_i\xi_k=b_{ik}\xi_i\xi_k,$$

其中

$$b_{ik}=a_{ik}+a_{ki}.$$

对于 $i=k$, 令

$$b_{ii}=a_{ii}.$$

其结果是那个二重和的项减少了

$$\mathrm{A}(x,x)=\sum_{k=1}^{n}\sum_{i\leqslant k}b_{ik}\xi_i\xi_k.$$

由此可见, 从两个不同的双线性型

$$\mathrm{A}(x,y)=\sum_{i,k=1}^{n}a_{ik}\xi_i\eta_k \quad 与 \quad \mathrm{C}(x,y)=\sum_{i,k=1}^{n}c_{ik}\xi_i\eta_k,$$

在以 x 代 y 以后, 可能得到同一个二次型; 为此, 只要对于每个 i 与每个 k, 等式 $a_{ik}+a_{ki}=c_{ik}+c_{ki}$ 成立就行了.

因此, 一般地说, 由一个二次型, 不能唯一地确定产生它的双线性型. 但在以下情形里, 原来的双线性型**可以**确定: 那就是当我们已知这个双线性型是对称的时候. 因为若 $a_{ik}=a_{ki}$, 则从等式 $a_{ik}+a_{ki}=b_{ik}$ ($i\neq k$ 时), a_{ik} 可以唯一地确定:

$$a_{ik}=a_{ki}=\frac{b_{ik}}{2}, \tag{9}$$

而在 $i=k$ 时,

$$a_{ii}=b_{ii},$$

但当 a_{ik} 完全确定之后, 双线性型也就完全确定. 这个结果不利用基底与坐标也可以证明; 其法如下: 从双线性型的定义,

$$\mathrm{A}(x+y,x+y)=\mathrm{A}(x,x)+\mathrm{A}(x,y)+\mathrm{A}(y,x)+\mathrm{A}(y,y),$$

而从对称的条件,

$$\begin{aligned}\mathrm{A}(x,y)&=\frac{1}{2}[\mathrm{A}(x,y)+\mathrm{A}(y,x)]\\&=\frac{1}{2}[\mathrm{A}(x+y,x+y)-\mathrm{A}(x,x)-\mathrm{A}(y,y)];\end{aligned}$$

因此, 对于任意的一对向量 x,y, 双线性型 $\mathrm{A}(x,y)$ 的值, 被二次型对于 x,y 与 $x+y$ 诸向量的值唯一地确定. 另一方面, 要从双线性型得到一切的二次型, 只要有一切对称双线性型就够了. 因为若 $\mathrm{A}(x,y)$ 为任意的双线性型, 则

$$\mathrm{A}_1(x,y)=\frac{1}{2}[\mathrm{A}(x,y)+\mathrm{A}(y,x)]$$

为对称双线性型, 而

$$\mathrm{A}_1(x,x)=\frac{1}{2}[\mathrm{A}(x,x)+\mathrm{A}(x,x)]=\mathrm{A}(x,x),$$

即 $\mathrm{A}_1(x,x)$ 与 $\mathrm{A}(x,x)$ 两个二次型是相同的. 从以上的讨论可见, 在利用双线性型来研究二次型的性质的时候, 只要取对称的双线性型就够了.

§42. 二次型的化为典型式

设已给 n 维线性空间 R_n 的一个二次型 $\mathrm{A}(x,x)$. 我们要证明, 在空间 R_n 内有一个基底 $\{f\}=\{f_1,f_2,\cdots,f_n\}$, 使二次型 $\mathrm{A}(x,x)$ 对于每一个向量 $x=\sum_{k=1}^{n}\eta_k f_k$ 的值可以由以下公式计算

$$\mathrm{A}(x,x)=\lambda_1\eta_1^2+\lambda_2\eta_2^2+\cdots+\lambda_n\eta_n^2, \tag{10}$$

其中 $\lambda_1, \lambda_2, \cdots, \lambda_n$ 为固定的常数.

每一个具有这样性质的基底称为型 $\mathrm{A}(x,x)$ 的典型基底, (10) 式称为型 $\mathrm{A}(x,x)$ 的典型式; 而 $\lambda_1, \lambda_2, \cdots, \lambda_n$ 诸数称为型 $\mathrm{A}(x,x)$ 的典型系数.

设 $\{e_1, e_2, \cdots, e_n\}$ 为空间 R_n 的任意基底; 若 $x = \sum_{k=1}^n \xi_k e_k$, 则我们已经知道, 型 $\mathrm{A}(x,x)$ 可写成以下形状:

$$\mathrm{A}(x,x) = \sum_{k=1}^{n} \sum_{i \leqslant k} b_{ik} \xi_i \xi_k. \tag{11}$$

只要我们能求得下面的公式, 就可以按 §35 来证明我们的命题:

$$\left.\begin{array}{l} \eta_1 = c_{11}\xi_1 + c_{12}\xi_2 + \cdots + c_{1n}\xi_n, \\ \eta_2 = c_{21}\xi_1 + c_{22}\xi_2 + \cdots + c_{2n}\xi_n, \\ \cdots\cdots\cdots\cdots\cdots\cdots\cdots\cdots\cdots\cdots \\ \eta_n = c_{n1}\xi_1 + c_{n2}\xi_2 + \cdots + c_{nn}\xi_n. \end{array}\right\} \tag{12}$$

它的矩阵 $C = [c_{ik}]$ 为满秩的, 而且由此反转来用 $\{\eta\}$ 表示 $\{\xi\}$, 再代入公式 (11) 后, 就能把 (11) 化为 (10) 的形状.

我们按照确实在公式 (11) 出现的坐标 (即附有不等于零的系数的坐标) 的个数, 用归纳法来证明我们的命题. 若确实在公式 (11) 出现的坐标只有一个, 例如 ξ_1, 公式 (11) 即成为

$$\mathrm{A}(x,x) = b_{11}\xi_1^2,$$

则基底 $\{e_1, e_2, \cdots, e_n\}$ 已经是典型基底 $(\lambda_1 = b_{11}, \lambda_2 = \lambda_3 = \cdots = \lambda_n = 0)$.

我们假定, 每一个含有 $m-1$ 个坐标 (例如 $\xi_1, \xi_2, \cdots, \xi_{m-1}$) 的型都可以利用具有满秩矩阵的变换化为典型式. 今假设已给型 (11) 确实含 m 个坐标 $\xi_1, \xi_2, \cdots, \xi_m$. 先假设 $b_{11}, b_{22}, \cdots, b_{mm}$ 诸数之中有不等于零的; 为明确起见, 假设 $b_{mm} \neq 0$. 把型 (11) 含有坐标 ξ_m 的项集中起来; 这些项是

$$\begin{aligned} & b_{1m}\xi_1\xi_m + b_{2m}\xi_2\xi_m + \cdots + b_{m-1,m}\xi_{m-1}\xi_m + b_{mm}\xi_m^2 \\ = {} & b_{mm}\left(\frac{b_{1m}}{2b_{mm}}\xi_1 + \frac{b_{2m}}{2b_{mm}}\xi_2 + \cdots + \frac{b_{m-1,m}}{2b_{mm}}\xi_{m-1} + \xi_m\right)^2 + \mathrm{A}_1(x,x), \end{aligned}$$

其中 $\mathrm{A}_1(x,x)$ 表示只含有坐标 $\xi_1, \xi_2, \cdots, \xi_{m-1}$ 的一个二次型. 取以下的坐标变换

$$\begin{aligned} \tau_1 &= \xi_1, \\ \tau_2 &= \xi_2, \\ &\cdots\cdots\cdots\cdots\cdots\cdots\cdots\cdots\cdots\cdots \\ \tau_{m-1} &= \xi_{m-1}, \\ \tau_m &= \frac{b_{1m}}{2b_{mm}}\xi_1 + \frac{b_{2m}}{2b_{mm}}\xi_2 + \cdots + \frac{b_{m-1,m}}{2b_{mm}}\xi_{m-1} + \xi_m. \end{aligned}$$

这个变换的矩阵是满秩的 (它的行列式等于 1). 对于新的坐标, 型 $\mathrm{A}(x,x)$ 显然成为

$$\mathrm{A}(x,x) = \mathrm{B}(x,x) + b_{mm}\tau_m^2,$$

其中二次型 $\mathrm{B}(x,x)$ 只含坐标 $\tau_1,\tau_2,\cdots,\tau_{m-1}$. 根据归纳法的假设, 有另一个变换

$$\left.\begin{array}{l}\eta_1=c_{11}\tau_1+c_{12}\tau_2+\cdots+c_{1,m-1}\tau_{m-1},\\ \eta_2=c_{21}\tau_1+c_{22}\tau_2+\cdots+c_{2,m-1}\tau_{m-1},\\ \cdots\cdots\cdots\cdots\cdots\cdots\cdots\cdots\cdots\cdots\cdots\cdots\cdots\cdots\\ \eta_{m-1}=c_{m-1,1}\tau_1+c_{m-1,2}\tau_2+\cdots+c_{m-1,m-1}\tau_{m-1},\end{array}\right\} \tag{13}$$

它具有满秩矩阵 $C=[c_{ij}]$, 而且把型 $\mathrm{B}(x,x)$ 化为典型式

$$\mathrm{B}(x,x)=\lambda_1\eta_1^2+\lambda_2\eta_2^2+\cdots+\lambda_{m-1}\eta_{m-1}^2.$$

若在诸方程 (13) 之外, 再加上一个

$$\eta_m=\tau_m,$$

则得到一个由坐标 $\tau_1,\tau_2,\cdots,\tau_m$ 到坐标 $\eta_1,\eta_2,\cdots,\eta_m$ 的满秩变换. 对于新坐标, 型 $\mathrm{A}(x,x)$ 成为典型式

$$\mathrm{A}(x,x)=\mathrm{B}(x,x)+b_{mm}\tau_m^2=\lambda_1\eta_1^2+\lambda_2\eta_2^2+\cdots+\lambda_{m-1}\eta_{m-1}^2+b_{mm}\eta_m^2.$$

根据 §36, 有一个由坐标 $\{\xi\}$ 直接到坐标 $\{\eta\}$ 的变换, 它的矩阵等于由坐标 $\{\xi\}$ 到坐标 $\{\tau\}$ 的变换矩阵乘以由坐标 $\{\tau\}$ 到坐标 $\{\eta\}$ 的变换矩阵之积. 因为那两个变换的矩阵都是满秩的, 它们的积也是满秩的.

我们还需要讨论一种情况, 那就是在含 m 个坐标 $\xi_1,\xi_2,\cdots,\xi_m$ 的型 $\mathrm{A}(x,x)$ 里, $a_{11},a_{22},\cdots,a_{mm}$ 诸数都等于零. 取系数不等于零的一项 $a_{ij}\xi_i\xi_j$; 例如设 $a_{12}\neq 0$. 作以下的坐标变换:

$$\left.\begin{array}{l}\xi_1=\xi_1'+\xi_2',\\ \xi_2=\xi_1'-\xi_2',\\ \xi_3=\xi_3',\\ \cdots\cdots\cdots\cdots\\ \xi_m=\xi_m'.\end{array}\right\} \tag{14}$$

变换 (14) 的矩阵的行列式等于 -2, 因之它也是满秩的. 经过变换 (14), $a_{12}\xi_1\xi_2$ 一项化为

$$a_{12}\xi_1\xi_2=a_{12}\xi_1'^2-a_{12}\xi_3'^2.$$

这样, 经过变换之后, 型里出现了两个坐标的二次幂, 其系数不等于零 (显然的, 其余各项不可能和它们相消, 因为其余的项只含有 $i>2$ 的坐标 ξ_i'). 因此, 对于用坐标 ξ_i' 表示的型 (11), 又可以利用我们的归纳法.

对于任意的自然数 m, 我们已经证明了我们的定理; 特殊地, 令 $m=n$, 就可见对于 n 维空间的任意二次型, 定理都已证明.

循着我们证明里的途径 —— 逐步的配方 —— 可以实际地把一个已给二次型化为典型式. 在 §45 里, 我们将叙述另一种方法, 根据那个方法, 我们可以直接得到所求的典型基底与二次型的典型式.

例

化以下型为典型式:

$$\mathrm{A}(x,x)=\xi_1^2+6\xi_1\xi_2+5\xi_2^2-4\xi_1\xi_3+4\xi_3^2-4\xi_2\xi_4-8\xi_3\xi_4-\xi_4^2.$$

我们把含有 ξ_1 的诸项补成整方, 并且令

$$\eta_1=\xi_1+3\xi_2-2\xi_3,$$

于是所给型变为

$$\mathrm{A}(x,x)=\eta_1^2-4\xi_2^2-4\xi_2\xi_3-8\xi_3\xi_4-\xi_4^2.$$

再把含有 ξ_2 的诸项补成整方, 并且令

$$\eta_2=2\xi_2+\xi_4,$$

于是我们得

$$\mathrm{A}(x,x)=\eta_1^2-\eta_2^2-8\xi_3\xi_4.$$

这里没有 ξ_3 和 ξ_4 的平方项. 因此, 我们令

$$\xi_3=\eta_3-\eta_4,\quad \xi_4=\eta_3+\eta_4,$$

这样 $\xi_3\xi_4=\eta_3^2-\eta_4^2$.

于是变换

$$\eta_1=\xi_1+3\xi_2-2\xi_3,\quad \eta_2=2\xi_2+\xi_4,\quad \eta_3=\frac{1}{2}\xi_3+\frac{1}{2}\xi_4,\quad \eta_4=-\frac{1}{2}\xi_3+\frac{1}{2}\xi_4$$

化型 $\mathrm{A}(x,x)$ 为典型式

$$\mathrm{A}(x,x)=\eta_1^2-\eta_2^2-8\eta_3^2+8\eta_4^2.$$

习题 将二次型

$$\xi_1\xi_2+\xi_2\xi_3+\xi_3\xi_1$$

化为典型式.

答 例如

$$\eta_1^2-\eta_2^2-\eta_3^2,$$

其中

$$\eta_1=\frac{1}{2}\xi_1+\frac{1}{2}\xi_2+\xi_3,\quad \eta_2=\frac{1}{2}\xi_1-\frac{1}{2}\xi_2,\quad \eta_3=\xi_3.$$

§43. 唯一性问题

无论典型基底还是二次型的典型式都不是唯一地确定的. 例如一个典型基底的基向量, 经过任意排列之后, 仍构成一个典型基底. 在 §45 里, 在证明一些其他结果的同时, 将要证明, 对于一个已给二次型, 可以构造一个典型基底, 这个典型基底的第一个向量可以在空间里任意选择 (除了少数例外). 此外, 若型 $\mathrm{A}(x,x)$ 写成典型式

$$\mathrm{A}(x,x)=\lambda_1\eta_1^2+\lambda_2\eta_2^2+\cdots+\lambda_n\eta_n^2$$

($\eta_1,\eta_2,\cdots,\eta_n$ 为向量 x 的坐标), 则坐标变换

$$\begin{aligned}\eta_1&=\alpha_1\tau_1,\\ \eta_2&=\alpha_2\tau_2,\\ &\cdots\cdots\\ \eta_n&=\alpha_n\tau_n\end{aligned}$$

($\alpha_1,\alpha_2,\cdots,\alpha_n$ 都是不等于零的常数, $\tau_1,\tau_2,\cdots,\tau_n$ 是新的坐标) 把型 $\mathrm{A}(x,x)$ 变为一个新的典型式, 但有不同的系数:

$$\mathrm{A}(x,x)=(\lambda_1\alpha_1^2)\tau_1^2+(\lambda_2\alpha_2^2)\tau_2^2+\cdots+(\lambda_n\alpha_n^2)\tau_n^2.$$

可以指出, 在这个例里, 型 $\mathrm{A}(x,x)$ 的新系数与原系数有相同的符号; 因此, 正系数的数目与负系数的数目都没有改变. 我们将发现, 这是一个普遍的性质, 即我们有以下的称为二次型的惯性定理的命题:

定理 26 (二次型的惯性定理) 一个二次型 $\mathrm{A}(x,x)$ 的典型式里的正系数的个数与负系数的个数都是型的不变量 (即与典型基底的选择无关).

证明 设已给二次型 $\mathrm{A}(x,x)$, 在某个基底 $\{e\}=\{e_1,e_2,\cdots,e_n\}$ 里, 它有

$$\mathrm{A}(x,x)=\sum_{i,k=1}^{n}a_{ik}\xi_i\xi_k$$

的形状, 其中 $\xi_1,\xi_2,\cdots,\xi_n$ 为向量 x 对于基底 $\{e\}$ 的坐标. 设二次型有两个典型基底 $\{f\}=\{f_1,f_2,\cdots,f_n\}$ 与 $\{g\}=\{g_1,g_2,\cdots,g_n\}$. 用 $\eta_1,\eta_2,\cdots,\eta_n$ 表示向量 x 对于基底 $\{f\}$ 的坐标, 用 $\tau_1,\tau_2,\cdots,\tau_n$ 表示向量 x 对于基底 $\{g\}$ 的坐标. 设其对应的坐标变换公式为

$$\left.\begin{aligned}\eta_1&=b_{11}\xi_1+b_{12}\xi_2+\cdots+b_{1n}\xi_n, &\tau_1&=c_{11}\xi_1+c_{12}\xi_2+\cdots+c_{1n}\xi_n,\\ \eta_2&=b_{21}\xi_1+b_{22}\xi_2+\cdots+b_{2n}\xi_n, &\tau_2&=c_{21}\xi_1+c_{22}\xi_2+\cdots+c_{2n}\xi_n,\\ &\cdots\cdots\cdots\cdots &&\cdots\cdots\cdots\cdots\\ \eta_n&=b_{n1}\xi_1+b_{n2}\xi_2+\cdots+b_{nn}\xi_n, &\tau_n&=c_{n1}\xi_1+c_{n2}\xi_2+\cdots+c_{nn}\xi_n.\end{aligned}\right\}\tag{15}$$

假设对于基底 $\{f\}, \mathrm{A}(x,x)$ 具有形状

$$\mathrm{A}(x,x)=\alpha_1\eta_1^2+\cdots+\alpha_k\eta_k^2-\alpha_{k+1}\eta_{k+1}^2-\cdots-\alpha_m\eta_m^2,\tag{16}$$

而对于基 $\{g\}$, 则

$$\mathrm{A}(x,x)=\beta_1\tau_1^2+\beta_2\tau_2^2+\cdots+\beta_p\tau_p^2-\beta_{p+1}\tau_{p+1}^2-\cdots-\beta_q\tau_q^2.\tag{17}$$

这里面的 $\alpha_1,\alpha_2,\cdots,\alpha_m,\beta_1,\beta_2,\cdots,\beta_q$ 诸数都假定是**正**的. 我们要证明 $k=p, m=q$.

令方程 (16) 与 (17) 的右端相等, 并把不同符号的项移至所得方程的不同两端, 就得

$$\alpha_1\eta_1^2+\alpha_2\eta_2^2+\cdots+\alpha_k\eta_k^2+\beta_{p+1}\tau_{p+1}^2+\cdots+\beta_q\tau_q^2$$
$$=\alpha_{k+1}\eta_{k+1}^2+\cdots+\alpha_m\eta_m^2+\beta_1\tau_1^2+\cdots+\beta_p\tau_p^2. \tag{18}$$

我们假设 $k<p$.

取适合下列方程的向量 x:

$$\eta_1=0,\quad \eta_2=0,\quad \cdots,\quad \eta_k=0,$$
$$\tau_{p+1}=0,\quad \tau_q=0;\quad \tau_{q+1}=0,\quad \tau_n=0. \tag{19}$$

由于 $k<p$, 这里方程的个数显然小于 n. 按公式 (15), 把 $\eta_1,\cdots,\eta_k,\tau_{p+1},\cdots,\tau_n$ 用坐标 $\{\xi\}$ 表示, 代入 (19) 后, 得到一个对于坐标 $\{\xi\}$ 的齐一次方程组, 其中方程的个数小于未知数的个数, 因此这个齐次方程组有非零解 $x=(\xi_1,\xi_2,\cdots,\xi_n)$. 但另一方面, 根据 (18), 每一个适合 (19) 的向量 x 也适合条件

$$\tau_1=\tau_2=\cdots=\tau_p=0.$$

只有对于零向量才有 $\tau_1=\tau_2=\cdots=\tau_p=\tau_{p+1}=\cdots=\tau_n=0$, 故其所有的坐标 $\{\xi\}$ 也必然都等于零.

所引起的矛盾证明 $k<p$ 的假设是不能成立的. 但是, 在所讨论的问题中, k 与 p 两数是完全对称的, 因此, 不等式 $p<k$ 也不能成立, 故 $k=p$. 又若取条件

$$\tau_1=0,\quad \tau_2=0,\quad \cdots,\quad \tau_p=0,\quad \eta_{k+1}=0,\quad \cdots,\quad \eta_m=0,$$
$$\tau_{q+1}=0,\quad \cdots,\quad \tau_n=0,$$

则采用与上相同的方法, 可以证明 $m<q$ 是不可能的, 因之, 由对称关系, $q<m$ 也是不可能的. 因此, 最后就得到 $k=p, m=q$, 这就是所要证的结果.

在二次型 $\mathrm{A}(x,x)$ 的典型式里出现的全部的项的个数称为*型的秩*或*型的惯性指数*; 其中正项的个数称为*正惯性指数*, 负项的个数, 称为*负惯性指数*. 在下一节里, 我们将说明如何求得二次型的秩, 而不需要把它实际地化为典型式. 正惯性指数与负惯性指数的决定比较复杂; 在 §45 与 §69 里, 我们将回到这个问题上来.

习题

设 p 为二次型 $\mathrm{A}(x,x)$ 的正惯性指数, q 为其负惯性指数. 设已给 p 个正数 $\lambda_1,\lambda_2,\cdots,\lambda_p$ 与 q 个负数 $\mu_1,\mu_2,\cdots,\mu_q$. 证明必有一个基底使型 $\mathrm{A}(x,x)$ 对于这个基底成为

$$\mathrm{A}(x,x)=\lambda_1\tau_1^2+\lambda_2\tau_2^2+\cdots+\lambda_p\tau_p^2+\mu_1\tau_{p+1}^2+\cdots+\mu_q\tau_{p+q}^2.$$

附记 这个命题说明 p 与 q 两数为二次型仅有的不变量.

若二次型的秩等于空间的维, 它就叫作*满秩的*. 若它的正惯性指数恰好等于它的秩, 则称为*恒正型*, 换句话说, 若二次型的所有 n 个典型系数都是正的, 则称为恒正型, 因此, *对于空间每一个点, 除坐标原点外, 恒正型的值是正的*, 倒转过来, 若除了坐标原点外, n 维空间的一个二次型的值总是正的, 则它的秩等于 n, 它的正惯性指数也等于 n, 即它是恒正型. 这是由于: 若一个二次型的秩小于 n 或者它的正典型

系数的数目小于 n, 就不难找到空间的一些点, 其坐标不全等于零, 而二次型对于这些点的值是负的或零.

例如三维空间里的二秩型

$$\mathrm{A}(x,x)=\xi_1^2+\xi_3^2.$$

对于每个具有坐标 $\xi_1=0,\xi_2\neq 0,\xi_3=0$ 的非零向量都有零值, 三维空间的三秩型

$$\mathrm{A}(x,x)=\xi_1^2-\xi_2^2+\xi_3^2$$

对于上述那些点有负值. 显然, 这两个例是带有普遍性的.

§44. 双线性型的典型基底

1. 已给双线性型 $\mathrm{A}(x,y)$; 若 $\mathrm{A}(x_1,y_1)=0$, 则对于 $\mathrm{A}(x,y)$, 向量 x_1 称为共轭于向量 y_1.

若 $x_1,x_2,\cdots,x_k$ 诸向量都共轭于向量 y_1, 则子空间 $L(x_1,x_2,\cdots,x_k)$ —— 即 $x_1,x_2,\cdots,x_k$ 诸向量的线性包的每一个向量, 共轭于向量 y_1; 这是因为根据双线性型的性质,

$$\mathrm{A}(\alpha_1x_1+\alpha_2x_2+\cdots+\alpha_kx_k,y_1)=\alpha_1\mathrm{A}(x_1,y_1)+\alpha_2\mathrm{A}(x_2,y_1)+\cdots+\alpha_k\mathrm{A}(x_k,y_1)=0.$$

一般的, 若 R 的一个子空间 R' 的每一个向量共轭于向量 y_1, 我们就说这个子空间共轭于向量 y_1.

若一个基底 $e_1,e_2,\cdots,e_n$ 的诸向量对于双线性型 $\mathrm{A}(x,y)$ 都彼此共轭, 也就是, 若 $\mathrm{A}(e_ie_k)=0(i\neq k)$, 则此基底称为双线性型 $\mathrm{A}(x,y)$ 的典型基底.

例

在空间 V_3 里, 取 x 与 y 两向量的数积作为双线性型 $\mathrm{A}(x,y)$. 对于这个双线性型共轭的向量显然就是正交的向量. 空间 V_3 的每一个正交基底构成一个典型基底.

2. 一个双线性型对于典型基底的矩阵是对角线矩阵, 因为凡 $i\neq k$ 时, $a_{ik}=\mathrm{A}(e_i,e_k)=0$. 对角线矩阵与其转置矩阵相同, 故具有典型基底的双线性型必然是对称的①. 我们要证明, 每一个对称双线性型 $\mathrm{A}(x,y)$ 有典型基底.

取对应于所给双线性型 $\mathrm{A}(x,y)$ 的二次型 $\mathrm{A}(x,y)$. 我们已经知道空间 R 必有一个基底 $e_1,e_2,\cdots,e_n$, 使二次型 $\mathrm{A}(x,x)$ 对于这个基底成为典型式:

$$\mathrm{A}(x,x)=\sum_{i=1}^n\lambda_i\xi_i^2.$$

按公式 (9), 与它对应的对称双线性型 $\mathrm{A}(x,y)$ 具有典型式

$$\mathrm{A}(x,y)=\sum_{i=1}^n\lambda_i\xi_i\eta_i \tag{20}$$

(其中 $y=\sum_{i=1}^n\eta_ie_i$), 所以它的矩阵是对角线矩阵, 但这就是说, $e_1,e_2,\cdots,e_n$ 是型 $\mathrm{A}(x,y)$ 的典型基底.

①我们证明过, 双线性型的矩阵是否对称与基底的选择无关 (§40, 第 3 段).

习题

把双线性型

$$\mathrm{A}(x,y)=\xi_1\eta_1+\xi_1\eta_2+\xi_2\eta_1+2\xi_2\eta_2+2\xi_2\eta_3+2\xi_3\eta_2+5\xi_3\eta_3$$

变为典型式.

答 $\mathrm{A}(x,y)=\sigma_1\tau_1+\sigma_2\tau_2+\sigma_3\tau_3$, 其中 σ_i 与 τ_i $(i=1,2,3)$ 为向量 x 与 y 的新坐标. 这时基底变换的公式如下: $\sigma_1=\xi_1+\xi_2,\sigma_2=\xi_2+2\xi_3,\sigma_3=\xi_3$.

3. 我们对于二次型所证明的惯性定理可以立刻扩充到对称双线性型, 即: *双线性型典型式 (20) 里的正系数的个数与负系数的个数都与典型基底的选择无关*. 这样, 对称双线性型的秩, 它的正惯性指数与它的负惯性指数等概念都有了意义. 对称双线性型的秩, 即在它的典型式里出现的全部的项的个数, 显然等于双线性型对于典型基底的矩阵的秩. 但是, 由于双线性型的矩阵的秩与基底的选择无关 (§40, 第 4 段), 我们可以求双线性型对于任意基底的矩阵的秩作为双线性型的秩, 而不必把它变为典型式.

4. 在解析几何里曾经证明了: 对于一个二次曲线, 一切平行于已给向量 r 的弦的中点, 都在一条直线上. 决定这条直线的方向的向量 s 称为与向量 r *共轭*. 我们要证明, 至少对于中心二次曲线, 这个定义与我们上面所给的共轭向量的定义是一致的. 已经知道, 在把坐标原点移至二次曲线的中心之后, 曲线的方程成为

$$a\xi_1^2+2b\xi_1\xi_2+c\xi_2^2=d$$

或者

$$\mathrm{A}(x,x)=d$$

的形状, 其中我们用 $\mathrm{A}(x,x)$ 表示方程左端的对称二次型. 取平行于向量 r 的一个弦, 设 z 为决定这个弦的中点的向量. 这样, 对于一定的值 t, 以下两式成立

$$\mathrm{A}(z+tr,z+tr)=d,\quad \mathrm{A}(z-tr,z-tr)=d,$$

这两式可以展开为下列形状:

$$\mathrm{A}(z,z)+2t\mathrm{A}(z,r)+t^2\mathrm{A}(r,r)=d,$$
$$\mathrm{A}(z,z)-2t\mathrm{A}(z,r)+t^2\mathrm{A}(r,r)=d.$$

从第一式中减去第二式得

$$\mathrm{A}(z,r)=0,$$

即 z 与 r 两向量按我们的定义是共轭的. 所有与向量 r 共轭的向量 z 的轨迹, 由齐一次方程 $\mathrm{A}(z,r)=0$ 来决定, 因此就是经过原点的一条直线.

§45. 雅可比的求典型基底法

在 §42 里所述的求典型基底的过程有一个缺点, 那就是: 我们不能从已给一个对称双线性型 $\mathrm{A}(x,y)$ 对于一个已给的基底 $\{f\}=\{f_1,f_2,\cdots,f_n\}$ 的矩阵 $A_{(f)}$ 的诸

元素, 来直接计算系数 λ_i 和典型基底的向量的坐标. 下面所述的雅可比方法能使我们求出这些系数和对应典型基底的向量的坐标. 但是, 为了这个目的, 对于矩阵 $A_{(f)}$, 我们加上下面的附加条件: 矩阵 $A_{(f)}$ 中到 $n-1$ 阶为止的一切主子式

$$\delta_1 = a_{11}, \quad \delta_2 = \begin{vmatrix} a_{11} & a_{12} \\ a_{21} & a_{22} \end{vmatrix}, \quad \cdots, \quad \delta_{n-1} = \begin{vmatrix} a_{11} & \cdots & a_{1,n-1} \\ \vdots & & \vdots \\ a_{n-1,1} & \cdots & a_{n-1,n-1} \end{vmatrix}$$

都不等于零.

按以下公式决定 $e_1, e_2, \cdots, e_n$ 诸向量:

$$\begin{aligned} & e_1 = f_1, \\ & e_2 = \alpha_1^{(1)} f_1 + f_2, \\ & e_3 = \alpha_1^{(2)} f_1 + \alpha_2^{(2)} f_2 + f_3, \\ & \cdots\cdots\cdots\cdots\cdots\cdots\cdots\cdots \\ & e_{k+1} = \alpha_1^{(k)} f_1 + \alpha_2^{(k)} f_2 + \alpha_3^{(k)} f_3 + \cdots + \alpha_k^{(k)} f_k + f_{k+1}, \\ & \cdots\cdots\cdots\cdots\cdots\cdots\cdots\cdots\cdots\cdots\cdots\cdots\cdots\cdots \\ & e_n = \alpha_1^{(n-1)} f_1 + \alpha_2^{(n-1)} f_2 + \alpha_3^{(n-1)} f_3 + \cdots + \alpha_{n-1}^{(n-1)} f_{n-1} + f_n, \end{aligned} \tag{21}$$

其中系数 $\alpha_i^{(k)} (i = 1, 2, \cdots, k, k = 1, 2, \cdots, n-1)$ 都待定.

首先注意, 从向量 $f_1, f_2, \cdots, f_k$ 到向量 $e_1, e_2, \cdots, e_k$ 的变换矩阵是

$$\begin{bmatrix} 1 & 0 & 0 & \cdots & 0 & 0 \\ \alpha_1^{(1)} & 1 & 0 & \cdots & 0 & 0 \\ \vdots & \vdots & \vdots & & \vdots & \vdots \\ \alpha_1^{(k-1)} & \alpha_2^{(k-1)} & \alpha_3^{(k-1)} & \cdots & \alpha_{k-1}^{(k-1)} & 1 \end{bmatrix},$$

其行列式等于 1, 因此, 对于 $k = 1, 2, \cdots, n$, 向量 $f_1, f_2, \cdots, f_k$ 可以写成 $e_1, e_2, \cdots, e_k$ 的线性组合, 因而线性包 $L[f_1, f_2, \cdots, f_k]$ 和线性包 $L[e_1, e_2, \cdots, e_k]$ 相合.

对于系数 $\alpha_i^{(k)} (i = 1, 2, \cdots, k)$, 要让它们满足下面的条件: 就是向量 e_{k+1} 须与子空间 $L[e_1, e_2, \cdots, e_k]$ 共轭. 这个条件与以下的**完全等价**:

$$\mathrm{A}(e_{k+1}, f_1) = 0, \quad \mathrm{A}(e_{k+1}, f_2) = 0, \quad \cdots, \quad \mathrm{A}(e_{k+1}, f_k) = 0. \tag{22}$$

实际上, 从条件 (22) 可推知向量 e_{k+1} 与向量 $f_1, f_2, \cdots, f_k$ 的线性包共轭, 而这个线性包又与向量 $e_1, e_2, \cdots, e_k$ 的线性包相合. 倒转过来, 若向量 e_{k+1} 与子空间 $L[e_1, e_2, \cdots, e_k]$ 共轭, 它就与这个子空间每一个向量共轭, 特殊的, 与 $f_1, f_2, \cdots, f_k$ 共轭, 因此, 它适合诸方程 (22).

把 (21) 内的 e_{k+1} 值代入 (22), 利用双线性型的定义, 就得到关于 $\alpha_i^{(k)} (i =$

$1, 2, \cdots, k$) 诸值的方程组:

$$\begin{aligned}
&\mathrm{A}(e_{k+1}, f_1) = \alpha_1^{(k)}\mathrm{A}(f_1, f_1) + \alpha_2^{(k)}\mathrm{A}(f_2, f_1) + \cdots + \alpha_k^{(k)}\mathrm{A}(f_k, f_1) + \mathrm{A}(f_{k+1}, f_1) = 0,\\
&\mathrm{A}(e_{k+1}, f_2) = \alpha_1^{(k)}\mathrm{A}(f_1, f_2) + \alpha_2^{(k)}\mathrm{A}(f_2, f_2) + \cdots + \alpha_k^{(k)}\mathrm{A}(f_k, f_2) + \mathrm{A}(f_{k+1}, f_2) = 0\\
&\cdots\cdots\cdots\cdots\cdots\cdots\cdots\cdots\cdots\cdots\cdots\cdots\cdots\cdots\cdots\cdots\cdots\cdots\cdots\cdots\\
&\mathrm{A}(e_{k+1}, f_k) = \alpha_1^{(k)}\mathrm{A}(f_1, f_k) + \alpha_2^{(k)}\mathrm{A}(f_2, f_k) + \cdots + \alpha_k^{(k)}\mathrm{A}(f_k, f_k) + \mathrm{A}(f_{k+1}, f_k) = 0.
\end{aligned} \tag{23}$$

根据条件, 这个具有系数 $\mathrm{A}\ (f_i, f_j) = a_{ij}\ (i, j = 1, 2, \cdots, k)$ 的非齐次方程组有一个不等于零的行列式, 故有唯一的解, 因此, $\alpha_i^{(k)}$ 诸值可以决定, 而由此即得到所求的向量 e_{k+1}.

为决定所有的系数 $\alpha_i^{(k)}$ 和所有的向量 e_k, 必须对于每一个 k 来解对应的方程组 (23), 因此, 一共要解 $n-1$ 个方程组.

设用 $\xi_1, \xi_2, \cdots, \xi_n$ 表示向量 x 对于所求的基底 $e_1, e_2, \cdots, e_n$ 的坐标, 以 $\eta_1, \eta_2, \cdots, \eta_n$ 表示向量 y 对于这个基底的坐标, 对于这个基底, 双线性型 $\mathrm{A}(x, y)$ 变为

$$\mathrm{A}(x, y) = \sum_{i=1}^{n} \lambda_i \xi_i \eta_i. \tag{24}$$

要计算系数 λ_i, 我们推理如下. 我们只在子空间 $L_m = L(e_1, e_2, \cdots, e_m)$ 里考察双线性型 $\mathrm{A}(x, y)$, 其中 $m \leqslant n$. 对于子空间 L_m 的基底 $f_1, f_2, \cdots, f_m$, 型 $\mathrm{A}(x, y)$ 显然有矩阵

$$\begin{bmatrix} a_{11} & a_{12} & \cdots & a_{1m} \\ a_{21} & a_{22} & \cdots & a_{2m} \\ \vdots & \vdots & & \vdots \\ a_{m1} & a_{m2} & \cdots & a_{mm} \end{bmatrix}.$$

而对于基底 $e_1, e_2, \cdots, e_m$, 它有矩阵

$$\begin{bmatrix} \lambda_1 & & & \\ & \lambda_2 & & \\ & & \ddots & \\ & & & \lambda_m \end{bmatrix}.$$

我们已经看到了, 从基底 $f_1, f_2, \cdots, f_n$ 到基底 $e_1, e_2, \cdots, e_m$ 的变换 (21) 的矩阵的行列式等于 1. 由 §40 的公式 (6), 得

$$\det \begin{bmatrix} a_{11} & a_{12} & \cdots & a_{1m} \\ a_{21} & a_{22} & \cdots & a_{2m} \\ \vdots & \vdots & & \vdots \\ a_{m1} & a_{m2} & \cdots & a_{mm} \end{bmatrix} = \det \begin{bmatrix} \lambda_1 & & & \\ & \lambda_2 & & \\ & & \ddots & \\ & & & \lambda_m \end{bmatrix},$$

或者利用主子式的记号 (第 102 页),

$$\delta_m = \lambda_1 \lambda_2 \cdots \lambda_m \quad (m = 1, 2, \cdots, n). \tag{25}$$

从公式 (25), 立刻可以看到

$$\lambda_1=\delta_1=a_{11},\quad \lambda_2=\frac{\delta_2}{\delta_1},\quad \lambda_3=\frac{\delta_3}{\delta_2},\quad \cdots,\quad \lambda_n=\frac{\delta_n}{\delta_{n-1}}. \tag{26}$$

利用公式 (26) 可以计算双线性型对于典型基底的系数, 而不需要算出典型基底.

在矩阵 $A_{(f)}$ 的主子式不等于零的条件之下, 以上的证明还可以使我们求出双线性型 $\mathrm{A}(x,y)$ 的, 也就是二次型 $\mathrm{A}(x,x)$ 的正惯性指数与负惯性指数.

习题

利用雅可比法把下列双线性型变为典型式

$$\mathrm{A}(x,y)=\xi_1\eta_1-\xi_1\eta_2-\xi_2\eta_1+\xi_1\eta_3+\xi_3\eta_1+2\xi_2\eta_3+2\xi_3\eta_2+\xi_3\eta_3+\xi_2\eta_2.$$

提示 先改变坐标的号码, 使双线性型 $\mathrm{A}(x,y)$ 的矩阵化成可以应用雅可比法的形状.

§46. 恒正型

1. 以下诸定义相当于在 §43 末对于二次型所给的定义:

已给双线性型 $\mathrm{A}(x,y)$, 若它的秩等于空间的维, 也就是, 若在它的典型式 (20) 里, 所有的系数 $\lambda_1,\lambda_2,\cdots,\lambda_n$ 都不等于零, 则 $\mathrm{A}(x,y)$ 称为满秩的, 若所有的系数又都是正的, 型 $\mathrm{A}(x,y)$ 称为恒正型. 恒正双线性型的特征是, 它的对应二次型, 按 §43, 对于每一个 $x\neq 0$ **有正**值.

空间 V_3 里对称恒正双线性型的一个重要的例是向量 x 与 y 的数积. 因为由数积的定义立刻可以得到以下的关系:

$$(x,y)=(y,x),$$
$$\text{当 } x\neq 0 \text{ 时}, (x,x)=|x|^2>0;$$

第一式表示双线性型 (x,y) 是对称的, 第二式表示它所对应的二次型对于不等于零的每个 x 有正的值, 所以双线性型 (x,y) 为恒正型.

在以后的讨论中, 对称恒正双线性型占很重要的地位: 利用这种型, 我们就有可能在普遍的线性空间里引进向量的长与两向量间的角的概念 (第七章).

2. 我们提出一个问题: 如何从双线性对称型 $\mathrm{A}(x,y)$ 的矩阵来判断型是否恒正. 以下定理给出这个问题的答案.

定理 27 对称矩阵 $A=[a_{ik}]$ 确定一个恒正双线性型 $\mathrm{A}(x,y)$ 的充要条件是矩阵 $[a_{ik}]$ 的所有主子式

$$a_{11},\quad \begin{vmatrix} a_{11} & a_{12}\\ a_{21} & a_{22}\end{vmatrix},\quad \begin{vmatrix} a_{11} & a_{12} & a_{13}\\ a_{21} & a_{22} & a_{23}\\ a_{31} & a_{32} & a_{33}\end{vmatrix},\quad \cdots,\quad \det[a_{ik}]$$

都是正的.

证明 如果矩阵 A 的所有主子式都是正的, 则按 §45 的公式 (26), 型 $\mathrm{A}(x,y)$ 在某一典型基底里的所有典型系数 λ_k 都是正的; 于是, 型 $\mathrm{A}(x,y)$ 是恒正的.

反过来, 设型 $\mathrm{A}(x,y)$ 是恒正的; 我们来证明这时矩阵 $[a_{ik}]$ 的所有主子式都是正的. 事实上, 主子式

$$M=\begin{vmatrix} a_{11} & a_{12} & \cdots & a_{1m} \\ a_{21} & a_{22} & \cdots & a_{2m} \\ \vdots & \vdots & & \vdots \\ a_{m1} & a_{m2} & \cdots & a_{mm} \end{vmatrix} \tag{27}$$

被型 $\mathrm{A}(x,y)$ 在子空间 L_m 的矩阵 $[a_{ik}]$ $(i,k=1,2,\cdots,m)$ 所决定, 其中 L_m 是由前 m 个基向量所构成的子空间. 因为在子空间 L_m 里, 型 $\mathrm{A}(x,y)$ 是恒正的 (对于 $x\neq 0, \mathrm{A}(x,x)>0$), 所以在子空间 L_m 里有典型基底存在, 在其中型 $\mathrm{A}(x,y)$ 可以写成具有正的典型系数的典型式. 特殊的, 由于型 $\mathrm{A}(x,y)$ 在这个基底里的行列式等于典型系数的乘积, 这个行列式也是正的. 根据在不同基底里双线性型的矩阵的行列式的关系 (§40, 公式 (6)), 我们看出, 型 $\mathrm{A}(x,y)$ 的行列式在原来的基底里也同样是正的. 但在原来的基底里, 型 $\mathrm{A}(x,y)$ 的行列式就是子式 M. 因此 $M>0$, 而定理就完全证明了.

习题

1. 求对称矩阵 $[a_{ik}]$ 确定恒负双线性型的条件.

提示 $[-a_{ik}]$ 是恒正型的矩阵.

答 $a_{11}<0, \begin{vmatrix} a_{11} & a_{12} \\ a_{21} & a_{22} \end{vmatrix}>0,\cdots,(-1)^n\det[a_{ik}]>0.$

2. 已给具以下性质的对称矩阵:

$$a_{11}>0, \quad \begin{vmatrix} a_{11} & a_{12} \\ a_{21} & a_{22} \end{vmatrix}>0, \quad \cdots, \quad \det[a_{ik}]>0.$$

证明 $a_{nn}>0$.

3. 在线性代数应用于分析时 (也就是在极值条件的理论里) 常常需要解答以下的问题: 已知双线性对称型 $\mathrm{A}(x,y)$ 的矩阵 $A=[a_{ik}]$, 判断这个型在一个子空间里是否恒正的, 而这个子空间则是被以下的含 k 个线性无关的线性方程组

$$\sum_{j=1}^{n} b_{ij}\xi_j=0 \quad (i=1,2,\cdots,k;k<n)$$

所决定的. 证明其充分必要条件为矩阵

$$\Delta = (-1)^k \begin{bmatrix} 0 & 0 & \cdots & 0 & b_{11} & b_{12} & \cdots & b_{1n} \\ 0 & 0 & \cdots & 0 & b_{21} & b_{22} & \cdots & b_{2n} \\ \vdots & \vdots & & \vdots & \vdots & \vdots & & \vdots \\ 0 & 0 & \cdots & 0 & b_{k1} & b_{k2} & \cdots & b_{kn} \\ b_{11} & b_{21} & \cdots & b_{k1} & a_{11} & a_{12} & \cdots & a_{1n} \\ b_{12} & b_{22} & \cdots & b_{k2} & a_{21} & a_{22} & \cdots & a_{2n} \\ \vdots & \vdots & & \vdots & \vdots & \vdots & & \vdots \\ b_{1n} & b_{2n} & \cdots & b_{kn} & a_{n1} & a_{n2} & \cdots & a_{nn} \end{bmatrix}$$

的 $2k+1, 2k+2, \cdots, k+n$ 阶的主子式是正的①.

§47. 多重线性型

与双线性型类似地, 可以讨论更多个 (三个、四个 ……) 向量的线性型, 它们总称为**多重线性型**.

如果多重线性型 $\mathrm{A}(x_1, x_2, \cdots, x_k)$ 中任意两个向量变量互换而该型不变, 则称为**对称的**; 若其中任意两个向量变量互换而此型变号, 则称为**反对称的**.

在空间 V_3 里, 三个向量 x, y, z 的混合积是三个向量的多重线性型的一个例; 它是三重线性型.

n 个向量

$$x_1 = \{a_{11}, a_{12}, \cdots, a_{1n}\}, \quad x_2 = \{a_{21}, a_{22}, \cdots, a_{2n}\}, \quad \cdots, \quad x_n = \{a_{n1}, a_{n2}, \cdots, a_{nn}\}$$

的行列式

$$\mathrm{A}(x_1, x_2, \cdots, x_n) = \begin{vmatrix} a_{11} & a_{12} & \cdots & a_{1n} \\ a_{21} & a_{22} & \cdots & a_{2n} \\ \vdots & \vdots & & \vdots \\ a_{n1} & a_{n2} & \cdots & a_{nn} \end{vmatrix} \tag{28}$$

是 n 重反对称线性型的一个例.

稍为普遍一些的例是行列式 (28) 乘以一个常数 C.

我们要证明: *在 n 维线性空间 R 里, 对于固定的基底 $e_1, e_2, \cdots, e_n$, 每一个反对称 n 重线性型 $\mathrm{A}(x_1, x_2, \cdots, x_n)$ 等于行列式 (28) 乘以一定的常数因子 C.*

用 C 表示数值 $\mathrm{A}(e_1, e_2, \cdots, e_n)$. 这样, 就不难计算 $\mathrm{A}(e_{i1}, e_{i2}, \cdots, e_{in})$, 其中 $i_1, i_2, \cdots, i_n$ 是 1 至 n 的任意整数. 若在这些数中, 有两个相等, 则 $\mathrm{A}(e_{i1}, e_{i2}, \cdots, e_{in})$ 的值等于零; 因为当两个对应的 e_i 互换时, 一方面这个值没有改变, 另一方面, 按其反对称性质, 它又要变号. 若

①参看 Р. Я. Шостака 登在杂志 “Успехи математических наук” (数学进展) 1954, 第 9 册, 第 2(60) 期, 第 199—206 页的文章.

$i_1, i_2, \cdots, i_n$ 都不相等, 而其中逆序的个数为 N, 则经过相邻的 e_i 互换 N 次, 可以得到各向量变量的自然排列①; 由此可见

$$\mathrm{A}(e_{i1}, e_{i2}, \cdots, e_{in}) = (-1)^N C.$$

现在设

$$x_i = \sum_{j=1}^{n} a_{ij} e_j \quad (i = 1, 2, \cdots, n)$$

为空间 R 里任意一个含 n 个向量的向量组. 作下列多重线性型 $\mathrm{A}(x_1, x_2, \cdots, x_n)$:

$$\begin{aligned}\mathrm{A}(x_1, x_2, \cdots, x_n) &= \mathrm{A}\left(\sum_{i_1=1}^{n} a_{1i_1} e_{i_1}, \sum_{i_2=1}^{n} a_{2i_2} e_{i_2}, \cdots, \sum_{i_n=1}^{n} a_{ni_n} e_{i_n}\right) \\ &= \sum_{i_1, i_2, \cdots, i_n=1}^{n} a_{1i_1} a_{2i_2} \cdots a_{ni_n} \mathrm{A}(e_{i_1}, e_{i_2}, \cdots, e_{i_n}) \\ &= C \sum_{i_1, i_2, \cdots, i_n=1}^{n} (-1)^N a_{1i_1} a_{2i_2} \cdots a_{ni_n}.\end{aligned}$$

在所得的和中, 对于每一项, 正整数 N 表示当这一项的因子的第一个下标按自然的次序排列时, 其第二个下标的排列中逆序的个数. 因此, 每一项是行列式 (28) 中的一项添上那一项应有的符号. 于是一切这样的项的和等于行列式 (28) 本身. 这样, 我们的论断已经证明.

特殊地, 我们证明了, 空间 V_3 里三个向量 x, y, z 的混合积, 在任意的基底里, 可以写成它们对于这个基底的坐标所构成的三阶行列式, 附以一个系数, 而这个系数则等于基向量的混合积.

习题

1. 证明定理: 在 n 维空间 R 里, $n+1$ 个向量的反对称多重线性型恒等于零.

2. 证明定理: 在 n 维空间 R 里, 对于任意的基底, $n-1$ 个向量的反对称多重线性型可以写成一个对于任意基底的行列式, 其前 $n-1$ 行填上向量变量的坐标, 而最末的一行则填上一个固定向量的坐标.

3. 证明, 所有反对称双线性型 $\mathrm{A}(x, x) \not\equiv 0$ 都可以化为以下典型式:

$$\mathrm{A}(x, y) = \sigma_1\tau_2 - \sigma_2\tau_1 + \sigma_3\tau_4 - \sigma_4\tau_3 + \cdots + \sigma_{2k-1}\tau_{2k} + \sigma_{2k}\tau_{2k-1}.$$

提示 从方程 $\mathrm{A}(e_1, e_2) = 1$ 找到第一对基向量 e_1, e_2; 构造被方程 $\mathrm{A}(e_1, x) = 0, \mathrm{A}(e_2, x) = 0$ 所定义的子空间 L, 又如果 $\mathrm{A}(x, y)$ 在其中不恒等于零, 可以确定向量 $e_3, e_4 \in L$, 使 $\mathrm{A}(e_3, e_4) = 1$ 等等.

---

① 请参阅关于两个矩阵乘积的行列式的定理的证明 (§29, 第 4 段).

第七章

欧几里得空间

§48. 引论

丰富了几何内容的、大量的、各色各样的事实, 在一个相当大的范围内, 因为有可能进行各种测度而得到解释, 而这主要是因为对线段长与直线间的角可能进行测度. 在一般线性空间里, 我们还没有进行这种测度的方法, 而这就当然缩小了我们研究的范围.

为了以最自然的方式, 把那些使测度成为可能的方法推广到一般线性空间, 我们从解析几何里所采用的两个向量的数积的定义 (这个定义当然只适用于普通的向量 —— 空间 V_3 的元素) 出发: 这个定义是: *两个向量的数积, 是这两个向量的长与它们之间的角的余弦之积*. 这样, 这个定义已经以向量长与两个向量间的角的可能测度为依据. 但是, 另一方面, 若已知任何一对向量的数积, 我们也可以反过来求向量的长与它们间的角; 事实上, 向量长的平方, 等于这个向量与它自己的数积, 而两个向量间的角的余弦, 则等于它们的数积与它们的长之积之比. 由此可见, 在数积的概念内, 蕴涵着长的可测性与角的可测性, 而且, 和它们一道, 也蕴涵着所有与测度有关的那些几何范畴 ("度量几何学").

在一般的线性空间里, 可以不依赖于向量长及其间的角, 来引进两个向量的数积的概念; 然后利用这个数积概念来得到向量的长和向量间的角的定义.

让我们看看, 普通数积的哪些性质, 可以用来建立一般线性空间里类似的几何量.

在 §46 第 1 段里, 我们已经看到, 在空间 V_3 里, 数积 (x, y) 是向量 x, y 的双线性型, 它是对称而且恒正的. 一般地说, 在一般线性空间里, 也有具有这些性质的型.

在一般线性空间里, 取任意一个固定的对称恒正双线性型 $A(x,y)$. 我们称之为向量 x 与 y 的数积. 按照在空间 V_3 里利用数积来计算向量长与两个向量间的角的那些规律, 在一般线性空间里, 也可以利用所取的数积来规定每一个向量的长和每两个向量之间的角的定义. 当然, 只有以后的讨论才能说明这个定义将有多大的成效, 而在这一章与以后各章里, 我们将看到, 这个定义的确使我们能够把度量几何学的方法推广到一般线性空间, 并且大大地加强研究代数学及分析学中所遇到的数学对象的方法.

这里需要注意一种重要的情况. 在所给线性空间里, 恒正双线性型的选择, 有各种不同的方法. 根据某一个型算出的某一个向量的长, 与根据另一个型所算出的同一个向量的长, 可能不同; 当然, 对于两个向量间的角, 也是一样. 因此, 向量的长与向量间的角不是唯一确定的. 但这种不唯一性并不使我们感到惶惑; 因为直线上同一个线段, 用不同的标度去量, 其结果是线段的长将为不同的值, 这是毫不足怪的. 可以说, 对称恒正双线性型的选择, 与我们测量向量长及其间的角时 "标度" 的选择, 是相类似的.

具有选定的、作为 "标度" 的对称恒正线性型的线性空间, 称为*欧几里得空间*. 没有给定 "标度" 的线性空间, 仍与前一样, 称为*仿射空间*.

§49. 欧几里得空间定义

满足以下条件的线性空间 R 称为*欧几里得空间* (欧氏空间): 1) 根据一定的规律, 可以对于 R 内每两个向量 x 及 y 确定一个实数, 叫作向量 x 及 y 的数积而用 (x,y) 来表示; 2) 这个规律适合下面各条件:

(a) $(x,y)=(y,x)$ (交换律),

(b) $(x,y+z)=(x,y)+(x,z)$ (分配律),

(c) 对于任何实数 $\lambda, (\lambda x,y)=\lambda(x,y)$,

(d) 当 $x\neq 0$ 时, $(x,x)>0$; 而当 $x=0$ 时, $(x,x)=0$.

公理 (a)—(d) 合起来, 说明向量 x 及 y 的数积是*双线性型* [(b) 及 (c)], 它是*对称* [(a)] *而且恒正的* [(d)]. *反之, 每一个具有上列性质的型可以取作数积.*

例

1. 在空间 V_3 内, 自由向量 (§11) 的数积是按解析几何的规律来引进的: 条件 (a)—(d) 表示数积的基本性质; 其证明见于向量代数.

2. 在空间 T_n (§11) 内, 我们用公式

$$(x,y)=\xi_1\eta_1+\xi_2\eta_2+\cdots+\xi_n\eta_n \tag{1}$$

来引进向量 $x=(\xi_1,\xi_2,\cdots,\xi_n)$ 及 $y=(\eta_1,\eta_2,\cdots,\eta_n)$ 的数积 (这个定义是三维空间中在直角坐标里用坐标来表示数积的已知公式的推广). 读者容易验证它满足条件 (a)—(d).

需注意公式 (1) 并非空间 T_n 中引进数积的唯一方法. 在 n 维线性空间内引进数积的所有可能方法, 事实上我们已经在 §46 里谈到.

3. 在区间 $a \leqslant t \leqslant b$ 的连续函数所构成的空间 $C(a,b)$ 内, 我们用公式

$$(x,y)=\int_a^b x(t)y(t)dt \tag{2}$$

来引进函数 $x(t)$ 及 $y(t)$ 的数积.

应用积分的基本规律, 容易验证它满足条件 (a)—(d).

以后我们将用 $C_2(a,b)$ 来表示具有用公式 (2) 来表示数积的空间 $C(a,b)$.

习题

1. 在空间 V_3 内设以两个向量的长的乘积为两个向量的数积. 此空间是否是欧氏空间?

答　否. 它既不满足公理 (b), 又在 $\lambda=-1$ 时不满足公理 (c).

2. 又设在这个空间内, 以两个向量的长与它们之间的角的余弦的立方的乘积为这两个向量的数积. 这时如何?

答　否. 它不满足公理 (b).

3. 若把通常的数积的二倍称为数积又如何?

答　可以. 这等于更换了坐标轴上的标尺.

既然向量 x 及 y 的数积是双线性型, 公式 §40 (2) 对它满足. 在已给情况下, 这个公式具有下面形状

$$\left(\sum_{i=1}^k \alpha_i x_i, \sum_{j=1}^m \beta_j y_j\right)=\sum_{i=1}^k\sum_{j=1}^m \alpha_i\beta_j(x_i,y_j). \tag{3}$$

这里, $x_1,x_2,\cdots,x_k,y_1,y_2,\cdots,y_m$ 为欧氏空间 R 内的任意向量, $\alpha_1,\alpha_2,\cdots,\alpha_k,\beta_1,\beta_2,\cdots,\beta_m$ 是任何实数.

§50. 基本度量概念

既有数积, 就可以定义基本的度量概念, 也就是向量的长及一对向量间的角.

1. **向量的长**　我们称数值

$$|x|=+\sqrt{(x,x)} \tag{4}$$

为欧氏空间 R 内向量 x 的长.

例

1. 在空间 V_3 内, 我们所给的向量长的定义与通常的定义一样.

2. 在空间 T_n 内, 对于向量 $x=(\xi_1,\xi_2,\cdots,\xi_n)$, 它的长可以表示成下面的形状:

$$|x|=+\sqrt{\xi_1^2+\xi_2^2+\cdots+\xi_n^2}.$$

3. 在空间 $C_2(a,b)$ 内向量 $x=x(t)$ 的长等于

$$|x|=\sqrt{(x,x)}=+\sqrt{\int_a^b x^2(t)dt}.$$

这个数值有时用 $\|x(t)\|$ 表示而称为函数 $x(t)$ 的模方 (为了避免“函数长”这个名词所引起的误解).

由公理 (d) 可以推知, 欧氏空间 R 内每一个向量都有长; 而每一个向量 $x \neq 0$ 的长是正的, 零向量的长等于零. 等式

$$|\alpha x| = \sqrt{(\alpha x, \alpha x)} = \sqrt{\alpha^2(x,x)} = |\alpha|\sqrt{(x,x)} = |\alpha||x| \tag{5}$$

表明数值因子的绝对值可以提到向量长的符号之外.

若向量 x 的长为 1, 就称为单位的. 任何一个非零向量都可以乘上一个数 λ 使它化为单位向量, 这样做法, 称为把向量归一化; 而这样所得的单位向量, 也称为归一向量. 事实上, 从方程 $|\lambda y| = 1$ 可以解得

$$|\lambda| = \frac{1}{|y|}.$$

若集合 $F \subset R$ 的所有向量 $x \in F$ 的长都不大于一个固定常数, 则称为有界的. 例如空间 R 的单位球体 (它是空间 R 内长度不超过 1 的一切向量的集合) 就是一个有界集合.

2. **向量间的角** 设已给向量 x, y, 我们称余弦等于比值

$$\frac{(x,y)}{|x||y|}$$

的角 (限于由 0° 到 180°) 为它们之间的角.

对于普通的向量 (在空间 V_3 内的), 我们的定义与平常用数积所表示的一致.

为了保证这个定义可用于一般的欧氏空间, 我们必须证明对于无论什么样的 x 及 y, 上面的比值的绝对值不会超过 1.

为了证明这个结论, 考虑向量 $\lambda x - y$, 其中 λ 为任意实数. 由公理 (d), 可见对于任何的 λ,

$$(\lambda x - y, \lambda x - y) \geqslant 0. \tag{6}$$

利用公式 (3), 可以把上面的不等式写成下面形状:

$$\lambda^2(x,x) - 2\lambda(x,y) + (y,y) \geqslant 0. \tag{7}$$

不等式的左端是 λ 的一个常系数二次三项式. 这个三项式不可能有不同的实根; 因为否则它就不能对于 λ 所有的值保持一定的符号. 可见这个三项式的判别式 $(x,y)^2 - (x,x)(y,y)$ 不可能是正的. 所以 $(x,y)^2 \leqslant (x,x)(y,y)$, 因而开方后可以得到

$$|(x,y)| \leqslant |x||y|, \tag{8}$$

证毕.

我们现在说明在什么时候不等式 (8) 可以取等号. 如果它取等号,

$$|(x,y)| = |x||y|,$$

则二次三项式 (7) 的判别式等于零, 因而三项式有一个实根 λ_0. 所以我们可以得到

$$\lambda_0^2(x,x) - 2\lambda_0(x,y) + (y,y) = (\lambda_0 x - y, \lambda_0 x - y) = 0,$$

因而由公理 (d), 可得 $\lambda_0 x - y = 0$ 或 $y = \lambda_0 x$. 采用几何术语, 我们的结论可以写成: 若两个向量的数积的绝对值等于它们的长的乘积, 则这两个向量共线.

不等式 (8) 称为柯西 – 布尼亚科夫斯基不等式.

例

1. 在空间 V_3 内, 柯西 – 布尼亚科夫斯基不等式, 显然可以从数积的定义推得; 根据定义, 两个向量的数积等于它们的长与它们间的角的余弦的乘积.

2. 在空间 T_n 内, 柯西 – 布尼亚科夫斯基不等式具有以下形状:

$$\left|\sum_{j=1}^{n}\xi_j\eta_j\right| \leqslant \sqrt{\sum_{j=1}^{n}\xi_j^2}\sqrt{\sum_{j=1}^{n}\eta_j^2}, \tag{9}$$

它对于任何一对向量 $x=(\xi_1,\xi_2,\cdots,\xi_n)$ 及 $y=(\eta_1,\eta_2,\cdots,\eta_n)$ 或者对于任何两组实数 $\xi_1,\xi_2,\cdots,\xi_n$ 及 $\eta_1,\eta_2,\cdots,\eta_n$ 都成立.

3. 在空间 $C_2(a,b)$ 内, 柯西 – 布尼亚科夫斯基不等式具有以下形状:

$$\left|\int_a^b x(t)y(t)dt\right| \leqslant \sqrt{\int_a^b x^2(t)dt}\sqrt{\int_a^b y^2(t)dt}. \tag{10}$$

习题

1. 求正四面体两对边之间的角.

提示 用 e_1,e_2,e_3 表示三个向量, 它们经过四面体的同一个顶点; 并分别沿着它的三个边, 求出表示其余各边的向量.

答 $90°$.

2. 在空间 $C_2(-1,1)$ 内, 求向量 $x_1(t)=1, x_2(t)=t, x_3(t)=1-t$ 所作成的三角形的角.

答 $90°, 60°, 30°$.

3. 正交性 若 $(x,y)=0$, 则向量 x 及 y 称为正交的. 若 $x\neq 0, y\neq 0$, 则由这个定义与两个向量间的角的一般定义 (见第 2 段), 可以知道 x 及 y 相交成 $90°$ 的角. 零向量被认为与任何向量 $x\in R$ 正交.

例

1. 在空间 T_n 内, 向量 $x=(\xi_1,\xi_2,\cdots,\xi_n)$ 与 $y=(\eta_1,\eta_2,\cdots,\eta_n)$ 的正交条件具有形状:

$$\xi_1\eta_1+\xi_2\eta_2+\cdots+\xi_n\eta_n=0.$$

例如向量 $e_1=(1,0,\cdots,0), e_2=(0,1,0,\cdots,0),\cdots,e_n=(0,0,\cdots,1)$ 两两正交.

2. 在空间 $C_2(a,b)$ 内, 向量 $x=x(t), y=y(t)$ 的正交条件具有形状:

$$\int_a^b x(t)y(t)dt=0.$$

通过对应的积分的计算, 读者容易验证在空间 $C_2(-\pi,\pi)$ 内, “三角系”

$$1, \cos t, \sin t, \cos 2t, \sin 2t, \cdots, \cos nt, \sin nt, \cdots$$

的任何两个向量互相正交.

我们在下面介绍一些关于正交性的概念和简单性质.

引理 1 互相正交的非零向量 $x_1, x_2, \cdots, x_k$ 是线性无关的.

证明 假设这些向量线性相关; 就有等式

$$C_1x_1 + C_2x_2 + \cdots + C_kx_k = 0,$$

其中例如 $C_1 \neq 0$. 作 x_1 与这个等式的数积; 由于 $x_1, x_2, \cdots, x_k$ 诸向量假定是互相正交的, 我们得到 $C_1(x_1, x_1) = 0$. 可见 $(x_1, x_1) = 0$, 所以 x_1 是一个零向量; 这与题设矛盾.

我们常把这个引理的结论按下面形式加以利用: 互相正交的向量之和若等于零, 则每一项等于零.

引理 2 若向量 $y_1, y_2, \cdots, y_k$ 都与向量 x 正交, 则任何线性组合 $\alpha_1y_1 + \alpha_2y_2 + \cdots + \alpha_ky_k$ 也与向量 x 正交.

证明

$$(\alpha_1y_1 + \cdots + \alpha_ky_k, x) = \alpha_1(y_1, x) + \cdots + \alpha_k(y_k, x) = 0,$$

所以向量 $\alpha_1y_1 + \cdots + \alpha_ky_k$ 与向量 x 正交. 证明完毕.

所有线性组合 $\alpha_1y_1 + \alpha_2y_2 + \cdots + \alpha_ky_k$ 的集合构成一个子空间 $L = L(y_1, y_2, \cdots, y_k)$, 即向量 $y_1, y_2, \cdots, y_k$ 的线性包 (§16). 所以向量 x 与子空间 L 的每一向量正交. 在这个情况下, 我们可以说: 向量 x 与子空间 L 正交. 一般的, 若 $F \subset R$ 是欧氏空间 R 内的任意向量集合, 而向量 x 与 F 的每一个向量正交, 我们可以说向量 x 与 F 正交.

与集合 F 正交的一切向量 x 所构成的集合 G, 根据引理 2, 也构成空间 R 的一个子空间. 常常遇到这样的一种情形, 即 F 也是子空间; 这时, 我们称 G 为子空间 F 的正交余空间.

4. **毕达哥拉斯定理 (毕氏定理) 及其推广** 设向量 x 及 y 正交; 这时, 可以仿照初等几何的说法, 把向量 $x + y$ 称为由向量 x 及 y 所作成的直角三角形的弦. 作 $x + y$ 与它自己的数积. 并且利用向量 x 及 y 的正交性, 得

$$\begin{aligned}|x + y|^2 &= (x + y, x + y) = (x, x) + 2(x, y) + (y, y) \\ &= (x, x) + (y, y) = |x|^2 + |y|^2,\end{aligned}$$

于是已经证明了一般欧氏空间内的毕氏定理: 弦的平方等于两腰的平方之和. 这个定理不难推广到任何多项的情形. 例如设向量 $x_1, x_2, \cdots, x_k$ 互相正交而 $z = x_1 + x_2 + \cdots + x_k$; 则

$$\begin{aligned}|z|^2 &= (x_1 + x_2 + \cdots + x_k, x_1 + x_2 + \cdots + x_k) \\ &= |x_1|^2 + |x_2|^2 + \cdots + |x_k|^2. \qquad (11)\end{aligned}$$

5. **三角不等式** 设 x 及 y 为任意两个向量, 仿照初等几何说法, 把向量 $x + y$ 称为由向量 x 及 y 所作成的三角形的第三边, 利用柯西 – 布尼亚科夫斯基不等式,

得

$$|x+y|^2=(x+y,x+y)=(x,x)+2(x,y)+(y,y)$$
$$\begin{cases}\leqslant |x|^2+2|x||y|+|y|^2=(|x|+|y|)^2\\ \geqslant |x|^2-2|x||y|+|y|^2=(|x|-|y|)^2\end{cases}$$

或者

$$|x+y|\leqslant |x|+|y|, \tag{12}$$

$$|x+y|\geqslant ||x|-|y||. \tag{13}$$

不等式 (12)—(13) 称为三角不等式. 在几何上, 它表明: *每一个三角形的任何一边之长不大于其他两边之长之和也不小于其他两边之差之绝对值.*

习题

写出空间 $C_2(a,b)$ 内的三角不等式.

我们已经可以进一步地把一系列的初等几何定理扩充到欧氏空间. 但目前, 我们只限于讲已经证明的那些事实. 在以后 (§52), 我们将证明一个一般性的定理, 从这个定理可以断定所有初等几何的定理在欧氏空间内的正确性.

§51. n 维欧氏空间中的正交基底

1. **定理 28** *在 n 维欧氏空间 R 中, 必有由 n 个非零的互相正交的向量所构成的基底存在.*

证明 在 n 维空间中, 对于线性型 (x,y) 如同对于每一个对称双线性型那样, 必有典型基底 $y_1,y_2,\cdots,y_n$ 存在 (§44). 典型基底的条件包括: 当 $i\neq k$ 时, $(y_i,y_k)=0$. 在现在情形下, 这就是向量 y_i 与 y_k 正交的条件. 所以, 在所给情形里, 一个典型基底 $y_1,y_2,\cdots,y_n$ 是由 n 个互相正交的向量所构成. 于是定理已经证明.

在下面的各章中, 我们再研究作出正交基底的实际方法.

为了以后的便利, 我们把向量 $y_1,y_2,\cdots,y_n$ 分别除以它们自己的长而使之归一化. 这样, 我们可以在空间 R 中得到*正交归一基底*.

2. 设 $e_1,e_2,\cdots,e_n$ 为 n 维欧氏空间 R 内的任意正交归一基底. 每一个向量 $x\in R$ 可以写成下面形状:

$$x=\xi_1e_1+\xi_2e_2+\cdots+\xi_ne_n, \tag{14}$$

其中 $\xi_1,\xi_2,\cdots,\xi_n$ 为向量 x 的坐标. 我们也可以称这些坐标为向量 x 对于正交归一系 $e_1,e_2,\cdots,e_n$ 的*傅里叶系数*[①]. 作 e_i 与等式 (14) 的数积, 我们可以求得表示系数 ξ_i 的以下公式

$$\xi_i=(x,e_i)\quad (i=1,2,\cdots,n). \tag{15}$$

设 $y=\eta_1e_1+\eta_2e_2+\cdots+\eta_ne_n$ 为空间 R 内任何其他向量, 则按公式 (3), 可得:

$$(x,y)=\xi_1\eta_1+\xi_2\eta_2+\cdots+\xi_n\eta_n, \tag{16}$$

[①] 关于这个名词的来源, 可参考 §87.

于是, 在正交归一基底内, 两个向量的数积等于它们对应坐标—— 傅里叶系数 ——乘积之和.

特别的, 令 $y=x$, 可得:

$$|x|^2=(x,x)=\xi_1^2+\xi_2^2+\cdots+\xi_n^2. \tag{17}$$

习题

在空间 T_n 内, 确定直线 $\xi_1=\xi_2=\cdots=\xi_n$ 与坐标轴交角的余弦.

答 $\cos\varphi=\frac{1}{\sqrt{n}}$.

§52. 欧氏空间的同构

由 §51 所得的结果, 可以看到, 任意的抽象的 n 维欧氏空间 R, 按其度量性质而论, 与具体的欧氏空间 T_n (§49) 并无区别. 为了严格证实这个论断, 我们给出下面定义:

已给两个欧氏空间 R' 及 R'', 若在它们的元素之间可以建立具有下列性质的一一对应关系, 则它们称为同构:

1. 如果空间 R' 的向量 x' 及 y' 对应于空间 R'' 中的向量 x'' 及 y'', 则向量 $x'+y'\in R'$ 对应于向量 $x''+y''\in R''$, 而对于任何实数 α, 向量 $\alpha x'\in R'$ 对应于向量 $\alpha x''\in R''$.

2. 在同样假设下, 数值 (x',y') 等于数值 (x'',y'').

于是有下面的同构定理:

定理 29 *具有相同维数 n 的任意两个有限维欧氏空间 R' 及 R'' 是同构的.*

证明 在空间 R' 内取任意正交归一基底 $e_1',e_2',\cdots,e_n'$, 又在空间 R'' 内取同样性质的基底 $e_1'',e_2'',\cdots,e_n''$. 对于每一个向量 $x'=\xi_1e_1'+\xi_2e_2'+\cdots+\xi_ne_n'\in R'$, 令 $x''=\xi_1e_1''+\xi_2e_2''+\cdots+\xi_ne_n''\in R''$ 与之对应. 显然, 这种对应是一对一的. 我们还需证明它们满足同构条件.

满足同构的第一个条件的证明, 可以用仿射空间 (§18) 中类似定理的证明的方法, 即利用坐标来表示线性运算的结果.

要证明同构的第二个条件满足, 只要注意, 在两个空间内, 数积是按同一个公式 (16) 用坐标表示的.

定理 29 即已完全证明.

特别的, 三维空间 V_3 及 T_3 同构; 空间 V_3 还与任何欧氏空间 R[①] 的三维子空间同构. 从这里, 可以证实已经指出的一个事实, 即初等几何中的每一个度量定理 (也就是有关空间 V_3 的定理, 或者有关它的二维子空间 V_2 的定理), 在每一个欧氏空间 R 内自然都成立. 特别的, §50 内所证明的柯西 – 布尼亚科夫斯基不等式及毕氏定理, 仅仅根据所证明的同构定理, 即可从它们在初等几何中的正确性直接推出.

① 显然地, 欧氏空间的任意子空间, 仍是欧氏空间 (其数积即原来空间的数积).

§53. 线性算子的模方

在本章最后三节内, 我们将要讨论施于欧氏空间内的线性算子.

空间 R 内度量的存在, 使我们可以给予每一个线性算子 A 一个非负数 $\|\mathrm{A}\|$, 称为算子 A 的模方. 取数量函数 $F(x)=|\mathrm{A}x|$. 它对于向量 $x\in R$ 是有定义的. 这个函数对于单位向量 x 的上确界 (如果它存在) 称为算子 A 的模方:

$$\|\mathrm{A}\|=\sup_{|x|=1}|\mathrm{A}x|. \tag{18}$$

达到上确界 (18) 的每个向量 x_0, 称为算子 A 的*最大向量*. 我们要证明, 在 n 维欧氏空间内, 对于每一个线性算子 A, 数值 $\|\mathrm{A}\|$ 存在①. 事实上, 向量 $\mathrm{A}x$ 的长, 显然是这个向量的坐标 $\eta_1,\eta_2,\cdots,\eta_n$ 的连续函数; 而这些坐标每一个又是向量 x 的坐标 $\xi_1,\xi_2,\cdots,\xi_n$ 的线性函数. 其结果 $|\mathrm{A}x|$ 就是向量 x 的坐标 $\xi_1,\xi_2,\cdots,\xi_n$ 的连续函数. 因为球面 $|x|=1$ 在 n 维空间内是有界的闭集. 按照波尔查诺定理, 连续函数 $|\mathrm{A}x|$ 在这个球面上是有界的. 因为每一个有界集具有上确界, 数值 $\|\mathrm{A}\|$ 存在. 其次, 按照波尔查诺另一定理, 在球面 $|x|=1$ 上, 有点 x_0 存在, 使函数 $|\mathrm{A}x|$ 在这个点上达到它的上确界 $\|\mathrm{A}\|$; 对应于 $\|\mathrm{A}\|$ 的向量 x_0 就是算子 A 的最大向量.

例

1. 零算子的模方显然等于零. 倒过来说, 若 $\|\mathrm{A}\|=0$, 这就是说, 对每一个归一向量 x_0, 施以算子 A 后它变为零; 但是因为每一个向量 x 都与某一个归一向量 x_0 共线, 故对于任何 $x,\mathrm{A}x=0$. 所以, 若 $\|\mathrm{A}\|=0$, 则 $\mathrm{A}=0$.

2. 恒等算子 E 的模方等于 1, 因为对于任何向量 $x,|\mathrm{E}x|=|x|$.

3. 设在 n 维欧氏空间内用关系式

$$\mathrm{A}e_i=\lambda_ie_i\quad(i=1,2,3,\cdots,n),$$

规定对角算子 A, 其中 $e_1,e_2,\cdots,e_n$ 为正交归一基底. 我们要证明, 算子 A 的模方等于数值 $|\lambda_i|$ $(i=1,2,\cdots,n)$ 中的最大值. 为确定计, 设这个最大数为 $|\lambda_1|$; 于是, 对于任何归一向量 $x=\sum_{i=1}^n\xi_ie_i$, 我们有

$$\begin{aligned}|\mathrm{A}x|^2=(\mathrm{A}x,\mathrm{A}x)&=\left(\mathrm{A}\sum_i\xi_ie_i,\mathrm{A}\sum_i\xi_ie_i\right)\\&=\sum\lambda_i^2\xi_i^2\leqslant\lambda_1^2\sum\xi_i^2=\lambda_1^2.\end{aligned}$$

因此, 当 $|x|=1$ 时, $|\mathrm{A}x|\leqslant|\lambda_1|$; 但是, 另一方面, 令 $x=e_1$ 可得 $|\mathrm{A}x|=|\mathrm{A}e_1|=|\lambda_1e_1|=|\lambda_1|$; 所以有

$$\sup_{|x|=1}|\mathrm{A}x|=|\lambda_1|,$$

即所要证明的事实. 我们同时证明了向量 e_1 是算子 A 的最大向量.

4. 在正交归一基底 $e_1,e_2,\cdots,e_n$ 里具有矩阵 $A=[a_i^{(j)}]$ 的每一个线性算子 A

① 在无穷维空间里, 可能有这种情形: $\|\mathrm{A}\|=\infty$.

的模方满足不等式

$$\max_j \sum_{i=1}^n (a_i^{(j)})^2 \leqslant \|A\|^2 \leqslant \sum_{i=1}^n \sum_{j=1}^n (a_i^{(j)})^2. \tag{19}$$

事实上, 按算子模方的定义, 对于任意的 $j=1,2,\cdots,n$, 我们有

$$|Ae_j| \leqslant \|A\|.$$

但是因为

$$Ae_j = \sum_{i=1}^n a_i^{(j)} e_i, \quad |Ae_j|^2 = \sum_{i=1}^n (a_i^{(j)})^2,$$

所以对于任意的 $j=1,2,\cdots,n$, 我们得

$$\sum_{i=1}^n (a_i^{(j)})^2 \leqslant \|A\|^2,$$

这就是不等式的左边部分. 又若 $x_0 = \sum_{j=1}^n \xi_j e_j$ 为最大向量, 则按柯西 – 布尼亚科夫斯基不等式

$$\begin{aligned}\|A\|^2 = |Ax_0|^2 &= \left|\sum_{j=1}^n \xi_j A e_j\right|^2 \leqslant \left\{\sum_{j=1}^n |\xi_j||Ae_j|\right\}^2 \\ &\leqslant \sum_{j=1}^n |\xi_j|^2 \sum_{j=1}^n |Ae_j|^2 = \sum_{j=1}^n |Ae_j|^2 = \sum_{j=1}^n \left|\sum_{i=1}^n a_i^{(j)} e_i\right|^2 \\ &= \sum_{j=1}^n \sum_{i=1}^n (a_i^{(j)})^2,\end{aligned}$$

这就是不等式 (19) 的右边部分.

习题

确定使不等式 (19) 变为等式的条件.

答　不等式 (19) 第一部分变为等式是表示: 基向量之一为最大向量; 不等式 (19) 第二部分变为等式是表示: 所有向量 Ae_j $(j=1,2,\cdots,n)$ 都共线.

我们要证明: 对于任何向量 $x \in R$ 及任何具有有限模方 $\|A\|$ 的线性算子 A, 下列不等式成立:

$$|Ax| \leqslant \|A\||x|. \tag{20}$$

事实上, 按算子 A 的模方的定义, 不等式 (20) 对于任何的单位向量是成立的. 设 x 为任意的异于零的向量 (对于零向量, 不等式 (20) 显然成立), 则 $\frac{x}{|x|}$ 为单位向量, 所以

$$\left|A\frac{x}{|x|}\right| \leqslant \|A\|. \tag{20*}$$

但是, A 既是一个线性算子, 我们有

$$\left|A\frac{x}{|x|}\right| = \frac{1}{|x|}|Ax|;$$

现在更以 $|x|$ 去乘上面的不等式 (20*), 即得到所要证的不等式 (20).

习题

对于任何两个算子 A 及 B, 验证不等式 $\|A+B\| \leqslant \|A\|+\|B\|$ 及 $\|AB\| \leqslant \|A\|\|B\|$.

§54. 正交矩阵及等距算子

1. 在第五章中, 我们曾经研究过在 n 维线性空间内, 从一个基底到另一个基底的变换规律. 在欧氏空间内, 最重要情形是从一个正交归一基底 $\{e\}=\{e_1,e_2,\cdots,e_n\}$ 变换到另一个正交归一基底 $\{f\}=\{f_1,f_2,\cdots,f_n\}$. 我们要找出对应的变换公式是什么形状. 把基底 $\{f\}$ 的向量写成对于基底 $\{e\}$ 的分解式, 得

$$\begin{aligned} f_1 &= q_1^{(1)}e_1+q_2^{(1)}e_2+\cdots+q_n^{(1)}e_n,\\ f_2 &= q_1^{(2)}e_1+q_2^{(2)}e_2+\cdots+q_n^{(2)}e_n,\\ &\cdots\cdots\cdots\cdots\cdots\cdots\cdots\cdots\\ f_n &= q_1^{(n)}e_1+q_2^{(n)}e_2+\cdots+q_n^{(n)}e_n, \end{aligned} \tag{21}$$

其矩阵 $Q=[q_i^{(j)}]$. 因为向量 $\{f\}$ 是正交归一的, 按公式 (16), 得

$$(f_i,f_j)=\sum_{k=1}^{n}q_k^{(i)}q_k^{(j)}=\begin{cases}0, & 当\ i\neq j\ 时,\\ 1, & 当\ i=j=1,2,\cdots,n\ 时.\end{cases} \tag{22}$$

每一个具有性质 (22) 的矩阵 $Q=[q_k^{(i)}]$ 称为*正交矩阵*. 设已给一个任意正交矩阵 $Q=[q_k^{(i)}]$, 则由向量 $\{e\}$[①] 按等式 (21) 所确定的向量 $\{f\}$ 是正交归一的; 所以, *每一个正交矩阵是从一个正交归一基底到另一个正交归一基底的变换的矩阵*.

特别的, *正交矩阵 Q 总是满秩的*: $\det Q\neq 0$.

正交矩阵 Q 的元素 $q_i^{(j)}$ 具有这样的明显的几何意义: 在 §51 公式 (15) 中, 令 $x=f_j$, 即得等式

$$q_i^{(j)}=(f_j,e_i)=\cos(\widehat{f_j,e_i}).$$

所以数值 $q_i^{(j)}$ 乃是新旧基向量间的角的余弦.

2. 我们来研究对应于公式 (21) 的线性算子 Q; 它把每一个向量 e_i 变换为对应的向量 f_i[②], 算子 Q 具有一个重要性质, 即它使**度量不变**: 换言之, 向量 Qx 及 Qy 的数积与向量 x 及 y 的数积恒相等.

事实上, 设 $x=\sum\xi_ie_i, y=\sum\eta_je_j$, 则

$$\begin{aligned}(Qx,Qy)&=\sum_{i,j}\xi_i\eta_j(Qe_i,Qe_j)=\sum_{i,j}\xi_i\eta_j(f_i,f_j)\\ &=\sum_i\xi_i\eta_i=(x,y);\end{aligned}$$

因为 (f_i,f_j) 只在 $i=j$ 时不等于零, 而且在 $i=j$ 时, 它等于 1.

---

①假定 $\{e\}$ 构成正交归一基底 —— 译者.

②应该这样理解: 方程 (21) 确定一组 n 个互相正交的归一向量 $\{e_i\}$ 和另一组具有相同性质的向量 $\{f_i\}$ 的关系, 而 Q 则是把每一个向量 e_i 变为对应向量 f_i 的线性算子 —— 译者.

每一个线性算子 Q, 若不改变空间的度量, 也就是: 若对于空间内任何一对向量 x 及 y, 它满足条件

$$(\mathrm{Q}x, \mathrm{Q}y) = (x, y),$$

即称为等距算子. 于是已经证明了: 若一个算子把一个 n 维欧氏空间的一个正交归一基底变成另外一个正交归一基底, 它就是**等距的**. 显然地, 倒过来也对: 每一个等距算子把任何一个正交归一基底变为另一个正交归一基底.

习题

某一线性算子 Q 保留每一向量的长, 证明它是等距的.

提示 三角形的角由它的边唯一地确定. 另一种方法: 对称的双线性型 $(\mathrm{Q}x, \mathrm{Q}y)$ 可从二次型 $(\mathrm{Q}x, \mathrm{Q}x)$ 唯一地确定.

3. 现在我们来构造一个已给正交矩阵 Q 的逆矩阵.

从方程组 (21) 中解出向量 $e_1, e_2, \cdots, e_n$, 得

$$\begin{aligned} e_1 &= p_1^{(1)} f_1 + p_2^{(1)} f_2 + \cdots + p_n^{(1)} f_n, \\ e_2 &= p_1^{(2)} f_1 + p_2^{(2)} f_2 + \cdots + p_n^{(2)} f_n, \\ &\cdots\cdots\cdots\cdots\cdots\cdots\cdots\cdots \\ e_n &= p_1^{(n)} f_1 + p_2^{(n)} f_2 + \cdots + p_n^{(n)} f_n. \end{aligned}$$

因为从这个公式, 我们仍得到由一个正交归一基底到另一个正交归一基底的变换; 所以数值 $p_i^{(j)}$ 也必须满足数值 $q_i^{(j)}$ 所应满足的关系式 (22); 因此, *逆变换的矩阵也是正交的*. 此外, 依公式 (15)

$$q_i^{(j)} = (f_j, e_i), \tag{23}$$

$$p_i^{(j)} = (e_j, f_i), \tag{24}$$

所以 $p_i^{(j)} = q_j^{(i)}$; *因而正交矩阵的逆矩阵, 也是它的转置矩阵*. 这个事实也可以直接从公式 (22) 求得, 因而公式 (22) 如果用矩阵表示, 就可以写成下面形状:

$$QQ' = E, \tag{25}$$

所以

$$Q' = Q^{-1}.$$

从公式 (25), 特别地可以得出

$$\det Q \cdot \det Q' = \det{}^2 Q = 1. \tag{26}$$

由此可见, *正交矩阵的行列式之值只能是* ± 1.

4. 最后, 我们要写出由一个正交归一基底 $\{e\}$ 变换到另一个正交归一基底 $\{f\}$ 时, 向量 x 的坐标变换公式. 设 $\xi_1, \xi_2, \cdots, \xi_n$ 为向量 x 对于基底 $\{e\}$ 的坐标, 而 $\eta_1, \eta_2, \cdots, \eta_n$ 是它对于基底 $\{f\}$ 的坐标. 按 §35, 从坐标 $\{\xi\}$ 到坐标 $\{\eta\}$ 的变换矩阵就是矩阵 $(A^{-1})'$, 其中 A 为从基底 $\{e\}$ 到基底 $\{f\}$ 的变换矩阵. 因为在这种情形下, 变换矩阵是正交矩阵 Q, 因而 $Q^{-1} = Q'$; 于是 $(Q^{-1})' = Q$. 所以从坐标 $\{\xi\}$ 到坐标 $\{\eta\}$ 的变换公式也可以利用把基底 $\{e\}$ 变换到基底 $\{f\}$ 的公式 (21) 的同一个矩阵

Q 写出来:

$$\left.\begin{array}{l}\eta_1 = q_1^{(1)}\xi_1 + q_2^{(1)}\xi_2 + \cdots + q_n^{(1)}\xi_n,\\ \eta_2 = q_1^{(2)}\xi_1 + q_2^{(2)}\xi_2 + \cdots + q_n^{(2)}\xi_n,\\ \cdots\cdots\cdots\cdots\cdots\cdots\cdots\cdots\cdots\cdots\\ \eta_n = q_1^{(n)}\xi_1 + q_2^{(n)}\xi_2 + \cdots + q_n^{(n)}\xi_n,\end{array}\right\} \tag{27}$$

在欧氏空间内的这样的变换称为等距变换.

因为 $Q^{-1} = Q'$, 逆变换的公式可以借助于转置矩阵得到:

$$\left.\begin{array}{l}\xi_1 = q_1^{(1)}\eta_1 + q_1^{(2)}\eta_2 + \cdots + q_1^{(n)}\eta_n,\\ \xi_2 = q_2^{(1)}\eta_1 + q_2^{(2)}\eta_2 + \cdots + q_2^{(n)}\eta_n,\\ \cdots\cdots\cdots\cdots\cdots\cdots\cdots\cdots\cdots\cdots\\ \xi_n = q_n^{(1)}\eta_1 + q_n^{(2)}\eta_2 + \cdots + q_n^{(n)}\eta_n.\end{array}\right\} \tag{28}$$

习题

1. 证明: 正交矩阵 A 的每一个元素 a_{ik} 的余因子为 $A_{ik} = a_{ik}\det A$.

2. 证明两个正交矩阵之积仍为正交矩阵.

3. 证明: 在 $n = 2$ 时, 行列式等于 $+1$ 的每一个正交矩阵的形状是:

$$\begin{bmatrix} \cos\varphi, & \sin\varphi \\ -\sin\varphi, & \cos\varphi \end{bmatrix},$$

也就是旋转矩阵.

4. 在 n 维欧氏空间内, 满足下面条件的线性算子 K_i (它依赖于参变量 $t, t_0 \leqslant t \leqslant t_1$) 称为一个旋转:

1) $\mathrm{K}_{t_0} = E$ (恒等算子);

2) 对于任何的 x, K_t 连续地依赖于 t, 换言之, 在 $\Delta t \to 0$ 时, 对于任何的 $x \in \mathbb{R}, |\mathrm{K}_{t+\Delta t}x - \mathrm{K}_t x| \to 0$;

3) 对于任何的 x 及 y 与固定的 t $(t_0 \leqslant t \leqslant t_1)$,

$$(\mathrm{K}_t x, \mathrm{K}_t y) = (x, y).$$

算子 $\mathrm{K} = \mathrm{K}_t$, 称为旋转 K_t 的终结.

证明 $\det K = +1$.

提示 $\det K_t$ 是 t 的连续函数.

5. (续第 4 题) 设 Q 是旋转 K_t 的终结 $(t_0 \leqslant t \leqslant t_1)$, 而 S 为旋转 K_s $(s_0 \leqslant s \leqslant s_1)$ 的终结, 则 SQ 仍是某一个旋转的终结.

6. (继续第 4, 5 题) 设 $R' \subset R$ 为维数不超过 $n-2$ 的子空间, 而 x, y 是与 R' 正交的单位向量. 构造一个使 x 变为 y 而使 R' 不变的旋转.

提示 构造正交归一基底 $e_1, e_2, \cdots, e_n$, 使: 1) $e_1 = x$, 2) e_2 在向量 x 及 y 所决定的平面

上. 于是可取下面矩阵所对应的算子 K_t:

$$\mathrm{K}_t = \begin{bmatrix} \cos t, & \sin t & & & \\ -\sin t, & \cos t & & & \\ & & 1 & & \\ & & & \ddots & \\ & & & & 1 \end{bmatrix}.$$

7. (续第 4—6 题) 证明行列式等于 1 的每一个等距算子 Q 是某一旋转的终结.

提示 令 $e_1, e_2, \cdots, e_n$ 为一个正交归一基底而 $f_i = \mathrm{Q}e_i$ $(i = 1, 2, \cdots, n)$. 取下面的旋转: 1) $e_1 \to f_1$; 此时 e_2 变成某一向量 $e_2^{(2)}$; 2) f_1 不动而 $e_2^{(2)} \to f_2$; 此时 e_3 变成某一向量 $e_3^{(2)}$; 3) f_1 及 f_2 不动而 $e_3^{(2)} \to f_3$; 余类推. 然后利用习题 5.

8. (续第 4—7 题) 证明行列式等于 -1 的每一个等距算子 Q, 是一个旋转算子与对于一个 $n-1$ 维超平面的反射算子的乘积.

9. 证明: 在一个正交矩阵内, 所有位于 k 个固定的行上的 k 阶子式的平方和等于 1. 而一组 k 行的所有 k 阶子式与另一组 k 行的对应的子式的乘积之和等于零.

提示 利用 §29, 第 5 段的习题 4.

10. 若算子 A 使任意两个向量 x, y 的正交性保持不变 [即由 $(x, y) = 0$, 得 $(\mathrm{A}x, \mathrm{A}y) = 0$], 则称之为保角算子. 每一个等距算子是保角的. 此外, 相似算子 (即对于任何的 $x, \Delta x = \lambda x$) 也是保角的, 而且相似算子和等距算子之积也是保角的. 证明: 每一个保角算子是一个相似算子和一个等距算子之积.

提示 所给保角算子 C 把正交归一基底 $e_1, e_2, \cdots, e_n$ 变为正交基底 $f_1' = \alpha_1 f_1, f_2' = \alpha_2 f_2, \cdots, f_n' = \alpha_n f_n$, 其中 $f_1, f_2, \cdots, f_n$ 是归一的. 令 Q 是把向量 $f_1, f_2, \cdots, f_n$ 变为 e_1, $e_2, \cdots, e_n$ 的算子, 则保角算子 QC 的矩阵是对角的. 证明若有条件 $\alpha_i \neq \alpha_j$, 则我们就可以找到一对正交的向量, 使它们被算子 QC 变为不正交的.

§55. 线性算子与双线性型的关系. 共轭算子

1. 设 A 为作用于欧氏空间 R 内的线性算子. 对于空间 R 内的任何两个向量 x 及 y, 我们可以作出数值 $\mathrm{A}(x, y) = (x, \mathrm{A}y)$. 容易验证, 一对向量 x 及 y 的这种数值函数是双线性型. 事实上, 根据线性算子的定义 (§26) 及数积的定义 (§49), 有下列等式:

$$\begin{aligned} \mathrm{A}(x_1 + x_2, y) &= (x_1 + x_2, \mathrm{A}y) = (x_1, \mathrm{A}y) + (x_2, \mathrm{A}y) \\ &= \mathrm{A}(x_1, y) + \mathrm{A}(x_2, y); \\ \mathrm{A}(\alpha x, y) &= (\alpha x, \mathrm{A}y) = \alpha(x, \mathrm{A}y) = \alpha \mathrm{A}(x, y); \\ \mathrm{A}(x, y_1 + y_2) &= (x, \mathrm{A}(y_1 + y_2)) = (x, \mathrm{A}y_1 + \mathrm{A}y_2) \\ &= (x, \mathrm{A}y_1) + (x, \mathrm{A}y_2) = \mathrm{A}(x, y_1) + \mathrm{A}(x, y_2); \\ \mathrm{A}(x, \alpha y) &= (x, \mathrm{A}(\alpha y)) = (x, \alpha \mathrm{A}y) = \alpha(x, \mathrm{A}y) = \alpha \mathrm{A}(x, y), \end{aligned}$$

这些等式合在一起证明了 $\mathrm{A}(x,y)$ 是双线性型.

现在设 R 为一个 n 维欧氏空间而令 $A=[a_i^{(j)}]$ 为算子 A 对于某一个正交归一基底 $\{e\}=\{e_1,e_2,\cdots,e_n\}$ 的矩阵. 对于同一个基底, 我们构造双线性型 $\mathrm{A}(x,y)$ 的矩阵. 这个矩阵的元素 a_{ij} 按照 §40 第 2 段可以由下面公式确定:

$$a_{ij}=\mathrm{A}(e_i,e_j)=(e_i,\mathrm{A}e_j).$$

但是按照 §27

$$\mathrm{A}e_j=\sum_{k=1}^{n}a_k^{(j)}e_k,$$

所以

$$a_{ij}=\left(e_i,\sum_{k=1}^{n}a_k^{(j)}e_k\right)=a_i^{(j)}.$$

因而算子 A 的在基底 $\{e\}$ 内的矩阵与型 $(x,\mathrm{A}y)$ 在这个基底内的矩阵相同.

倒过来说, 设在 n 维欧氏空间 R 内, 已给双线性型 $\mathrm{A}(x,y)$. 我们可以验证有一个线性算子 A 存在, 对于 R 中无论哪两个向量 x 及 y, 它满足等式

$$\mathrm{A}(x,y)=(x,\mathrm{A}y).$$

为了证明这一点, 我们在空间 R 内选择一个正交归一基底 $e_1,e_2,\cdots,e_n$, 并且构造一个线性算子 A, 使它对于这个基底的矩阵与双线性型 $\mathrm{A}(x,y)$ 对于同一基底的矩阵相同, 然后构造双线性型 $(x,\mathrm{A}y)$; 按上面所证的结果, 它对于基底 $\{e\}$ 的矩阵与算子 A 的矩阵相同, 因而也就与型 $\mathrm{A}(x,y)$ 的矩阵相同. 所以对于任何 x 及 y, 这两个型的值相等:

$$\mathrm{A}(x,y)\equiv(x,\mathrm{A}y),$$

证毕.

我们只是对于**有限维**的欧氏空间叙述了而且证明了这个结论. 这不是偶然的, 因为在无穷维欧氏空间内, 一般地说, 它并不成立.

在 n 维仿射空间内, 也不能在这种基础上把双线性型与线性算子对应, 这个基础就是它们对于某一个基底具有相同的矩阵 A. 事实上, 若经过以 C 为变换矩阵的变换基底, 则双线性型的矩阵变为 $C'AC$ (§40 第 4 段), 而线性算子的矩阵则变为 $C^{-1}AC$ (§38); 因而, 一般地说, 这两个结果是不同的. 而在欧氏空间内, 从一个正交归一基底变到另一个正交归一基底是利用正交变换矩阵 C 来实现的; 对于正交矩阵, $C=C^{-1}$ (§54), 所以双线性型的矩阵及算子的矩阵变换的结果是相同的.

2. 在 n 维欧氏空间 R 中, 对于给定了的双线性型 $\mathrm{A}(x,y)$ 还可以使它联系着一个线性算子 A^*, 它由下面条件来确定,

$$\mathrm{A}(x,y)=(\mathrm{A}^*x,y), \tag{29}$$

其中 x,y 为 R 内的任何一对向量. 我们要证明, 满足这个条件的算子 A^* 是存在的. 设 $e_1,e_2,\cdots,e_n$ 为空间 R 内的某一正交归一基底.

令 $\mathrm{A}^* e_i = \sum a_j^{*(i)} e_j$, 其中 $a_j^{*(i)}$ 是待定的数值. 在 (29) 式内, 取 $x = e_i, y = e_j$, 有

$$\mathrm{A}(e_i, e_j) = a_{ij} = (\mathrm{A}^* e_i, e_j) = a_j^{*(i)}.$$

这样就唯一地确定了数值 $a_j^{*(i)}$. 对于基底 $e_1, e_2, \cdots, e_n$ 具有矩阵 $[a_j^{*(i)}]$ 的算子 A^* 当 $x = e_i, y = e_j$ 时满足等式 (29); 但是, 两个双线性型在用基向量代入时既然相等, 则它们恒等, 即等式 (29) 对于每一对 x, y 成立.

矩阵 $[a_j^{*(i)}]$ 显然是型 $\mathrm{A}(x, y)$ 的转置矩阵.

我们也可以不从型 $\mathrm{A}(x, y)$ 开始, 而从算子 A 开始. 在这个情形下, 我们有下面的结果.

定理 30 *每一个施于 n 维欧氏空间 R 内的线性算子 A, 可以单值地对应着施于同一空间内的一个算子 A^*, 对于任何向量 x 及 y, A^* 满足关系*

$$(\mathrm{A}^* x, y) = (x, \mathrm{A} y).$$

对于空间 R 内的任何正交归一基底, 算子 A^* 的矩阵是算子 A 的矩阵的转置矩阵.

A^* 称为算子 A 的共轭算子.

特殊地, 若 $\mathrm{A}^* = \mathrm{A}$, 则算子 A 称为*自共轭*. 换言之, 若算子 A 所对应的双线性型 $(x, \mathrm{A}y)$ 是对称的:

$$(\mathrm{A}x, y) = (x, \mathrm{A}y), \tag{30}$$

则算子 A 自共轭. 对于任意两个向量 x 及 y, 总满足等式 (30) 的算子 A, 于是也称为*对称算子*.

在无穷维空间内, 虽然没有构造共轭算子的方法, 仍可以用等式 (30) 来规定无穷维空间内的自共轭算子的定义.

根据定理 30, 在任何正交归一基底内, 对称算子的矩阵与它的转置矩阵相同, 换言之, 对称算子的矩阵是对称矩阵. 倒过来说, 若对于某一个正交归一基底, 一个算子 A 具有对称矩阵, 它就是对称算子.

习题

1. 证明公式

$$\begin{aligned}
&(\mathrm{A}^*)^* = \mathrm{A},\\
&(\mathrm{A} + \mathrm{B})^* = \mathrm{A}^* + \mathrm{B}^*,\\
&(\lambda \mathrm{A}^*) = \lambda \mathrm{A}^*\\
&(\mathrm{AB})^* = \mathrm{B}^* \mathrm{A}^*.
\end{aligned}$$

2. 在 n 维仿射空间 R 内, 已给两个算子 A 及 B 对于某一个基底, 若它们的矩阵互为转置. 问是否对于任何其他底也有此性质?

答 否.

3. 求下列各种算子的共轭算子:

a) 在 n 维空间内的算子 A, 它把一个正交归一基底的每一向量 e_i 变为 $\lambda_i e_i$, 其中 λ_i 为某些数值 $(i=1,2,\cdots,n)$.

b) 等距算子 Q.

答 $\mathrm{A}^*=\mathrm{A}, \mathrm{Q}^*=\mathrm{Q}^{-1}$.

4. 证明: 无论 A 是什么算子, 算子 $\mathrm{A}_1=\mathrm{A}^*\mathrm{A}, \mathrm{A}_2=\mathrm{A}\mathrm{A}^*, \mathrm{A}_3=\mathrm{A}+\mathrm{A}^*$ 自共轭. 设 $\mathrm{A}\neq\mathrm{A}^*$, 问算子 $\mathrm{A}_4=\mathrm{A}-\mathrm{A}^*$ 是否自共轭?

答 否, 因为 $\mathrm{A}_4^*=-\mathrm{A}_4$.

5. 数值

$$[\mathrm{A}]=\sup_{|x|\leqslant 1,|y|\leqslant 1}|\mathrm{A}(x,y)|$$

称为双线性型 $\mathrm{A}(x,y)$ 的模方. 证明若算子 A 对应于双线性型 $\mathrm{A}(x,y)$, 则 $\|\mathrm{A}\|=[\mathrm{A}]$.

6. 试证算子 A 及 A^* 具有相同的模方.

7. 试证若 x_0 为算子 A 的最大向量, 则 $\frac{1}{\|\mathrm{A}\|}\mathrm{A}x_0$ 为算子 A^* 的最大向量.

8. 若 $N(\mathrm{A})$ 和 $T(\mathrm{A})$ 为算子 A 的化零流形和值域, 则这些子空间的正交余空间分别是算子 A^* 的值域及化零流形.

9. 设 $\mathfrak{R}'$ 为欧氏空间 R 里一切线性算子所构成的代数 $\mathfrak{R}$ 的一个左理想子环 (参考 §34). 证明与 $\mathfrak{R}'$ 的算子共轭的一切算子构成的全部 $\mathfrak{R}''$ 是这个代数的一个右理想子环.

10. 在线性空间 R 内引进度量, 然后由定理 25 的第一部分推证第二部分.

提示 利用习题 8 和 9 的结果.

第八章

正交化与体积的测度

我们在前一章已经看到, 在 n 维欧氏空间里, 正交坐标系 (即由正交归一基底所确定的坐标系) 对于解决度量方面的问题是非常便利的.

本章要叙述在欧氏空间里实际构造正交向量系的方法, 以及由于构造了正交向量系而发现的、空间的新的几何性质.

§56. 垂线的问题

1. 在欧氏空间 R 内, 取一个子空间 R' 与向量 f, 一般说来, f 不含于子空间 R' 内. 我们要提出的问题是: 求分解式

$$f = g + h, \tag{1}$$

其中向量 g 属于子空间 R', 而向量 h 与这个子空间正交. 在分解式 (1) 中的向量 g 称为向量 f 在子空间 R' 上的投影. 而向量 h 则称为自向量 f 的终点投射到子空间 R' 的垂直向量. 这种名称是由我们所习惯的几何联想而来的①.

今设子空间 R' 是有限维的, 我们可以实际地确立分解式 (1). 例如设子空间是 k 维的, 在 R' 内, 我们选取一个正交归一基底 $e_1, e_2, \cdots, e_k$, 并要找出具有

$$g = \alpha_1 e_1 + \alpha_2 e_2 + \cdots + \alpha_k e_k, \tag{2}$$

这种形状的向量 g, 其中 $\alpha_1, \alpha_2, \cdots, \alpha_k$ 诸数是待定的. 向量 $h = f - g$ 必须与子空间 R' 正交; 而这正交的充要条件为

$$(h, e_i) = (f - g, e_i) = 0 \quad (i = 1, 2, \cdots, k). \tag{3}$$

---

①这名称的用意也只是为引起这种联想. 由于 "向量终点" 这个概念没有出现在我们的公理内, 故不必寻究这个名词的逻辑意义.

将向量 g 的表示式 (2) 代入 (3) 式, 我们得到:

$$(f-g,e_i)=(f-\alpha_1e_1-\alpha_2e_2-\cdots-\alpha_ke_k,e_i)$$
$$=(f,e_i)-\alpha_i(e_i,e_i)=(f,e_i)-\alpha_i;$$

这是因为按照假定, 向量 $e_1,e_2,\cdots,e_k$ 是正交而归一的. 因此, 当等式

$$\alpha_i=(f,e_i)\quad(i=1,2,\cdots,k)$$

成立时, 而且仅当此时, 向量 h 与子空间 R' 正交.

这样, 分解式 (2) 中的系数 α_i 已经求得, 而且在子空间 R' 是有限维的情形下还说明了分解式 (1) 的存在与唯一性. 对于一般情形的讨论, 我们到 §86 再讲.

2. 应用毕氏定理于分解式 (1), 我们得到

$$|f|^2=|g|^2+|h|^2,$$

由此推出不等式

$$0\leqslant|h|\leqslant|f| \tag{4}$$

的正确性; 它在几何上表示以下的事实: *垂线的长不超过斜线的长*.

注意不等式 (4) 中等号成立的情况. 条件 $0=|h|$ 相当于条件 $f=g+0$, 它表示 f 包含在子空间 R' 内. 按照毕氏定理, 条件 $|h|=|f|$ 表示 $g=0$, 因此

$$f=0+h;$$

于是 f 就与子空间 R' 正交. 因此, *等式 $|h|=0$ 表示向量 f 含于子空间 R' 内; 等式 $|h|=|f|$ 表示向量 f 与这个子空间正交*. 在向量 f 的所有其他情形下, 向量 h 的长都是正的而且小于向量 f 的长.

再应用毕氏定理于分解式 (2), 我们得到:

$$|g|^2=\alpha_1^2+\alpha_2^2+\cdots+\alpha_k^2=\sum_{j=1}^{k}\alpha_j^2,$$

因此

$$|f|^2=|h|^2+\sum_{j=1}^{k}\alpha_j^2.$$

特殊地, 对任意 (有限的) 正交归一向量系 $e_1,e_2,\cdots,e_k$ 与任一向量 f, 我们得到不等式

$$\sum_{j=1}^{k}\alpha_j^2\leqslant|f|^2,$$

称为*贝塞尔不等式*. 它们的几何意义显然是: 向量 f 的长的平方不小于它在任意 k 个互相正交的方向上的投影的平方和.

3. 在应用中, 当在子空间 R' 内已给定某一个 (一般说来, 非正交也非归一的) 基底 $\{b_1,b_2,\cdots,b_k\}=\{b\}$ 时, 往往需要给出关于垂线问题的实际解法.

为了解决这个问题, 我们写出所求向量在基底 $\{b\}$ 上的分解式

$$g=\beta_1b_1+\beta_2b_2+\cdots+\beta_kb_k,$$

并且令 $h=f-g$ 正交于所有向量 $b_1,b_2,\cdots,b_k$. 我们得到下列的方程组:

$$\begin{aligned}(h,b_1)&=(f-g,b_1)\\&=(f,b_1)-\beta_1(b_1,b_1)-\beta_2(b_2,b_1)-\cdots-\beta_k(b_k,b_1)=0,\\(h,b_2)&=(f-g,b_2)\\&=(f,b_2)-\beta_1(b_1,b_2)-\beta_2(b_2,b_2)-\cdots-\beta_k(b_k,b_2)=0,\\&\cdots\cdots\cdots\cdots\\(h,b_k)&=(f-g,b_k)\\&=(f,b_k)-\beta_1(b_1,b_k)-\beta_2(b_2,b_k)-\cdots-\beta_k(b_k,b_k)=0\end{aligned}$$

及它的行列式

$$D=\begin{vmatrix}(b_1,b_1)&(b_2,b_1)&\cdots&(b_k,b_1)\\(b_1,b_2)&(b_2,b_2)&\cdots&(b_k,b_2)\\\vdots&\vdots&&\vdots\\(b_1,b_k)&(b_2,b_k)&\cdots&(b_k,b_k)\end{vmatrix}.$$

在第一段中, 我们已经证明, 问题中的解是存在的而且是唯一的. 因此我们可以作出结论, 行列式**应该异于零**. 按照克莱姆法则解出向量系, 我们得到系数 β_j $(j=1,2,\cdots,n)$ 的表达式:

$$\beta_j=\frac{1}{D}\begin{vmatrix}(b_1,b_1)&(b_2,b_1)&\cdots&(b_{j-1},b_1)&(f,b_1)&(b_{j+1},b_1)&\cdots&(b_k,b_1)\\(b_1,b_2)&(b_2,b_2)&\cdots&(b_{j-1},b_2)&(f,b_2)&(b_{j+1},b_2)&\cdots&(b_k,b_2)\\\vdots&\vdots&&\vdots&\vdots&\vdots&&\vdots\\(b_1,b_k)&(b_2,b_k)&\cdots&(b_{j-1},b_k)&(f,b_k)&(b_{j+1},b_k)&\cdots&(b_k,b_k)\end{vmatrix}.$$

习题

1. 在空间 T_4 内, 试分解向量 f 为二向量之和, 其中一个在子空间 $L[b_1,b_2]$ 内, 而另一个则与此子空间正交:

a) $f=(5,2,-2,2),b_1=(2,1,1,-1),b_2=(1,1,3,0)$;

b) $f=(-3,5,9,3),b_1=(1,1,1,1),b_2=(2,-1,1,1),b_3=(2,-7,-1,-1)$.

答 a) $g=(3,1,-1,-2),h=(2,1,-1,4)$;

b) $g=(1,7,3,3),h=(-4,-2,6,0)$.

2. 试证明在子空间 R' 的所有向量中, 与向量 f 成最小角的是 g.

3. 试证明, 若在子空间 R' 内的向量 g_0 与向量 f 在这个子空间上的投影 g 正交, 则 g_0 也和 f 自己正交.

提示 求等式 (1) 与向量 g_0 的数积.

4. 不仅对于子空间可以提出垂线问题, 对于超平面也可以提出类似的问题. 这时候问题可以叙述如下: 在欧氏空间 R 内, 已给由某一个子空间 R' 平移所得出的超平面 R'' 与一向量 f; 需要证明唯一地存在一个分解式

$$f=g+h,\tag{5}$$

此处 g 属于超平面 R''①, 而向量 h 与子空间 R' 正交. 这个分解式的几何意义由图 1, a) 是显然的. 在分解式 (5) 中 g 和 h 两个向量一般不是正交的.

这个问题易于化为第一段中的问题. 事实上, 如果在超平面 R'' 内取定任意一个向量 f_0, 并且从等式 (5) 的两端减去 f_0, 我们就得出将向量 $f-f_0$ 分解为 $g-f_0$ 与 h 之和的问题, 其中第一个属于子空间 R', 而第二个则与这个子空间正交 (见图 1, b). 根据第一段的结果, 这样的分解式是存在的, 因此分解式 (5) 也存在. 尚待确定的是分解式 (5) 的唯一性. 若存在有两个分解式如下:

$$f = g_1 + h_1 = g_2 + h_2,$$

则

$$0 = (g_1 - g_2) + (h_1 - h_2).$$

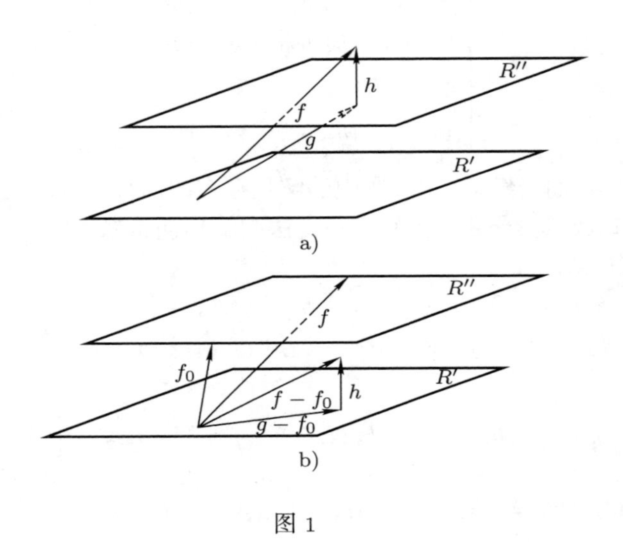

图 1

此处 $g_1 - g_2$ 属于子空间 R', 而 $h_1 - h_2$ 与此子空间正交. 因此 $g_1 - g_2 = h_1 - h_2 = 0$, 这也就是所求证的事实.

习题

试证明, 自坐标原点投射到超平面 H 的垂直向量, 在所有连接坐标原点和这个超平面的向量中具有最小的长.

§57. 正交化的一般定理

1. 下面的一般定理, 对于在欧氏空间内构造正交向量系有重要的意义:

①其几何意义是, 向量 g 的终点落在超平面 R'' 内 (始点则恒在坐标原点). 而不必向量 g 全部落在超平面 R'' 内!

定理 31 (正交化定理) 令 $x_1, x_2, \cdots, x_k, \cdots$ 为欧氏空间 R 中一组向量的序列 (有限的或无穷的). 用 $L_k = L(x_1, x_2, \cdots, x_k)$ 表示这一组向量中前 k 个向量的线性包. 可以断言, 有一组向量 $y_1, y_2, \cdots, y_k, \cdots$ 存在, 它具有下列性质:

1) 对于每一个自然数 k, 向量 $y_1, y_2, \cdots, y_k$ 的线性包 L'_k 与子空间 L_k 重合.

2) 对于每一个自然数 k, 向量 y_{k+1} 与子空间 L_k 正交.

证明 设 $y_1 = x_1$. 此时条件 $L'_1 = L_1$ 是显然成立的. 下面我们将按照归纳法来证明定理: 假定已经构造了 k 个向量 $y_1, y_2, \cdots, y_k$ 满足所给条件, 我们要构造向量 y_{k+1}, 使它也具有所要求的性质.

子空间 L_k 是有限维的, 因此, 根据 §56, 有分解式

$$x_{k+1} = g_k + h_k \tag{6}$$

存在, 其中向量 g_k 包含在子空间 L_k 内, 而向量 h_k 与这个子空间正交. 设 $y_{k+1} = h_k$. 对于如此确定的向量 y_{k+1}, 我们要验证正交化定理的条件可以满足.

按照归纳法的假定, 子空间 L_k 含有向量 $y_1, y_2, \cdots, y_k$; 因此较广的子空间 L_{k+1} 也含有这些向量; 此外, 由公式 (6) 可以推出 L_{k+1} 还含有 $h_k = y_{k+1}$. 这样, 子空间 L_{k+1} 包含全部的向量 $y_1, \cdots, y_{k+1}$ 因而也包含了它们的线性包 L'_{k+1}. 但是, 倒过来说, 子空间 L'_{k+1} 也含有向量 $x_1, x_2, \cdots, x_k$, 正如等式 (6) 所指出的, L'_{k+1} 也含有向量 x_{k+1}; 由此可知 L'_{k+1} 包含整个子空间 L_{k+1}. 因此, $L'_{k+1} = L_{k+1}$, 故正交化定理的头一个条件已经满足. 按向量 $y_{k+1} = h_k$ 的构造方法来看, 可知第二个条件也显然满足.

这样, 归纳法的步骤已经完成, 因而定理也完全证明.

2. 在这种情况下, 不等式 (4) 的形状是

$$0 \leqslant |y_{k+1}| \leqslant |x_{k+1}|. \tag{7}$$

在这里, 如 §56 第 2 段所指出的, 等式 $0 = |y_{k+1}|$ 表示向量 x_{k+1} 属于子空间 L_k, 因而向量 x_{k+1} 与向量 $x_1, x_2, \cdots, x_k$ 线性相关. 另一极端情况, 等式 $|y_{k+1}| = |x_{k+1}|$ 表示向量 x_{k+1} 与子空间 L_k 正交, 因而向量 x_{k+1} 与 $x_1, x_2, \cdots, x_k$ 中每一个向量正交.

3. **附记** 每一组向量 $z_1, z_2, \cdots, z_k, \cdots$, 若满足正交化定理的条件, 则除了一个数值因子的区别以外, 它与证明这个定理时所造成的一组向量 $y_1, y_2, \cdots, y_k, \cdots$ 一致. 事实上, 向量 z_{k+1} 必须属于子空间 L_{k+1}, 并且也必然与子空间 L_k 正交. 由这两个条件中的第一个得到分解式

$$z_{k+1} = C_1 y_1 + C_2 y_2 + \cdots + C_k y_k + C_{k+1} y_{k+1} = \widetilde{y}_k + C_{k+1} y_{k+1}$$

的成立. 其中 $\widetilde{y}_k = C_1 y_1 + \cdots + C_k y_k \in L_k$, 而 $C_{k+1} y_{k+1}$ 与 L_k 正交. 根据 §56, 第 2 段, 由第二个条件, 得到 $\widetilde{y}_k = 0$ 的结论. 因此,

$$z_{k+1} = C_{k+1} y_{k+1},$$

这也就是所要求证的事实.

问题

1. 已给空间 V_3 内一组向量 $x_1=\boldsymbol{i}, x_2=2\boldsymbol{i}, x_3=3\boldsymbol{i}, x_4=4\boldsymbol{i}-2\boldsymbol{j}, x_5=-\boldsymbol{i}+10\boldsymbol{j}, x_6=\boldsymbol{i}+\boldsymbol{j}+5\boldsymbol{k}$, 试求向量 $y_1, y_2, \cdots, y_6$.

答 $y_1=\boldsymbol{i}, y_2=y_3=0, y_4=-2\boldsymbol{j}, y_5=0, y_6=5\boldsymbol{k}$.

2. 在空间 T_4 中, 试应用正交化定理的方法, 在向量 $(1,2,1,3),(4,1,1,1),(3,1,1,0)$ 所产生的三维子空间内, 利用这三个向量, 构造一个正交基底.

答 $(1,2,1,3);(10,-1,1,-3);(19,-87,-61,72)$.

3. 如 §51 所指出的 n 维空间 R_n 内的每一个正交基底是双线性型 (x,y) 的典型基底. 设 $x_1, x_2, \cdots, x_n$ 是空间 R_n 的任意基底. 由这个基底按照雅可比法 (§45) 构造双线性型 (x,y) 的典型基底, 并证明它与用正交化程序所得到的基底相同.

提示 利用 §56 第 3 段.

4. 已知欧氏空间 R_n 内两个有限集合 $F=\{x_1, x_2, \cdots, x_k\}$ 与 $G=\{y_1, y_2, \cdots, y_k\}$, 若要有一个等距算子 A 存在, 能同时把向量 x_i 分别变成其对应向量 y_i $(i=1,2,\cdots,k)$, 则必须而且只需等式

$$(x_i, x_j)=(y_i, y_j) \quad (i, j=1,2,\cdots,k)$$

成立.

提示 对于所给两组向量应用正交化程序, 得到正交归一向量系 $e_1, e_2, \cdots$ 与 $f_1, f_2, \cdots$. 利用 §56 第 3 段, 试证明向量 $x_1, x_2, \cdots$ 可利用 $e_1, e_2, \cdots$ 来表示, 所用到的公式与利用 $f_1, f_2, \cdots$ 表示向量 $y_1, y_2, \cdots$ 的公式完全一样. 通过把向量系 $e_1, e_2, \cdots$ 变为向量系 $f_1, f_2, \cdots$ 的途径就能给出算子 Q.

5. **两个子空间之间的角** 已给欧氏空间 R 内两个子空间 R' 与 R''. 令归一向量 e' 在子空间 R' 的单位球面上变动, 而归一向量 e'' 与 e' 无关地在子空间 R'' 的单位球面上变动, e' 与 e'' 之间的角在某一对向量 $e'=e_1', e''=e_1''$ 上达到最小值, 我们用 φ_1 来表示这个最小值. 再设 e' 在它自己的单位球面上变化, 而保持与 e_1' 正交, e'' 也在它自己的单位球面上变化, 而保持与 e_1'' 正交. 在这种条件下, e' 与 e'' 之间的角在某一对向量 $e'=e_2', e''=e_2''$ 上达到了最小值 $\varphi_2 \geqslant \varphi_1$. 更令 e' 在自己的单位球面上变化, 而保持与 e_1' 及 e_2' 正交, e'' 也在自己的单位球面上变化, 而保持与 e_1'' 及 e_2'' 正交; 我们得到又一个最小的角 $\varphi_3 \geqslant \varphi_2$ 与又一对向量 e_3' 及 e_3''. 如此继续下去, 我们得到一系列的角 $\varphi_1, \varphi_2, \cdots, \varphi_k$, 其个数等于子空间 R' 与 R'' 的维数中的较大者. $\varphi_1, \varphi_2, \cdots, \varphi_k$ 诸角称为*子空间 R' 与 R'' 之间的角*. 试证明: a) $\varphi_1, \varphi_2, \cdots, \varphi_k$ 诸角是唯一确定的, 如果向量 $e_1', e_1'', e_2', e_2'', \cdots$ 的建立不是唯一确定的, $\varphi_1, \varphi_2, \cdots, \varphi_k$ 也不依赖于这些向量的选择. b) $\varphi_1, \varphi_2, \cdots, \varphi_k$ 诸角, 除了在空间的位置外, 确定子空间 R' 与 R''; 换句话说, 若有两对子空间 R', R'' 与 S', S'' 而子空间 R' 和 R'' 之间的诸角与子空间 S' 和 S'' 之间的诸角相同, 则有等距算子存在, 同时把 S' 变为 R', 把 S'' 变为 R''. c) 对于任意预先给定的角 $\varphi_1 \leqslant \varphi_2 \leqslant \cdots \leqslant \varphi_k \leqslant \frac{\pi}{2}$, 可以构造一对子空间 R' 与 R'', 它们之间的角就是 $\varphi_1, \varphi_2, \cdots, \varphi_k$.

提示 考察在子空间 R' 与 R'' 及子空间 S' 与 S'' 之间的角的定义中所得到的有限向量系 $e_1', e_1'', e_2', e_2'', \cdots, e_k', e_k''$ 与 $f_1', f_1'', f_2', f_2'', \cdots, f_k', f_k''$. 按照假设 $(e_i', e_i'')=(f_i', f_i'')=\cos\varphi_i (i=1,2,\cdots,k), (e_i', e_j')=(f_i', f_j')=0, (e_i'', e_j'')=(f_i'', f_j'')=0 (i \neq j)$; 再证明 $(e_i', e_j'')=(f_i', f_j'')=0$ (利用 §56 习题 2). 然后应用习题 4 的结果.

6. 设已知子空间 R' 与 R''. 我们考察自 R' 内的各单位向量 e' 的终点投射到 R'' 上的垂直向量, 并令 $m(R', R'')$ 为它们的长的最大值; 同样我们定义 $m(R'', R')$. 值 $\theta = \max\{m(R', R''), m(R'', R')\}$ 称为子空间 R' 与 R'' 的开度. 证明若 $\theta < 1$, 子空间 R' 与 R'' 的维数相等 (M. A. 克拉斯诺谢尔斯基与 M. Γ. 克赖因).

提示 预先假定 R'' 的维数大于 R' 的维数, 考虑与子空间 R' 在 R'' 上的投影正交的向量 $e'' \in R''$; 应用 §56 习题 3.

§58. 勒让德多项式

在欧氏空间 $C_2(-1, +1)$ 内取函数系 $x_0(t) = 1, x_1(t) = t, \cdots, x_k(t) = t^k, \cdots$ 并对它应用正交化定理. 在所给的情况下子空间 $L_k = L(1, t, \cdots, t^k)$, 显然就是次数 $n \leqslant k$ 的全部多项式的集合. 对于任意的 k, 函数 $x_k(t)$ 与前面诸函数线性无关 (见 §12), 因此, 根据 §56 第 2 段, 由正交化所得出的函数 $y_0(t), y_1(t), \cdots$ 全都不等于零. 按照这个方法, 所构成的函数 $y_k(t)$ 应该是 t 的 k 次多项式. 特殊地, 按照正交化定理的方法, 可以直接计算出:

$$y_0(t) = 1, \quad y_1(t) = t, \quad y_2(t) = t^2 - \frac{1}{3}, \quad y_3(t) = t^3 - \frac{3}{5}t, \quad \cdots.$$

这些多项式是在 1785 年由法国数学家勒让德由于位函数理论的问题而引进到数学中的. 但是, 过了大约三十年, 在 1814 年勒让德多项式的一般公式才被罗德里格斯找到. 其结果是, 多项式 $y_n(t)$, 除了一个数值因子之外, 等于多项式

$$p_n(t) = \frac{d^n}{dt^n}[(t^2 - 1)^n] \quad (n = 0, 1, 2, \cdots). \tag{8}$$

为了证明这个命题, 我们利用 §57 第 3 段的附记. 实际上我们将证明多项式 $p_n(t)$ 满足正交化定理的条件; 于是根据上述附记, 对于每一个 n, 等式 $p_n(t) = C_n y_n(t)$ 成立, 而这就是我们所要证明的.

1. 向量 $p_0(t), p_1(t), \cdots, p_n(t)$ 的线性包, 就是 n 次及 n 次以下的所有多项式的集合. 事实上, 由公式 (8), 多项式 $p_k(t)$ 显然恰好是 t 的 k 次多项式; 其中包括

$$\left.\begin{array}{l}
p_0(t) = a_{00}, \\
p_1(t) = a_{10} + a_{11}t, \\
p_2(t) = a_{20} + a_{21}t + a_{22}t^2, \\
\cdots\cdots\cdots\cdots\cdots\cdots\cdots\cdots \\
p_k(t) = a_{k0} + a_{k1}t + \cdots + a_{kk}t^k, \\
\cdots\cdots\cdots\cdots\cdots\cdots\cdots\cdots\cdots\cdots \\
p_n(t) = a_{n0} + a_{n1}t + \cdots + a_{nk}t^k + \cdots + a_{nn}t^n,
\end{array}\right\} \tag{9}$$

其中最高次项的系数 $a_{00}, a_{11}, \cdots, a_{nn}$ 全不等于零.

这样, 所有多项式 $p_0(t), p_1(t), \cdots, p_n(t)$ 都包含在函数 $1, t, \cdots, t^n$ 的线性包内; 因为后者显然就是全部不高于 n 次的 t 的多项式的集合 L_n. 因为线性关系式 (9) 的矩阵有不等于零的行列式 $a_{00}a_{11}\cdots a_{nn}$, 倒过来说, 函数 $1, t, t^2, \cdots, t^n$ 也能用 $p_0(t), p_1(t), \cdots, p_n(t)$ 的线性式表示; 故线性包 $L[p_0(t), p_1(t), \cdots, p_n(t)]$ 与线性包 $L(1, t, t^2, \cdots, t^n)$ 相同, 因而也与集合 L_n 相同. 证毕.

2. 向量 $p_n(t)$ 与子空间 L_{n-1} 正交. 我们只需验证多项式 $p_n(t)$ 在 $C_2(-1,1)$ 内与函数 $1, t, \cdots, t^{n-1}$ 都正交.

为了得出这个结论, 让我们首先证明一个引理:

关于 n 重根的引理 设某一函数 $f(t)$ 可以写成

$$f(t) = (t - t_0)^n \varphi(t) \tag{10}$$

的形状, 其中 $\varphi(t_0) \neq 0$ (在这个情况下, 函数 $f(t)$ 在 $t = t_0$ 称为有 n 重根). 假定 $f(t)$ 与 $\varphi(t)$ 都有 n 阶连续导数, 则有以下结论:

$$f(t_0) = 0, \quad f'(t_0) = 0, \quad \cdots, \quad f^{(n-1)}(t_0) = 0, \quad f^{(n)}(t_0) \neq 0.$$

证明 对公式 (10) 求导数, 得:

$$\begin{aligned} f'(t) &= n(t - t_0)^{n-1}\varphi(t) + (t - t_0)^n \varphi'(t) \\ &= (t - t_0)^{n-1}[n\varphi(t) + (t - t_0)\varphi'(t)] = (t - t_0)^{n-1}\varphi_1(t), \end{aligned}$$

其中 $\varphi_1(t) = n\varphi(t) + (t - t_0)\varphi'(t)$; 特殊地, $\varphi_1(t_0) = n\varphi(t_0) \neq 0$. 同样, 我们得到:

$$f''(t) = (t - t_0)^{n-2}\varphi_2(t), \quad \text{其中 } \varphi_2(t_0) \neq 0,$$

$$\cdots\cdots\cdots\cdots\cdots\cdots\cdots\cdots\cdots\cdots\cdots\cdots$$

$$f^{(n-1)}(t) = (t - t_0)\varphi_{n-1}(t), \quad \text{其中 } \varphi_{n-1}(t_0) \neq 0,$$

$$f^{(n)}(t) = \varphi_n(t), \quad \text{其中 } \varphi_n(t_0) \neq 0.$$

将 $t = t_0$ 代入这些式中, 就得到所需要的结果.

特殊地, 函数 $(t^2 - 1)^n = (t - 1)^n (t + 1)^n$ 在点 $t = \pm 1$ 有 n 重根; 因此, 当 $t = \pm 1$ 时, $[(t^2 - 1)^n]^{(k)}$ 在 $k < n$ 时为 0, 而在 $k = n$ 时不为零.

现在我们来证明函数 $p_n(t) = [(t^2 - 1)^n]^{(n)}$ 与函数 $1, t, \cdots, t^{n-1}$ 分别正交.

为了证明这一点, 我们计算 $k < n$ 时 t^k 与 $p_n(t)$ 的数积. 用分部积分法, 得:

$$\begin{aligned} (t^k, p_n(t)) &= \int_{-1}^{+1} t^k [(t^2 - 1)^n]^{(n)} dt \\ &= t^k [(t^2 - 1)^n]^{(n-1)} \Big|_{-1}^{+1} - k \int_{-1}^{+1} t^{k-1} [(t^2 - 1)^n]^{(n-1)} dt. \end{aligned}$$

按照 n 重根的定理, 上式中积分号外的项为零. 对于余下来的积分重新用分部积分法, 并且继续这个程序, 直到 t 的幂指数降到零:

$$\begin{aligned} (t^k, p_n(t)) &= -kt^{k-1}[(t^2 - 1)^n]^{(n-2)} \Big|_{-1}^{+1} + k(k-1) \int_{-1}^{+1} t^{k-2} [(t^2 - 1)^n]^{(n-2)} dt = \cdots \\ &= \pm k! \int_{-1}^{+1} [(t^2 - 1)^n]^{(n-k)} dt = \pm k! [(t^2 - 1)^n]^{(n-k-1)} \Big|_{-1}^{+1} = 0, \end{aligned}$$

而这就是所要证的.

这样, 我们证明了, 除了一个数值因子外, 每一个 n 次多项式 $y_n(t)$ 都与多项式 $p_n(t) = [(t^2 - 1)^n]^{(n)}$ 一致.

让我们来计算 $p_n(1)$ 的值. 为此, 对函数 $(t^2-1)^n=(t+1)^n(t-1)^n$ 采用莱布尼茨关于乘积的 n 阶导数的公式:

$$\begin{aligned}[(t+1)^n(t-1)^n]^{(n)} &= (t+1)^n[(t-1)^n]^{(n)}+C_n^1[(t+1)^n]'[(t-1)^n]^{(n-1)}+\cdots \\ &= (t+1)^n n!+C_n^1 n(t+1)^{n-1}n(n-1)\cdots 2(t-1)+\cdots .\end{aligned}$$

代入 $t=1$ 时, 这个和从第二项开始所有的项都化为零, 故得

$$p_n(1)=2^n n!.$$

为计算便利起见, 令我们的正交函数在 $t=1$ 时的值都等于 1. 为达到这个目的, 我们必须引入数值因子 $\frac{1}{2^n n!}$. 这样得到的多项式就称为*勒让德多项式*; 若用记号 $P_n(t)$ 表示 n 次勒让德多项式, 则

$$P_n(t)=\frac{1}{2^n n!}[(t^2-1)^n]^{(n)}.$$

习题

1. 试求勒让德多项式 $P_n(t)$ 的最高次项系数 A_n.

答 $A_n=\dfrac{(2n)!}{2^n(n!)^2}$.

2. 试证明, 当 n 为偶数时 $P_n(t)$ 是偶函数, 当 n 为奇数时它是奇函数. 并求 $P_n(-1)$.

答 $P_n(-1)=(-1)^n$.

3. 试证明在多项式 $tP_{n-1}(t)$ 按照勒让德多项式的展开式

$$tP_{n-1}(t)=a_0P_0(t)+a_1P_1(t)+\cdots+a_nP_n(t)$$

中, 系数 $a_0,a_1,\cdots,a_{n-3}$ 及 a_{n-1} 都等于零.

提示 用数积写出未知系数.

4. 求习题 3 中多项式 $tP_{n-1}(t)$ 的展开式的系数 a_{n-2} 与 a_n, 并得出递推公式

$$nP_n(t)=(2n-1)tP_{n-1}(t)-(n-1)P_{n-2}(t).$$

提示 利用习题 1 与 2 的解.

5. 试求多项式 $Q(t)=t^n+b_1t^{n-1}+\cdots+b_{n-1}t+b_n$, 使积分

$$\int_{-1}^{+1}Q^2(t)dt$$

达到最小值.

提示 按照勒让德多项式展开 $Q(t)$.

答 $Q(t)=\dfrac{1}{A_n}P_n(t)$.

6. 试证明除了一个常数因子的差别外, 多项式 $Q_n(t)=P'_{n+1}(t)-P'_{n-1}(t)$ 与勒让德多项式 $P_n(t)$ 重合, 并求这个因子.

提示 利用 §57 第 3 段的附记及习题 1 的结果.

答 $Q_n(t)=(2n-1)P_n(t)$.

7. 试求勒让德多项式 $P_n(t)$ 的模方.

答 $\|P_n(t)\|^2=\dfrac{2}{2n+1}$.

§59. 格拉姆行列式

具有形状

$$G(x_1,x_2,\cdots,x_k)=\begin{vmatrix}(x_1,x_1)&(x_1,x_2)&\cdots&(x_1,x_k)\\(x_2,x_1)&(x_2,x_2)&\cdots&(x_2,x_k)\\\vdots&\vdots&&\vdots\\(x_k,x_1)&(x_k,x_2)&\cdots&(x_k,x_k)\end{vmatrix}$$

的行列式称为*格拉姆行列式*，其中 $x_1,x_2,\cdots,x_k$ 是欧氏空间 R 中一些任意的向量. 在 §56 第 3 段，我们已经见到，在向量 $x_1,x_2,\cdots,x_n$ 线性无关的情形下，这个行列式不等于零. 在这一段里我们将计算它的值.

为了计算这个行列式，我们对于向量 $x_1,x_2,\cdots,x_k$ 施行正交化的方法. 例如假定令 $y_1=x_1$，再令向量 $y_2=\alpha_1y_1+x_2$ 与 y_1 正交. 在行列式中，把所有向量 x_1 换成 y_1. 再将格拉姆行列式的第一列乘以 α_1 (把 α_1 乘数积的第二个因子) 并加到第二列. 此后将行列式的第一行乘以 α_1 (把 α_1 乘数积的第一个因子) 并加到第二行. 其结果是，行列式中所有原来是向量 x_2 的地方都换成向量 y_2.

再令 $y_3=\beta_1y_1+\beta_2y_2+x_3$ 与 y_1 及 y_2 正交；将第一列乘以 β_1 第二列乘以 β_2，再将结果都加到第三列；然后对于行施行同样的运算. 其结果是在所有的位置上的 x_3 都将换成 y_3. 我们可以继续施行这个方法，一直到最后的一列. 因为我们的运算并不改变行列式的值，故结果我们得到：

$$G(x_1,x_2,\cdots,x_k)=\begin{vmatrix}(y_1,y_1)&0&\cdots&0\\0&(y_2,y_2)&\cdots&0\\\vdots&\vdots&&\vdots\\0&0&\cdots&(y_k,y_k)\end{vmatrix}$$
$$=(y_1,y_1)(y_2,y_2)\cdots(y_k,y_k). \tag{11}$$

根据 §57 第 2 段的结果，我们得到下列的不等式：

$$0\leqslant G(x_1,x_2,\cdots,x_k)\leqslant(x_1,x_1)(x_2,x_2)\cdots(x_k,x_k). \tag{12}$$

我们要确定，在什么情况下，$G(x_1,x_2,\cdots,x_k)$ 的值才能达到极值 0 或 $(x_1,x_1)(x_2,x_2)\cdots(x_k,x_k)$. 从格拉姆行列式的表示式 (11) 推出，当向量 $y_1,y_2,\cdots,y_k$ 中有一个等于 0 时，而且仅当此时，它才等于零. 然而根据 §57 第 2 段，这相当于向量 $x_1,x_2,\cdots,x_k$ 线性相关. 另一方面，根据公式 (11) 和 §57 第 2 段，只有当向量 $x_1,x_2,\cdots,x_k$ 互相正交时，不等式 (12) 的右端才能与格拉姆行列式相等. 于是我们证明了以下定理：

定理 32 (关于格拉姆行列式的定理) *若向量 $x_1,x_2,\cdots,x_k$ 线性相关，则它们的格拉姆行列式等于零，若它们线性无关，则行列式为正的；若它们互相正交，则行列式等于向量 $x_1,x_2,\cdots,x_k$ 的长的平方之积，否则它小于这个平方积.*

§60. k 维超平行体的体积

从平面几何中, 已经知道平行四边形的面积等于它的底乘高. 若平行四边形由两个向量 x_1, x_2 作成, 则可以取向量 x_1 的长为底, 从向量 x_2 的终点到向量 x_1 所在的轴的垂线之长为高.

类似地由向量 x_1, x_2, x_3 作成的平行六面体的体积等于底面积乘高; 底面积就是由向量 x_1, x_2 作成的平行四边形的面积, 而高就是从向量 x_3 的终点到向量 x_1, x_2 的平面上的垂线长.

这些讨论自然地引导出下面的关于欧氏空间内 k 维超平行体的体积的归纳式的定义:

在欧氏空间 R 内, 设已给一组向量 $x_1, x_2, \cdots, x_k$. 用 h_j 表示自向量 x_{j+1} 的终点到子空间 $L(x_1, x_2, \cdots, x_j)(j = 1, 2, \cdots, k-1)$ 上的垂线. 再引入下列记号:

$V_1 = |x_1|$ (一维体积, 即向量 x_1 的长),

$V_2 = V_1 \cdot |h_1|$ (二维体积, 即由向量 x_1, x_2 作成的平行四边形的面积),

$V_3 = V_2 \cdot |h_2|$ (三维体积, 即由向量 x_1, x_2, x_3 作成的平行六面体的体积),

....

$V_k = V_{k-1} \cdot |h_{k-1}|$ (k 维体积, 即由向量 $x_1, x_2, \cdots, x_k$ 作成的超平行体的体积).

体积 V_k 显然可以按照公式

$$V_k \equiv V[x_1, x_2, \cdots, x_k] = |x_1| \cdot |h_1| \cdots |h_{k-1}|$$

来计算.

利用 §59 的公式 (11), 我们可以利用向量 $x_1, x_2, \cdots, x_k$ 来表示 V_k 的值:

$$V_k^2 = \begin{vmatrix} (x_1, x_1) & (x_1, x_2) & \cdots & (x_1, x_k) \\ (x_2, x_1) & (x_2, x_2) & \cdots & (x_2, x_k) \\ \vdots & \vdots & & \vdots \\ (x_k, x_1) & (x_k, x_2) & \cdots & (x_k, x_k) \end{vmatrix}.$$

因此, k 个向量 $x_1, x_2, \cdots, x_k$ 的格拉姆行列式等于由这些向量作成的 k 维超平行体的体积的平方.

设 $\xi_i^{(j)}$ 是向量 x_j 对于正交归一基底 $e_1, e_2, \cdots, e_n$ $(j = 1, 2, \cdots, k, i = 1, 2, \cdots, n)$ 的坐标. 用坐标表示出这些向量的数积, 我们就得到以下公式:

$$V_k^2 = \begin{vmatrix} \xi_1^{(1)}\xi_1^{(1)} + \xi_2^{(1)}\xi_2^{(1)} + \cdots + \xi_n^{(1)}\xi_n^{(1)} & \cdots & \xi_1^{(1)}\xi_1^{(k)} + \xi_2^{(1)}\xi_2^{(k)} + \cdots + \xi_n^{(1)}\xi_n^{(k)} \\ \xi_1^{(2)}\xi_1^{(1)} + \xi_2^{(2)}\xi_2^{(1)} + \cdots + \xi_n^{(2)}\xi_n^{(1)} & \cdots & \xi_1^{(2)}\xi_1^{(k)} + \xi_2^{(2)}\xi_2^{(k)} + \cdots + \xi_n^{(2)}\xi_n^{(k)} \\ \vdots & & \vdots \\ \xi_1^{(k)}\xi_1^{(1)} + \xi_2^{(k)}\xi_2^{(1)} + \cdots + \xi_n^{(k)}\xi_n^{(1)} & \cdots & \xi_1^{(k)}\xi_1^{(k)} + \xi_2^{(k)}\xi_2^{(k)} + \cdots + \xi_n^{(k)}\xi_n^{(k)} \end{vmatrix}.$$

以下我们运用类似于在 §29 第 5 段中所用过的推理方法. 所得到的行列式的每一列都是 n 个 "简单的" 列的和, 而每一个 "简单的" 列则是由具有形状 $\xi_i^{(j)}\xi_i^{(\alpha)}$ 的元素所构成. 其中 α 与 i 都是固定的, 而 j 则从 1 变到 k. 因此, 整个行列式等于由“简单的”列所组成的 n^k 个“简单的”行列式的和. 每一个“简单的”列中的因子 $\xi_i^{(\alpha)}$ 都是常数, 因此它可以从“简单的”行列式的符号中提出来. 这样提出以后, 每一个“简单的”行列式都成以下形状

$$\xi_{i_1}^{(1)}\xi_{i_2}^{(2)}\cdots\xi_{i_k}^{(k)}\begin{vmatrix}\xi_{i_1}^{(1)} & \xi_{i_2}^{(1)} & \cdots & \xi_{i_k}^{(1)}\\ \xi_{i_1}^{(2)} & \xi_{i_2}^{(2)} & \cdots & \xi_{i_k}^{(2)}\\ \vdots & \vdots & & \vdots\\ \xi_{i_1}^{(k)} & \xi_{i_2}^{(k)} & \cdots & \xi_{i_k}^{(k)}\end{vmatrix}, \tag{13}$$

其中 $i_1, i_2, \cdots, i_k$ 是从 1 到 n 的某一些数. 若这些数中有相同的, 则其对应的“简单的”行列式显然等于零. 这样, 我们只需考虑当 $i_1, i_2, \cdots, i_k$ 全不相同时的情况. 在总和中, 我们把具有形式 (13) 的项选出来, 在这些项里, 数组 $i_1, i_2, \cdots, i_k$ 都相同, 不同的只是它们的次序. 所有这些项的和我们用

$$M^2[j_1, j_2, \cdots, j_k]$$

表示, 其中 $j_1, j_2, \cdots, j_k$ 诸数就是 $i_1, i_2, \cdots, i_k$, 但已经按递增的顺序重新排列. 完全类似 §29 第 5 段中的推理, 使我们得到下列的结论: $M^2[j_1, j_2, \cdots, j_k]$ 等于坐标 $\xi_i^{(j)}(j = 1, 2, \cdots, k, i = 1, 2, \cdots, n)$ 所构成的矩阵的一个子式的平方, 这个子式是由那个矩阵具有号码 $j_1, j_2, \cdots, j_k$ 的列所构成, 具有形状 (13) 的一切的项的总和, 等于矩阵 $[\xi_i^{(j)}]$ 的一切 k 阶子式的平方和.

这样, 由向量 x_j $(j = 1, 2, \cdots, k)$ 所构成的 k 维超平行体的体积的平方, 等于向量 x_j 对于 (任意) 正交归一基底 $e_1, e_2, \cdots, e_n$ 的坐标所构成的矩阵的一切 k 阶子式的平方和.

在 $k = n$ 的情况下, 矩阵 $[\xi_i^{(j)}]$ 只有一个 k 阶子式, 即矩阵 $[\xi_i^{(j)}]$ 的行列式.

因此, 向量 $x_1, x_2, \cdots, x_k$ 所构成的 n 维超平行体的体积, (论其绝对值) 等于向量 x_i $(i = 1, 2, \cdots, n)$ 对于 (任意) 正交归一基底的坐标所构成的行列式.

习题

1. 试从几何的观点导出 §54 习题 9 的第一个结果.

提示 等距算子不改变 k 维体积.

2. 设 A 为作用于 n 维欧氏空间 R 内的任意线性算子, 试证明比值

$$k(\mathrm{A}) = \frac{V[\mathrm{A}x_1, \mathrm{A}x_2, \cdots, \mathrm{A}x_n]}{V[x_1, x_2, \cdots, x_n]}$$

恒为常数 (即, 不依赖于向量 $x_1, x_2, \cdots, x_n$ 的选择), 并求其值 (“畸变系数”).

答 $k(\mathrm{A}) = |\det \mathrm{A}|$.

3. 对于任意两个线性算子 A 与 B, 试证明等式 $k(\mathrm{AB}) = k(\mathrm{A}) \cdot k(\mathrm{B})$ 恒成立.

4. 试证明: 当 $n \geqslant 3$ 时, 每一个作用于 n 维空间 R 内而不改变任意平行四边形面积的线性算子 Q, 也就是使得

$$V[x, y] = V[\mathrm{Q}x, \mathrm{Q}y]$$

的线性算子 Q 是等距算子.

提示 只需证明 Q 为保角算子 (§54, 习题 10). 假定有一个直角不变为直角, 则可以做一个平行四边形, 使它的面积经过算子 Q 的作用而改变.

5. 试证明: 当 $k < n$ 时, 每一个作用于 n 维空间 R 内而不改变任意 k 维超平行体的体积的线性算子是等距算子 (M. A. 克拉斯诺谢尔斯基).

提示 推广习题 4 的作法.

附记 对于 $k = n$, 习题 5 的论断不再成立, 因为在这种情况下, 每一个具有 $\det Q = \pm 1$ 的算子 Q 都将满足习题的条件.

6. 令 $y_1, y_2, \cdots, y_m$ 为向量 $x_1, x_2, \cdots, x_m$ 在某一个子空间的正交投影. 试证明由向量 $y_1, y_2, \cdots, y_m$ 作成的超平行体的体积不超过由向量 $x_1, x_2, \cdots, x_m$ 作成的超平行体的体积.

7. (续) 我们预先假定在习题 6 中的向量 $x_1, x_2, \cdots, x_m$ 线性无关, 同时向量 $y_1, y_2, \cdots, y_m$ 也线性无关. 试证明公式

$$V[y_1, y_2, \cdots, y_m] = V[x_1, x_2, \cdots, x_m] \cdot \cos\alpha_1 \cos\alpha_2 \cdots \cos\alpha_m$$

成立, 其中 $\alpha_1, \alpha_2, \cdots, \alpha_m$ 是子空间 $L\{x_1, x_2, \cdots, x_m\} = L_1$ 与 $L\{y_1, y_2, \cdots, y_m\} = L_2$ 之间的角 (§57 习题 5).

提示 在子空间 L_1 与 L_2 内选择作出角 $\alpha_1, \alpha_2, \cdots, \alpha_m$ 时所得到的向量 $e_1, e_2, \cdots, e_m$ 与 $f_1, f_2, \cdots, f_m$ 分别为它们的基底. 在空间 R 内, 把向量 $e_1, e_2, \cdots, e_m, f_1, f_2, \cdots, f_m$ 正交化以建立基底 $e_1, e_2, \cdots, e_m, e_{m+1}, \cdots, e_n$. 按照所建立的基底写出向量 $x_1, x_2, \cdots, x_m, y_1, y_2, \cdots, y_m$ 的分解式. 证明这些分解式的矩阵只有一个不等于零的 m 阶子式. 再利用超平行体通过这个矩阵的子式所表出的体积表示式.

8. 我们称欧氏空间的 k 个向量的集合为 k 标架. 具有以下性质的两个 k 标架 $\{x_1, x_2, \cdots, x_k\}$ 与 $\{y_1, y_2, \cdots, y_k\}$ 称为相等. 1) 体积 $V\{x_1, x_2, \cdots, x_k\}$ 等于体积 $V\{y_1, y_2, \cdots, y_k\}$; 2) 线性包 $L(x_1, x_2, \cdots, x_k)$ 与线性包 $L(y_1, y_2, \cdots, y_k)$ 重合; 3) $x_1, x_2, \cdots, x_k$ 与 $y_1, y_2, \cdots, y_k$ 两组向量有相同的定向 (即: 在空间 $L(x_1, x_2, \cdots, x_k)$ 内把标架 $\{x_1, x_2, \cdots, x_k\}$ 变为标架 $\{y_1, y_2, \cdots, y_k\}$ 的算子具有正号的行列式).

设 $[\xi_i^{(j)}]$ $(i = 1, 2, \cdots, n, j = 1, 2, \cdots, k)$ 为向量 $x_1, x_2, \cdots, x_k$ 在空间 R 内对于任意正交归一基底 $e_1, e_2, \cdots, e_n$ 的坐标所组成的矩阵. 试证明: 若已知这个矩阵的一切 k 阶子式的值, k 标架 $\{x_1, x_2, \cdots, x_k\}$ 在 n 维空间 R 内即被唯一地确定.

提示 应用 §19 的习题 2 与 §29 第 5 段习题 1.

9. 若 k 标架 $\{x_1, x_2, \cdots, x_k\}$ 等于 k 标架 $\{y_1, y_2, \cdots, y_k\}$ (见习题 8), 则向量 $x_1, x_2, \cdots, x_k$ 的坐标所构成的矩阵的各个 k 阶子式等于向量 $y_1, y_2, \cdots, y_k$ 的坐标所构成的矩阵的对应子式.

提示 在一个特殊的基底内验证习题的结论: 基底的前 k 个向量属于子空间 $L\{x_1, x_2, \cdots, x_k\}$. 为了转入一般情况, 利用 §29 第 5 段习题 1, 并且证明 $\det[a_i^{(j)}] = 1$.

10. 子空间 $L_1 = L\{x_1, x_2, \cdots, x_k\}$ 与 $L_2 = L\{y_1, y_2, \cdots, y_k\}$ 的诸交角 (§57, 习题 5) 称为 k 标架 $\{x_1, x_2, \cdots, x_k\}$ 与 $\{y_1, y_2, \cdots, y_k\}$ 的交角, 但选取这些角时还有以下附带的条件: 即在子空间 L_1 内作出这些角的向量 $e_1, e_2, \cdots, e_k$ 必须与向量 $x_1, x_2, \cdots, x_k$ 有相同的定向 (这个条件仅在作出最后的向量 e_k 时起作用), 在子空间 L_2 内也是这样.

试证明: 两个 k 标架的交角 $\beta_1, \beta_2, \cdots, \beta_k$ 与对应子空间的交角 $\alpha_1, \alpha_2, \cdots, \alpha_k$ 之间有下列关系

$$\alpha_j = \beta_j \quad (j < k), \quad \alpha_k = \beta_k \quad 或 \quad \alpha_k = \pi - \beta_k.$$

11. 设两个 k 标架 $X=\{x_1,x_2,\cdots,x_k\}$ 与 $Y=\{y_1,y_2,\cdots,y_k\}$ 由它们在空间 R 的某一正交归一基底内的矩阵 X 与 Y 所确定, 矩阵 X 的所有 k 阶子式与矩阵 Y 的对应子式的乘积之和, 称为这两个 k 标架的*数积*. 试证明此数积等于

$$V[x_1,x_2,\cdots,x_k]\cdot V[y_1,y_2,\cdots,y_k]\cdot\cos\beta_1\cdot\cos\beta_2\cdots\cos\beta_k,$$

其中 $\beta_1,\beta_2,\cdots,\beta_k$ 为 k 标架 X 与 Y 之间的角.

提示 仿照习题 7 的证明, 在空间 R 内取一基底, 并在这个基底内验证习题的论断, 为了转入一般情况, 再仿照习题 9 那样进行论证.

12. 试证明, 两个 k 标架 $X=\{x_1,\cdots,x_k\}$ 与 $Y=\{y_1,\cdots,y_k\}$ 的数积可以写成下列形状:

$$\{X,Y\}=\begin{vmatrix}(x_1,y_1) & (x_1,y_2) & \cdots & (x_1,y_k)\\ (x_2,y_1) & (x_2,y_2) & \cdots & (x_2,y_k)\\ \vdots & \vdots & & \vdots\\ (x_k,y_1) & (x_k,y_2) & \cdots & (x_k,y_k)\end{vmatrix}.$$

§61. 阿达马不等式

从 §60 的结果可以得到关于任意 k 阶行列式

$$D=\begin{vmatrix}\xi_{11} & \xi_{12} & \cdots & \xi_{1k}\\ \xi_{21} & \xi_{22} & \cdots & \xi_{2k}\\ \vdots & \vdots & & \vdots\\ \xi_{k1} & \xi_{k2} & \cdots & \xi_{kk}\end{vmatrix}$$

的绝对值的一个重要意义.

我们把 $\xi_{i1},\xi_{i2},\cdots,\xi_{ik}$ $(i=1,2,\cdots,k)$ 诸数看作向量 x_i 在 k 维欧氏空间一个正交归一基底内的坐标. §60 最后的结果使我们可以把行列式 D 的绝对值解释为向量 $x_1,x_2,\cdots,x_k$ 所作成的 k 维超平行体的体积, 并且把这个体积通过格拉姆行列式 $D^2=G(x_1,x_2,\cdots,x_k)$ 来表示. 应用定理 32, 我们得到:

$$D^2\leqslant(x_1,x_1)(x_2,x_2)\cdots(x_k,x_k)=\prod_{i=1}^{k}\sum_{j=1}^{k}\xi_{ij}^2.$$

这个不等式称为*阿达马不等式*.

可以指出, 根据定理 32, 当向量 $x_1,x_2,\cdots,x_k$ 互相正交时, 而且仅当此时, 上式才化为等式.

阿达马不等式有明显的几何意义: *超平行体的体积不超过它的边长的乘积; 当它的边互相正交时而且仅当此时, 它才等于这个乘积.*

习题

1. 设 $x_1,x_2,\cdots,x_k,y,z$ 为欧氏空间 R 的向量, 试证明不等式

$$\frac{V[x_1,x_2,\cdots,x_k,y,z]}{V[x_1,x_2,\cdots,x_k,y]}\leqslant\frac{V[x_1,x_2,\cdots,x_k,z]}{V[x_1,x_2,\cdots,x_k]}.\tag{14}$$

提示 讨论并比较两个超平行体的高.

2. 令 $x_1, x_2, \cdots, x_m$ 为欧氏空间 R 的向量. 试证明不等式

$$V[x_1, x_2, \cdots, x_m] \leqslant \prod_{k=1}^{m} \{V[x_1, \cdots, x_{k-1}, x_{k+1}, \cdots, x_m]\}^{\frac{1}{m-1}}. \tag{15}$$

它有什么几何意义?

提示 由不等式 (14), 容易得出不等式

$$\frac{V[x_1, x_2, \cdots, x_m]}{V[x_1, \cdots, x_{k-1}, x_{k+1}, \cdots, x_m]} \leqslant \frac{V[x_1, \cdots, x_k]}{V[x_1, \cdots, x_{k-1}]} \quad (k = 1, 2, \cdots, m)$$

对于所有的 $k = 1, 2, \cdots, m$, 把它们乘在一起, 化简, 并取 $(m-1)$ 次方根. 几何定义是: m 维超平行体的体积不超过它的 $(m-1)$ 维的界体体积的 $(m-1)$ 次方根的乘积.

3. (续) 试证明下面这一个比阿达马不等式更准确的不等式:

$$\begin{aligned} V[x_1, x_2, \cdots, x_m] &\leqslant \prod_{k=1}^{m} \{V[x_1, \cdots, x_{k-1}, x_{k+1}, \cdots, x_m]\}^{\frac{1}{m-1}} \\ &\leqslant \prod_{1 \leqslant k < l \leqslant m} \{V[x_1, \cdots, x_{k-1}, x_{k+1}, \cdots, x_{l-1}, x_{l+1}, \cdots]\}^{\frac{1 \cdot 2}{(m-1)(m-2)}} \leqslant \cdots \\ &\leqslant \prod_{1 \leqslant s_1 < s_2 < \cdots < s_r \leqslant m} \{V[x_{s_1}, x_{s_2}, \cdots, x_{s_r}]\}^{\frac{1 \cdot 2 \cdots (n-r)}{(m-1)(m-2) \cdots r}} \leqslant \cdots \\ &\leqslant \prod_{1 \leqslant s_1 < s_2 \leqslant m} \{V[x_{s_1}, x_{s_2}]\}^{\frac{1}{m-1}} \leqslant \prod_{s=1}^{m} |x_s| \quad (\text{M. K. 法热}). \end{aligned}$$

提示 对于 $x_{s_1}, x_{s_2}, \cdots, x_{s_r}$ 写下不等式 (15), 并对于所有可能的 $s_1, s_2, \cdots, s_r$ 的值, 将这些不等式乘在一起.

4. 若 $|a_{ik}| \leqslant M$, 则按照阿达马不等式 $\det[a_{ik}] \leqslant M^n n^{n/2}$. 试证明这个估计对于 $n = 2^m$ 不可能改进.

提示 需要在 2^m 维空间内作一个超平行体, 它的边在各轴上的投影的绝对值不超过数 M, 并且它的体积刚好等于 $M^n n^{n/2}$.

答 当 $M = 1$ 时, 在 2^m 维空间内未知向量的坐标的矩阵 A_m 可以由下面的递推公式给出:

$$A_m = \begin{bmatrix} A_{m-1} & A_{m-1} \\ A_{m-1} & -A_{m-1} \end{bmatrix}, \quad A_1 = \begin{bmatrix} 1 & 1 \\ 1 & -1 \end{bmatrix}.$$

注 若 $n \neq 2^m$, 估值 $M^n n^{n/2}$ **可以改进**.

§62. 不相容的线性方程组与最小二乘方法

设已给不相容的线性方程组

$$\left.\begin{aligned} a_{11}x_1 + a_{12}x_2 + \cdots + a_{1m}x_m &= b_1, \\ a_{21}x_1 + a_{22}x_2 + \cdots + a_{2m}x_m &= b_2, \\ \cdots\cdots\cdots\cdots\cdots\cdots\cdots\cdots\cdots \\ a_{n1}x_1 + a_{n2}x_2 + \cdots + a_{nm}x_m &= b_n. \end{aligned}\right\} \tag{16}$$

由于它不相容, 它没有解, 就是说, 不可能找到这样的一组数 $c_1, c_2, \cdots, c_m$ 使得当这组数代替了未知数 $x_1, x_2, \cdots, x_m$ 后, 方程组 (16) 的全部方程都能被满足.

若在方程组 (16) 的左边, 用某些数 $\xi_1, \xi_2, \cdots, \xi_m$ 代替未知数 $x_1, x_2, \cdots, x_m$, 我们得到不同于 $b_1, b_2, \cdots, b_n$ 诸数的 n 个数 $\gamma_1, \gamma_2, \cdots, \gamma_n$. 我们提出下面的问题: 确定 $\xi_1, \xi_2, \cdots, \xi_m$ 诸数, 使所得的数 $\gamma_1, \gamma_2, \cdots, \gamma_n$ 与所给数值 $b_1, b_2, \cdots, b_n$ 的平方偏差, 就是由表示式

$$\delta^2 = \sum_{j=1}^{n} (\gamma_j - b_j)^2 \tag{17}$$

所确定的值 δ^2 尽可能最小, 并求这个最小偏差.

这种问题发生在实践中, 例如, 假定数值 b 是数值 $a_1, a_2, \cdots, a_m$ 的线性组合

$$b = \xi_1 a_1 + \xi_2 a_2 + \cdots + \xi_m a_m,$$

其中 a_j $(j = 1, 2, \cdots, m)$ 及其对应的 b 的值是通过测量得到的, 而系数 ξ_i 则从此计算. 若在第 i 次测量时所得到的 a_j 的数值是 a_{ij}, 而 b 的数值是 b_i, 我们就要组成方程

$$\xi_1 a_{i1} + \xi_2 a_{i2} + \cdots + \xi_m a_{im} = b_i; \tag{18}$$

测量 n 次就得到含有 n 个像 (18) 那样的方程, 就是说得到像 (16) 那样的方程组. 一般说来, 这个方程组由于测量中不可避免的种种误差而是不相容的, 因而确定系数 $\xi_1, \xi_2, \cdots, \xi_m$ 的问题, 不能化为解方程组 (16) 的问题. 现在提出这样的问题: 确定系数 ξ_j, 使得每一个方程至少近似地被满足, 但有最小误差. 若为了测度这个误差, 我们取数值

$$\gamma_j = \sum_{i=1}^{m} a_{ji} \xi_i$$

与已知数 b_j 的偏差的平方平均值, 也就是公式 (17) 所确定的值, 我们就把它化为上面所叙述的问题了. δ^2 的值在这种情况下也是有用的; 它可以用来估计测量的准确性.

若利用几何来解释, 问题的解答立刻就可以得到了. 考虑 m 个向量 $a_1, a_2, \cdots, a_m$, 它们的分量就是从方程组 (16) 的列中得到的:

$$a_1 = \{a_{11}, a_{21}, \cdots, a_{n1}\}, \quad \cdots, \quad a_m = \{a_{1m}, a_{2m}, \cdots, a_{nm}\}.$$

作线性组合 $\xi_1 a_1 + \cdots + \xi_m a_m$, 我们得到向量 $\gamma = \{\gamma_1, \cdots, \gamma_n\}$. 我们要确定系数 $\xi_1, \cdots, \xi_m$, 使得向量 γ 与已给的向量 $b = \{b_1, b_2, \cdots, b_n\}$ 之差的模方尽可能最小.

向量 $a_1, \cdots, a_m$ 的**全部**线性组合产生子空间 $L = L(a_1, a_2, \cdots, a_m)$. 在这个子空间里, 和向量 b 有最短距离的是 b 在 L 上的投影. 因此诸数 $\xi_1, \cdots, \xi_m$ 应该这样选择, 使 $\xi_1 a_1 + \cdots + \xi_m a_m$ 化为向量 b 在子空间 L 上的投影. 但是我们知道这个问题的解已由 §56 第 3 段的公式给出, 即:

$$\xi_j = \frac{1}{D} \begin{vmatrix} (a_1, a_1) & \cdots & (a_{j-1}, a_1) & (b, a_1) & (a_{j+1}, a_1) & \cdots & (a_m, a_1) \\ \vdots & & \vdots & \vdots & \vdots & & \vdots \\ (a_1, a_m) & \cdots & (a_{j-1}, a_m) & (b, a_m) & (a_{j+1}, a_m) & \cdots & (a_m, a_m) \end{vmatrix},$$

此处 D 是格拉姆行列式 $G(a_1, a_2, \cdots, a_m)$.

§60 的结果给予我们估计偏差 δ 的可能性. 事实上, 数值 δ 就是由向量 $a_1, \cdots, a_m, b$ 所构成的 $(m+1)$ 维超平行体的高, 因而等于体积的比:

$$\frac{V(a_1, a_2, \cdots, a_m, b)}{V(a_1, a_2, \cdots, a_m)}.$$

用格拉姆行列式表示这两个体积, 最后得

$$\delta^2 = \frac{G(a_1, a_2, \cdots, a_m, b)}{G(a_1, a_2, \cdots, a_m)}.$$

于是我们提出的问题就完全解决了.

在实际计算中, 时常遇到下列问题 (有最小误差的插值法): 在区间 $a \leqslant t \leqslant b$ 上已给函数 $f_0(t)$; 作 k 次多项式 $P(t), k < n$, 使这个多项式对于函数 $f_0(t)$ 的平方偏差用数值

$$\delta^2(f_0, P) = \sum_{j=0}^{n} [f_0(t_j) - P(t_j)]^2$$

来度量, 成为最小. 此处 $t_0, t_1, \cdots, t_n$ 是区间 $a \leqslant t \leqslant b$ 上的某 n 个固定点.

这个问题根据几何观点的简单解答, 是由 M. A. 克拉斯诺谢尔斯基提出的.

我们引进由函数 $f(t)$ 所构成的欧氏空间 R, 我们**只考虑**这些函数在 $t_0, t_1, \cdots, t_n$ 诸点的值, 并令这个空间具有数积

$$(f, g) = \sum_{j=0}^{n} f(t_j) g(t_j).$$

这样, 我们的问题就化为确定向量 $f_0(t)$ 在所有次数不超过 k 的多项式子空间上的投影的问题. 所求多项式 $P_0(t) = \xi_0 + \xi_1 t + \cdots + \xi_k t^k$ 的系数, 同上面讨论的问题一样可以从以下公式得到:

$$\xi_j = \frac{1}{D} \begin{vmatrix} (1,1) & (t,1) & \cdots & (t^{j-1},1) & (f_0,1) & (t^{j+1},1) & \cdots & (t^k,1) \\ (1,t) & (t,t) & \cdots & (t^{j-1},t) & (f_0,t) & (t^{j+1},t) & \cdots & (t^k,t) \\ \vdots & \vdots & & \vdots & \vdots & \vdots & & \vdots \\ (1,t^k) & (t,t^k) & \cdots & (t^{j-1},t^k) & (f_0,t^k) & (t^{j+1},t^k) & \cdots & (t^k,t^k) \end{vmatrix}$$

此处 D 是格拉姆行列式 $D(1, t, \cdots, t^k)$.

最小二乘方偏差本身 δ^2 可以按照公式

$$\delta^2(f_0, P) = \frac{D(1, t, \cdots, t^k, P)}{D(1, t, \cdots, t^k)}$$

计算.

第九章

不变子空间与特征向量

§63. 不变子空间

设在线性 (仿射) 空间 R 中已给线性算子 A. 我们引进以下的定义: 设 R' 为线性空间 R 的子空间, 若当 $x \in R'$ 时, $\mathrm{A}x \in R'$, 则 R' 对于算子 A 称为不变子空间.

特殊地, 非真子空间 —— 零空间与整个空间 —— 对于任何算子都是不变的; 自然的, 我们以下只对于不变的真子空间感兴趣. 让我们以这样的观点来研究 §26 中所举的线性算子的例子.

1. 对于例 1—3 中的线性算子, 每一个子空间都是不变的.

2. 平面上的旋转算子 (例 4) 没有不变子空间.

3. 投影算子 (例 5) 例如有以下的不变子空间: 不变的向量 $x = \sum_{k=1}^{m} \xi_k e_k$ 所构成的子空间 R' 及变为零的向量 $y = \sum_{k=m+1}^{n} \xi_k e_k$ 所构成的子空间 R''.

4. 对于对角算子 (例 6), 由基向量 $e_1, e_2, \cdots, e_n$ 中的某一些所产生的任一个子空间是不变的.

5. 对于乘以 t 的算子 (例 7), 空间 $C(a, b)$ 中一切在某一个 (包含于闭区间 $[a, b]$ 内的) 开区间 Δ 内等于零的函数所构成的集合是不变子空间, 而且是无穷维的.

6. 对于例 9 中的微分算子, n 个函数 $e^{k_1 t}, e^{k_2 t}, \cdots, e^{k_n t}$ 的一切线性组合构成 n 维不变子空间.

习题

1. 设已给 n 维空间 R 的一个线性算子 A. 若选择对于 A 的一个 k 维不变子空间的基底为 R 的基底的前 k 个向量, 问算子 A 的矩阵有什么特点?

答 在矩阵的前 k 列中, 自第 $(k+1)$ 行起, 以下各行的所有元素等于零.

2. 若 A 是 n 维线性空间的满秩线性算子, 则任何对于 A 的不变子空间, 对于 A^{-1} 也不变.

3. 若空间 R 可以表示成对于算子 A 不变的两个子空间 R_1 与 R_2 的直和[①]的形状, 而在基底 $e_1, e_2, \cdots, e_k, e_{k+1}, \cdots, e_n$ 中, 前 k 个向量属于 R_1, 其余的 $n-k$ 个属于 R_2, 则对于这个基底, 算子 A 的矩阵具有

$$A = \begin{array}{c} 1 \\ k \\ k+1 \\ n \end{array} \overset{\begin{array}{cccc} 1 & k & k+1 & n \end{array}}{\left[\begin{array}{c:c} A_1 & 0 \\ \hdashline 0 & A_2 \end{array}\right]}$$

的形状. 问方阵 A_1 与 A_2 有什么几何意义?

答 矩阵 A_1 是当算子 A 作为仅作用于子空间 R_1 的算子时, 它对于基底 $e_1, e_2, \cdots, e_k$ 的矩阵. 矩阵 A_2 有类似的意义.

4. 若算子 A 的化零多项式可分解为两个互质的因子之积, $P(t) = P_1(t)P_2(t)$, 则对于一定的基底, 算子 A 的矩阵可以写成以下的形状:

$$A = \left[\begin{array}{c|c} A_1 & 0 \\ \hline 0 & A_2 \end{array}\right],$$

其中矩阵 A_1 与 A_2 依次被多项式 $P_1(t)$ 与 $P_2(t)$ 化为零.

提示 必有多项式 $S_1(t)$ 与 $S_2(t)$, 可使

$$P_1(t)S_1(t) + P_2(t)S_2(t) \equiv 1. \tag{$*$}$$

R 中所有满足条件 $P_1(A)x = 0$ 的向量 x, 与所有满足条件 $P_2(A)y = 0$ 的向量 y, 依次构成向量空间 R_1 与 R_2; 应用等式 $(*)$, 可知 R_1 与 R_2 的交集等于零, 而且 R_1 与 R_2 之和是整个空间 R. 再利用问题 1 的结果.

5. 若 n 维欧氏空间 R 的子空间 R_1 对于算子 A 不变, 则子空间 R_1 的正交余空间对于共轭算子 A^* 不变.

6. 若等距算子 A 作用于欧氏空间 R 并满足习题 4 的条件, 则对应于矩阵 A 的基底可以选择为正交的与归一的.

提示 利用分解式 $z = P_1(\mathrm{A})S_1(\mathrm{A})z + P_2(\mathrm{A})S_2(\mathrm{A})z$ 及 R_1 的正交余空间的不变性, 证明每一个向量 $z \perp R_1$ (问题 4) 包含在 R_2 中.

7. 若多项式 $[P(t)]^k$ 对于等距算子 A 是化零多项式, 则 $P(t)$ 对于 A 也是化零多项式.

---

①若 R_1 与 R_2 的和等于 R, 而 R_1 与 R_2 的交集是零向量, 则 R 称为子空间 R_1 与 R_2 的直和. 参看 §15.

提示 设 H 为满足条件 $P(\mathrm{A})x=0$ 的所有向量 x 所构成的 (对于 A 的) 不变子空间, 而 Z 为 H 的正交余空间. 子空间 Z 对于算子 A 也不变, 因此, 对于 $[P(\mathrm{A})]^{k-1}$ 也不变. 但若 $z\in Z$, 则 $[P(\mathrm{A})]^{k-1}z\in H$, 因此, $[P(\mathrm{A})]^{k-1}z=0$. 故 $[P(t)]^{k-1}$ 是算子 A 的化零多项式.

8. 若算子 A 的化零多项式是二次多项式, 则空间 R 的每一个向量 x 位于 (对于 A 的) 不变平面或直线上.

提示 向量 $x, \mathrm{A}x, \mathrm{A}^2x$ 线性相关.

9. 对于每一个等距算子 A, 空间 R 可分解为某一个不变平面 (或直线) 与对于它正交的不变子空间的直和.

提示 每一个多项式, 包括算子 A 的化零多项式在内, 可分解为具有形状 $[P(t)]^k$ 的互质的实多项式之积, 其中 $P(t)$ 是不高于二次的多项式. 再利用问题 4—8.

10. 对于每一个等距算子 A, 在欧氏空间 R 中, 可选择正交归一基底, 使算子 A 的矩阵 A 具有

$$A=\begin{bmatrix}\cos\alpha_1 & \sin\alpha_1 & & & & & & & & & \\ -\sin\alpha_1 & \cos\alpha_1 & & & & & & & & & \\ & & \cos\alpha_2 & \sin\alpha_2 & & & & & & & \\ & & -\sin\alpha_2 & \cos\alpha_2 & & & & & & & \\ & & & & \ddots & & & & & & \\ & & & & & -1 & & & & & \\ & & & & & & -1 & & & & \\ & & & & & & & \ddots & & & \\ & & & & & & & & 1 & & \\ & & & & & & & & & 1 & \\ & & & & & & & & & & \ddots\end{bmatrix}$$

的形状 (矩阵中所有未写出的元素等于零).

提示 首先求出作用于二维空间或一维空间的等距算子 A 的矩阵, 再利用问题 8 的结果.

§64. 特征向量与特征值

1. 算子 A 的一维不变子空间, 有一种特殊作用; 它们称为不变方向或特征方向. 属于算子 A 的一维不变方向的每一个 (非零) 向量称为算子 A 的特征向量; 换句话说, 若算子 A 使向量 $x\neq 0$ 变为与它共线的向量:

$$\mathrm{A}x=\lambda x, \tag{1}$$

则 x 称为 A 的一个特征向量. 上面等式中的数 λ 称为算子 A 的对应于特征向量 x 的特征值 (特征数).

再回到 §26 的例子.

1. 在例 1—3 中, 空间的每一个非零向量依次是具有特征值 $0, 1, \lambda$ 的特征向量.

2. 旋转算子 (例 4) 没有特征向量.

3. 投影算子 (例 5) 有形状为 $x=\sum_{k=1}^{m}\xi_k e_k$ 和 $y=\sum_{k=m+1}^{n}\xi_k e_k$ 且分别对应于特征值 1 和 0 的特征向量. 可以验证, 除此以外, 投影算子没有其他的特征向量.

4. 对角算子 (例 6) 按其定义有依次对应于特征值 $\lambda_1,\lambda_2,\cdots,\lambda_n$ 的特征向量 $e_1,e_2,\cdots,e_n$.

5. 乘以 t 的算子 (例 7) 在空间 $C(a,b)$ 中没有特征向量, 因为没有连续函数 $x(t)\neq 0$, 能满足等式

$$tx(t)\equiv\lambda x(t).$$

6. 关于弗雷德霍姆算子 (例 8) 的特征向量将在第十二章的前面部分讨论.

7. 为了求微分算子 (例 9) 的特征向量, 需要解方程 $x'(t)=\lambda x(t)$, 由此得 $x(t)=Ce^{\lambda t}$. 我们得到具有不同特征值的特征向量的无穷集.

2. 我们下面讨论特征向量的两个简单性质.

引理 1 具有两两互异的特征值 $\lambda_1,\lambda_2,\cdots,\lambda_m$ 的算子 A 的特征向量 $x_1,x_2,\cdots,x_m$ 是线性无关的.

我们对 m 施行归纳法来证明这个论断. 对于 $m=1$ 这个引理显然是正确的. 假定这个引理对于算子 A 的任何 $m-1$ 个特征向量是正确的, 我们要证明它对于算子 A 的任何 m 个特征向量仍然正确. 假使不是这样, 我们假设在算子 A 的 m 个特征向量之间有线性关系

$$C_1x_1+C_2x_2+\cdots+C_mx_m=0,$$

其中可假定 $C_1\neq 0$. 对于这个等式施行算子 A, 我们得到.

$$C_1\lambda_1x_1+C_2\lambda_2x_2+\cdots+C_m\lambda_mx_m=0.$$

用 λ_m 乘第一个等式再从第二个等式减去, 得:

$$C_1(\lambda_1-\lambda_m)x_1+C_2(\lambda_2-\lambda_m)x_2+\cdots+C_{m-1}(\lambda_{m-1}-\lambda_m)x_{m-1}=0,$$

根据归纳法中的假设, 由此可知所有的系数为零. 特别的, $C_1(\lambda_1-\lambda_m)=0$, 这与条件 $C_1\neq 0,\lambda_1\neq\lambda_m$ 矛盾. 故我们的假设不正确, 因而 $x_1,x_2,\cdots,x_m$ 线性无关.

特殊地, 在 n 维空间中, 线性算子 A 不能有多于 n 个具有不同特征值的特征向量.

引理 2 线性算子 A 对应于已给特征值 λ 的一切特征向量构成子空间 $R^{(\lambda)}\subset R$.

事实上, 若 $\mathrm{A}x_1=\lambda x_1,\mathrm{A}x_2=\lambda x_2$, 则

$$\begin{aligned}\mathrm{A}(\alpha x_1+\beta x_2)&=\alpha\mathrm{A}x_1+\beta\mathrm{A}x_2=\alpha\lambda x_1+\beta\lambda x_2\\&=\lambda(\alpha x_1+\beta x_2),\end{aligned}$$

因而引理的论断已经证明.

子空间 $R^{(\lambda)}$ 称为算子 A 对应于特征值 λ 的特征子空间.

习题

1. 若线性算子 A 与 B 可交换 (即 AB = BA), 则算子 A 的每一个特征子空间对于算子 B 是不变子空间.

2. 若算子 A 的特征子空间的和 (§15) 与整个空间重合, 并且算子 A 的每一个特征子空间对于算子 B 是不变的, 则 A 与 B 可交换.

3. 若 x 和 y 是算子 A 的具有不同特征值的特征向量, 则 $\alpha x+\beta y$ $(\alpha\neq 0,\beta\neq 0)$ 不是算子 A 的特征向量.

4. 若空间 R 的每一个向量对于算子 A 是特征向量, 则 $\mathrm{A}=\lambda\mathrm{E}$ (λ 是实数).

提示 应用习题 3 的结果.

5. 若线性算子 A 与作用于空间的**一切**线性算子可交换, 则 $\mathrm{A}=\lambda\mathrm{E}$.

提示 选择适当的算子 B 并且利用习题 1, 化为习题 4 来解决.

6. 若线性算子 A 有具有特征值 λ_0 的特征向量 e_0, 则向量 e_0 对于算子 A^2 是具有特征值 λ_0^2 的特征向量.

7. 线性算子 A 没有特征向量时, 算子 A^2 可以有特征向量 (例如: 平面上旋转 90° 的算子). 试证明: 若算子 A^2 有具有**非负的**特征值 $\lambda=\mu^2$ 的特征向量, 则算子 A 也有特征向量.

提示 把算子 $\mathrm{A}^2-\mu^2\mathrm{E}$ 展开为因子之积.

§65. 有限维空间中特征向量与特征值的计算

设 $e_1,e_2,\cdots,e_n$ 为 n 维空间 R_n 的基底, A 为任意线性算子. 设向量 $x=\sum_{k=1}^n\xi_k e_k$ 为算子 A 的特征向量, 于是 $\mathrm{A}x=\lambda x$, 其中 λ 是某一个数. 利用 §27 的 (7) 式, 我们可以将这个等式改写为坐标式:

$$\begin{aligned}\lambda\xi_1&=a_1^{(1)}\xi_1+a_1^{(2)}\xi_2+\cdots+a_1^{(n)}\xi_n,\\ \lambda\xi_2&=a_2^{(1)}\xi_1+a_2^{(2)}\xi_2+\cdots+a_2^{(n)}\xi_n,\\ &\cdots\cdots\cdots\cdots\cdots\cdots\\ \lambda\xi_n&=a_n^{(1)}\xi_1+a_n^{(2)}\xi_2+\cdots+a_n^{(n)}\xi_n,\end{aligned}$$

或

$$\left.\begin{array}{llll}(a_1^{(1)}-\lambda)\xi_1 & +a_1^{(2)}\xi_2 & +\cdots+a_1^{(n)}\xi_n & =0,\\ a_2^{(1)}\xi_1 & +(a_2^{(2)}-\lambda)\xi_2 & +\cdots+a_2^{(n)}\xi_n & =0,\\ \cdots\cdots & \cdots\cdots & \cdots\cdots & \cdots\\ a_n^{(1)}\xi_1 & +a_n^{(2)}\xi_2 & +\cdots+(a_n^{(n)}-\lambda)\xi_n & =0.\end{array}\right\}\tag{2}$$

这个含诸量 $\xi_1,\xi_2,\cdots,\xi_n$ 的齐次方程组有非零解的充要条件是它的行列式等于零:

$$\Delta(\lambda)\equiv\begin{vmatrix}a_1^{(1)}-\lambda & a_1^{(2)} & \cdots & a_1^{(n)}\\ a_2^{(1)} & a_2^{(2)}-\lambda & \cdots & a_2^{(n)}\\ \vdots & \vdots & & \vdots\\ a_n^{(1)} & a_n^{(2)} & \cdots & a_n^{(n)}-\lambda\end{vmatrix}=0.\tag{3}$$

在这个方程左端的含 λ 的 n 次多项式是我们早已熟悉的算子 A 的特征多项式 (§28, 第 3 段). 它的每一个实根 λ_0 对应于一个特征向量. 要得到这特征向量, 我们把 λ_0 替代 (2) 中的 λ, 然后从所得的相容方程组解出 $\xi_1,\xi_2,\cdots,\xi_n$.

我们试分析在解特征方程 (3) 时可能发生的情形:

1. **实根不存在的情况** 若方程 $\Delta(\lambda)=0$ 的所有的根都是虚的, 则线性算子 A 显然没有特征向量.

例如, 如同我们早已指出的在平面 V_2 上, 旋转 $\varphi_0 \neq m\pi$ 角 $(m = 0, \pm1, \pm2, \cdots)$ 的旋转算子, 没有特征向量, 这个事实, 在几何上是明显的, 用代数方法也易于证明. 事实上, 对于旋转算子, 方程 (3) 成为

$$\begin{vmatrix} \cos\varphi_0 - \lambda & -\sin\varphi_0 \\ \sin\varphi_0 & \cos\varphi_0 - \lambda \end{vmatrix} = 0.$$

展开行列式后, 得

$$1 - 2\lambda\cos\varphi_0 + \lambda^2 = 0.$$

当 $\varphi_0 \neq m\pi$ $(m = 0, \pm1, \pm2, \cdots)$ 时, 这个方程没有实根.

2. **存在着 n 个不同实根的情况** 若方程 $\Delta(\lambda) = 0$ 的所有的 n 个根 $\lambda_1, \lambda_2, \cdots, \lambda_n$ 是实的, 而且是不同的, 则我们在方程组 (2) 中, 陆续令 $\lambda = \lambda_1, \lambda_2, \cdots, \lambda_n$, 然后解它, 即可求得算子 A 的 n 个不同的特征向量. 根据 §64, 第 2 段, 引理 1, 所得的 n 个特征向量 $f_1, f_2, \cdots, f_n$ 线性无关. 我们取它们作为新的基底而且对于这个新的基底作算子 A 的矩阵. 则因

$$\begin{aligned} \mathrm{A}f_1 &= \lambda_1 f_1, \\ \mathrm{A}f_2 &= \qquad \lambda_2 f_2, \\ &\cdots\cdots\cdots\cdots\cdots\cdots \\ \mathrm{A}f_n &= \qquad\qquad \lambda_n f_n, \end{aligned}$$

矩阵 $A_{(f)}$ 有形状

$$\begin{bmatrix} \lambda_1 & 0 & \cdots & 0 \\ 0 & \lambda_2 & \cdots & 0 \\ \vdots & \vdots & & \vdots \\ 0 & 0 & \cdots & \lambda_n \end{bmatrix}.$$

利用对角算子 (§26, 例 6) 的定义, 我们可以将所得的结果叙述如下: *若 n 维空间中一个算子的特征多项式有 n 个不同的实根, 则这个算子是对角算子; 若以它的特征向量作为基底, 则它的矩阵是对角的而且矩阵的对角线上的元素是算子的特征值.*

3. **重实根的情形** 设 $\lambda = \lambda_0$ 是方程 (3) 的 $r \geqslant 1$ 重实根. 于是产生了下面的问题: 和它对应的特征子空间 $R^{(\lambda_0)}$ 是多少维的, 或者, 换句话说, 在 $\lambda = \lambda_0$ 时, 方程组 (2) 有多少个线性无关的解? 设此特征子空间的维数为 m. 在空间 R 里选择一个基底, 使其中前 m 个基向量在 $R^{(\lambda_0)}$ 里. 于是在这个基底里, 算子 A 的矩阵前 m 列主对角线上的元素为 λ_0, 而这些列的其他元素为零. 矩阵 $A - \lambda E$ 的行列式因而有因子 $(\lambda - \lambda_0)^m$. 所以, 特征多项式 $\det(A - \lambda E)$ 的根 λ_0 的相重数不小于 m. 由此得, 不等式 $r \geqslant m$. 我们已证明了下面的命题:

算子 A 对应于特征多项式的根 λ_0 的特征子空间的维数不超过这个根 λ_0 的相重数.

特殊地, 特征多项式的**单根**对应于**一维**子空间.

容易验证, §26 中例 1—3, 5, 6 的特征子空间的维数等于特征多项式的根的相重数. 但时常发生这样的情况, 即特征子空间维数真正小于特征根的相重数. 例如取 V_2 中具有矩阵

$$A_{(e)} = \begin{bmatrix} \lambda_0 & 0 \\ \mu & \lambda_0 \end{bmatrix}$$

的算子 A, 其中 $\mu \neq 0$ 为任意数. 特征多项式具有形状 $(\lambda - \lambda_0)^2$, 它有二重根 $\lambda = \lambda_0$. 在所给的情况下, 方程组 (2) 成为

$$\begin{aligned} 0 \cdot \xi_1 + 0 \cdot \xi_2 &= 0, \\ \mu \cdot \xi_1 + 0 \cdot \xi_2 &= 0. \end{aligned}$$

而且 (除一个常数因子外) 有唯一的解

$$\xi_1 = 0, \xi_2 = 1.$$

所以算子 A 对应于特征值 $\lambda = \lambda_0$ 的特征子空间的维数为 1, 它小于根 λ_0 的相重数.

习题

1. 试求下列矩阵所定的算子的特征值与特征向量,

$$\text{a)} \begin{bmatrix} 2 & -1 & -1 \\ 0 & -1 & 0 \\ 0 & 2 & 1 \end{bmatrix}; \qquad \text{b)} \begin{bmatrix} -1 & -2 & 2 \\ 0 & 1 & 0 \\ 0 & 0 & 1 \end{bmatrix};$$

$$\text{c)} \begin{bmatrix} 2 & -1 & 0 \\ 0 & 1 & -1 \\ 0 & 1 & 3 \end{bmatrix}; \qquad \text{d)} \begin{bmatrix} 0 & 0 & 1 & -1 \\ -1 & 0 & 1 & -1 \\ 0 & 0 & 0 & 0 \\ 0 & 0 & 0 & 1 \end{bmatrix}.$$

答 a) $\lambda_1 = 2, f_1 = (1,0,0); \lambda_2 = 1, f_2 = (1,0,1); \lambda_3 = -1, f_3 = (0,1,-1)$; b) $\lambda_1 = -1, f_1 = (1,0,0); \lambda_2 = \lambda_3 = 1, f_2 = (1,0,1); f_3 = (0,1,-1)$; c) $\lambda_1 = 2, f_1 = (1,0,0)$; d) $\lambda_1 = 1, f_1 = (1,0,0,-1); \lambda_2 = 0, f_2 = (0,1,0,0)$.

2. 假设作用于 n 维空间 R 的算子 A 有 k 维不变子空间 R'. 暂时把算子 A 当作是在子空间 R' 中的一个算子, 我们可以作出它的 k 次特征多项式. 证明这个多项式是作用于整个空间 R 的算子 A 的特征多项式的因子.

提示 利用 §63 习题 1 与特征多项式的不变性 (§38, 第 3 段).

3. 试求具有不同对角线元素的一个对角算子的所有不变子空间. 并且证明, 它的个数为 2^n.

提示 需要证明, 在每一个 k 维不变子空间中有 k 个特征向量, 为此, 利用习题 2 的结果.

§66. 对称算子的特征向量

1. 我们现在来讨论作用于欧氏空间 R 的线性算子的一个重要类型 —— 对称算子 (§55, 第 2 段) —— 的特征向量. 我们之所以选择这类的算子是由于: 第一, 这类

算子在理论物理里起着重要的作用 (参看第十二章); 第二, 关于这类算子的特征向量的理论具有极其丰富的内容.

设 A 为作用于欧氏空间 R 的一个算子. 我们记得, 若对应于 A 的双线性型 $(x, \mathrm{A}y)$ 是对称的, 即: 对于空间 R 的任意向量 x 和 y, 有等式

$$(\mathrm{A}x, y) = (x, \mathrm{A}y), \tag{4}$$

则算子 A 称为对称的. 如 §55 的第 2 段所指出的, 在 n 维欧氏空间中, 对于任意正交归一基底, 对称算子的矩阵 A 与其转置矩阵重合, 换句话说, A 是对称矩阵. 反之, 在正交归一基底中有对称矩阵的每一个算子 A 必是对称算子.

2. 我们首先证明一些简单的引理.

引理 1 对称算子 A 对应于不同特征值的特征向量是互相正交的.

事实上设等式

$$\mathrm{A}x = \lambda x,$$

$$\mathrm{A}y = \mu y$$

成立, 而且 $\lambda \neq \mu$. 取第一等式与 y 的数积, 第二等式与 x 的数积, 然后从第一个减去第二个, 得

$$(\mathrm{A}x, y) - (x, \mathrm{A}y) = (\lambda - \mu)(x, y).$$

由于算子是对称的, 等式左边等于零, 因为 $\lambda \neq \mu$, 故 $(x, y) = 0$. 证毕.

引理 2 设 R' 是在欧氏空间 R 中对于对称算子 A 的不变子空间, 则子空间 R' 的正交余空间 R'' (§50, 第 3 段) 对于算子 A 也是不变的.

证明 设 x 是子空间 R' 的任意一个向量, y 是子空间 R'' 的任意一个向量. 按假设 $(\mathrm{A}x, y) = 0$. 但由于算子是对称的, 因此又得 $(x, \mathrm{A}y) = 0$. 这就是说, 向量 $\mathrm{A}y$ 正交于任意一个向量 $x \in R'$, 所以, 对于任意的 $y \in R'', \mathrm{A}y \in R''$. 证毕.

引理 3 若 $|e| = 1$, A 是对称算子, 则

$$|\mathrm{A}e|^2 \leqslant |\mathrm{A}^2 e|.$$

并且仅当 e 是算子 A^2 的具有特征值

$$\lambda = |\mathrm{A}e|^2$$

的特征向量时, 上式等号成立.

证明 由于算子的对称及柯西 – 布尼亚科夫斯基不等式,

$$|\mathrm{A}e|^2 = (\mathrm{A}e, \mathrm{A}e) = (\mathrm{A}^2 e, e) \leqslant |\mathrm{A}^2 e||e| = |\mathrm{A}^2 e|. \tag{5}$$

柯西 – 布尼亚科夫斯基不等式仅当其中的向量共线时才化为等式 (§50, 第 2 段), 所以在相等的情形下,

$$\mathrm{A}^2 e = \lambda e,$$

即 e 是算子 A^2 的特征向量时等号成立. 把所得到的结果代入 (5) 中, 即得 λ

$$(\mathrm{A}^2 e, e) = (\lambda e, e) = \lambda = |\mathrm{A}e|^2,$$

证毕.

其次, 我们记得, 若 $|\mathrm{A}e_0| = \|\mathrm{A}\|, |e_0| = 1$, 向量 e_0 称为最大向量 (§53).

引理 4 若 e_0 是对称算子 A 的最大向量, 则 e_0 是算子 A^2 的具有特征值 $\|\mathrm{A}\|^2$ 的特征向量.

证明 由引理 3 及算子的模方的定义

$$\|\mathrm{A}\|^2 = |\mathrm{A}e_0|^2 \leqslant |\mathrm{A}^2 e_0| \leqslant \|\mathrm{A}\||\mathrm{A}e_0| \leqslant \|\mathrm{A}\|^2,$$

由此知

$$|\mathrm{A}e_0|^2 = |\mathrm{A}^2 e_0| = \|\mathrm{A}\|^2,$$

按引理 3, e_0 是算子 A^2 的具有特征值

$$|\mathrm{A}e_0|^2 = \|\mathrm{A}\|^2$$

的特征向量, 证明完毕.

引理 5 若对称算子 A 有最大向量, 则它也有特征值为 $+\|\mathrm{A}\|$ 或 $-\|\mathrm{A}\|$ 的特征向量.

证明 设 x_0 是算子 A 的最大向量. 根据引理 3, 它是对于算子 A^2 具有特征值 $\|\mathrm{A}\|^2$ 的特征向量:

$$\mathrm{A}^2 x_0 = \|\mathrm{A}\|^2 x_0.$$

这个等式可以写成 (令 $\mu = \|\mathrm{A}\|$)

$$(\mathrm{A} - \mu\mathrm{E})(\mathrm{A} + \mu\mathrm{E})x_0 = 0.$$

设 $z_0 = (\mathrm{A} + \mu\mathrm{E})x_0 \neq 0$, 则由条件, 得

$$(\mathrm{A} - \mu\mathrm{E})z_0 = 0,$$

或即

$$\mathrm{A}z_0 = \mu z_0.$$

可见 z_0 是算子 A 具有特征值 $\mu = \|\mathrm{A}\|$ 的特征向量. 若 $(\mathrm{A} + \mu\mathrm{E})x_0 = 0$, 则

$$\mathrm{A}x_0 = -\mu x_0,$$

因子 x_0 是算子 A 具有特征值 $-\mu = -\|\mathrm{A}\|$ 的特征向量. 于是引理 5 就完全证明了.

可以指出, 在引理 1—5 中没有假定空间 R 的维数有限. 相反地, 下面的定理 33 必须根据空间维数有限的假定.

定理 33 (关于对称算子的定理) 对称算子 A 在 n 维欧氏空间中有 n 个互相正交的特征向量.

证明 算子 A, 如同有限维空间中每一个算子一样, 有最大向量 (§53). 由引理 5, 我们得知, 算子 A 有具有特征值 λ_1 (等于 $\|\mathrm{A}\|$ 或 $-\|\mathrm{A}\|$) 的特征向量 e_1.

设 R' 为空间 R 中由向量 e_1 所产生的一维子空间 R_1 的正交余空间; R' 是空间 R 的 $(n-1)$ 维子空间, 根据引理 2, 它对于算子 A 是不变的. 我们现在可以把算子 A 当作是仅作用于子空间 R' 中的; 重复上述的讨论, 我们可知, 在这个子空间中, 算

子 A 有新的特征向量 e_2. 与 e_2 对应的特征值 λ_2 的绝对值等于在空间 R' 的单位球上函数 $|\mathrm{A}x|$ 的上确界, 所以, 它不超过 $|\lambda_1| = \|\mathrm{A}\|$.

由向量 e_1 和 e_2 所产生的子空间 R_2 对于算子 A 是不变的, 因为

$$\mathrm{A}(\alpha_1 e_1 + \alpha_2 e_2) = \alpha_1 \mathrm{A} e_1 + \alpha_2 \mathrm{A} e_2 = \alpha_1 \lambda_1 e_1 + \alpha_2 \lambda_2 e_2.$$

故由引理 2, 子空间 R_2 的正交余空间 R'' 对于算子 A 也是不变的. 重复上面的讨论, 我们在 R'' 中得出第三个具有特征值 λ_3 的特征向量 e_3; 其中 $|\lambda_3| \leqslant |\lambda_2| \leqslant |\lambda_1|$. 继续这个方法, 我们接连地得出 n 个互相正交的特征向量 $e_1, e_2, \cdots, e_n$, 它们依次具有特征值 $\lambda_1, \lambda_2, \cdots, \lambda_n$, 按绝对值的递减的次序, 可排列为 $|\lambda_1| \geqslant |\lambda_2| \geqslant \cdots \geqslant |\lambda_n|$.

推论 1 任何对称算子是对角的; 一定存在着一个 (而且是正交的) 基底, 在其中, 这个算子的矩阵是对角的.

推论 2 若矩阵 $[a_i^{(j)}]$ 是对称的, 则对应于它的 §65 中的特征方程 (3) 没有复根. 对应于方程 (3) 的每一个实根 λ, 方程组 (2) 的线性无关的解的个数, 恰好等于根 λ 的相重数.

事实上, 根据 §65 的第 3 段, 对于每一个实根 λ, 方程组 (2) 的线性无关的解的个数不大于根 λ 的相重数.

假定对于某一个根 λ_0, §65 里方程组 (2) 的线性无关的解的个数小于根 λ_0 的相重数, 或方程 (3) 有复根存在, 则对于方程 (3) 的一切实根, 方程组 (2) 的所有线性无关的解的总数将小于 n.

但根据已证明的事实, 具有矩阵 $[a_i^{(j)}]$ 的对称算子应有 n 个线性无关的特征向量. 所以, 我们的两个假定都不可能成立, 这就证明了推论 2 的正确性.

下面的定理 34 指出, 定理 33 的结果不能推广到非对称算子.

定理 34 若作用于 n 维线性欧氏空间的线性算子 A 有 n 个互相正交的特征向量, 则 A 是对称算子.

证明 取 n 个正交而且归一的特征向量作为空间 R 的基底, 则在这个基底中, 算子 A 的矩阵是对角的, 因而是对称的, 故由 §55 的第 2 段可知 A 是对称算子. 这就是所要证明的.

习题

1. 若一个作用于 n 维欧氏空间 R 中的对称算子的特征值 $\lambda_1, \lambda_2, \cdots, \lambda_n$ 都是正的, 则它称为恒正算子. 试证明, 已给一个恒正对称算子 A, 总可以求得一个恒正对称算子 B, 使 $\mathrm{B}^2 = \mathrm{A}$ (“算子 A 的平方根”).

提示 按照公式 $\mathrm{B}e_i = \sqrt{\lambda_i} e_i \ (i = 1, 2, \cdots, n)$ 作算子 B, 其中 $e_1, e_2, \cdots, e_n$ 是算子 A 的典型基底.

2. 在一正交与归一基底中, 已知算子 A 的矩阵为

$$A = \begin{bmatrix} 13 & 14 & 4 \\ 14 & 24 & 18 \\ 4 & 18 & 29 \end{bmatrix},$$

求算子 A 的平方根.

提示 先改变基底, 使已给算子的矩阵化为对角的形状.

答

$$\sqrt{A}=\begin{bmatrix}3&2&0\\2&4&2\\0&2&5\end{bmatrix}.$$

3. 试证明, 在 n 维欧氏空间中任意一个算子 A 的模方的平方等于 (对称) 算子 $\mathrm{A}^*\mathrm{A}$ 的最大特征值.

提示 施行类似引理 3 的证明的讨论, 但不假设算子 A 是对称的. 利用 §55 习题 7.

4. 已知一个线性算子 A 是对称算子 S 与等距算子 Q 的乘积: $\mathrm{A}=\mathrm{SQ}$, 证明 $\mathrm{S}^2=\mathrm{AA}^*$.

5. 试证明, 具有 $\det \mathrm{A}\neq 0$ 的每一个算子 A 可以表示为对称算子与等距算子的乘积.

提示 证明, 算子 AA^* 是恒正对称的 (习题 1), 故可求得恒正对称算子 S, 使 $\mathrm{S}^2=\mathrm{AA}^*$. 再按公式 $\mathrm{Q}=\mathrm{S}^{-1}\mathrm{A}$ 作算子 Q, 并证明 Q 是等距算子.

6. 证明在习题 5 的条件下, 算子 A 表为乘积 SQ 的形状的唯一性.

提示 应用习题 4 的结果.

7. 在 $\det \mathrm{A}=0$ 的假设下, 研究关于表示式 A=SQ 的可能性与唯一性.

答 可能, 但不唯一.

8. 试证明, 当对称算子 A 与 B 有共同的 n 个互相正交的特征向量时, 而且仅当此时, 它们是可交换的.

提示 应用习题 1 与 2 于 §64.

§67. 无穷维空间中对称算子的例

在这一节里, 我们考查某些具体的, 应用于理论物理学的算子.

1. 我们考查在欧氏空间 $C_2(a,b)$ 中乘上 t 的算子. 这算子是对称的: 对于 $C_2(a,b)$ 中的任何 $x(t)$ 和 $y(t)$,

$$(tx,y)=\int_a^b tx(t)y(t)dt=\int_a^b x(t)ty(t)dt=(x,ty).$$

注意, 乘上 t 的算子没有特征向量 (§64). 因此关于对称算子的基本定理 (§66) 不能推广到无穷维空间.

2. 我们考查弗雷德霍姆积分算子 (§26, 例 8).

若此积分算子的核 $K(t,s)$ 是对称的, 即 $K(t,s)=K(s,t)$, 则弗雷德霍姆算子是对称的; 事实上, 对于 $C_2(a,b)$ 中的任何 $x(t)$ 和 $y(t)$,

$$\begin{aligned}(\mathrm{A}x,y)&=\int_a^b\int_a^b K(t,s)x(s)y(t)dtds=\int_a^b\int_a^b K(s,t)x(s)y(t)dtds\\&=\int_a^b x(s)\left[\int_a^b K(s,t)y(t)dt\right]ds=(x,\mathrm{A}y).\end{aligned}$$

与乘上 t 的算子不同, 弗雷德霍姆对称算子有特征向量. 我们将在第十二章中研究它.

3. 斯图姆 – 刘维尔微分算子　这是在空间 $C_2(a,b)$ 中由公式

$$\mathrm{L}[x(t)] = \frac{d}{dt}\left[p(t)\frac{dx(t)}{dt}\right] + q(t)x(t)$$

所确定的算子, 其中 $p(t)$ 与 $q(t)$ 是已给的函数. $L(x)$ 的定义域不是整个空间 $C_2(a,b)$, 而是它的某一部分 (显然是仅由可微分二次的函数所构成), 这个定义域将在下面加以确定. $L[x]$ 显然是线性算子. 作出双线性型 $(L[x],y)$ 和 $(x,L[y])$ 而且对于它们运用分部积分法, 得

$$\begin{aligned}(\mathrm{L}[x],y) &= \int_a^b \left\{\frac{d}{dt}\left[p\frac{dx}{dt}\right] + qx\right\} ydt\\ &= py\frac{dx}{dt}\Big|_a^b - \int_a^b p\frac{dx}{dt}\frac{dy}{dt}dt + \int_a^b qxydt,\\ (x,\mathrm{L}[y]) &= \int_a^b \left\{\frac{d}{dt}\left[p\frac{dy}{dt}\right] + qy\right\} xdt\\ &= px\frac{dy}{dt}\Big|_a^b - \int_a^b p\frac{dy}{dt}\frac{dx}{dt}dt + \int_a^b qyxdt.\end{aligned}$$

由此可见, 若条件

$$p\left(y\frac{dx}{dt} - x\frac{dy}{dt}\right)\Big|_a^b = 0 \tag{6}$$

对于算子 $L[x]$ 的定义域 Ω 中的任意两个函数 $x(t)$ 和 $y(t)$ 都成立, 则等式 $(L[x],y) = (x,L[y])$ 成立, 因而算子 L 是对称的. 例如, 若对于任何函数 $x(t) \in \Omega$,

$$x(a) = x(b) = 0, \tag{7}$$

则条件 (6) 成立.

等式

$$x(a) + h_1x'(a) = 0, \quad x(b) + h_2x'(b) = 0, \tag{8}$$

或

$$x(a) = x(b), \quad x'(a) = x'(b) \tag{9}$$

等等也可以作为加于函数 $x(t) \in \Omega$ 的其他类型的条件. 一般地, 凡能使等式 (6)①成立的任何线性齐次条件都是合适的; 每一个这样的条件确定算子 $L[x]$ 的某一个定义域 Ω, 在 Ω 里的算子是对称的. 特殊的, 在 $p(t) \equiv 1, q(t) \equiv 0$ 的情形下, 我们得算子

$$L[x] = x''(t), \tag{10}$$

这个算子在例如条件 (9) 成立的情形下是对称的. 在对应的欧氏空间中, 我们试求这个算子的特征函数. 为此目的需要解方程

$$x''(t) = \lambda x(t), \tag{11}$$

① 等式 (6) 自身不能认为是域 Ω 的定义式, 因为在其中出现两个函数 $x(t)$ 和 $y(t)$, 而作为域的定义式应仅含一个函数.

而且仅选取满足条件 (9) 的解. 为简化演算起见, 取 $a=-\pi, b=\pi$. 于是方程 (11) 的解显然是 $x_n=A_n\cos nt+B_n\sin nt$, 在这里面, λ 分别的取 $0,-1^2,-2^2,\cdots,-n^2,\cdots$ 诸值; 常数 A_n 和 B_n 是任意的.

勒让德多项式也是一个斯图姆 – 刘维尔算子的特征函数. 为了求这个算子, 让我们设 $y_n(t)=(t^2-1)^n$ 而且对 t 微分; $y_n'(t)=2nt(t^2-1)^{n-1}$ 从而得 $(t^2-1)y_n'(t)=2nty_n(t)$. 对 t 微分这个等式 $n+1$ 次, 应用莱布尼茨的公式, 得

$$
\begin{aligned}
&(t^2-1)y_n^{(n+2)}(t)+2t(n+1)y_n^{(n+1)}(t)+2\frac{(n+1)n}{1\cdot 2}y_n^{(n)}(t)\\
&=2nty_n^{(n+1)}(t)+2n(n+1)y_n^{(n)}(t).
\end{aligned}
$$

在这个等式中以 $p_n(t)$ 代 $y_n^{(n)}(t)$, 它就变为 $[(t^2-1)p_n'(t)]'=n(n+1)p_n(t)$ 的形状, 然后再乘以 $\frac{1}{2^n n!}$, 即得

$$
\frac{d}{dt}\left[(t^2-1)\frac{d}{dt}P_n(t)\right]=n(n+1)P_n(t). \tag{12}
$$

等式 (12) 证明了, 勒让德多项式 $P_n(t)$ 是斯图姆 – 刘维尔算子

$$
L[x]=\frac{d}{dt}\left[(t^2-1)\frac{d}{dt}x(t)\right] \tag{13}
$$

具有特征值 $\lambda=n(n+1)$ 的特征函数. 斯图姆 – 刘维尔算子 (12) 的定义域是区间 $-1\leqslant t\leqslant 1$, 不需要关于对称的任何附加条件, 因为对于所有的可微分二次的函数 $x(t)\in C_2(-1,1)$, 等式 (6) 自动满足, 而这是由于在 $t=\pm 1$ 的情形下, $p(t)=t^2-1$ 变为零.

运用 §66 的引理 1, 我们重新得到三角函数 (对于不同的 n) 与勒让德多项式的正交性质. 下面在第十二章中, 我们将继续研究斯图姆 – 刘维尔算子的性质.

第十章

欧氏空间里的二次型

§68. 关于二次型的基本定理

我们首先讨论以下的关于欧氏空间里的对称双线性型的命题:

定理 35 *在 n 维欧氏空间里, 一切对称双线性型都有由互相正交的向量构成的典型基底.*

证明 考虑对应于已给的对称双线性型 $\mathrm{A}(x,y)$ 的线性算子 A (§55). 这个算子也是对称的. 根据关于对称双线性算子的定理 (定理 33), 在空间 R 有一个由算子 A 的特征向量构成的正交基底. 对于这个基底, 算子 A 的矩阵是对角矩阵. 由于这个矩阵也就是双线性型 $\mathrm{A}(x,y)$ 的矩阵, 所构成的基底也是型 $\mathrm{A}(x,y)$ 的典型基底. 证毕.

现在利用这个结果来研究二次型.

令已给二次型为

$$\mathrm{A}(x,x)=\sum_{i,j=1}^{n}a_{ij}\xi_i\xi_j \quad (a_{ij}=a_{ji}). \tag{1}$$

我们把数量 $\xi_1,\xi_2,\cdots,\xi_n$ 看作 n 维欧氏空间 R 里向量 x 的坐标, R 里的数积由公式

$$(x,y)=\sum_{i=1}^{n}\xi_i\eta_i$$

所确定, 其中 $y=(\eta_1,\eta_2,\cdots,\eta_n)$. 基底 $e_1=\{1,0,\cdots,0\},e_2=\{0,1,\cdots,0\},\cdots,e_n=\{0,0,\cdots,1\}$ 是 R 里的正交归一基底, 而且 $x=\sum_{i=1}^{n}\xi_ie_i,y=\sum_{i=1}^{n}\eta_ie_i$. 我们来讨

论对应于二次型 (1) 的双线性型

$$\mathrm{A}(x,y)=\sum_{i,j=1}^{n}a_{ij}\xi_i\eta_j.$$

把定理 35 用到这个型, 可知有正交归一基底 $f_1,f_2,\cdots,f_n$ 存在. 如果对于这个基底, 向量 x,y 依次有坐标 $\tau_1,\tau_2,\cdots,\tau_n$ 和 $\theta_1,\theta_2,\cdots,\theta_n$, 则型 $\mathrm{A}(x,y)$ 和二次型 $\mathrm{A}(x,x)$ 分别有以下形状:

$$\mathrm{A}(x,y)=\sum_{i=1}^{n}\lambda_i\tau_i\theta_i,$$

$$\mathrm{A}(x,x)=\sum_{i=1}^{n}\lambda_i\tau_i^2. \tag{2}$$

为了把基底 $e_1,e_2,\cdots,e_n$ 变到基底 $f_1,f_2,\cdots,f_n$, 我们利用一个正交矩阵 (§54, 第 1 段) $Q=[q_i^{(j)}]$, 以及公式

$$f_j=\sum_{i=1}^{n}q_i^{(j)}e_i \quad (j=1,2,\cdots,n).$$

利用 §54 的公式 (28), 坐标 $\tau_1,\tau_2,\cdots,\tau_n$ 和 $\xi_1,\xi_2,\cdots,\xi_n$ 之间的关系可以用下列等式来表示:

$$\xi_i=\sum_{j=1}^{n}q_i^{(j)}\tau_j \quad (i=1,2,\cdots,n), \tag{3}$$

其矩阵为 Q 的转置矩阵 Q'. 我们得到以下的重要定理:

定理 36 (关于欧氏空间二次型的定理) 每一个二次型 (1) 可以利用等距坐标变换 (3) 变到典型式 (2).

以下各点说明确定变换公式 (3) 以及二次型 (1) 的典型式 (2) 的运算过程, 它们可以从 §65 及 §66 推知; 我们在这里把它们写成总结的形状.

1) 从二次型 (1) 取对称矩阵 $A=[a_i^{(j)}]$, 其中 $a_i^{(j)}=a_{ij}$.

2) 作特征多项式 $\Delta(\lambda)=\det(A-\lambda E)$, 并且求它的根. 根据定理 33, 推论 2, 这多项式有 n 个实根 (不一定都互异).

3) 知道多项式 $\Delta(\lambda)$ 的根后, 已经可以把二次型写成典型式 (2). 并且还可以算出二次型的正或负的惯性指数.

4) 我们把根 λ_1 代入 §65 的方程组 (2), 对应于这个根, 方程组的线性无关的解的个数一定恰好是根 λ_1 的相重数. 利用求齐次方程组的解的法则, 我们可以得出这些线性无关的解.

5) 如果根 λ_1 的相重数大于 1, 我们按 §57 的方法把所得的线性无关的解变为互相正交.

6) 对于每一个根, 进行上述的步骤, 我们得一组 n 个互相正交的向量. 把它们

归一化, 也就是把每一个向量除以它的长度, 所得向量

$$
\begin{aligned}
f_1 &= \{q_1^{(1)}, q_2^{(1)}, \cdots, q_n^{(1)}\},\\
f_2 &= \{q_1^{(2)}, q_2^{(2)}, \cdots, q_n^{(2)}\},\\
&\cdots\cdots\cdots\cdots\cdots\cdots\\
f_n &= \{q_1^{(n)}, q_2^{(n)}, \cdots, q_n^{(n)}\}
\end{aligned}
$$

就构成一个正交归一系.

7) 利用数量 $q_i^{(j)}$, 可以写下变换公式 (3).

8) 若要求旧坐标 (ξ) 到新坐标 $\{\tau\}$ 的表示式, 由于正交矩阵的逆矩阵就是它的转置矩阵, 我们可以把所求的表示式写成以下形状:

$$\tau_i = \sum_{j=1}^{n} q_j^{(i)} \xi_j \quad (i = 1, 2, \cdots, n).$$

习题 把下列二次型, 用正交变换变到典型式.

a) $2\xi_1^2 + \xi_2^2 - 4\xi_1\xi_2 - 4\xi_2\xi_3$;

b) $2\xi_1^2 + 5\xi_2^2 + 5\xi_3^2 + 4\xi_1\xi_2 - 4\xi_1\xi_3 - 8\xi_2\xi_3$;

c) $2\xi_1^2 + 2\xi_2^2 + 2\xi_3^2 + 2\xi_4^2 - 4\xi_1\xi_2 + 2\xi_1\xi_4 + 2\xi_2\xi_3 - 4\xi_3\xi_4$;

d) $2\xi_1\xi_2 + 2\xi_1\xi_3 - 2\xi_1\xi_4 - 2\xi_2\xi_3 + 2\xi_2\xi_4 + 2\xi_3\xi_4$.

答 a) $4\eta_1^2 + \eta_2^2 - 2\eta_3^2$; $\eta_1 = \frac{2}{3}\xi_1 - \frac{2}{3}\xi_2 + \frac{1}{3}\xi_3$,

$$
\begin{aligned}
\eta_2 &= \frac{2}{3}\xi_1 + \frac{1}{3}\xi_2 - \frac{2}{3}\xi_3,\\
\eta_3 &= \frac{1}{3}\xi_1 + \frac{2}{3}\xi_2 + \frac{2}{3}\xi_3;
\end{aligned}
$$

b) $10\eta_1^2 + \eta_2^2 + \eta_3^2$; $\eta_1 = \frac{1}{3}\xi_1 + \frac{2}{3}\xi_2 - \frac{2}{3}\xi_3$,

$$
\begin{aligned}
\eta_2 &= \frac{2}{\sqrt{5}}\xi_1 - \frac{1}{\sqrt{5}}\xi_2,\\
\eta_3 &= \frac{2}{3\sqrt{5}}\xi_1 + \frac{4}{\sqrt{15}}\xi_2 + \frac{\sqrt{5}}{3}\xi_3;
\end{aligned}
$$

c) $\eta_1^2 - \eta_2^2 + 3\eta_3^2 + 5\eta_4^2$; $\eta_1 = \frac{1}{2}\xi_1 + \frac{1}{2}\xi_2 + \frac{1}{2}\xi_3 + \frac{1}{2}\xi_4$,

$$
\begin{aligned}
\eta_2 &= \frac{1}{2}\xi_1 + \frac{1}{2}\xi_2 - \frac{1}{2}\xi_3 - \frac{1}{2}\xi_4,\\
\eta_3 &= \frac{1}{2}\xi_1 - \frac{1}{2}\xi_2 + \frac{1}{2}\xi_3 - \frac{1}{2}\xi_4,\\
\eta_4 &= \frac{1}{2}\xi_1 - \frac{1}{2}\xi_2 - \frac{1}{2}\xi_3 + \frac{1}{2}\xi_4;
\end{aligned}
$$

d) $\eta_1^2+\eta_2^2+\eta_3^2-3\eta_4^2$; $\eta_1=\frac{\sqrt{2}}{2}\xi_1+\frac{\sqrt{2}}{2}\xi_2$,

$$\eta_2=\frac{\sqrt{2}}{2}\xi_3+\frac{\sqrt{2}}{2}\xi_4,$$
$$\eta_3=\frac{1}{2}\xi_1-\frac{1}{2}\xi_2+\frac{1}{2}\xi_3-\frac{1}{2}\xi_4,$$
$$\eta_4=\frac{1}{2}\xi_1-\frac{1}{2}\xi_2-\frac{1}{2}\xi_3+\frac{1}{2}\xi_4.$$

§69. 关于二次型的正交归一典型基底及其对应的典型式的唯一性

在 §43, 我们知道, 在仿射空间里, 无论是二次型的典型基底或它的典型式, 都不能唯一地确定; 一般地说, 我们可以把任意预给的一个向量包含在型的典型基底内. 在欧氏空间, 如果仅仅讨论正交归一基底, 则情形与上述的有所不同. 问题在于, 如在上面所看到的, 随着二次型的矩阵的变化, 所对应的对称线性算子也在变化; 如果二次型的基底已经求得, 则由对称算子的特征向量所成的基底也同时求得. 同时, 在典型基底里, 二次型的系数也和算子的对应的特征值一致. 但算子 A 的特征数是方程 $\det(\mathrm{A}-\lambda\mathrm{E})=0$ 的根, 它和基底的选择无关, 并且对于算子 A 是不变的. 于是, 型 $(\mathrm{A}x,x)$ 的典型系数的全部已经唯一地决定. 至于二次型 $(\mathrm{A}x,x)$ 的典型基底, 其确定的程度, 则和算子 A 的正交归一特征向量系确定的程度完全一致. 换言之, 除了这些向量彼此可以互相对换之外, 它们中任意一个可以乘上 -1; 而更普遍的是, 在对应于一个固定特征值 λ 的子空间里, 还可以施行任意的等距变换.

§70. 二次型的极值性质

设在欧氏空间 R 内, 已给二次型 $\mathrm{A}(x,x)$. 我们将研究它在空间 R 里单位球面, 即 $(x,x)=1$ 上的值. 我们提出以下问题: 它在单位球面上哪一点有逗留值? 注意所谓逗留值的定义如下: 设 $f(x)$ 为在一个曲面 U 上的点有定义并且可微的数值函数, 我们说, $f(x)$ 在点 $x_0\in U$ *有逗留值*, 就是说, 在 x_0 点, $f(x)$ 沿着在曲面 U 上的任意一个方向的导函数等于零. 特殊地, 函数 $f(x)$ 在它达到极大或极小值的那些点是逗留的.

决定逗留值的问题是条件极值的问题; 拉格朗日方法①是解决这问题的一个方法, 我们现在来利用这个方法. 我们在空间 R 内作出一个正交归一基底, 并且用 $\xi_1,\xi_2,\cdots,\xi_n$ 代表向量 x 对于这个基底的坐标. 对于这些坐标, 二次型具有形状 $\mathrm{A}(x,x)=\sum_{i,j=1}^n a_{ij}\xi_i\xi_j$, 而条件 $(x,x)=1$ 则用等式 $\sum_{i=1}^n\xi_i^2=1$ 表示. 按拉格

① 例如参考 В. И. 斯米尔诺夫, 高等数学教程, 中译本, 第一卷第二分册第 424 页, 高等教育出版社 1953 版.

朗日方法, 作函数

$$F(\xi_1,\xi_2,\cdots,\xi_n)=\sum_{i,j=1}^{n}a_{ij}\xi_i\xi_j-\lambda\sum_{i=1}^{n}\xi_i^2,$$

令上式对于 ξ_i $(x=1,2,\cdots,n)$ 的一次偏导数等于零:

$$2\sum_{j=1}^{n}a_{ij}\xi_j-2\lambda\xi_i=0\quad(i=1,2,\cdots,n).$$

消去 2, 我们得以下的熟知的方程组①(§65)

$$\begin{aligned}&(a_{11}-\lambda)\xi_1+a_{12}\xi_2+\cdots+a_{1n}\xi_n=0,\\&a_{21}\xi_1+(a_{22}-\lambda)\xi_2+\cdots+a_{2n}\xi_n=0,\\&\cdots\cdots\cdots\cdots\cdots\cdots\cdots\cdots\cdots\cdots\cdots\cdots\\&a_{n1}\xi_1+a_{n2}\xi_2+\cdots+(a_{nn}-\lambda)\xi_n=0.\end{aligned}$$

这个方程组曾经用来决定对应于二次型 $\mathrm{A}(x,x)$ 的对称算子的特征向量; 故得以下命题:

二次型 $\mathrm{A}(x,x)$ 在单位球面上有逗留值的点, 正是与型 $\mathrm{A}(x,x)$ 对应的对称算子 A 的特征向量②.

我们来计算型在诸逗留点所取的值. 为此, 我们引进对应的对称算子 A, 并且把二次型写成 $\mathrm{A}(x,x)=(\mathrm{A}x,x)$. 因为按照已经证明的事实, 型 $\mathrm{A}(x,x)$ 在算子的一个特征向量 e_i 有逗留值, 所以 $\mathrm{A}e_i=\lambda_ie_i$; 于是

$$\mathrm{A}(e_i,e_i)=(\mathrm{A}e_i,e_i)=\lambda_i(e_i,e_i)=\lambda_i.$$

因此, 对于 $x=e_i$, 型 $\mathrm{A}(x,x)$ 的逗留值等于算子 A 的对应特征值. 因算子 A 的特征值和型 $\mathrm{A}(x,x)$ 的典型系数相同, 我们可以进一步得出结论: *型 $\mathrm{A}(x,x)$ 的逗留值和它的典型系数相等.*

特殊地, 型 $\mathrm{A}(x,x)$ 在单位球面上的最大值等于它的典型系数中的最大的, 其最小值等于系数中的最小的.

习题

1. 用直接计算的方法证明最后一个定理.

2. 二次型

$$\mathrm{A}(x,x)=x_1^2+\frac{x_2^2}{2}+\frac{x_3^2}{3}\quad(x=(x_1,x_2,x_3))$$

当 $|x|=1$ 时的逗留值为何? 它们是什么性质的逗留值?

答: 当 $x=(\pm10,0)$ 时有最大值, 此时 $\mathrm{A}(x,x)=1$.

当 $x=(0,0,\pm1)$ 时有最小值, 此时 $\mathrm{A}(x,x)=\frac{1}{3}$.

当 $x=(0,\pm1,0)$ 时有 “鞍” 值, 此时 $\mathrm{A}(x,x)=\frac{1}{2}$

(即: 当一点在单位球面上沿一个方向离开 x 移动时, 函数 $\mathrm{A}(x,x)$ 递增, 而沿另一个方向离开 x 移动时, 它又递减).

---

①注意 $a_{ij}=a_{ji}$ $(i,j=1,2,\cdots,n)$.

②这里是指它们有相同的坐标 —— 译者.

§71. 在子空间里的二次型

1. 和双线性型一样, 二次型 $\mathrm{A}(x,x)$ 也可以不在整个 n 维空间 R_n, 而在某一个 k 维子空间 $R_k \subset R_n$ 来考虑, 并且在这个子空间里我们找一个正交归一典型基底. 令型 $\mathrm{A}(x,x)$ 在整个 R_n 空间具有典型式

$$\mathrm{A}(x,x) = \lambda_1\xi_1^2 + \lambda_2\xi_2^2 + \cdots + \lambda_n\xi_n^2. \tag{4}$$

在子空间 R_k 有典型式

$$\mathrm{A}(x,x) = \mu_1\tau_1^2 + \mu_2\tau_2^2 + \cdots + \mu_k\tau_k^2.$$

我们要弄清楚系数 $\mu_1,\mu_2,\cdots,\mu_k$ 和系数 $\lambda_1,\lambda_2,\cdots,\lambda_n$ 究竟有怎样的关系. 为方便起见, 假定所选下标的次序, 使典型系数按大小排列, 也就是假定

$$\lambda_1 \geqslant \lambda_2 \geqslant \cdots \geqslant \lambda_n, \quad \mu_1 \geqslant \mu_2 \geqslant \cdots \geqslant \mu_k,$$

如我们所知, λ_1 的值是二次型 $\mathrm{A}(x,x)$ 在空间 R_n 的单位球面上的最大值; 同样, μ_1 是二次型 $\mathrm{A}(x,x)$ 在子空间 R_k 的单位球面上的最大值, 所以 $\mu_1 \leqslant \lambda_1$. 我们将证明, $\mu_1 \geqslant \lambda_{n-k+1}$.

为此, 我们首先注意, 以下的结果是很容易从 §15, 第 3 段中的讨论求得的:

引理 如果在 n 维空间 R_n 取两个子空间 R_p 与 R_q, 它们的维数 p 与 q 的和超过 n, 则 R_p 与 R_q 的交空间的维数, 不小于 $p+q-n$.

现在我们来证不等式 $\mu_1 \geqslant \lambda_{n-k+1}$. 设 $e_1,e_2,\cdots,e_n$ 为型 $\mathrm{A}(x,x)$ 的典型基底, 对于这个基底, 它可以写成 (4) 的形状. 考虑向量 $e_1,e_2,\cdots,e_{n-k+1}$ 所产生的 $(n-k+1)$ 维子空间 R'. 因为 $k+(n-k+1)=n+1>n$, 根据引理, 子空间 R' 和 R_k 至少有一个公共的非零向量. 令这个向量为 $x_0=\{\xi_1^{(0)},\cdots,\xi_{n-k+1}^{(0)},0,\cdots,0\}$; 假设 x_0 已经归一化, 即 $|x_0|=1$. 对于 x_0, 按公式 (4), 得

$$\begin{aligned}\mathrm{A}(x_0,x_0) &= \lambda_1\xi_1^{(0)2} + \cdots + \lambda_{n-k+1}\xi_{n-k+1}^{(0)2} \\ &\geqslant \lambda_{n-k+1}(\xi_1^{(0)2} + \cdots + \xi_{n-k+1}^{(0)2}) = \lambda_{n-k+1}.\end{aligned}$$

最后, 由于 μ_1 是二次型在子空间 R_k 里单位球面上的**最大值**, 所以不小于 λ_{n-k+1}. 这就是所要证明的.

这样, μ_1 值就限制在以下的范围内:

$$\lambda_1 \geqslant \mu_1 \geqslant \lambda_{n-k+1}. \tag{5}$$

对于不同的 k 维子空间, μ_1 自然采取不同的值. 我们要证明, *有这样两个 k 维子空间存在, 在那里 μ_1 分别取不等式 (5) 内的两个极值.*

考虑由型 $\mathrm{A}(x,x)$ 的典型基底里前 k 个向量 $e_1,e_2,\cdots,e_k$ 所产生的子空间 R'. 在子空间 R' 中, 对于基底 $e_1,e_2,\cdots,e_k$, 型 $\mathrm{A}(x,x)$ 作以下形状:

$$\mathrm{A}(x,x) = \lambda_1\xi_1^2 + \lambda_2\xi_2^2 + \cdots + \lambda_k\xi_k^2.$$

对于子空间 R' 中任意其他的典型基底, 型 $\mathrm{A}(x,x)$ 作以下形状:

$$\mathrm{A}(x,x) = \mu_1\tau_1^2 + \mu_2\tau_2^2 + \cdots + \mu_k\tau_k^2,$$

并且, 由于 §69 的唯一性定理和典型系数的下标所采用的次序, 我们得到 $\mu_1 = \lambda_1$. 于是, 在子空间 R' 内, μ_1 的值达到最大可能的值 λ_1.

现在我们考虑由型 $\mathrm{A}(x,x)$ 的典型基底里最后 k 个向量: $e_{n-k+1}, e_{n-k+2}, \cdots, e_n$ 所产生的子空间 R''. 在子空间 R'' 内, 对于基底 $e_{n-k+1}, \cdots, e_n$, 型 $\mathrm{A}(x,x)$ 有以下形状:

$$\mathrm{A}(x,x) = \lambda_{n-k+1}\xi_{n-k+1}^2 + \cdots + \lambda_n\xi_n^2.$$

在子空间 R'' 内, 对于任意典型基底, 型 $\mathrm{A}(x,x)$ 采取以下形状:

$$\mathrm{A}(x,x) = \mu_1\tau_1^2 + \mu_2\tau_2^2 + \cdots + \mu_k\tau_k^2.$$

和上面一样, 我们得到 $\mu_1 = \lambda_{n-k+1}$ 的结论. 于是在子空间 R'' 内, μ_1 的值达到它自己的最小值 λ_{n-k+1}.

这样, 我们得到系数 λ_{n-k+1} 的新定义: *型 $\mathrm{A}(x,x)$ 的典型式的系数 λ_{n-k+1} 等于二次型 $\mathrm{A}(x,x)$ 在空间 R_n 的一切可能的 k 维子空间里单位球面上最大值中的最小的一个.*

利用这个性质, 我们可以给出型 $\mathrm{A}(x,x)$ 在子空间 R_k 里其余的典型系数的估计. 例如, 如果固定子空间 R_k, μ_2 是二次型 $\mathrm{A}(x,x)$ 在空间 R_k 的一切 $(k-1)$ 维子空间的单位球面上最大值中的最小的一个. 同时, λ_{n-k+2} 是二次型 $\mathrm{A}(x,x)$ 在空间 R_n 的一切 $(k-1)$ 维子空间的单位球面上最大值中的最小的一个; 于是 $\mu_2 \geqslant \lambda_{n-k+2}$. 同理, $\mu_3 \geqslant \lambda_{n-k+3}, \mu_4 \geqslant \lambda_{n-k+4}, \cdots, \mu_k \geqslant \lambda_n$. 另一方面, λ_2 是二次型 $\mathrm{A}(x,x)$ 在空间 R_n 的一切 $(n-1)$ 维子空间里的单位球面上的最大值中的最小的一个; 但按引理, 每一个 $(n-1)$ 维子空间和子空间 R_k 相交于维数不小于 $(n-1)+k-n=k-1$ 的一个子空间; 于是 λ_2 就不小于型 $\mathrm{A}(x,x)$ 在这些子空间里单位球面上的最大值中的最小的一个, 特殊的, 不小于型 $\mathrm{A}(x,x)$ 在空间 R_k 的一切 $(k-1)$ 维子空间里的单位球面上最大值中的最小的一个数值 μ_2. 这样, $\lambda_2 \geqslant \mu_2$. 同理, $\lambda_3 \geqslant \mu_3, \cdots, \lambda_k \geqslant \mu_k$. 因此典型系数 $\mu_1, \mu_2, \cdots, \mu_k$ 满足不等式

$$\left.\begin{array}{l}\lambda_1 \geqslant \mu_1 \geqslant \lambda_{n-k+1},\\ \lambda_2 \geqslant \mu_2 \geqslant \lambda_{n-k+2},\\ \cdots\cdots\cdots\cdots\cdots\cdots\\ \lambda_k \geqslant \mu_k \geqslant \lambda_n.\end{array}\right\} \tag{6}$$

习题

试证明 $\mu_1, \mu_2, \cdots, \mu_k$ 诸值中的每一个都可以达到 (6) 式所指出的两个极值. 当 $k=n-1$ 时, 不等式 (6) 采取以下形状

$$\left.\begin{array}{l}\lambda_1 \geqslant \mu_1 \geqslant \lambda_2,\\ \lambda_2 \geqslant \mu_2 \geqslant \lambda_3,\\ \cdots\cdots\cdots\cdots\cdots\cdots\\ \lambda_{n-1} \geqslant \mu_{n-1} \geqslant \lambda_n.\end{array}\right\} \tag{6'}$$

2. 若 $(n-1)$ 维子空间 R_{n-1} 是被如下方程所确定:

$$\alpha_1\xi_1 + \alpha_2\xi_2 + \cdots + \alpha_n\xi_n = 0 \quad (\alpha_1^2 + \alpha_2^2 + \cdots + \alpha_n^2 = 1), \tag{6₁}$$

而我们在 R_{n-1} 内考虑二次型 $\mathrm{A}(x,x)$, 则系数 $\mu_1, \mu_2, \cdots, \mu_{n-1}$ 可以实际地计算出来.

在 $\lambda_1, \lambda_2, \cdots, \lambda_n$ 各不相同的假设下, 我们叙述以下的属于 M. Γ. 克赖因的计算这些系数的方法.

在系数 $\alpha_1, \alpha_2, \cdots, \alpha_n$ 中, 至少有一个异于零, 例如令 $\alpha_n \neq 0$. 于是从方程 (6_1), 我们得: $\xi_n = -\frac{1}{\alpha_n}\sum_{j=1}^{n-1}\alpha_j\xi_j$. 以式中的 ξ_n 代入二次型 $\mathrm{A}(x,x) = \sum_{k=1}^{n}\lambda_k\xi_k^2$, 我们得到: 在子空间 R_{n-1} 中, 在坐标 $\xi_1, \xi_2, \cdots, \xi_{n-1}$ 表示下, 型 $\mathrm{A}(x,x)$ 有以下形状:

$$\mathrm{A}(x,x) = \lambda_1\xi_1^2 + \lambda_2\xi_2^2 + \cdots + \lambda_{n-1}\xi_{n-1}^2 + \frac{\lambda_n}{\alpha_n^2}\left(\sum_{j=1}^{n-1}\alpha_j\xi_j\right)^2.$$

这个二次型的典型系数可以作为它在子空间 R_{n-1} 的单位球面上的逗留值来确定 (§70); 这个球面, 用坐标 $\xi_1, \xi_2, \cdots, \xi_{n-1}$ 表示, 有方程

$$\mathrm{E}(x,x) = \xi_1^2 + \xi_2^2 + \cdots + \xi_{n-1}^2 + \frac{1}{\alpha_n^2}\left(\sum_{j=1}^{n-1}\alpha_j\xi_j\right)^2 = 1.$$

和以前一样, 为了确定逗留值, 我们按拉格朗日方法作出函数

$$\mathrm{A}(x,x) - \lambda\mathrm{E}(x,x) = \sum_{j=1}^{n-1}(\lambda_j - \lambda)\xi_j^2 + \frac{\lambda_n - \lambda}{\alpha_n^2}\left(\sum_{j=1}^{n-1}\alpha_j\xi_j\right)^2,$$

并且令它对于 ξ_k $(k = 1, 2, \cdots, n-1)$ 的偏导数等于零:

$$\xi_k(\lambda_k - \lambda) + \frac{\lambda_n - \lambda}{\alpha_n^2}\left(\sum_{j=1}^{n-1}\alpha_j\xi_j\right)\alpha_k = 0. \tag{6_2}$$

若线性方程组 (6_2) 的行列式 $D(\lambda)$ 为零, 即得到一个方程, 而这方程的根就是所求的系数 $\mu_1, \mu_2, \cdots, \mu_{n-1}$. 方程组 (6_2) 的系数的矩阵, 显然是这样两个矩阵的和, 其中第一个是对角矩阵, $\lambda_k - \lambda$ 诸数构成它的对角线 $(k = 1, 2, \cdots, n-1)$, 第二个是

$$\frac{\lambda_n - \lambda}{\alpha_n^2}\begin{bmatrix} \alpha_1\alpha_1 & \alpha_2\alpha_1 & \cdots & \alpha_{n-1}\alpha_1 \\ \alpha_1\alpha_2 & \alpha_2\alpha_2 & \cdots & \alpha_{n-1}\alpha_2 \\ \vdots & \vdots & & \vdots \\ \alpha_1\alpha_{n-1} & \alpha_2\alpha_{n-1} & \cdots & \alpha_{n-1}\alpha_{n-2} \end{bmatrix}.$$

根据行列式的线性性质 (§3, 第 3 段), 所求的行列式等于第一个矩阵的行列式与下述的所有行列式的和, 而这些行列式是这样得到的: 把第一个矩阵的行列式的某些列换成第二个矩阵的对应列 (已经乘上因子 $\frac{\lambda_n - \lambda}{\alpha_n^2}$). 因为第二个矩阵的每两列成比例, 我们只要取这样的一些行列式, 即把第一个矩阵的行列式的第一个列换成第二个矩阵的对应列所得到的行列式.

特殊的, 如果把第一个矩阵第 k 列换成第二个矩阵的第 k 列, 则所得的行列式有以下的值

$$\frac{\lambda_n-\lambda}{\alpha_n^2}\begin{vmatrix}\lambda_1-\lambda & 0 & \cdots & 0 & \alpha_k\alpha_1 & 0 & \cdots & 0\\ 0 & \lambda_2-\lambda & \cdots & 0 & \alpha_k\alpha_2 & 0 & \cdots & 0\\ \vdots & \vdots & & \vdots & \vdots & \vdots & & \vdots\\ 0 & 0 & \cdots & \lambda_{k-1}-\lambda & \alpha_k\alpha_{k-1} & 0 & \cdots & 0\\ 0 & 0 & \cdots & 0 & \alpha_k\alpha_k & 0 & \cdots & 0\\ 0 & 0 & \cdots & 0 & \alpha_k\alpha_{k+1} & \lambda_{k+1}-\lambda & \cdots & 0\\ \vdots & \vdots & & \vdots & \vdots & \vdots & & \vdots\\ 0 & 0 & \cdots & 0 & \alpha_k\alpha_{n-1} & 0 & \cdots & \lambda_{n-1}-\lambda\end{vmatrix}$$

$$=\frac{\alpha_k^2}{\alpha_n^2}\frac{\prod_{j=1}^{n}(\lambda_j-\lambda)}{\lambda_k-\lambda}.$$

引进记号

$$E(\lambda)=\prod_{k=1}^{n-1}(\lambda_k-\lambda)\quad (\text{第一个矩阵的行列式}),$$

$$G(\lambda)=\prod_{k=1}^{n}(\lambda_k-\lambda).$$

则所求的行列式 $D(\lambda)$ 可以写成以下形状:

$$D(\lambda)=E(\lambda)+\frac{1}{\alpha_n^2}G(\lambda)\sum_{k=1}^{n-1}\frac{\alpha_k^2}{\lambda_k-\lambda}. \tag{6_3}$$

解方程 $D(\lambda)=0$, 即得所求的 $\mu_1,\mu_2,\cdots,\mu_{n-1}$ 诸值. 注意, 它们不依赖于 α_j 诸数本身, 而依赖于它们的平方; 因此, 如果方程 (6_1) 的一个或几个系数变号, 所求的, 在子空间 R_{n-1} 内型 $\mathrm{A}(x,x)$ 的典型系数不变号.

更有趣的是公式 (6_3): 已给满足 $(6')$ 的诸数 $\mu_1,\mu_2,\cdots,\mu_{n-1}$, 我们可以利用 (6_3) 来构造一个子空间 R_{n-1}, 在这个子空间里, 型 $\mathrm{A}(x,x)$ 有典型系数 $\mu_1,\mu_2,\cdots,\mu_{n-1}$ (假设 $\lambda_1,\lambda_2,\cdots,\lambda_n$ 各不相同). 我们来指出这个问题的解答.

注意, 公式 (6_3) 可以写成

$$\alpha_n^2\frac{D(\lambda)}{G(\lambda)}=\alpha_n^2\frac{E(\lambda)}{G(\lambda)}+\sum_{k=1}^{n-1}\frac{\alpha_k^2}{\lambda_k-\lambda}=\sum_{k=1}^{n}\frac{\alpha_k^2}{\lambda_k-\lambda}; \tag{6_4}$$

因此, 若把有理函数 $\frac{D(\lambda)}{G(\lambda)}$ 分解为最简单的部分分数之和, 则 $\alpha_1^2,\alpha_2^2,\cdots,\alpha_n^2$ 诸数与分解式中的系数成比例.

设已给 $\mu_1,\mu_2,\cdots,\mu_{n-1}$ 诸数满足不等式 $(6')$. 令 $D_1(\lambda)=\prod_{k=1}^{n-1}(\mu_k-\lambda)$, 并且把有理函数 $\frac{D_1(\lambda)}{G(\lambda)}$ 分解为最简单的部分分数:

$$\frac{D_1(\lambda)}{G(\lambda)}=\frac{c_1}{\lambda_1-\lambda}+\frac{c_2}{\lambda_2-\lambda}+\cdots+\frac{c_n}{\lambda_n-\lambda}. \tag{6_5}$$

我们将证明, 系数 $c_1, c_2, \cdots, c_n$ 同号. 我们知道, 这些系数是按以下公式计算的:①

$$c_k = \frac{D_1(\lambda_k)}{(\lambda_k-\lambda_1)\cdots(\lambda_k-\lambda_{k-1})(\lambda_k-\lambda_{k+1})\cdots(\lambda_k-\lambda_n)} = -\frac{D_1(\lambda_k)}{G'(\lambda_k)}.$$

根据条件, 多项式 $D_1(\lambda)$ 的根和多项式 $G(\lambda)$ 的根是互相间隔的, $D_1(\lambda_1), D_1(\lambda_2), \cdots, D_1(\lambda_n)$ 诸数的符号依次一正一负. 同样, 因为 $\lambda_1, \lambda_2, \cdots, \lambda_n$ 是多项式 $G(\lambda)$ 的单根, $G'(\lambda_1), G'(\lambda_2), \cdots, G'(\lambda_n)$ 诸数的符号也依次一正一负. 于是比值 $\frac{D_1(\lambda_k)}{G'(\lambda_k)}$ 有相同的符号, 随之, 系数 c_k 也有相同的符号. 我们只要乘上一个适当的因子就可以使得所有的 c_k 都变成正的, 而且它们的和等于 1. 这样之后, $\alpha_1, \alpha_2, \cdots, \alpha_n$ 诸数就被以下条件所决定:

$$\alpha_1^2 = c_1, \quad \alpha_2^2 = c_2, \quad \cdots, \quad \alpha_n^2 = c_n. \tag{6_6}$$

$\alpha_1, \alpha_2, \cdots, \alpha_n$ 诸数的符号可以任意选取. 我们将证明, 方程

$$\alpha_1\xi_1 + \alpha_2\xi_2 + \cdots + \alpha_n\xi_n = 0$$

所确定的子空间就是我们所求的子空间.

事实上, 根据上面已证明的结论, 以子空间 R_{n-1} 里二次型 $\mathrm{A}(x,x)$ 的典型系数为根的多项式 $D(\lambda)$ 可以用公式 (6_3) 或与之等价的公式 (6_4) 来表示. 比较 (6_4) 和 (6_5), 并且参照 (6_6), 可以看到, 多项式 $D(\lambda)$ 与我们所选的多项式 $D_1(\lambda)$ 的差别仅仅在一个数字因子上. 所以多项式 $D(\lambda)$ 的根就是 $\mu_1, \mu_2, \cdots, \mu_{n-1}$. 这就是所求证的.

附记 可以指出, 关于构造一个子空间 R_k, 使得在它上面某一个二次型 $\mathrm{A}(x,x)$ 有满足不等式 (6) 的典型系数 $\mu_1, \mu_2, \cdots, \mu_k$ 的问题, 在一般情形下是有解答的 (即不仅在 $k = n-1$, 也不仅在一切数 $\lambda_1, \lambda_2, \cdots, \lambda_n$ 都不同的条件下).

习题 已给两个二次型 $\mathrm{A}(x,x)$ 和 $\mathrm{B}(x,x)$, 若对于任意一个 $x \in R$, 不等式 $\mathrm{A}(x,x) \leqslant \mathrm{B}(x,x)$ 恒满足, 则它们称为*可比的*. 令 $\lambda_1 \geqslant \lambda_2 \geqslant \cdots \geqslant \lambda_n$ 为型 $\mathrm{A}(x,x)$ 的典型系数, $\mu_1 \geqslant \mu_2 \geqslant \cdots \geqslant \mu_n$ 为型 $\mathrm{B}(x,x)$ 的典型系数. 证明: 对于任意的 k $(1 \leqslant k \leqslant n)$, 不等式 $\lambda_k \leqslant \mu_k$② 成立.

提示 λ_k 等于型 $\mathrm{A}(x,x)$ 在某一组子空间中的最大值中的最小的, 而 μ_k 等于型 $\mathrm{B}(x,x)$ 在同一组子空间中最大值中的最小的.

§72. 有关二次型偶的问题及其解答

在某些数学和物理的研究中, 以下问题的解决, 具有重要的意义: *对于 n 维仿射空间 R 内两个已给二次型 $\mathrm{A}(x,x)$ 和 $\mathrm{B}(x,x)$, 求一个基底, 在这个基底内, 两个型都可以写成典型式* (即写成带有一定系数的坐标平方的和).

下面在平面上 $(n = 2)$ 的例子说明上述问题不是总有解答的.

考虑以下两个含两个变量 ξ_1, ξ_2 的型:

$$\mathrm{A}(x,x) = \xi_1^2 - \xi_2^2,$$

$$\mathrm{B}(x,x) = \xi_1\xi_2.$$

①参考例如 M. 格列本卡 (Гребенча), C. 罗渥舍诺夫 (Новосёлов) 数学分析教程原书第 405 页, 1951 年苏俄教育部教育出版社出版 (中译本, 杨从仁等译, 1955 版).

②若型 $\mathrm{A}(x,x)$ 和 $\mathrm{B}(x,x)$ 具有相同的典型正交归一基底, 则这些不等式显然成立.

求这两个型的公共典型基底意味着求双曲线 $A(x,x)=1$ 和 $B(x,x)=1$ 的一对公共的彼此共轭的向量 (参考 §44, 第 4 段). 这两个双曲线是等边的; 从解析几何, 我们知道, 这两个双曲线的共轭方向是对于渐近线对称的. 因此, 若令 φ_1, φ_2 表示一对共轭方向的极角, 则对于第一个双曲线有如下关系:

$$\varphi_1 + \varphi_2 = \frac{\pi}{2},$$

对于第二个双曲线, 有如下关系:

$$\varphi_1 + \varphi_2 = 0$$

(这两式每一个里面还可以添上一项 π 的倍数).

因为这两个等式互不相容, 所以在已给的情形下, 公共的彼此共轭的方向不存在.

如果加上假设: 两个型中有一个, 例如 $B(x,x)$, 是恒正的 (即当 $x \neq 0$ 时, $B(x,x) > 0$), 则可以证明, 以上问题是有解的.

用以下方法, 容易证明解的存在. 设 $B(x,y)$ 是对应于二次型 $B(x,x)$ 的双线性型. 令

$$(x,y) = B(x,y),$$

于是在仿射空间内就引进了欧氏度量. 型 $B(x,x)$ 的对称性和恒正性保证了数积公理可以满足.

根据 §68, 有正交归一 (对应于我们所引进的度量) 基底, 对于这个基底, $A(x,x)$ 成为典型式:

$$A(x,x) = \lambda_1 \eta_1^2 + \lambda_2 \eta_2^2 + \cdots + \lambda_n \eta_n^2 \tag{7}$$

(和以往一样, $\eta_1, \eta_2, \cdots, \eta_n$ 表示向量 x 对于所确定的基底的坐标). 根据 §51 的公式 (17), 第二个二次型 $B(x,x)$ 有以下形状:

$$B(x,x) = (x,x) = \eta_1^2 + \eta_2^2 + \cdots + \eta_n^2.$$

因此, 使两个型都具有典型式的基底存在.

§73. 所求基底的实际作法

我们利用二次型的极值的性质来作出所求基底的向量的坐标. 像在 §70 所指出的那样, 所求基底的向量是这样一些向量, 它们满足条件

$$(x,x) = B(x,x) = 1,$$

而且对于它们, 型 $A(x,x)$ 有逗留值. 令型 $A(x,x)$ 和 $B(x,x)$ 对于原来的基底有以下的表示式:

$$A(x,x) = \sum_{i,k=1}^{n} a_{ik} \xi_i \xi_k,$$

$$B(x,x) = \sum_{i,k=1}^{n} b_{ik} \xi_i \xi_k.$$

按照拉格朗日方法, 我们作函数

$$F(\xi_1,\xi_2,\cdots,\xi_n)=\sum_{i,k=1}^{n}a_{ik}\xi_i\xi_k-\mu\sum_{i,k=1}^{n}b_{ik}\xi_i\xi_k,$$

并且令它对于每个坐标的偏导数都等于零:

$$\sum_{k=1}^{n}a_{ik}\xi_k-\mu\sum_{k=1}^{n}b_{ik}\xi_k=0\quad(i=1,2,\cdots,n).\tag{8}$$

我们得到一组齐次方程

$$\left.\begin{array}{r}(a_{11}-\mu b_{11})\xi_1+(a_{12}-\mu b_{12})\xi_2+\cdots+(a_{1n}-\mu b_{1n})\xi_n=0,\\(a_{21}-\mu b_{21})\xi_1+(a_{22}-\mu b_{22})\xi_2+\cdots+(a_{2n}-\mu b_{2n})\xi_n=0,\\\cdots\cdots\cdots\cdots\cdots\cdots\cdots\cdots\cdots\cdots\cdots\cdots\cdots\cdots\\(a_{n1}-\mu b_{n1})\xi_1+(a_{n2}-\mu b_{n2})\xi_2+\cdots+(a_{nn}-\mu b_{nn})\xi_n=0.\end{array}\right\}\tag{9}$$

这方程组有非零解的充要条件是它的行列式等于零:

$$\begin{vmatrix}a_{11}-\mu b_{11}&a_{12}-\mu b_{12}&\cdots&a_{1n}-\mu b_{1n}\\a_{21}-\mu b_{21}&a_{22}-\mu b_{22}&\cdots&a_{2n}-\mu b_{2n}\\\vdots&\vdots&&\vdots\\a_{n1}-\mu b_{n1}&a_{n2}-\mu b_{n2}&\cdots&a_{nn}-\mu b_{nn}\end{vmatrix}=0.\tag{10}$$

解方程 (10), 即得 n 个可能的值 $\mu=\mu_k$ $(k=1,2,\cdots,n)$; 把 μ_k 代入 (9), 我们就能够找出所求的对应基向量的坐标 $\xi_1^{(k)},\xi_2^{(k)},\cdots,\xi_n^{(k)}$.

在 §72 里所证明的定理保证了: 方程组 (9) 的行列式的实根是存在的, 并且对于每一个重根, 方程组的线性无关的解的个数和根的重数相等.

我们再来计算典型系数. 我们要证明型 $\mathrm{A}(x,x)$ 的典型式里的系数 $\lambda_1,\lambda_2,\cdots,\lambda_n$ 和方程组 (9) 的行列式中对应的根 $\mu_1,\mu_2,\cdots,\mu_n$ 相等. 在这里, 我们可以利用类似在 §70 所引进的方法; 我们现在着重说明直接的计算过程. 如果对于已知的根 μ_m, 我们用解的第 i 个坐标 $\xi_i^{(m)}$ $(i=1,2,\cdots,n)$ 去乘组里的第 i 个方程, 又把所有这些方程加起来, 得等式

$$\begin{aligned}\mathrm{A}(e_m,e_m)&=\sum_{i,k=1}^{n}a_{ik}\xi_i^{(m)}\xi_k^{(m)}\\&=\mu_m\sum_{i,k=1}^{n}b_{ik}\xi_i^{(m)}\xi_k^{(m)}=\mu_m\mathrm{B}(e_m,e_m)=\mu_m,\end{aligned}$$

最后一个相等关系成立是因为 $\mathrm{B}(e_m,e_m)=1$.

另一方面, 向量 e_m 的典型坐标 $\eta_1,\eta_2,\cdots,\eta_m$ 的值显然是这样: 当 $i\neq m$ 时, $\eta_i=0;\eta_m=1$, 并且当 $x=e_m$ 时, 型 $\mathrm{A}(x,x)=\sum_{i=1}^{n}\lambda_i\eta_i^2$ 等于 λ_m. 因此, $\mu_m=\lambda_m$. 证毕.

这个结果, 使我们能够把型 $\mathrm{A}(x,x)$ 写成所求的典型式而不必计算典型基底.

习题

1. 求下列曲线的一对公共的共轭方向:

$$\frac{x^2}{4}+\frac{y^2}{1}=1;\quad 2xy=1.$$

答 $\frac{y}{x}=\pm\frac{1}{2}$.

2. 试求把下面两个二次型同时变成典型式的一个线性变换:

$$\mathrm{A}(x,x)=\xi_1^2+2\xi_1\xi_2+2\xi_2^2-2\xi_1\xi_3+3\xi_3^2,$$
$$\mathrm{B}(x,x)=\xi_1^2+2\xi_1\xi_2+3\xi_2^2+2\xi_2\xi_3-2\xi_1\xi_3+6\xi_3^2,$$

并求出它们的典型式.

答 $\mathrm{A}(x,x)=\eta_1^2+\eta_2^2+\eta_3^2, \mathrm{B}(x,x)=\eta_1^2+2\eta_2^2+3\eta_3^2,$
$\xi_1=\eta_1-\eta_2+2\eta_3, \xi_2=\eta_2-\eta_3, \xi_3=\eta_3.$

§74. 唯一性问题

对于 §72 开始所提出的关于两个二次型 $\mathrm{A}(x,x)$ 与 $\mathrm{B}(x,x)$ 同时化为典型式的问题, 例如 $\mathrm{B}(x,x)$ 在为恒正型时, 我们给出了解答; 这个解答比要求进了一步, 即型 $\mathrm{B}(x,x)$ 化为系数都是 1 的坐标的平方和. 一般说来, 这不是必需的, 由此可见, 所得到的典型式的系数不是唯一地决定的. 我们将要证明, 无论如何, 对应的典型系数的比值与把型 $\mathrm{A}(x,x)$ 和 $\mathrm{B}(x,x)$ 同时变到典型式的方法无关.

假设型 $\mathrm{A}(x,x)$ 和 $\mathrm{B}(x,x)$ 用两种方法变到典型式: 对于坐标 $\xi_1,\xi_2,\cdots,\xi_n$,

$$\mathrm{A}(x,x)=\sum_{i=1}^n\lambda_i\xi_i^2,\quad \mathrm{B}(x,x)=\sum_{i=1}^n\nu_i\xi_i^2,$$

而对于坐标 $\eta_1,\eta_2,\cdots,\eta_n$,

$$\mathrm{A}(x,x)=\sum_{i=1}^n\rho_i\eta_i^2,\quad \mathrm{B}(x,x)=\sum_{i=1}^n\tau_i\eta_i^2.$$

因为型 $\mathrm{B}(x,x)$ 是恒正的, ν_i 与 τ_i $(i=1,2,\cdots,n)$ 诸数都是正的. 考虑新的坐标变换

$$\sqrt{\nu_i}\xi_i=\overline{\xi}_i,\quad \sqrt{\tau_i}\eta_i=\overline{\eta}_i.$$

于是型 $\mathrm{A}(x,x)$ 和 $\mathrm{B}(x,x)$ 就变成:

a) 对于坐标 $\overline{\xi}_i$,

$$\mathrm{A}(x,x)=\sum_{i=1}^n\frac{\lambda_i}{\nu_i}\overline{\xi}_i^2,\quad \mathrm{B}(x,x)=\sum_{i=1}^n\overline{\xi}_i^2;$$

b) 对于坐标 $\overline{\eta}_i$,

$$\mathrm{A}(x,x)=\sum_{i=1}^n\frac{\rho_i}{\tau_i}\overline{\eta}_i^2,\quad \mathrm{B}(x,x)=\sum_{i=1}^n\overline{\eta}_i^2.$$

令 $e_1, e_2, \cdots, e_n$ 是对应于坐标 $\overline{\xi}_i$ 的基底, 而 $f_1, f_2, \cdots, f_n$ 是对应于坐标 $\overline{\eta}_i$ 的基底. 在由型 $\mathrm{B}(x,x)$ 所定义的度量里, 两个基底都是正交的和归一的. 于是根据 §68 的唯一性定理, 型 $\mathrm{A}(x,x)$ 的一切典型系数都唯一地决定; 这样一来, $\frac{\lambda_1}{\nu_1}, \frac{\lambda_2}{\nu_2}, \cdots, \frac{\lambda_n}{\nu_n}$ 诸数必与 $\frac{\rho_1}{\tau_1}, \frac{\rho_2}{\tau_2}, \cdots, \frac{\rho_n}{\tau_n}$ 诸数相等, 顶多次序上有差别. 命题证毕.

习题 若已给比值 $\frac{\lambda_1}{\nu_1}, \frac{\lambda_2}{\nu_2}, \cdots, \frac{\lambda_n}{\nu_n}$ 是互异的, 证明使得型 $\mathrm{A}(x,x), \mathrm{B}(x,x)$ 能写成典型式的基底, 除了一个数值系数外, 唯一地确定.

§75. 光滑曲面的法截线的曲率的分布

我们假设以下的微分几何中的重要事实是人所共知的.

a) 已给 $\boldsymbol{r}(t)$ 为二次可微的, 含标量变量 t, 具 $\boldsymbol{r}'(t) \neq 0$ 的向量函数, 向量方程 $\boldsymbol{r} = \boldsymbol{r}(t)$ 定义一个光滑的空间曲线 (即有连续变动着的切线的曲线). 用 Γ 来表示它. 对于已给值 $t = t_0$, 向量 $\boldsymbol{r}_t$①的方向就和 Γ 在对应于 $t = t_0$ 的点的切线的方向一致, 这向量的长依赖于所给曲线的参数 t 的选择; 特殊的, 如果以 Γ 从某一固定点起算的弧长作为参数, 则向量 $\boldsymbol{r}_s = \boldsymbol{\tau}$ 的长等于 1. 等式 $\left|\frac{d\boldsymbol{r}}{ds}\right| = 1$ 可以写成 $|d\boldsymbol{r}| = ds$, 这个等式已和参数的选择无关.

b) 向量 $\boldsymbol{r}_{tt}$ 一般不和向量 $\boldsymbol{r}_t$ 共线, 于是对于 $t = t_0$, 这两个向量定义了曲线 Γ 的*密切面*, 这密切面的位置和参数 t 无关. 如果参数仍是弧长, 则 $\boldsymbol{r}_{ss} = \boldsymbol{\tau}_s = k\boldsymbol{\nu}$, 式中的 $\boldsymbol{\nu}$ 是单位向量, 和曲线 Γ 在密切面上的法线方向一致; 而且指着曲线凹入的一方 (这法线称为*主法线*); 这式子里的 k 是正的系数, 称为曲线 Γ 在 $t = t_0$ 点的曲率 (若取切线转动的角与对应弧长增量的比值, 并令后者趋于零, 则 k 等于比值的极限).

c) 已给 $\boldsymbol{r}(u,v)$ 为含两个标量变量的函数, 而且它对于这些参数是二次可微的 (此外, 假定向量 $\boldsymbol{r}_u$ 和 $\boldsymbol{r}_v$ 不共线), 则向量方程 $\boldsymbol{r} = \boldsymbol{r}(u,v)$ 对应于某一个曲面 Π. 曲线 $u = C_1, v = C_2$ 在这个曲面上组成一个坐标网. $u(t), v(t)$ 为两次可微函数 $(u_t^2 + v_t^2 \neq 0)$, 且方程 $u = u(t), v = v(t)$ 定义曲面 Π 上一条光滑的曲线 Γ. 对于向量方程 $\boldsymbol{r} = \boldsymbol{r}[u(t), v(t)]$ 求微分, 得

$$d\boldsymbol{r} = \boldsymbol{r}_u du + \boldsymbol{r}_v dv. \tag{11}$$

可见经过曲面 Π 上已给点的, 在曲面上的一切光滑曲线的切向量, 都可以表示成 $\boldsymbol{r}_u$ 和 $\boldsymbol{r}_v$ 的线性式. 因此, 曲面的一切过已给点的切向量构成某一个平面 S, *即曲面 Π 的切面*.

作等式 (11) 的平方, 得曲线 Γ 弧长的微分的平方:

$$ds^2 = |d\boldsymbol{r}|^2 = (\boldsymbol{r}_u, \boldsymbol{r}_u)du^2 + 2(\boldsymbol{r}_u, \boldsymbol{r}_v)dudv + (\boldsymbol{r}_v, \boldsymbol{r}_v)dv^2.$$

所得的这些数积, 即对于变量 du, dv 的二次型的系数, 我们用以下字母来代表: $E = (\boldsymbol{r}_u, \boldsymbol{r}_u), F = (\boldsymbol{r}_u, \boldsymbol{r}_v), G = (\boldsymbol{r}_v, \boldsymbol{r}_v)$; 于是

$$ds^2 = Edu^2 + 2Fdudv + Gdv^2. \tag{12}$$

现在计算曲线 Γ 在其上一个已给点的曲率. 为此, 求函数 $\boldsymbol{r}[u(t), v(t)]$ 对于弧长 s 的二阶导数:

$$\begin{aligned} k\boldsymbol{\nu} = \frac{d^2\boldsymbol{r}}{ds^2} &= \frac{d}{ds}(\boldsymbol{r}_u u_s + \boldsymbol{r}_v v_s) \\ &= \boldsymbol{r}_{uu}u_s^2 + 2\boldsymbol{r}_{uv}u_s v_s + \boldsymbol{r}_{vv}v_s^2 + \boldsymbol{r}_u u_{ss} + \boldsymbol{r}_v u_{ss}. \end{aligned}$$

①我们采用符号 $\boldsymbol{r}_t$ 作为导数 $\frac{d\boldsymbol{r}}{dt}$ 的缩写.

作所得等式与平面 S 的单位法向量 $\boldsymbol{m}$ (在两个可能的方向中选取任一个而固定之) 的数积; 我们引用记号 $L=(\boldsymbol{r}_{uu},\boldsymbol{m}), M=(\boldsymbol{r}_{uv},\boldsymbol{m}), N=(\boldsymbol{r}_{vv},\boldsymbol{m})$ (数积 $(\boldsymbol{r}_u,\boldsymbol{m}),(\boldsymbol{r}_v,\boldsymbol{m})$ 显然化为零), 则

$$k(\boldsymbol{\nu},\boldsymbol{m})=L\left(\frac{du}{ds}\right)^2+2M\frac{du}{ds}\frac{dv}{ds}+N\left(\frac{dv}{ds}\right)^2. \tag{13}$$

数积 $(\boldsymbol{\nu},\boldsymbol{m})$ 为向量 $\boldsymbol{\nu}$ 和 $\boldsymbol{m}$ 间的角 θ 的余弦, 其中 $\boldsymbol{\nu}$ 决定了曲线的主法线的方向, 而 $\boldsymbol{m}$ 则平行于曲面的法方向.

令 $k\cos\theta=\widetilde{k}_n$; 数 $\widetilde{k}_n$ *称为曲面在所给点沿所给方向的法曲率* (即沿所取曲线 Γ 的方向; 显然, $\widetilde{k}_n$ 与沿该方向所选择的特殊曲线无关). 特殊地, 如果 Γ 是曲面和经过法向量 $\boldsymbol{m}$ 的平面的交线 Γ_n (这个曲线称为曲面的*法截线*), 则 $\theta=0$ 或 π, 于是 $\widetilde{k}_n=\pm k$. 这样一来, $\widetilde{k}_n$ 的绝对值等于沿所给方向的法截线的曲率. 由 $\widetilde{k}_n$ 的符号看出曲线 Γ_n 的凹的方向: 如果 $\theta=0$, 也就是如果曲线 Γ_n 的主法线的向量 $\boldsymbol{\nu}$ 和向量 $\boldsymbol{m}$ 一致, 则 $\widetilde{k}_n>0$; 如果向量 $\boldsymbol{\nu}$ 和 $\boldsymbol{m}$ 具有相反的指向, 则 $\widetilde{k}_n<0$. 公式 (13) 现在化为以下形状:

$$\widetilde{k}_n=L\left(\frac{du}{ds}\right)^2+2M\frac{du}{ds}\frac{dv}{ds}+N\left(\frac{dv}{ds}\right)^2. \tag{14}$$

现在我们要了解. 在所给点的法曲率是如何依赖于决定它的那个方向的. 我们注意, 这个方向决定于*与曲线 Γ 相切的向量* $d\boldsymbol{r}=\boldsymbol{r}_u du+\boldsymbol{r}_v dv$, 或简单地, 决定于比值 $\frac{dv}{du}$. 公式 (14) 已经给出所提问题的解答; 即它确定 $\widetilde{k}_n$ 依赖于 $\frac{dv}{du}$. 我们将进一步来研究这个公式.

首先注意, 二次型 (12) 是*恒正型*, 因为对于任意的 du,dv 的值, 它的值都等于对应的弧长微分的平方.

利用 §72 的一般定理, 我们现在可以在切面上求新的基底 $\boldsymbol{e}_1,\boldsymbol{e}_2$, 使得对于这个基底, 两个型

$$(d\boldsymbol{r},d\boldsymbol{r})_{\mathrm{I}}=ds^2=Edu^2+2Fdudv+Gdv^2 \qquad \text{(第一式)}$$

和

$$(d\boldsymbol{r},d\boldsymbol{r})_{\mathrm{II}}=\widetilde{k}_n ds^2=Ldu^2+2Mdudv+Ndv^2 \qquad \text{(第二式)}$$

都可写成典型式. 为了求得这样的基底, 在平面上必须引进一个对于任意两个向量 $d\boldsymbol{r}_1$ 和 $d\boldsymbol{r}_2$ 的数积, 而这个数积应定义为对应于第一个二次型的双线性型的值. 我们现在来作这个双线性型. 如果在基底 $\boldsymbol{r}_u,\boldsymbol{r}_v$ 下, $d\boldsymbol{r}_1,d\boldsymbol{r}_2$ 的坐标依次用 du_1,dv_1 和 du_2,dv_2 来表示, 则双线性型有以下形状:

$$(d\boldsymbol{r}_1,d\boldsymbol{r}_2)_{\mathrm{I}}=Edu_1du_2+Fdu_1dv_2+Fdu_2dv_1+Gdv_1dv_2.$$

显然这表示式是向量

$$d\boldsymbol{r}_1=\boldsymbol{r}_u du_1+\boldsymbol{r}_v dv_1 \quad \text{和} \quad d\boldsymbol{r}_2=\boldsymbol{r}_u du_2+\boldsymbol{r}_v dv_2$$

的普通数积.

于是双线性型 $(d\boldsymbol{r}_1,d\boldsymbol{r}_2)_{\mathrm{I}}$ 所定义的数积和普通数积 $(d\boldsymbol{r}_1,d\boldsymbol{r}_2)$ 一致. 所求的典型基底 $\boldsymbol{e}_1,\boldsymbol{e}_2$, 按 §72 的作法, 对于数积 $(d\boldsymbol{r}_1,d\boldsymbol{r}_2)_{\mathrm{I}}$ 是正交的和归一的, 因此, 在普通意义下, 也将是正交的和归一的. 于是在切面 S 上存在有正交归一基底 $\boldsymbol{e}_1,\boldsymbol{e}_2$, 对于这个基底, 二次型 I 和 II 可以写成典型式 $(d\boldsymbol{r}=\xi_1\boldsymbol{e}_1+\xi_2\boldsymbol{e}_2)$:

$$(d\boldsymbol{r},d\boldsymbol{r})_{\mathrm{II}}=\lambda_1\xi_1^2+\lambda_2\xi_2^2, \quad (d\boldsymbol{r},d\boldsymbol{r})_{\mathrm{I}}=\xi_1^2+\xi_2^2.$$

所以, 对于基底 $\boldsymbol{e}_1, \boldsymbol{e}_2$, 关于法曲率的公式 (14) 有如下形状:

$$\widetilde{k}_n = \frac{\lambda_1\xi_1^2 + \lambda_2\xi_2^2}{\xi_1^2 + \xi_2^2}.$$

比值 $\frac{\xi_1^2}{\xi_1^2+\xi_2^2}$ 显然是向量 $d\boldsymbol{r}$ 和 $\boldsymbol{e}_1$ 之间的角 φ 的余弦的平方; 同样, $\frac{\xi_2^2}{\xi_1^2+\xi_2^2}$ 是这个角的正弦的平方. 由此得

$$\widetilde{k}_n = \lambda_1\cos^2\varphi + \lambda_2\sin^2\varphi = \widetilde{k}_n(\varphi).$$

把 $\varphi = 0$ 和 $\varphi = \frac{\pi}{2}$ 的值代入上式, 系数 λ_1, λ_2 的值很容易求得. 当 $\varphi = 0$ 时, 我们得

$$\lambda_1 = \widetilde{k}_n(0),$$

也就是 λ_1 是对应于向量 $\boldsymbol{e}_1$ 的法曲率. 同理, λ_2 是对应于 $\boldsymbol{e}_2$ 的法曲率. $\widetilde{k}_1 = \widetilde{k}_n(0)$ 和 $\widetilde{k}_2 = \widetilde{k}_n\left(\frac{\pi}{2}\right)$ 两值称为曲面 π 在所给点的*主曲率*. 向量 $\boldsymbol{e}_1, \boldsymbol{e}_2$ 的方向称为曲面 S 的*主方向*. 于是我们得到*欧拉公式*, 即用主曲率和 φ 角所表示的, 对于任意一个方向的法曲率的公式:

$$\widetilde{k}_n(\varphi) = \widetilde{k}_1\cos^2\varphi + \widetilde{k}_2\sin^2\varphi.$$

为了用图来表示曲率随着 φ 角的变化, 我们在平面 S 上用极方程

$$\rho = \frac{1}{\sqrt{|\widetilde{k}_n(\varphi)|}}$$

来画曲线, 或者利用关系

$$\rho^2|\widetilde{k}_n(\varphi)| = |\widetilde{k}_1\rho^2\cos^2\varphi + \widetilde{k}_2\rho^2\sin^2\varphi| = |\widetilde{k}_1\xi_1^2 + \widetilde{k}_2\xi_2^2| = 1.$$

这个曲线是由两个二次曲线构成的:

$$\widetilde{k}_1\xi_1^2 + \widetilde{k}_2\xi_2^2 = \pm 1$$

(*迪潘指标线*) 这两个二次曲线的主轴都沿着 $\boldsymbol{e}_1, \boldsymbol{e}_2$ 的方向; 这个曲线对于曲面上在所给点的法曲率的分布情形给出了几何上一个鲜明的形象. 特殊地, 法曲率 $\widetilde{k}_1$ 和 $\widetilde{k}_2$ 显然是曲面 Π 在所给点的法曲率的一切值中的最大和最小的. 此外, 这个结论也很容易从关于二次型的值的一般极值理论来推得; 因为根据 §73, 二次型的典型系数就是这个型在条件 $(d\boldsymbol{r}, d\boldsymbol{r})_{\mathrm{I}} = 1$ 下的逗留值; 但在 $(d\boldsymbol{r}, d\boldsymbol{r})_{\mathrm{I}} = 1$ 的条件下, 从公式 (14), 我们得到 $(d\boldsymbol{r}, d\boldsymbol{r})_{\mathrm{II}} = \widetilde{k}_n$, 因而在 $(d\boldsymbol{r}, d\boldsymbol{r})_{\mathrm{I}} = 1$ 的条件下, 型 $(d\boldsymbol{r}, d\boldsymbol{r})_{\mathrm{II}}$ 的逗留值就是法曲率的逗留值; 由于在所给条件下, 一共有两个逗留值, 所以它们必定就是最大和最小的法曲率.

现在让我们写出关于计算曲面在一个已给点的主曲率和主方向的公式.

令 (du, dv) 为平面 S 上决定主方向的向量. §73 的公式 (9) 在目前情形下有以下形状:

$$\left.\begin{aligned}(L-\mu E)du + (M-\mu F)dv = 0,\\ (M-\mu F)du + (N-\mu G)dv = 0,\end{aligned}\right\} \tag{15}$$

但 §73 的方程 (10) 可以写成

$$\begin{vmatrix} L-\mu E & M-\mu F \\ M-\mu F & N-\mu G \end{vmatrix} = 0. \tag{16}$$

根据 §73, 方程 (16) 的根就是变换后的型 $(d\boldsymbol{r}, d\boldsymbol{r})_{\mathrm{II}}$ 的系数 λ_1, λ_2, 就是说, 根据已经证明的结果, 它们和主曲率的值一致. 把每一个这样的根代到方程组 (15) 内, 我们求得对应的主方向的坐标 du, dv. 但是, 在目前的情形, 我们可以直接写出决定比值 $\frac{dv}{du}$ 的方程. 方程组 (15) 也可以写成如下形状:

$$\left.\begin{aligned}(Ldu + Mdv) - \mu(Edu + Fdv) = 0,\\ (Mdu + Ndv) - \mu(Fdu + Gdv) = 0,\end{aligned}\right\}$$

于是得

$$\begin{vmatrix} Ldu + Mdv & Edu + Fdv \\ Mdu + Ndv & Fdu + Gdv \end{vmatrix} = 0.$$

把行列式中每一列用 du 来除, 得

$$\begin{vmatrix} L + M\dfrac{dv}{du} & E + F\dfrac{dv}{du} \\ M + N\dfrac{dv}{du} & F + G\dfrac{dv}{du} \end{vmatrix} = 0. \tag{17}$$

这个关于比值 $\frac{dv}{du}$ 的二次方程的两个根, 给出比值 $\frac{dv}{du}$ 的两个值, 它们决定两个主方向. 如果我们不仅着眼在一个点而就整个曲面来看, 方程 (17) 代表一族曲线, 它们在曲面 Π 上每一个点和一条主法截线相切, 这些曲线称为曲面 Π 的*曲率线*.

习题

1. 设 $\boldsymbol{m}_u, \boldsymbol{m}_v$ 表示向量 $\boldsymbol{m}$ 对于参数 u, v 的导数. 试证明把 $\boldsymbol{r}_u$ 变到 $\boldsymbol{m}_u$, 又把 $\boldsymbol{r}_v$ 变到 $\boldsymbol{m}_v$ 的线性算子 A 是在切面上的对称算子 (*罗德里格斯算子*).

提示 将等式 $(\boldsymbol{m}, \boldsymbol{r}_u) = 0$ 与 $(\boldsymbol{m}, \boldsymbol{r}_v) = 0$ 分别对于 v, u 求导数, 然后比较结果.

2. 试证明二次型 $(\mathrm{A}\boldsymbol{f}, \boldsymbol{g})$ (A 为罗德里格斯算子, $\boldsymbol{f}, \boldsymbol{g}$ 为切面上的向量) 就是二次型 II, 但符号相反.

提示 就基向量 $\boldsymbol{r}_u, \boldsymbol{r}_v$ 来验证.

3. 罗德里格斯算子有哪些特征向量和特征值?

答 特征向量就是二次型 II 的正交典型基向量, 即具有主方向的向量. 特征值就是二次型 II 的典型系数, 即对应的主曲率 (取相反的符号).

4. 试证明: 若曲面在每一点的每一个方向都是主方向, 则这个曲面是球面或是平面.

提示 对于罗德里格斯算子, 每一个向量都是特征向量, 所以在已给点 Q 的所有方向的曲率 $\lambda = \lambda(Q)$. 求等式 $\boldsymbol{m}_u = \lambda\boldsymbol{r}_u$ 与 $\boldsymbol{m}_v = \lambda\boldsymbol{r}_v$ 依次对于 u, v 的导数, 得 $\lambda_u\boldsymbol{r}_v + \lambda_v\boldsymbol{r}_u = 0$, 由于 $\boldsymbol{r}_u, \boldsymbol{r}_v$ 线性无关, $\lambda_u = \lambda_v = 0$; 于是 $\lambda(Q) =$ 常数, $\boldsymbol{m} = \lambda(\boldsymbol{r} - \boldsymbol{r}_0)$; 若 $\lambda = 0$, 则得一个平面; 若 $\lambda \neq 0$, 则 $\boldsymbol{m}$ 和 $\boldsymbol{r} - \boldsymbol{r}_0$ 共线; 乘以 $\boldsymbol{r} - \boldsymbol{r}_0$, 得 $|\boldsymbol{r} - \boldsymbol{r}_0| = \frac{1}{\lambda}$, 而曲面是一个半径为 $\frac{1}{\lambda}$ 的球面.

5. 已给分别被以下方程所定的三个曲面族

$$F_1(x, y, z) = C_1, \quad F_2(x, y, z) = C_2, \quad F_3(x, y, z) = C_3;$$

若在一个区域 G 内, 同一族的曲面不相交而不同族的曲面彼此相交于直角, 则这三族一切曲面所组成的曲面系称为在区域 G 内的*三重正交系*.

证明迪潘定理: *三重正交系的曲面两两相交于曲率线*.

提示 $u = F_1(x, y, z), v = F_2(x, y, z), w = F_3(x, y, z)$ 三个值可以取作空间的点的参数, u 与 v 可以取作一族里的曲面上的点的参数. 根据正交性, 得 $(\boldsymbol{r}_u, \boldsymbol{r}_v) = (\boldsymbol{r}_u, \boldsymbol{r}_w) = (\boldsymbol{r}_v, \boldsymbol{r}_w) = 0$;

依次对于 w, v, u 取以上等式的导数, 得 $(\boldsymbol{r}_w, \boldsymbol{r}_{uv}) = 0$. 但 $\boldsymbol{r}_w \| \boldsymbol{m}$, 故 $(\boldsymbol{m}, \boldsymbol{r}_{uv}) = 0$, 因而两个二次型都具有典型式的形状.

6. 试证明刘维尔定理: 每一个空间保角变换把含所有球面与平面的曲面族变到本身 (即每一球面变成球面或平面, 每一平面变成球面或平面).

提示 只要证明, 在球面的像上, 每一点的每一个方向都是主方向. 为此, 必须把球面安放在适当选择的三重正交曲面系里, 然后应用习题 5 的结果.

这一段的所有结果可以推广到 n 维空间里的 $(n-1)$ 维曲面 Π 的情形. 在这里, 曲面 Π 上可以确定 $n-1$ 个参数 $u_1, u_2, \cdots, u_{n-1}$, 使 Π 的方程具形状 $\boldsymbol{r} = \boldsymbol{r}(u_1, u_2, \cdots, u_{n-1})$; 此外, $d\boldsymbol{r} = \sum_{i=1}^{n-1} \boldsymbol{r}_i du_i, ds^2 = (d\boldsymbol{r}, d\boldsymbol{r}) = \sum_{i,j} g_{ij} du_i du_j$, 其中 $\boldsymbol{r}_i = \frac{\partial \boldsymbol{r}}{\partial u_i}, g_{ij} = (\boldsymbol{r}_i, \boldsymbol{r}_j)$. 第二个二次型可以写成 $\sum \beta_{ij} du_i du_j$, 其中 $\beta_{ij} = (\boldsymbol{r}_{ij}, \boldsymbol{m})$; 把第一个和第二个二次型同时变成典型式的问题就是决定 $n-1$ 个主方向与主典率的问题.

这个推算的详细步骤, 我们留给读者.

§76. 力学系统的小振动

我们假设以下关于力学理论的熟知事实.

a) 具有 n 个自由度的力学系统的位形, 用 n 个广义坐标 $q_1, q_2, \cdots, q_n$ 的值来表示. 这个系统的动能, 即系统的点的质量分别乘上它们速度平方的一半的总和, 可以写成对于 $\dot{q}_1, \dot{q}_2, \cdots, \dot{q}_n$ 诸值 (字母上加一点表示对于时间的导数) 的某一个二次型的形状:

$$T = \sum_{i,j=1}^{n} a_{ij} \dot{q}_i \dot{q}_j,$$

其中系数是坐标 q_i $(i = 1, 2, \cdots, n)$ 与时间的函数. 系统的位能是坐标 q_i 与时间的函数

$$U = U(q_1, q_2, \cdots, q_n, t).$$

b) 运动系统的方程 (拉格朗日方程) 在任意广义坐标系下有以下形状:

$$\frac{d}{dt}\left(\frac{\partial T}{\partial \dot{q}_i}\right) - \frac{\partial}{\partial q_i}(T - U) = 0 \quad (i = 1, 2, \cdots, n). \tag{18}$$

在稳恒的外加条件之下, T 和 U 显然不依赖于时间, 以后就假设这一点而不特别预先声明.

现在令 $q_1 = q_1^0, \cdots, q_n = q_n^0$ 为系统的平衡状态. 系统的动能在平衡状态下恒等于零 (对于 t), 因为 $\dot{q}_i = 0$, 所以, 由于动能对于 $\dot{q}_i$ 的导数是 $\dot{q}_j (j = 1, 2, \cdots, n)$ 的线性型, 这些导数也等于零. 所以 $q_1^0, q_2^0, \cdots, q_n^0$ 诸值满足等式

$$\frac{\partial U}{\partial q_i} = 0.$$

换言之, 平衡位置仅在位能的逗留点是可能的. 可以证明, 位能的极小值对应于平衡的稳恒状态. 考虑这些极小点, 可以假定这个点的广义坐标都是零, 并且在那里, 位能的值也等于零, 这不至于失去普遍性. 如果我们把运动的研究限制在原点的小邻域内, 则二次型 T 的系数可以认为是常数 (等于它在原点的值); 同样, 位能 U 在略去它的泰勒展开式中高于二阶的诸项之后, 可以认为是对于坐标 q_i $(i = 1, 2, \cdots, n)$ 具有**常数**系数的二次型

$$U = \sum_{i,j=1}^{n} b_{ij} q_i q_j.$$

因为二次型 U 和 T 都是恒正的, 所以存在着把变量 q_i 变到 η_i 的线性变换

$$q_i = \sum_{j=1}^{n} c_{ij}\eta_j \quad (i = 1, 2, \cdots, n),$$

$$\dot{q}_i = \sum_{j=1}^{n} c_{ij}\dot{\eta}_j, \tag{19}$$

它把型 U 和 T 变成

$$T = \sum_{i=1}^{n} \dot{\eta}_i^2, \quad U = \sum_{i=1}^{n} \omega_i^2 \eta_i^2 \quad (\omega_1 \geqslant \omega_2 \geqslant \cdots \geqslant \omega_n > 0).$$

对于广义坐标 η_i $(i = 1, 2, \cdots, n)$, 拉格朗日方程 (18) 可以写成

$$\ddot{\eta}_i + \omega_i^2 \eta_i = 0.$$

这个方程的解极易求得, 即

$$\eta_i = A_i \cos\omega_i(t - t_i),$$

其中常数 t_i 和 A_i 为初值条件所决定 (即坐标 η_i 和 $\dot{\eta}_i$ 的初值), ω_i 称为系统的特征频率, 或利用声学的名词, 称为系统的音色. 于是, 每一个坐标 η_i 作具有固定特征频率 ω_i 的谐和振动. 根据 §74 里唯一性的定理, 系统的音色被系统的位能与动能唯一地决定而和变换 (19) 的选择无关.

可以利用 §73 的方法来求得用 η_i 表示 q_i 的实际表达式 (或相反的表达式) 并计算特征频率.

习题

1. 当系统的位能 (作为坐标的函数) 增加时 (也可以说, 当系统的刚性增加时), 系统的特征频率将如何变动?

提示 参看 §71 的习题.

答 不降低.

2. 当系统的动能 (作为广义速度 $\dot{q}_i$ 的函数) 增加时 (也可以说, 当系统的 "惯性" 增加时), 系统的特征频率将如何变动.

答 不增加.

3. 当系统受到形状 $\sum_{j=1}^{n} a_j q_j = 0$ 的辅助关系的约束时, 系统的特征频率将如何变动.

提示 参考 §71 不等式 (6).

第十一章

二次曲面

§77. 化二次曲面的一般方程为典型式

满足方程

$$\sum_{i,k=1}^{n} a_{ik}\xi_i\xi_k + 2\sum_{i=1}^{n} b_i\xi_i + c = 0 \tag{1}$$

或

$$\mathrm{A}(x,x) + 2l(x) + c = 0$$

的点 $x = (\xi_1, \xi_2, \cdots, \xi_n)$ 的轨迹, 称为 n 维空间的二次曲面, 这里 $\mathrm{A}(x,x) = \sum_{i,k=1}^{n} a_{ik}\xi_i\xi_k$ 是点 x 的径向量的二次型, $l(x) = \sum_{i=1}^{n} b_j\xi_i$ 是常系数线性式, c 是常数①

我们把空间 R 看成欧氏空间, 而 $\xi_1, \xi_2, \cdots, \xi_n$ 诸数是向量 x 对于正交归一基底的坐标. 现在的问题是: 在空间 R 里选定新的正交归一基底和新的坐标原点, 使得这个二次曲面由一个特殊的并且非常简单的方程, 即所谓*典型方程*来决定. 然后, 我们就根据*典型方程*来研究曲面的性质.

首先, 如在 §68 里所指出的, 在空间 R 里作坐标的正交变换

$$\xi_i = \sum_{j=1}^{n} q_{ij}\eta_j \quad (i = 1, 2, \cdots, n), \tag{2}$$

① 当 $n = 2$ 时, 方程 (1) 所决定的几何图形称为二次曲线. 但以后我们总是用 "曲面" 这个名词, 故当 $n = 2$ 时, 它实际上应该用 "曲线" 来代替. 关于这点, 以后不再声明.

使二次型 A(x,x) 对于新的变量化为典型式

$$\mathrm{A}(x,x)=\sum_{i=1}^{n}\lambda_i\eta_i^2.$$

以 (2) 代入方程 (1) 后, 方程 (1) 化为

$$\sum_{i=1}^{n}\lambda_i\eta_i^2+2\sum_{i=1}^{n}l_i\eta_i+c=0, \tag{3}$$

这里 l_i $(i=1,2,\cdots,n)$ 是线性型 $l(x)$ 的新系数.

如果在所得到的方程中, 对于某个 $i,\lambda_i\neq 0$, 移动坐标原点后, 就可使它所对应的一次项消失. 例如, 设 $\lambda_1\neq 0$, 则显然地

$$\lambda_1\eta_1^2+2l_1\eta_1=\lambda_1\left(\eta_1+\frac{l_1}{\lambda_1}\right)^2-\frac{l_1^2}{\lambda_1}.$$

再令 $\eta_1'=\eta_1+\frac{l_1}{\lambda_1}$; 这等于把坐标原点移到 $\left(-\frac{l_1}{\lambda_1},0,0,\cdots,0\right)$ 点. 经过代换后, $\lambda_1\eta_1^2+2l_1\eta_1$ 这一项变为 $\lambda_1\eta_1'^2-\frac{l_1^2}{\lambda_1}$; 这样, 二次项的系数 λ_1 虽仍不变, 而一次项却被消去, 常数项则增添了 $-\frac{l_1^2}{\lambda_1}$. 经过全部这样的变换后, 曲面的方程化为

$$\lambda_1\eta_1^2+\lambda_2\eta_2^2+\cdots+\lambda_r\eta_r^2+2l_{r+1}\eta_{r+1}+\cdots+2l_n\eta_n+c=0.$$

这里, 为了简单起见, 我们把坐标所有可能添上的撇号都省略了, 并且坐标已重新编号, 使得二次型中前面一些项的系数 $\lambda_1,\lambda_2,\cdots,\lambda_r$ 不是零, 但当 $k>r$ 时, $\lambda_k=0$. 如果这时所有的 $l_{r+1},l_{r+2},\cdots,l_n$ 都等于零, 那么我们就得到中心曲面的典型方程

$$\lambda_1\eta_1^2+\lambda_2\eta_2^2+\cdots+\lambda_r\eta_r^2+c=0. \tag{4}$$

假定 $l_{r+1},\cdots,l_n$ 中至少有一个数不是零. 再作一个新的正交坐标变换

$$\begin{aligned}
\tau_1&=\eta_1,\\
\tau_2&=\quad\eta_2,\\
&\cdots\cdots\cdots\cdots\\
\tau_r&=\qquad\eta_r,\\
\tau_{r+1}&=\qquad\quad-(l_{r+1}\eta_{r+1}+\cdots+l_n\eta_n)\frac{1}{M},
\end{aligned}$$

这里 M 是一个正的因子, 它保证变换矩阵的正交性: 因为正交矩阵每一行的元素的平方和必须等于 1, 故

$$M^2=l_{r+1}^2+l_{r+2}^2+\cdots+l_n^2.$$

其余的行 (第 $r+1$ 行以后) 可以是任意的. 只要所得到的矩阵是正交的.

在目前的情形下, 这个要求可以表达如下: 矩阵的第 $r+2,r+3,\cdots,n$ 行的元素是某些向量的坐标, 这些向量构成欧氏空间 T_n 内的一个子空间的正交归一基底, 而这个子空间则是由向量 $(1,0,0,\cdots),(0,1,0,\cdots,0),\cdots,(0,0,\cdots,1,0,\cdots,0),-\frac{1}{M}(0,0,\cdots,0,l_{r+1},l_{r+2},\cdots,l_n)$ 所构成的 $r+1$ 维子空间的正交余空间.

由此可见, 所求矩阵的构造问题总是可解的.

经过这次变换后, 曲面的方程变为

$$\lambda_1\tau_1^2+\cdots+\lambda_r\tau_r^2=2M\tau_{r+1}-c.$$

如果 $c \neq 0$, 再作坐标原点的移动

$$\tau'_{r+1} = \tau_{r+1} - \frac{c}{2M}, \quad 2M\tau'_{r+1} = 2M\tau_{r+1} - c,$$

就可消去常数项; 而方程 (仍然省去了最后坐标上的撇号) 化为

$$\lambda_1\tau_1^2 + \cdots + \lambda_r\tau_r^2 = 2M\tau_{r+1}; \tag{5}$$

这就是非中心曲面的典型方程.

如果方程 (4) 中 $c = 0$, 这个中心曲面称为退化锥面. 如果在曲面的典型方程中, 坐标的个数少于 n. 曲面就称为退化柱面. 这些名称, 以后再作解释.

§78. 中心曲面

具有下列性质的点 $x_0 = (\xi_1^0, \xi_2^0, \cdots, \xi_n^0)$ 称为曲面的中心: 如果点 $(\xi_1^0 + \xi_1, \xi_2^0 + \xi_2, \cdots, \xi_n^0 + \xi_n)$ 在曲面上, 则对于 x_0 对称的点 $(\xi_1^0 - \xi_1, \xi_2^0 - \xi_2, \cdots, \xi_n^0 - \xi_n)$ 也在曲面上. 具有典型方程 (4) 的曲面有中心; 每一个 $\eta_1 = \eta_2 = \cdots = \eta_r = 0$ 的点, 显然都是中心. 这就说明为什么这类曲面称为中心曲面.

现在来证明 (以后要用到), 方程为 (4) 的曲面没有其他的中心. 事实上, 设 $(\xi_1^0, \xi_2^0, \cdots, \xi_n^0)$ 是这个曲面的中心, 则从方程

$$\lambda_1(\xi_1^0 + \xi_1)^2 + \lambda_2(\xi_2^0 + \xi_2)^2 + \cdots + \lambda_r(\xi_r^0 + \xi_r)^2 + c = 0$$

应有

$$\lambda_1(\xi_1^0 - \xi_1)^2 + \lambda_2(\xi_2^0 - \xi_2)^2 + \cdots + \lambda_r(\xi_r^0 - \xi_r)^2 + c = 0.$$

从上式减去下式, 得:

$$\lambda_1\xi_1^0\xi_1 + \lambda_2\xi_2^0\xi_2 + \cdots + \lambda_r\xi_r^0\xi_r = 0.$$

在曲面上取一点, 它的 $\xi_2 = \xi_3 = \cdots = \xi_r = 0, \xi_1 \neq 0$ (显然, 这组值可以满足方程 (4)).

于是得到:

$$\lambda_1\xi_1^0\xi_1 = 0,$$

故 $\xi_1^0 = 0$. 同样地 $\xi_2^0 = \cdots = \xi_r^0 = 0$, 这就是所要证明的.

先来研究不退化的中心曲面, 这就是说, 假定 $r = n$ 且 $c \neq 0$, 则方程 (4) 容易化为

$$\pm\frac{\eta_1^2}{a_1^2} \pm \frac{\eta_2^2}{a_2^2} \pm \cdots \pm \frac{\eta_n^2}{a_n^2} = 1$$

的形状, 这里

$$a_k = +\sqrt{\left|\frac{c}{\lambda_k}\right|} \quad (k = 1, 2, \cdots, n);$$

它们称为曲面的半轴.

把坐标重新编号, 使在前面的项都有正号:

$$\frac{\eta_1^2}{a_1^2} + \frac{\eta_2^2}{a_2^2} + \cdots + \frac{\eta_k^2}{a_k^2} - \frac{\eta_{k+1}^2}{a_{k+1}^2} - \cdots - \frac{\eta_n^2}{a_n^2} = 1. \tag{6}$$

我们自然不去研究 $k=0$ 的情形, 因为这时没有一组实数值 $\eta_1,\eta_2,\cdots,\eta_n$ 能满足方程 (6); 因而在这样情形, 我们说方程 (6) 决定一个 "虚" 曲面.

现在来研究非退化的中心曲面的 n 个不同的典型, 它们对应于 $k=1,2,\cdots,n$.

在二维 $(n=2)$ 的情形下, 当 $k=1$ 及 $k=2$ 时, 方程 (6) 决定在解析几何中已知的两条曲线:

$$(k=1)\qquad \frac{\eta_1^2}{a_1^2}-\frac{\eta_2^2}{a_2^2}=1\qquad(\text{双曲线}),$$

$$(k=2)\qquad \frac{\eta_1^2}{a_1^2}+\frac{\eta_2^2}{a_2^2}=1\qquad(\text{椭圆}).$$

当 $n=3$ 时, 我们有 $k=1,k=2,k=3$, 对应于三维空间中的三个不退化的中心曲面, 它们的方程是:

$$(k=1)\qquad \frac{\eta_1^2}{a_1^2}-\frac{\eta_2^2}{a_2^2}-\frac{\eta_3^2}{a_3^2}=1,$$

$$(k=2)\qquad \frac{\eta_1^2}{a_1^2}+\frac{\eta_2^2}{a_2^2}-\frac{\eta_3^2}{a_3^2}=1,$$

$$(k=3)\qquad \frac{\eta_1^2}{a_1^2}+\frac{\eta_2^2}{a_2^2}+\frac{\eta_3^2}{a_3^2}=1.$$

下面我们略述这些曲面的作法, 以唤起读者的回忆.

我们来研究每一个这些曲面和水平面 $\eta_3=Ca_3\ (-\infty<C<\infty)$ 的截线. 这些截线分别是: 有实轴 η_1 的双曲线

$$(k=1)\qquad \frac{\eta_1^2}{a_1^2}-\frac{\eta_2^2}{a_2^2}=1+C^2,$$

C 可取一切值所得的椭圆

$$(k=2)\qquad \frac{\eta_1^2}{a_1^2}+\frac{\eta_2^2}{a_2^2}=1+C^2,$$

仅由 $|C|\leqslant 1$ 的值所决定的椭圆

$$(k=3)\qquad \frac{\eta_1^2}{a_1^2}+\frac{\eta_2^2}{a_2^2}=1-C^2.$$

为了要决定这些截线的顶点位置, 我们来作曲面与坐标平面 $\eta_1=0,\eta_2=0$ 的截线. 当 $k=1$ 时, 只得到它与坐标平面 $\eta_2=0$ 相交的实截线, 这实截线是双曲线

$$\frac{\eta_1^2}{a_1^2}-\frac{\eta_3^2}{a_3^2}=1.$$

水平双曲截线的顶点都在这条曲线上; 这样作出的曲面, 称为*双叶双曲面* (图 2).

当 $k=2$ 时, 两个坐标平面 $\eta_1=0,\eta_2=0$ 的截线是具有虚轴 η_3 的双曲线:

$$\frac{\eta_2^2}{a_2^2}-\frac{\eta_3^2}{a_3^2}=1,\quad \frac{\eta_1^2}{a_1^2}-\frac{\eta_2^2}{a_2^2}=1.$$

顶点在这两个双曲线上的水平椭圆截线的全体构成一个曲面, 称为*单叶双曲面* (图 3). 最后, 当 $k=3$ 时, 坐标平面 $\eta_1=0,\eta_2=0$ 的截线是椭圆; 水平椭圆截线所产生的曲面, 称为*椭面* (图 4).

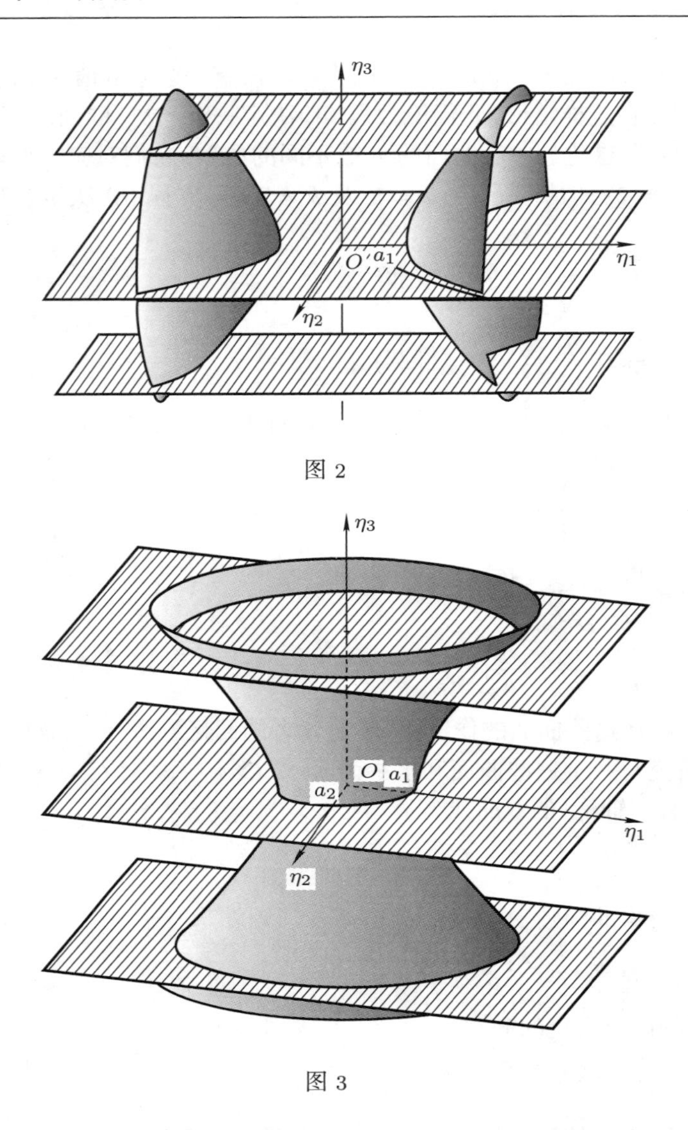

图 2

图 3

高于三维的空间里的二次曲面, 还没有直观的几何形象. 虽然如此, 我们却能在多维的情形下, 指出对应于 $k = 1, 2, \cdots, n$ 的各种中心曲面间本质上的区别. 为此, 我们先来考察三维空间中各种二次曲面显然的几何上的区别. 在双叶双曲面 $(k = 1)$ 上, 有两个点存在, 它们不能在曲面上连续移动以至彼此相合! 只需在两叶上各取一点就可以得到这样一对点. 在单叶双曲面 $(k = 2)$ 上, 每两个点虽然可以在曲面上作连续移动以至彼此相合, 但却有闭曲线 (例如双曲面的腰线) 存在, 它不能借连续变形而退化成一点. 在椭面 $(k = 2)$ 上, 则每一条闭曲线都可退化为一点. 这些事实, 可以作为描述 n 维空间里各种中心曲面的几何区别的出发点.

现在引进下面的定义. 若有双连续的一一对应映像存在, 它把图形 A 的点集变为图形 B 的点集, 则称图形 A 与图形 B 同胚. 曲面 S 上的图形 A, 如果可借连续变形而化为同一曲面上的图形 B, 并且在变形的过程中, 图形 A 总是在曲面 S 上, 则称图形 A 与图形 B 同伦.

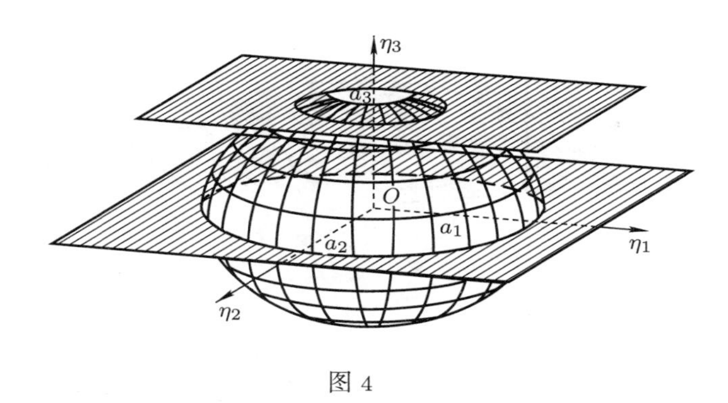

图 4

利用这些定义, 可以把各种中心曲面的几何区别表述如下. 当 $k=1$ 时, 可以找出曲面上彼此不同伦的两个点. 当 $k=2$ 时, 曲面上每两点虽然同伦; 但却有与圆周同胚的曲线, 它不与点同伦. 当 $k=3$ 时, 每一条与圆周同胚的曲线都与点同伦; 但曲面上却有与球面 (精确些说, 二维球面, 即三维空间中的球面) 同胚的部分, 不与点同伦. 继续下去, 对于每一个 k, 我们都可以指出它所对应的中心曲面的特性: 曲面的每一个与 $(k-1)$ 维球面同胚的部分, 都与点同伦, 但却有与 k 维球面同胚的部分存在, 它不与点同伦. 从这个结果, 特别地可以推知, n 维空间里, 对应于不同的 k 的中心曲面, 彼此不同胚. 这些有趣的命题, 我们现在不能证明.

现在来研究 $c=0$ 的情形. 这时方程 (4) 是齐次的: 如果点 $(\eta_1, \eta_2, \cdots, \eta_n)$ 满足这个方程, 则对于任意的 t, 点 $(t\eta_1, t\eta_2, \cdots, t\eta_n)$ 也满足它. 这意味着, 曲面是由过坐标原点的直线构成的[①]. 这种退化的曲面称为锥面.

当 $r=n$ 时, 锥面的典型方程可以化为

$$\frac{\eta_1^2}{a_1^2}+\cdots+\frac{\eta_k^2}{a_k^2}-\frac{\eta_{k+1}^2}{a_{k+1}^2}-\cdots-\frac{\eta_n^2}{a_n^2}=0.$$

对于已给的 n, 我们来计算锥面有多少种类型. 如果典型方程 (4) 中负系数的个数 $m=n-k$ 大于 $\frac{n}{2}$, 则以 -1 乘这方程后, 所得到的仍是同一个曲面的方程, 但它的负系数的个数却小于 $\frac{n}{2}$. 因此, 只要研究对应于 $m \leqslant \frac{n}{2}$ 的情形就够了. 如果 n 是偶数, 则除去点 $(k=0)$ 的情形外, 我们得到 $\frac{n}{2}$ 个不同类型的锥面, 它们分别对应于 $m=1,2,\cdots,\frac{n}{2}$; 如果 n 是奇数, 有 $\frac{n-1}{2}$ 个不同类型, 即 $m=1,2,\cdots,\frac{n-1}{2}$.

在平面 $(n=2)$ 上, 除了点以外, 只有一类 $(m=1)$, 它的典型方程是

$$\frac{\eta_1^2}{a_1^2}-\frac{\eta_2^2}{a_2^2}=0,$$

对应的几何图形是一对相交的直线 $\frac{\eta_1}{a_1}=\pm\frac{\eta_2}{a_2}$.

在三维 $(n=3)$ 空间内, 除了点以外, 锥面也只有一类 $\left(\frac{n-1}{2}=\frac{3-1}{2}=1\right)$, 它的典型方程是

$$\frac{\eta_1^2}{a_1^2}+\frac{\eta_2^2}{a_2^2}-\frac{\eta_3^2}{a_3^2}=0.$$

对应的几何图形是锥面 (图 5; 在 $a_1=a_2$ 的特殊情形, 它是直立圆锥).

---

① 有一种情形要除外, 即当总和 (2) 中各项有同号时, 方程只决定一个点, 即原点.

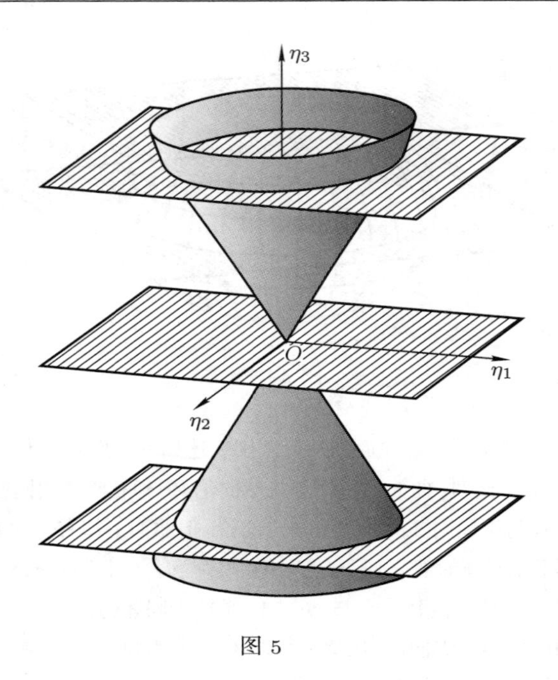

图 5

为了要在普遍情形下表示锥面的形象, 我们来研究它与超平面 $\eta_n = Ca_n$ $(-\infty < C < \infty)$ 的截口:

$$\frac{\eta_1^2}{a_1^2}+\cdots+\frac{\eta_k^2}{a_k^2}-\frac{\eta_{k+1}^2}{a_{k+1}^2}-\cdots-\frac{\eta_{n-1}^2}{a_{n-1}^2}=C^2.$$

这个方程代表 $(n-1)$ 维空间里的中心曲面. 所有这些曲面 (对于不同的 C) 在几何上是彼此相似的, 它们各个半轴长度与 C 的值成比例.

因此, n 维空间里每一个锥面, 可以借 $n-1$ 维空间 R_{n-1} 里的某一个中心曲面, 沿着垂直于 R_{n-1} 的轴移动而得到, 但在移动这个中心曲面时, 需要在各个方向, 把它按比例地放大或压缩.

这时为了要得到一切类型的锥面, 只需利用 $n-1$ 维空间里某些中心曲面, 它们的典型方程中的负项个数不超过 $\frac{n}{2}-1$.

§79. 不退化的非中心曲面 (抛物面)

用 §78 中同样的方法, 可以把不退化的非中心曲面的典型方程化为

$$\frac{\eta_1^2}{a_1^2}+\cdots+\frac{\eta_k^2}{a_k^2}-\frac{\eta_{k+1}^2}{a_{k+1}^2}-\cdots-\frac{\eta_{n-1}^2}{a_{n-1}^2}=2\eta_n. \qquad (7)$$

我们来估计不退化的非中心曲面有多少不同的类型. 如果方程 (7) 的左端负项个数多于 $\frac{n-1}{2}$, 则以 -1 乘方程 (7) 后, 便得到同一个曲面的方程, 但左端负项个数却小于 $\frac{n-1}{2}$, 而右端则变了号. 经过反射 $\eta_n' = -\eta_n$ 后, 右端的符号又还了原. 因此, 不退

化的非中心曲面的类数 (如果不区别可由反射而相互转化的曲面) 决定于满足不等式 $0 \leqslant m \leqslant \frac{n-1}{2}$ 的整数 m 的个数; 当 n 为偶数时, 这个数等于 $\frac{n}{2}$, 当 n 为奇数时, 它等于 $\frac{n+1}{2}$. 在平面 $(n=2)$ 上, 有唯一的一类不退化非中心曲线 (抛物线), 它的典型方程是

$$\eta_1^2 = 2a_1^2\eta_2 \quad (m=0).$$

在三维空间里, 有两种不退化非中心曲面 $\left(n=3; \frac{n+1}{2} = \frac{3+1}{2} = 2\right)$,

1) $\dfrac{\eta_1^2}{a_1^2} + \dfrac{\eta_2^2}{a_2^2} = 2\eta_3 \quad (m=0)$,

2) $\dfrac{\eta_1^2}{a_1^2} - \dfrac{\eta_2^2}{a_2^2} = 2\eta_3 \quad (m=1)$.

前者与平面 $\eta_3 = C > 0$ 的截线是椭圆; 为了要决定椭圆的顶点, 作曲面与坐标平面 $\eta_1 = 0$ 与 $\eta_2 = 0$ 的截线. 每一条截线都是抛物线; 它们与平面 $\eta_3 = C$ 的交点, 便是椭圆的顶点.

这样所得的曲面 (图 6) 称为*椭圆抛物面*. (特殊地, 若 $a_1 = a_2$, 则称为*回转抛物面*) 后者与平面 $\eta_3 = C > 0$ 的交线是有实轴 η_1 的双曲线. 为了要决定顶点的位置,

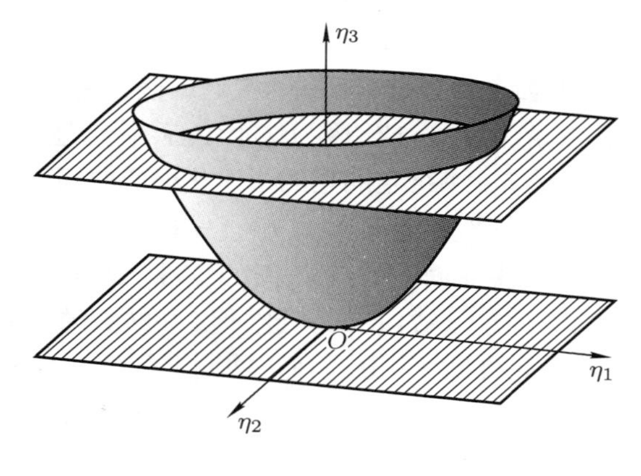

图 6

研究曲面与坐标平面 $\eta_2 = 0$ 的交线; 我们得到抛物线 $\eta_1^2 = 2a_1^2\eta_3$, 它与平面 $\eta_3 = C$ 的交点是双曲线的顶点. 平面 $\eta_3 = C < 0$ 的截线是有实轴 η_2 的双曲线; 它的顶点在平面 $\eta_1 = 0$ 的抛物线 $\eta_2^2 = -2a_2^2\eta_3$ 上.

在 $\eta_3 = 0$ 上, 截线是一对直线, 它们是曲面的一切水平双曲截线在平面 $\eta_3 = 0$ 上的投影的渐近线. 这个曲面称为*双曲抛物面* (图 7).

为了要说明在一般情形下曲面 (7) 的形象, 我们研究它与超平面 $\eta_n = C$ 的截口, 而令 C 从 0 变到 $+\infty$. 每一截口都是 $n-1$ 维空间的中心曲面. 这些曲面都彼此相似; 相应的半轴之长 (这是与锥面不同处) 按抛物法则而改变 (即与 C 之平方根成比例). 若 $C=0$, 中心曲面是锥面. 若 $C<0$ 中心曲面变成*共轭的曲面* (典型方程

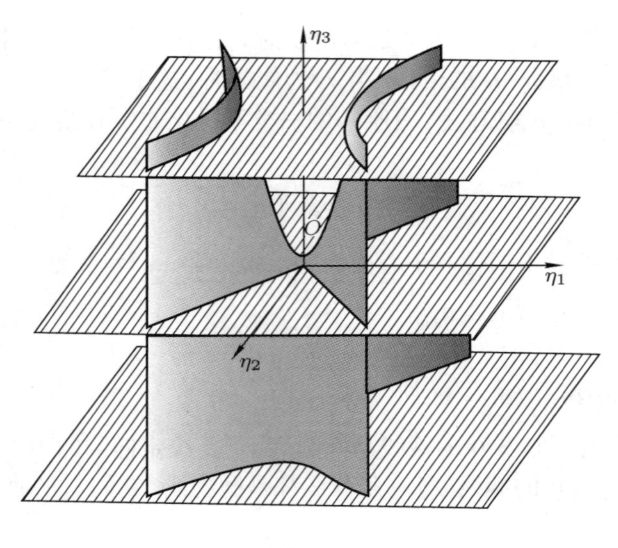

图 7

中正项与负项对换). 在方程 (7) 的全部系数具同一符号 —— 为明确起见姑定为恒正 —— 的特殊情形下, 曲面仅在 $\eta_n \geqslant 0$ 的半空间内存在.

这一类不退化曲面的命名可以这样解释: 它们的确**没有中心**. 这可用反证法来证明. 设曲面 (7) 有中心 $\eta_1^0, \eta_2^0, \cdots, \eta_n^0$. 因为这个中心, 特殊地, 也该是截口 $\eta_n = \eta_n^0$ 的对称中心, 而这个截口是 $n-1$ 维空间里的不退化中心曲面, 所以必须

$$\eta_1^0 = \eta_2^0 = \cdots = \eta_{n-1}^0 = 0.$$

因而中心应该在 η_n 轴上. 将曲面上的点 $\eta_1, \eta_2, \cdots, \eta_{n-1}, \eta_n^0 + \delta$ 换为对称点 $-\eta_1, -\eta_2, \cdots, -\eta_{n-1}, \eta_n^0 - \delta$. 这时方程 (7) 应该满足. 但它的左端在上述代换下是不变的; 所以, 右端也应该不变, 由此可见 $\delta = 0$. 因而, 曲面上到处没有 $\eta_n \neq \eta_n^0$ 的点. 但显然地, 方程 (7) 有 $\eta_n \neq \eta_n^0$ 的解 $\eta_1, \eta_2, \cdots, \eta_n$. 这个矛盾证明了我们的曲面**没有中心**.

§80. 退化柱面

典型方程中, 坐标的个数少于 n 个的二次曲面称为退化柱面. 例如, 可以假设典型方程中没有坐标 η_n. 这样, 超平面 $\eta_n = C$ $(-\infty < C < \infty)$ 所截的一切 $n-1$ 维截面是 $n-1$ 维空间中的相同曲面. 因此, 每一个退化柱面都可以把 $n-1$ 维空间 R_{n-1} 中某一个二次曲面沿着这 $n-1$ 维空间的垂线平移来得到.

我们在平面 $(n=2)$ 上试求对应的曲线; 这时典型方程里只有一个坐标, 所以这个方程是

$$\frac{\eta_1^2}{a_1^2} = C.$$

若 $C > 0$, 它是一对平行直线; 若 $C = 0$, 则是一对叠合直线; 若 $C < 0$ 则是一对虚

直线.

为了作出三维空间 ($n=3$) 里的柱面, 就要沿着 η_3 轴去平移 (η_1, η_2) 平面上所有的二次曲线. 这时椭圆、双曲线和抛物线分别给出椭圆柱面、双曲柱面和抛物柱面 (图 8). 一对相交的、平行的或叠合的直线则给出一对相交的、平行的或叠合的平面 (图 9).

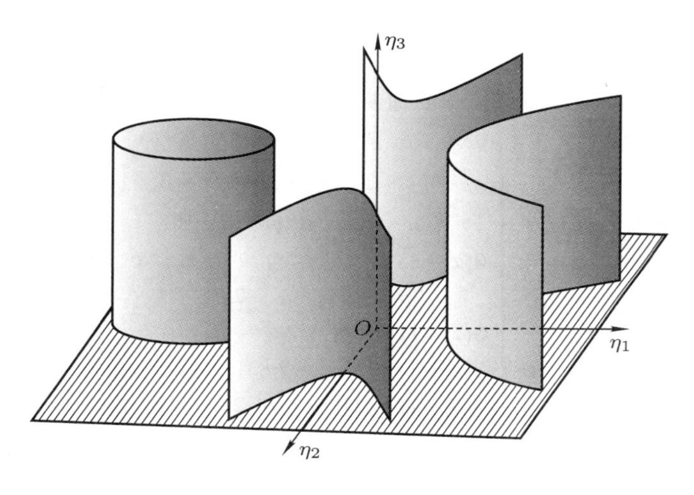

图 8

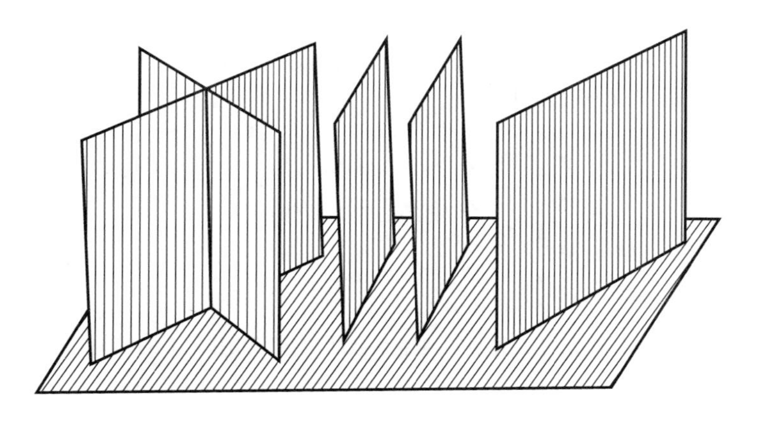

图 9

习题

1. 下列方程在三维空间 (x, y, z) 中决定怎样的二次曲面?

a) $\dfrac{x^2}{4}-\dfrac{y^2}{9}+\dfrac{z^2}{1}=1$; b) $\dfrac{x^2}{4}-\dfrac{y^2}{9}-\dfrac{z^2}{1}=-1$;

c) $x=y^2+z^2$; d) $y=x^2+z^2+1$;

e) $y=xz$.

答 a) 单叶双曲面, 它的轴沿着 y 轴;

b) 单叶双曲面, 它的轴沿着 x 轴;

c) 回转抛物面, 它的轴沿着 x 轴;

d) 回转抛物面, 它的轴沿着 y 轴, 但又沿 y 轴移动了 1 个单位长;

e) 双曲抛物面.

2. 证明: 二次曲面所有平行于向量 $y=\{\xi_1,\xi_2,\cdots,\xi_n\}$ 的弦的中心, 在一个 $n-1$ 维超平面 (共轭于向量 y 的直径超平面) 上.

3. 化简下列三维空间 (x,y,z) 内二次曲面的方程, 并写出对应的坐标变换公式.

a) $5x^2+6y^2+7z^2-4xy+4yz-10x+8y+14z-6=0$,

b) $x^2+2y^2-z^2+12xy-4xz-8yz+14x+16y-12z-3=0$,

c) $4x^2+y^2+4z^2-4xy+8xz-4yz-12x-12y+6z=0$.

答 a) $x_1^2+2y_1^2+3z_1^2=6$; $\quad 3(x-1)=-x_1+2y_1+2z_1$, $3y=2x_1-y_1+2z_1$, $3(z+1)=2x_1+2y_1-z_1$.

b) $x_1^2+2y_1^2-3z_1^2=6$; $\quad 3(x+1)=-x_1+2y_1+2z_1$, $3(y+1)=2x_1-y_1+2z_1$, $3z=2x_1+2y_1-z_1$.

c) $y_1^2=2x_1$; $\quad 3(x-m)=2x_1+2y_1+z_1$, $3(y+2m)=2x_1-y_1-2z_1$, $3(z+2m)=-x_1+2y_1-2z_1$ (m 为任意数).

4. 证明: 半轴为 $a_1\geqslant a_2\geqslant\cdots\geqslant a_n$ 的椭面, 与通过这椭面中心的 k 维超平面的交面, 是半轴为 $b_1\geqslant b_2\geqslant\cdots\geqslant b_k$ 的椭面, 其中

$$\begin{aligned}&a_1\geqslant b_1\geqslant a_{n-k+1},\\&a_2\geqslant b_2\geqslant a_{n-k+2},\\&\cdots\cdots\cdots\cdots\cdots\cdots\\&a_k\geqslant b_k\geqslant a_n.\end{aligned}$$

提示 椭面的半轴由对应的二次型的典型系数所决定. 利用 §71 的结果.

§81. 根据一般方程研究曲面

我们已经写出了 n 维欧氏空间里二次曲面各种可能的类型. 曲面的类型由它的典型方程决定. 然而常常遇到的不是曲面的典型方程, 而是一般的方程 (1), 并且要实际地确定它的类别; 换句话说, 不要经过 §77 内的变换, 就要能写出它的典型方程.

我们下面将要发现, 为了要写出方程 (1) 所决定的二次曲面的典型方程, 只需知道下列的数值:

1. n 次多项式

$$\Delta(\lambda)=\begin{vmatrix} a_{11}-\lambda & a_{12} & \cdots & a_{1n} \\ a_{21} & a_{22}-\lambda & \cdots & a_{2n} \\ \vdots & \vdots & & \vdots \\ a_{n1} & a_{n2} & \cdots & a_{nn}-\lambda \end{vmatrix}=0$$

的根.

2. n 次多项式

$$\Delta_1(\lambda)=\begin{vmatrix} a_{11}-\lambda & a_{12} & \cdots & a_{1n} & b_1 \\ a_{21} & a_{22}-\lambda & \cdots & a_{2n} & b_2 \\ \vdots & \vdots & & \vdots & \vdots \\ a_{n1} & a_{n2} & \cdots & a_{nn}-\lambda & b_n \\ b_1 & b_2 & \cdots & b_n & c \end{vmatrix}$$

的系数.

为了要得到这个多项式的系数的显式表达式, 可以利用行列式的线性性质 (§3 第 3 段). 行列式 $\Delta_1(\lambda)$ 的每一列 (除最后一列外) 都可作为两列的和, 其中一列由 a_{ij} ($i=1,2,\cdots,n,j$ 固定) 及 b_j 诸数组成, 而另一列则由 n 个零及数 $-\lambda$ 组成. 据此, 行列式 $\Delta_1(\lambda)$ 可以写成一定多个行列式的和, 其中每一个可用以下法则得到: 将矩阵

$$A_1=\begin{bmatrix} a_{11} & a_{12} & \cdots & a_{1n} & b_1 \\ a_{21} & a_{22} & \cdots & a_{2n} & b_2 \\ \vdots & \vdots & & \vdots & \vdots \\ a_{n1} & a_{n2} & \cdots & a_{nn} & b_n \\ b_1 & b_2 & \cdots & b_n & c \end{bmatrix} \tag{8}$$

某些列 (除最后一列外) 换成由 n 个零及一个元素 $-\lambda$ 所组成的一些新的列, 但要使 $-\lambda$ 都在矩阵的对角线上. 每一个这样的行列式, 按着 $-\lambda$ 所在的那些列展开后, 化为

$$(-\lambda)^k M_{n+1-k},$$

其中 k 是包含元素 $-\lambda$ 的列的个数, 而 M_{n+1-k} 是某个 $(n+1-k)$ 阶的子式. 这个子式有下述特征: 如果它用着矩阵 A_1 的某一列, 它就用着了同号码的行, 并且它显然用着这个矩阵的最后一行与最后一列. 具有这种特性的子式称为加边子式①. 显然, 每一个加边子式都在行列式 $\Delta_1(\lambda)$ 的展开式中出现. 从而我们立刻得到: *行列式 $\Delta_1(\lambda)$ 按 $-\lambda$ 的幂次展开后, $(-\lambda)^k$ 的系数等于所有 $n+1-k$ 阶加边子式的和*. 行列式 $\Delta_1(\lambda)$ 的展开式最好写为:

$$\Delta_1(\lambda)=\alpha_{n+1}-\alpha_n\lambda+\alpha_{n-1}\lambda^2-\cdots+\alpha_1(-\lambda)^n,$$

其中 α_k 等于矩阵 A_1 中所有 k 阶加边子式的和.

① 当 $c\neq 0$ 时, 这里的加边子式和通常的加边行列式不同, 请读者注意 —— 译者.

如我们所知道的, 特征多项式 $\Delta(\lambda)$ 的根是典型方程中变量之平方项的系数. 为了要求出其余的项 (如果典型方程有形式 (4), 就是常数项: 如果有形式 (5), 则是一次项), 必须说明经过坐标变换时, 多项式 $\Delta_1(\lambda)$ 系数的变化.

我们来研究 $n+1$ 维欧氏空间 R_{n+1} 内的二次型:

$$\mathrm{A}_1(x,x)=\sum_{i,k=1}^{n}a_{ik}\xi_i\xi_k+2\sum_{i=1}^{n}b_i\xi_i\xi_{n+1}+c\xi_{n+1}^2. \tag{9}$$

这里 $\xi_1,\xi_2,\cdots,\xi_n,\xi_{n+1}$ 是向量 $x\in R_{n+1}$ 对于某一个正交归一基底 $e_1,e_2,\cdots,e_n,e_{n+1}$ 的坐标. 这个二次型对应于一个对称算子 A_1, 对于基底 $\{e\}$, 它有矩阵 (8); 我们也用 $A_{(e)}$ 来记这个矩阵.

与研究这个算子同时, 再考虑算子 E_1; 它由以下条件确定: 当 $k\leqslant n$ 时, $\mathrm{E}_1e_k=e_k$, 又 $\mathrm{E}_1e_{n+1}=0$. 它所对应的矩阵 (对于同一个基底 $e_1,e_2,\cdots,e_{n+1}$) 是

$$E_1=\begin{bmatrix}1&&&&\\&1&&&\\&&\ddots&&\\&&&1&\\&&&&0\end{bmatrix}. \tag{10}$$

用 R_n 表示以向量 $e_1,e_2,\cdots e_n$ 为基底的子空间; 算子 E_1 在这个子空间里显然是恒等算子.

设在空间 R_n 内已给某个等矩变换 Q; 它把正交归一基底 $e_1,e_2,\cdots,e_n$ 变为正交归一基底 $f_1,f_2,\cdots,f_n$. 在空间 R_{n+1} 内作一个等距变换 Q_1, 使 $\mathrm{Q}_1e_1=f_1,\mathrm{Q}_1e_2=f_2,\cdots,\mathrm{Q}_1e_n=f_n,\mathrm{Q}_1e_{n+1}=e_{n+1}=f_{n+1}$. 如果算子 Q 在空间 R_n 的矩阵是

$$Q=\begin{bmatrix}q_{11}&q_{12}&\cdots&q_{1n}\\q_{21}&q_{22}&\cdots&q_{2n}\\\vdots&\vdots&&\vdots\\q_{n1}&q_{n2}&\cdots&q_{nn}\end{bmatrix},$$

则在空间 R_{n+1} 内, 所作的算子 Q_1 的矩阵是

$$Q_1=\begin{bmatrix}q_{11}&q_{12}&\cdots&q_{1n}&0\\q_{21}&q_{22}&\cdots&q_{2n}&0\\\vdots&\vdots&&\vdots&\vdots\\q_{n1}&q_{n2}&\cdots&q_{nn}&0\\0&0&\cdots&0&1\end{bmatrix}.$$

这个矩阵对应于下列坐标变换 (§54).

$$\left.\begin{aligned}\xi_1&=q_{11}\eta_1+q_{21}\eta_2+\cdots+q_{n1}\eta_n,\\\xi_2&=q_{12}\eta_1+q_{22}\eta_2+\cdots+q_{n2}\eta_n,\\&\cdots\cdots\cdots\cdots\cdots\cdots\cdots\cdots\\\xi_n&=q_{1n}\eta_1+q_{2n}\eta_2+\cdots+q_{nn}\eta_n,\\\xi_{n+1}&=\eta_{n+1}.\end{aligned}\right\} \tag{11}$$

算子 A_1 对于新基底 $f_1, f_2, \cdots, f_{n+1}$ 有矩阵 $A_{(f)} = Q_1^{-1} A_{(e)} Q_1$ (§38);
算子 E_1 的矩阵, 则与从前的一样, 仍然是 (10). 按 §38 第 2 段,

$$\det(A_{(f)} - \lambda E_1) = \det(A_{(e)} - \lambda E_1).$$

现在把变换 Q 选择为 §77 中的变换, 它把二次型 $\mathrm{A}(x,x) = \sum_{i,k=1}^n a_{ik}\xi_i\xi_k$ 化为典型式

$$\mathrm{A}(x,x) = \sum_{i=1}^n \lambda_i \eta_i^2.$$

从公式 (11), 可见变换 Q 把 $n+1$ 个变量的二次型 (9) 化为

$$\sum_{i=1}^n \lambda_i \eta_i^2 + 2\sum_{i=1}^n l_i \eta_i \eta_{n+1} + c\eta_{n+1}^2.$$

算子 A_1 的矩阵, 如我们所知道的, 也将随着二次型的矩阵同样地变化, 而成为下列形状:

$$A_{(f)} = \begin{bmatrix} \lambda_1 & & & & & & & l_1 \\ & \lambda_2 & & & & & & l_2 \\ & & \ddots & & & & & \vdots \\ & & & \lambda_r & & & & l_r \\ & & & & 0 & & & l_{r+1} \\ & & & & & \ddots & & \vdots \\ & & & & & & 0 & l_n \\ l_1 & l_2 & \cdots & l_r & l_{r+1} & \cdots & l_n & c \end{bmatrix}.$$

多项式 $\Delta_1(\lambda) = \det(A_{(f)} - \lambda E_1)$ 将等于行列式

$$\begin{vmatrix} \lambda_1-\lambda & & & & & & & l_1 \\ & \lambda_2-\lambda & & & & & & l_2 \\ & & \ddots & & & & & \vdots \\ & & & \lambda_r-\lambda & & & & l_r \\ & & & & -\lambda & & & l_{r+1} \\ & & & & & \ddots & & \vdots \\ & & & & & & -\lambda & l_n \\ l_1 & l_2 & \cdots & l_r & l_{r+1} & \cdots & l_n & c \end{vmatrix}.$$

可以利用矩阵 $A_{(f)}$ 的加边子式, 像上面利用矩阵 $A_{(e)} = A_1$ 的加边子式那样, 这个多项式的系数是容易计算出来的.

注意, 当 $r < n$ 时, 矩阵 $A_{(f)}$ 的所有阶数高于 $r+2$ 的加边子式显然化为零, 因为它含有两个成比例的列. 因而当 $r < n$ 时, 系数 $\alpha_{r+3}, \alpha_{r+4}, \cdots$ 等于零.

此外, 当 $r < n$ 时, $r+2$ 阶的加边子式, 除了显然等于零的之外, 必须用到矩阵 $A_{(f)}$ 的前 r 行及 r 列.

$r+1$ 阶加边子式可以不用到这 r 行与 r 列; 可以指出, 需要用到这些行和列的, 只有下面的两种情形:

1) $r=n$; 显然, 矩阵 $A_{(f)}$ 有唯一的 $r+1$ 阶子式 (这就是与行列式完全相同的 $r+1$ 阶子式); 它包含矩阵 $A_{(f)}$ **全部**的行与列.

2) $r<n, l_{r+1}=l_{r+2}=\cdots=l_n=0$; 除了显然为零的之外, 有一个 $r+1$ 阶加边子式; 它由号码为 $1,2,\cdots,r,n+1$ 的行与列所构成.

再来研究, §77 中方程 (1) 所受的、目的在消去 $l_1,l_2,\cdots,l_r$ 的第二步变换, 对于算子 A_1 的矩阵有什么影响. 经过变换

$$\eta_1'=\eta_1+\frac{l_1}{\lambda_1}\eta_{n+1},\quad \eta_k'=\eta_k\quad (k=2,3,\cdots,n+1).$$

矩阵 $A_{(f)}$ 变为

$$A_{(f)}^{(1)}=\begin{bmatrix}\lambda_1 &&&&&&& 0\\ & \lambda_2 &&&&&& l_2\\ && \ddots &&&&& \vdots\\ &&& \lambda_r &&&& l_r\\ &&&& 0 &&& l_{r+1}\\ &&&&& \ddots && \vdots\\ &&&&&& 0 & l_n\\ 0 & l_2 & \cdots & l_r & l_{r+1} & \cdots & l_n & c-\dfrac{l_1^2}{\lambda_1}\end{bmatrix}.$$

这个变换的运算可以叙述如下: 从矩阵 $A_{(f)}$ 最后一列减去乘以 $\frac{l_1}{\lambda_1}$ 后的第一列, 然后从最后一行减去乘以 $\frac{l_1}{\lambda_1}$ 后的第一行. 同样地, 可以写出为了要消去 $l_2,l_3,\cdots,l_r$ 的其他变换; 经过所有这些变换后, 矩阵 $A_{(f)}$ 变为

$$A_{(f)}^{(r)}=\begin{bmatrix}\lambda_1 &&&&&&& 0\\ & \lambda_2 &&&&&& 0\\ && \ddots &&&&& \vdots\\ &&& \lambda_r &&&& 0\\ &&&& 0 &&& l_{r+1}\\ &&&&& \ddots && \vdots\\ &&&&&& 0 & l_n\\ 0 & 0 & \cdots & 0 & l_{r+1} & \cdots & l_n & c'\end{bmatrix}.$$

这些变换显然不改变矩阵 $A_{(f)}$ 的加边子式的值, 因为这些子式含有矩阵的前 r 行及 r 列.

考察多项式

$$\Delta_1^{(r)}(\lambda)=\begin{vmatrix}\lambda_1-\lambda & & & & & & & 0\\ & \lambda_2-\lambda & & & & & & 0\\ & & \ddots & & & & & \vdots\\ & & & \lambda_r-\lambda & & & & 0\\ & & & & -\lambda & & & l_{r+1}\\ & & & & & \ddots & & \vdots\\ & & & & & & -\lambda & l_n\\ 0 & 0 & \cdots & 0 & l_{r+1} & \cdots & l_n & c'\end{vmatrix}$$
$$=\alpha'_{n+1}-\alpha'_n\lambda+\cdots+\alpha'_1(-\lambda)^n.$$

这个多项式的系数可以通过矩阵 $A_{(f)}^{(r)}$ 的加边子式来计算, 计算的方法与通过 $A_{(f)}$ 的加边子式来算多项式 $\Delta_1(\lambda)$ 的系数一样. 根据上面已经证明的, $r+2$ $(r<n)$ 阶子式不变的性质, 可知 $\alpha'_{r+2}=\alpha_{r+2}$; 而在上述的两种特殊情形下, 还有 $\alpha'_{r+1}=\alpha_{r+1}$.

先来考察 $r=n$ 的特例. 这时多项式 $\Delta_1^{(r)}(\lambda)$ 的系数 α'_{n+1} 显然等于乘积 $\lambda_1\lambda_2\cdots\lambda_n c'$, 从而典型方程 (4) 中的 c 等于①

$$c=\frac{\alpha'_{n+1}}{\lambda_1\lambda_2\cdots\lambda_n}=\frac{\alpha_{n+1}}{\lambda_1\lambda_2\cdots\lambda_n}.$$

现在设 $r<n$. 我们来决定多项式 $\Delta_1^{(r)}(\lambda)$ 的系数 α_{r+2}②, 这个系数为以下所必需. $r+2$ 阶加边子式, 除了显然等于零的以外, 可以写成

$$\begin{vmatrix}\lambda_1 & & & & & 0\\ & \lambda_2 & & & & 0\\ & & \ddots & & & \vdots\\ & & & \lambda_r & & 0\\ & & & & 0 & l_m\\ 0 & 0 & \cdots & 0 & l_m & c\end{vmatrix}=-\lambda_1\lambda_2\cdots\lambda_r l_m^2$$
$$(m=k+1,\cdots,n),$$

因而它们的和, 即系数 $\alpha'_{r+2}=\alpha_{r+2}$ 可写成

$$-\lambda_1\lambda_2\cdots\lambda_r(l_{k+1}^2+\cdots+l_n^2).$$

回想方程 (1) 可化为典型式 (5) 的条件是系数 $l_{k+1},\cdots,l_n$ 中至少有一个不为零. 我们现在可以用不等式的形式来写出与它相当的条件, 即

$$\alpha_{r+2}\neq 0.$$

①注意典型方程 (4) 中的 c 就是 $A_{(f)}^{(r)}$ 和 $\Delta_1^{(r)}(\lambda)$ 中的 c' —— 译者.

②不难验证, 对于 $m>r+2$, 多项式 $\Delta_1^{(r)}(\lambda)$ 所有的系数 α_m 这时显然都化为零.

同时也求得了一个典型式 (5) 中系数 M 的计算公式

$$M^2 = l_{r+1}^2 + \cdots + l_n^2 = -\frac{\alpha_{r+2}}{\lambda_1\lambda_2\cdots\lambda_r}.$$

如果 $\alpha_{r+2} = 0$ 等于零, 则 $l_{r+1} = l_{r+2} = \cdots = l_n = 0$, 而方程化为典型式 (4). 这里我们面临着第二种特款. 此时系数 $\alpha'_{r+1} = \alpha_{r+1}$ 显然等于乘积

$$\lambda_1\lambda_2\cdots\lambda_r \cdot c,$$

从而典型式 (4) 中的系数 c 等于

$$\frac{\alpha'_{r+1}}{\lambda_1\lambda_2\cdots\lambda_r} = \frac{\alpha_{r+1}}{\lambda_1\lambda_2\cdots\lambda_r}.$$

我们把上面的结果归纳一下. 像以前一样, 我们约定, 把特征多项式 $\Delta(\lambda)$ 的根 $\lambda_1, \lambda_2, \cdots, \lambda_n$ 这样地排列, 使得在前面的根不是零. 用 Λ_r 来记乘积 $\lambda_1\cdots\lambda_r$.

已给条件	典型方程
$\lambda_n \neq 0$	$\lambda_1\eta_1^2 + \lambda_2\eta_2^2 + \cdots + \lambda_n\eta_n^2 + \frac{\alpha_{n+1}}{\Lambda} = 0$
$\lambda_n = 0$, $\lambda_{n-1} \neq 0$; $\alpha_{n+1} \neq 0$	$\lambda_1\eta_1^2 + \lambda_2\eta_2^2 + \cdots + \lambda_{n-1}\eta_{n-1}^2 + 2\sqrt{-\frac{\alpha_{n+1}}{\Lambda_{n-1}}}\eta_n = 0$
$\lambda_n = 0$, $\lambda_{n-1} \neq 0$; $\alpha_{n+1} = 0$	$\lambda_1\eta_1^2 + \lambda_2\eta_2^2 + \cdots + \lambda_{n-1}\eta_{n-1}^2 + \frac{\alpha_n}{\Lambda_{n-1}} = 0$
$\lambda_{n-1} = 0$, $\lambda_{n-2} \neq 0$; $\alpha_n \neq 0$	$\lambda_1\eta_1^2 + \lambda_2\eta_2^2 + \cdots + \lambda_{n-2}\eta_{n-2}^2 + 2\sqrt{-\frac{\alpha_n}{\Lambda_{n-2}}}\eta_{n-1} = 0$
$\lambda_{n-1} = 0$, $\lambda_{n-2} \neq 0$; $\alpha_n = 0$	$\lambda_1\eta_1^2 + \lambda_2\eta_2^2 + \cdots + \lambda_{n-2}\eta_{n-2}^2 + \frac{\alpha_{n-1}}{\Lambda_{n-2}} = 0$
…………	…………
$\lambda_2 = 0$, $\lambda_1 \neq 0$; $\alpha_3 \neq 0$	$\lambda_1\eta_1^2 + 2\sqrt{-\frac{\alpha_3}{\lambda_1}}\eta_2 = 0$
$\lambda_2 = 0$, $\lambda_1 \neq 0$; $\alpha_3 = 0$	$\lambda_1\eta_1^2 + \frac{\alpha_2}{\lambda_1} = 0$

这节内所列的二次曲面分析表引自 П. С. 莫杰诺夫的著作.

第十二章

无穷维欧氏空间的几何学

在我们的叙述中, 已经遇到过无穷维欧氏空间, 例如对于区间 $a \leqslant t \leqslant b$ 里所有的连续函数 $x(t)$, 如果用公式

$$(x, y) = \int_a^b x(t)y(t)dt$$

确定数积, 则这些函数所构成的空间 $C_2(a, b)$ 就是这种的空间.

无穷维欧氏空间的几何研究, 对于许多分析里的事实, 给予几何意义; 反过来, 在创立新的观点时, 这种几何解释又可以深入地预见一些新的事实, 并确立分析里的对象的一些新的性质. 在这一章中, 我们将利用泛函空间的几何学来建立傅里叶级数和积分方程的理论.

§82. 欧氏空间的极限概念

我们用 $\|x\|$ 表示欧氏空间 R 中向量 x 的模方, 向量 x 和 y 的差的模方

$$\rho(x, y) = \|x - y\|$$

称为 x 和 y 的*距离*.

量 $\rho(x, y)$ 满足三角不等式

$$\rho(x, z) \leqslant \rho(x, y) + \rho(y, z).$$

在 §50 中不等式 (12) 内, 用 $x - y$ 代替 x, 用 $y - z$ 代替 y, 即得出上述不等式.

1. **收敛的定义** 欧氏空间里的点序列 $x_1, x_2, \cdots, x_m, \cdots$ 和点 x 满足条件

$$\lim_{m \to \infty} \rho(x, x_m) = 0,$$

则所给序列称为*向 x 点收敛*.

x 点称为序列 $x_1, x_2, \cdots, x_m, \cdots$ 的极限.

不难证明, 点 x 由此唯一地确定. 因为, 若

$$\lim_{m\to\infty} \rho(x, x_m) = 0, \quad \lim_{m\to\infty} \rho(y, x_m) = 0,$$

则对于已给的 $\varepsilon > 0$, 可以确定一个数 N, 使得 $m \geqslant N$ 时, 不等式

$$\rho(x, x_m) < \frac{\varepsilon}{2}, \quad \rho(y, x_m) < \frac{\varepsilon}{2}$$

成立. 于是, 由三角不等式, 得

$$\rho(x, y) \leqslant \rho(x, x_m) + \rho(x_m, y) < \frac{\varepsilon}{2} + \frac{\varepsilon}{2} = \varepsilon.$$

因为可令 ε 任意的小, 故

$$\rho(x, y) = 0,$$

所以, 由公理 1,

$$x = y.$$

证毕.

例

1. 令 R_n 为 n 维欧氏空间, 而 $e_1, e_2, \cdots, e_n$ 为 R_n 的一个正交归一基底. 令

$$x = \xi_1 e_1 + \xi_2 e_2 + \cdots + \xi_n e_n,$$
$$x_m = \xi_1^{(m)} e_1 + \xi_2^{(m)} e_2 + \cdots + \xi_n^{(m)} e_n \quad (m = 1, 2, \cdots),$$

则

$$x - x_m = (\xi_1 - \xi_1^{(m)}) e_1 + \cdots + (\xi_n - \xi_n^{(m)}) e_n.$$

由 §51 公式 (17), 我们得

$$|x - x_m|^2 = (\xi_1 - \xi_1^{(m)})^2 + \cdots + (\xi_n - \xi_n^{(m)})^2.$$

显然的, 当所有由 $\xi_1^{(m)}, \xi_2^{(m)}, \cdots, \xi_n^{(m)}$ 诸数 $(m = 1, 2, \cdots)$ 所成的序列随着 $m \to \infty$ 分别趋于极限 $\xi_1, \xi_2, \cdots, \xi_n$ 时, 而且只当此时, 从 x 点到 x_m 点的距离 $|x - x_m|$ 才随着 $m \to \infty$ 而趋近于零. 简单地说, 这表示: R_n 里的收敛也就是所有坐标的收敛.

2. $C_2(a, b)$ 中的函数序列 $x_m(t)$ 向函数 $x(t)$ 收敛表示: 当 $m \to \infty$ 时,

$$\rho^2(x, x_m) = \|x - x_m\|^2 = \int_a^b |x(t) - x_m(t)|^2 dt \to 0. \tag{1}$$

在分析上, 这种收敛称为平均收敛.

在分析上还有函数序列的另外一种收敛, 假如当 $m \to \infty$ 时量 $\max\limits_{a \leqslant t \leqslant b} |x(t) - x_m(t)| \to 0$ 则序列 $x_m(t)$ 均匀地向极限 $x(t)$ 收敛.

从积分 (1) 的估计可以推出, 每一个均匀收敛的函数序列一定平均收敛, 不难作出一个平均收敛而不均匀收敛的函数序列. 例如设函数 $x_m(t)$ 的值总在零和 1 之间, 它仅仅在一个长度小于 $\frac{1}{m}$ 的区间 Δ_m 内不为零, 而且在这个区间内达到 1. 显然

$$\int_a^b x_m^2(t) dt < \frac{1}{m},$$

因而序列 $x_m(t)$ 随着 $m\to\infty$ 向零平均收敛. 但对于任意的 $m, \max x_m(t)=1$, 故序列 $x_m(t)$不向零均匀收敛. 可以证明, 这个函数不向任何函数均匀收敛. 不但这样, 还可以如此选择区间 Δ_m, 使得序列在任何值 t 都不收敛.

引理 1 在欧氏空间 R 中, 数积 (x,y) 是两个变量 x 和 y 的连续函数, 即当 $x_n\to x, y_n\to y$ 时; $(x_n,y_n)\to(x,y)$.

证明 设 $y-y_n=h_n, x-x_n=k_n$; 则按照条件 $\|h_n\|\to 0, \|k_n\|\to 0$, 由柯西 – 布尼亚科夫斯基不等式

$$|(x,y)-(x_n,y_n)|=|(x,y)-(x-k_n,y-h_n)|=|(x,h_n)+(y,k_n)-(k_n,h_n)|$$
$$\leqslant \|x\|\|h_n\|+\|y\|\|k_n\|+\|k_n\|\|h_n\|;$$

当 n 增加时, 这个数趋近于零, 因此 $(x,y)=\lim\limits_{n\to\infty}(x_n,y_n)$. 证毕.

由引理 1 可见向量 x 的模方 $\sqrt{(x,x)}$ 是 x 的连续函数.

2. **聚点和闭集** 设 x 为欧氏空间 R 的一个点, 集合 $F\subset R$. 若 F 内有一点序列 $x_1,x_2,\cdots$ 向点 x 收敛, 则 x 称为 F 的聚点①.

聚点还有另一个, 显然和上述定义一致的定义: 若对于任意的 $\varepsilon>0$, 总有一个点 $y\in F$, 而且 $y\neq x$, 使 $\rho(x,y)<\varepsilon$, x 就是集合 F 的聚点.

若子集 $F\subset R$ 包含所有它的聚点, 则 F 称为闭的.

例

令 R'' 表示欧氏空间 R 的子空间 R' 的正交余空间 (§50, 第 3 段), 则无论 R' 如何, R'' 一定是闭的. 因为设 x 为 R'' 的任意一个聚点, 我们可以在子空间 R'' 内选出向 x 收敛的序列 $x_1,x_2,\cdots,x_m,\cdots$. 若 x' 是子空间 R' 中的任意一点, 则对于一切 $m, (x',x_m)=0$. 于是按柯西 – 布尼亚科夫斯基不等式,

$$|(x',x)|=|(x',x)-(x',x_m)|$$
$$=|(x',x-x_m)|\leqslant\|x'\|\cdot\|x-x_m\|\to 0,$$

可见 $(x',x)=0$. 因此, 元素 x 和任何 $x'\in R'$ 正交. 根据正交余空间的定义, 即知 $x\in R''$. 证毕.

3. **闭包** 已给一个由欧氏空间的元素所构成的集合 A, 用 $\overline{A}$ 表示所有 A 的点及其所有聚点 (不包含在 A 内的) 所构成的集合, 这个集合称为A 的闭包.

我们来证明任何集合 A 的闭包一定是一个闭集. 令 a 为集合 $\overline{A}$ 的一个聚点. 这表示对于任意的 $\varepsilon>0$, 可以找出一点 $\overline{x}\in\overline{A}$, 使 $\rho(a,\overline{x})<\frac{\varepsilon}{2}$. 由于 $\overline{x}\in\overline{A},\overline{x}$ 点或者是 A 的点或者是 A 的聚点. 在这两种情形下, 我们都可以找出某一点 $x\in A$, 使 $\rho(x,\overline{x})<\frac{\varepsilon}{2}$ (特殊的, 在前一种情形下, 可令 $x=\overline{x}$). 利用三角不等式, 即得 $\rho(a,x)\leqslant\rho(a,\overline{x})+\rho(\overline{x},x)<\frac{\varepsilon}{2}+\frac{\varepsilon}{2}=\varepsilon$; 因此, 对于任意的 $\varepsilon>0$, 我们总可以找出一点 $x\in A$, 使 $\rho(a,x)<\varepsilon$. 令 ε 取一序列的值 $1,\frac{1}{2},\cdots,\frac{1}{n},\cdots$, 我们得到一个向 a 收敛

①应该假定 $x_1,x_2,\cdots,x_m,\cdots$ 中至少有无穷多个与 x 不同的点 —— 译者.

的点序列 $x_1, x_2, \cdots, x_n, \cdots$,[1] 所以 a 点是 A 的聚点, 因而包含在 $\overline{A}$ 内. 因此, $\overline{A}$ 的每一个聚点都包含在 $\overline{A}$ 内. 这表示 $\overline{A}$ 是闭的. 注意, 每个包含 A 的闭集 F 一定包含 A 的所有聚点, 因而包含所有 $\overline{A}$ 的点. 由于证明了 $\overline{A}$ 是闭集, 这说明 $\overline{A}$ 就是包含 A 的最小闭集.

例

1. 在直线上一切有理点所构成的点集的闭包是直线上一切的点 (有理的和无理的) 的集合.

2. 所有有限维子空间 $F \subset R$ 是闭的, 因为假如 $f \overline{\in} F$, 则存在一个分配式 $f = g + h$, 此处 $g \in F$, 而 h 则是从向量终点到子空间 F 所作的垂线 (§56). 对于任意 $g \in F$, 我们有 $\|f - g\| \geqslant \|h\| > 0$, 因此 f 不可能是子空间 F 的聚点.

3. 设 R 为一个欧氏空间, 而 A 为 R 的一个子空间. 我们证明: A 的闭包 $\overline{A}$ 也是子空间. 为了证明这一点, 必须证明下列事实:

1) 若 $x \in \overline{A}, y \in \overline{A}$, 则 $x + y \in \overline{A}$;

2) 若 $x \in \overline{A}, \lambda$ 是任意实数, 则 $\lambda x \in \overline{A}$.

为了证明命题 1), 考虑分别向极限 x 和 y 收敛的序列 $x_n \in A$ 及 $y_n \in A$. 这样,

$$\begin{aligned}\|(x+y) - (x_n + y_n)\| &= \|(x - x_n) + (y - y_n)\| \\ &\leqslant \|x - x_n\| + \|y - y_n\| \to 0,\end{aligned}$$

因而序列 $x_n + y_n$ 向 $x + y$ 收敛. 因为 $x_n + y_n \in A$, 所以 $x + y \in \overline{A}$. 证毕.

为了证明命题 2), 考虑向元素 x 收敛的序列 $x_n \in A$. 这样,

$$\|\lambda x - \lambda x_n\| = \|\lambda(x - x_n)\| = |\lambda| \|x - x_n\| \to 0,$$

因而序列 λx_n 向元素 λx 收敛. 因为 $\lambda x_n \in A$, 所以 $\lambda x \in \overline{A}$. 证毕.

4. **稠密集** 由欧氏空间的某些元素所成的集 B 的闭包如果包含集 $A, A \subset R$, 则称 B 稠密于集 A, 这样, 每一个元素 $f \in A$ 可以表示为 B 中的元素 f_n $(n = 1, 2, \cdots)$ 的极限.

例

1. 直线 R_1 上的一切有理点构成空间 R_1 内的一个稠密集.

2. 在空间 $C_2(a, b)$ 中, 一切多项式构成一个 $C_2(a, b)$ 内的稠密子集, 因为按照魏尔斯特拉斯定理[2]在区间 $a \leqslant t \leqslant b$ 连续的函数 $f(t)$ 一定是一个多项式序列 $P_n(t)$ 的极限, 而且当 $n \to \infty$ 时, $P_n(t)$ 还均匀地趋于 $f(t)$, 所以, 这个序列按照 $C_2(a, b)$ 的度量向 $f(t)$ 收敛.

引理 2 假如集 $B \subset R$ 稠密于集 $A \subset R$, 而集 A 又稠密于 R, 则集 B 也稠密于 R.

因为, 集 B 的闭包按照条件包含集 A, 而包含 A 的最小闭集是 A 的闭包, 而后者按照条件与整个空间 R 重合, 因此 B 稠密于 R, 证毕.

---

[1] 在上面的证明中, 应说明作出来的点 x_n 与 a 不同. 而这一点是很容易办到的 —— 译者.

[2] 见 A. Я. 辛钦著, 数学分析简明教程, 中译本 375 页, 高等教育出版社 1957 年版.

例

在 $t\ (a \leqslant t \leqslant b)$ 的一切多项式所构成的集 A 中, 系数为有理数的一切多项式所构成的集 B 显然是稠密的, 而集 A 显然是空间 $C_2(a,b)$ 的稠密集 (参考上面的例 2). 因此, 系数为有理数的一切多项式所构成的 (可数的) 集在 $C_2(a,b)$ 中是稠密的.

§83. 完备空间

1. **基本序列** 设 $x_1, x_2, \cdots, x_m, \cdots$ 为欧氏空间 R 的一个序列. 若对于已给任意的 $\varepsilon > 0$, 总可以找出一个数 N, 使 $n, m > N$ 时, 不等式

$$\rho(x_n, x_m) \leqslant \varepsilon$$

成立, 则所给序列称为基本序列. 我们可以简写如下:

$$\lim_{n,m\to\infty} \rho(x_n, x_m) = 0.$$

若 R 是普通直线, 则基本点序列的概念与古典的基本序列的概念完全一致. 在实数的理论里, 柯西判别准则成立, 因此, 每一个基本序列必定是收敛的; 对于一般的欧氏空间, 柯西判别准则不正确.

例

我们将证明在欧氏空间 $C_2(a,b)$ 中, 柯西判别准则不成立. 设连续函数 $x_m(t)$ 的值在 0 与 1 之间, 而当 $m \to \infty$ 时, 函数序列在每个区间 $(a, c-\varepsilon)$ 上均匀地趋于 0, 在每个区间 $(c+\varepsilon, b)$ 上均匀地趋于 1 (c 为在 a 和 b 之间的一个固定点)①. 这个序列满足柯西判别准则; 因为

$$\int_a^b |x_n(t) - x_m(t)|^2 dt = \int_a^{c-\varepsilon} + \int_{c-\varepsilon}^{c+\varepsilon} + \int_{c+\varepsilon}^b \leqslant \varepsilon + 2\varepsilon + \varepsilon = 4\varepsilon$$

对于充分大的 n 和 m 成立. 但同时序列 $x_m(t)$ 则不均匀地向一个连续函数收敛.

为了证明这个命题, 我们注意下面的事实: *若函数序列 $f_m(t)$ 在区间 $\Delta = \{a \leqslant t \leqslant b\}$ 上向一个连续函数平均收敛, 而在 Δ 内的一个区间 $\delta = \{c \leqslant t \leqslant d\}$ 上向一个连续函数 $\varphi(t)$ 均匀收敛, 则在区间 δ 上等式 $\varphi(t) \equiv f(t)$ 成立.* 因为在空间 $C_2(c,d)$ 内, 我们有关系

$$\rho^2(f_n, f) = \int_c^d |f_n(t) - f(t)|^2 dt \leqslant \int_a^b |f_n(t) - f(t)|^2 dt \to 0,$$

$$\rho^2(f_n, \varphi) = \int_c^d |f_n(t) - \varphi(t)|^2 dt \leqslant \max_{t\in\delta} |f_n(t) - \varphi(t)|^2 (d-c) \to 0.$$

由于极限的唯一性 (§82, 第 1 段), 我们得 $f(t) \equiv \varphi(t)$. 这就是我们所要证明的.

若上面所讨论的函数序列 $x_1(t), x_2(t), \cdots, x_n(t), \cdots$ 向一个连续函数 $f(t)$ 平均收敛, 则按照所证明的结果, 应该得到以下结论: 当 $a \leqslant t < c$ 时, $f(t) = 0$; 当 $c < t \leqslant b$ 时, $f(t) = 1$. 但是显然的, 这时, 不管 $f(c)$ 的值如何, 在区间 $a \leqslant t \leqslant b$ 内, 函数 $f(t)$ 不可能连续.

2. 我们现在介绍收敛性与基本序列的一些简单性质.

引理 1 *每一个收敛序列是基本序列.*

---

①应该明确对于任意适合 $a \leqslant c - \varepsilon < c + \varepsilon \leqslant b$ 的正数 ε, 上述条件成立 —— 译者.

根据三角不等式

$$\rho(x_n, x_m) \leqslant \rho(x_n, x) + \rho(x, x_m),$$

若 $x_n \to x$, 则对于充分大的 n 和 m, 右端一定小于任意已给的小数 ε.

引理 2 *每一个基本序列是有界的.*

令 $x_1, x_2, \cdots, x_m, \cdots$ 为所给的基本序列, 而 x 为空间中任意已给点. 对于已给的 $\varepsilon > 0$, 一定可以找出 N, 使得当 $m > N$ 时, $\rho(x_N, x_m) < \varepsilon$. 用 M 表示距离 $\rho(x, x_1), \rho(x, x_2), \cdots, \rho(x, x_N)$ 中最大的一个, 则按三角不等式, 对于任意的 $m > N$,

$$\rho(x, x_m) \leqslant \rho(x, x_N) + \rho(x_N, x_m) \leqslant M + \varepsilon,$$

而根据 M 的定义, 对于任意的 $m \leqslant N$,

$$\rho(x, x_m) \leqslant M.$$

因此, 对于任意的 m,

$$\rho(x, x_m) \leqslant M + \varepsilon,$$

证毕.

3. **完备空间的定义** 若一个欧氏空间 R 中的每一个基本序列是收敛序列, 则 R 称为完备空间.

例

1. 我们将验证 n 维欧氏空间 R 是完备空间. 令 $e_1, e_2, \cdots, e_n$ 为空间 R 的一组正交归一基底, 而 $x_m = \{\xi_1^{(m)}, \xi_2^{(m)}, \cdots, \xi_n^{(m)}\}$ $(m = 1, 2, \cdots)$ 是基本序列. 由于 $|\xi_j^{(p)} - \xi_j^{(q)}|^2 \leqslant \sum_{j=1}^{n} |\xi_j^{(p)} - \xi_j^{(q)}|^2 = \|x_p - x_q\|^2$, 数列 $\xi_j^{(p)} (p = 1, 2, \cdots)$ 对于每一个固定的 $j = 1, 2, \cdots, n$ 是一个基本的数列, 因此有一个极限 ξ_j. $\xi_1, \xi_2, \cdots, \xi_n$ 诸数确定一个向量 $x \in R$. 因为当 $m \to \infty$,

$$\|x - x_m\|^2 = \sum_i |\xi_i - \xi_i^{(m)}|^2 \to 0,$$

所以向量 x 是一个基本序列的极限. 因此, 空间 R 中的每一个基本序列在这个空间内一定有一个极限. 证毕.

2. **空间 l_2**: 这个空间的元素是所有平方和收敛

$$\sum_{n=1}^{\infty} \xi_n^2 < \infty$$

的序列 $(\xi_1, \xi_2, \cdots, \xi_n, \cdots)$.

可以很自然地定义线性运算如下:

$$(\xi_1, \xi_2, \cdots, \xi_n, \cdots) + (\eta_1, \eta_2, \cdots, \eta_n, \cdots) = (\xi_1 + \eta_1, \xi_2 + \eta_2, \cdots, \xi_n + \eta_n, \cdots),$$

$$\alpha(\xi_1, \xi_2, \cdots, \xi_n, \cdots) = (\alpha\xi_1, \alpha\xi_2, \cdots, \alpha\xi_n, \cdots).$$

向量 $x = (\xi_1, \xi_2, \cdots, \xi_n, \cdots)$ 及 $y = (\eta_1, \eta_2, \cdots, \eta_n, \cdots)$ 的数积用公式

$$(x, y) = \sum_{n=1}^{\infty} \xi_n \eta_n \tag{2}$$

确定.

必须验证这些运算的合理性. 首先, 由柯西–布尼亚科夫斯基不等式 (§59, 第 2 段)

$$\left|\sum_{k=n}^{n+m}\xi_k\eta_k\right|\leqslant\sqrt{\sum_{k=n}^{n+m}\xi_k^2}\sqrt{\sum_{k=n}^{n+m}\eta_k^2},$$

利用古典的柯西收敛判别准则, 可见级数 (2) 对于 $x\in l_2, y\in l_2$ 一定是收敛的. 更由等式

$$\sum_{k=n}^{n+m}(\alpha\xi_k)^2=\alpha^2\sum_{k=n}^{n+m}\xi_k^2,$$

$$\sum_{k=n}^{n+m}(\xi_k+\eta_k)^2=\sum_{k=n}^{n+m}\xi_k^2+2\sum_{k=n}^{n+m}\xi_k\eta_k+\sum_{k=n}^{n+m}\eta_k^2,$$

可见对于 $x\in l_2$ 及 $y\in l_2$, 级数

$$\sum_{k=1}^{\infty}(\alpha\xi_k)^2 \quad 及 \quad \sum_{k=1}^{\infty}(\xi_k+\eta_k)^2$$

是收敛的, 因此, 向量相加及向量乘以数量的结果仍然在空间 l_2 中.

所有关于数积的公理 (§49) 显然得到满足. 因此, 这样作出来的空间是欧氏空间. 我们将证它还是完备的.

令 $x_m=(\xi_1^{(m)},\xi_2^{(m)},\cdots,\xi_n^{(m)},\cdots)(m=1,2,\cdots)$ 是向量空间 l_2 的一个基本序列. 当 m 及 p 趋于无穷大时, 按照条件,

$$\|x_m-x_p\|^2=\sum_{n=1}^{\infty}|\xi_n^{(m)}-\xi_n^{(p)}|^2\to 0.$$

因此, 特别地, 当 m 及 p 无限制地增加时, 每一项 $|\xi_n^{(m)}-\xi_n^{(p)}|^2$ (对于固定的 n) 趋于零; 所以按古典的柯西判别准则, 对于每一个固定的 n, 坐标 $\xi_n^{(m)}(m=1,2,\cdots)$ 所成的序列是收敛的. 引用记号 $\xi_n=\lim\limits_{m\to\infty}\xi_n^{(m)}$, 我们将证明向量 $x=(\xi_1,\xi_2,\cdots,\xi_n,\cdots)$ 也属于空间 l_2. 由引理 2,

$$\|x_m\|^2=\sum_{n=1}^{\infty}|\xi_n^{(m)}|^2\leqslant K,$$

此处 K 与 m 无关. 因此, 对于任何固定的 N,

$$\sum_{n=1}^{N}\xi_n^2=\lim_{m\to\infty}\sum_{n=1}^{N}|\xi_n^{(m)}|^2\leqslant K;$$

由此立即得到级数 $\sum\limits_{n=1}^{\infty}\xi_n^2$ 的收敛性.

再证明当 $m\to\infty$ 时, $\|x-x_m\|\to 0$. 证明如下: 在给定 ε 时, 对于充分大的 m 和 p 以及任意的 N, 不等式

$$\sum_{n=1}^{N}|\xi_n^{(m)}-\xi_n^{(p)}|^2\leqslant\varepsilon$$

成立. 取 $p\to\infty$ 时的极限, 即得不等式

$$\sum_{n=1}^{N}|\xi_n^{(m)}-\xi_n|^2\leqslant\varepsilon,$$

再取 $N \to \infty$ 时的极限, 得不等式

$$\|x_m - x\|^2 = \sum_{n=1}^{\infty} |\xi_n^{(m)} - \xi_n|^2 \leqslant \varepsilon.$$

它对于充分大的 m 成立. 证毕.

§84. 欧氏空间的完备化

1. **定理 37** 令 R 为一欧氏空间 (一般是不完备的), 则具有下列性质的完备欧氏空间 E (R 的完备化空间) 存在:

a) E 里有一个与 R 同构的子空间 E_1;

b) E_1 在 E 中是稠密的.

证明 若 $\{x_n\}, \{y_n\}$ 为空间 R 中的两个基本序列, 如果 $\lim\limits_{n\to\infty} \|x_n - y_n\| = 0$, 则 $\{x_n\}$ 和 $\{y_n\}$ 称为相抵. 容易验证, 若两个基本序列与第三个相抵, 则它们彼此也相抵. 因此, 由 R 的元素所构成的所有基本序列可以分成一些相抵序列的类, 属于同一类的序列彼此相抵, 不属于某一类的序列与属于这一类的任意序列都不相抵. 我们将由这些类作出新的空间 E.

用符号 X, Y, Z 等表示相抵序列的类. 我们将对于符号 $X, Y, Z \cdots$ 引进线性运算和数积运算.

I. **加法** 已给两类 X 和 Y, 令 $\{x_n\}$ 为 X 中的一个序列, 而 $\{y_n\}$ 为 Y 中的一个序列, 我们作序列 $\{x_n + y_n\}$, 这个序列和 $\{x_n\}$ 及 $\{y_n\}$ 一样, 也是基本的. 因为

$$\|(x_n + y_n) - (x_m + y_m)\| \leqslant \|x_n - x_m\| + \|y_n - y_m\|,$$

因此它确定了某一类 Z, 我们定义 $Z = X + Y$, 这样确定的 Z 是唯一的. 因为若 $\{x'_n\}$ 与 $\{x_n\}$ 相抵, 而 $\{y'_n\}$ 与 $\{y_n\}$ 也相抵, 则

$$\|(x'_n + y'_n) - (x_n + y_n)\| \leqslant \|x'_n - x_n\| + \|y'_n - y_n\| \to 0,$$

于是 $\{x'_n + y'_n\}$ 与 $\{x_n + y_n\}$ 相抵. 我们让读者验证, 这种加法满足 §11 的公理 a)—d); 我们指出空间 E 的零就是零类; 即包含所有向零收敛的序列的类.

II. **与数的乘法** 已给一类 X 和一数 λ, 我们取任意一序列 $\{x_n\} \in X$, 并作序列 $\{\lambda x_n\}$. 这个序列和 $\{x_n\}$ 一样是基本序列, 这是因为 $\|\lambda x_n - \lambda x_m\| = |\lambda|\|x_n - x_m\|$. 因此, 确定了某一类 Y, 我们定义 $Y = \lambda X$, 我们让读者验证, 这个乘法满足 §11 中的公理 e) — g).

III. **数积** 已给两类 X 和 Y, 我们取任意序列 $\{x_n\} \in X$ 和 $\{y_n\} \in Y$, 并将证明: 当 $n \to \infty$ 时, (x_n, y_n) 有极限.

因为我们有

$$\begin{aligned}|(x_n, y_n) - (x_m, y_m)| &= |(x_n y_n - y_m)| + |(x_n - x_m), y_m| \\ &\leqslant \|x_n\|\|y_n - y_m\| + \|x_n - x_m\|\|y_m\|.\end{aligned}$$

由 §83 引理 1, $\|x_n\|$ 和 $\|y_m\|$ 是有界的, 因此序列 (x_n, y_n) 满足普通的柯西判断准

则, 因而有极限. 这个极限与序列 $\{x_n\}$ 和 $\{y_n\}$ 在 X 和 Y 中的选择无关. 因为若 $\{x'_n\}\in X, \{y'_n\}\in Y$, 则

$$|(x'_n-y'_n)-(x_n,y_n)|=|(x'_n-x_n,y'_n)+(x_n,y'_n-y_n)|$$
$$\leqslant \|x'_n-x_n\|\|y'_n\|+\|x_n\|\|y'_n-y_n\|\to 0.$$

这是因为 $\|y'_n\|$ 和 $\|x_n\|$ 是有界的, 而 $\{x'_n\}$ 与 $\{x_n\}$ 相抵, $\{y'_n\}$ 与 $\{y_n\}$ 也相抵.

我们让读者验证 §49 的数积公理 a) — d)[1]

这样, 欧氏空间 E 就作出来了.

我们将证明, 它具有所需要的性质.

a) E 包含一个与空间 R 同构的空间 E_1, 对于每一个元素 $x\in R$, 我们可以作一个含有序列 $x,x,x,\cdots$ 的类 $X\in E$ (这一类包含所有向点 x 收敛的序列) 与之对应. 显然所有这种类所构成的子空间 $E_1\subset E$ 与空间 R 是同构的.

b) E_1 在 E 中是稠密的, 令 Y 为 E 中任意一个类, 并取任意一个序列 $\{x_n\}\in Y$. 对于任意的 $\varepsilon>0$, 我们找出一个数 n_0, 使 $\|x_n-x_m\|\leqslant\varepsilon$ $(n,m\geqslant n_0)$. 我们将证明, 从 Y 到包含序列 $x_{n_0},x_{n_0},x_{n_0},\cdots$ 的类 X_{n_0} (即包含向 x_{n_0} 收敛序列的类) 的距离小于 ε, 这是因为, 按类的数积定义,

$$\|Y-X_{n_0}\|^2=(Y-X_{n_0},Y-X_{n_0})$$
$$=\lim_{n\to\infty}(x_n-x_{n_0},x_n-x_{n_0})=\lim_{n\to\infty}\|x_n-x_{n_0}\|^2\leqslant\varepsilon^2.$$

这样, 可以找出元素 $X_{n_0}\in E_1$, 与元素 $Y\in E$ 的距离任意的小. 因此, E_1 在 E 中是稠密的.

c) E 是完备的空间　设 $\{X_n\}$ 为 E 中的一个基本序列. 我们可以作一个序列 $\{y_n\}\in R$, 使元素 y_n 所对应的类 Y_n 与 X_n 的差别按 E 中的模方小 $\frac{1}{n}$, 序列 y_n 是基本的, 因为

$$\|y_n-y_m\|=\|Y_n-Y_m\|=\|X_n-X_m+(Y_n-X_n)-(Y_m-X_m)\|\leqslant\|X_n-X_m\|+\frac{1}{n}+\frac{1}{m}.$$

设 $Y\in E$ 为包含序列 $\{y_n\}$ 的类. 对于已给 $\varepsilon>0$, 当 $n\geqslant n_0$ 时, 我们有

$$\|Y-X_n\|\leqslant\|Y-Y_n\|+\|Y_n-X_n\|$$
$$\leqslant\lim_{p\to\infty}\|y_p-y_n\|+\frac{1}{n}\leqslant\varepsilon+\frac{1}{n}\leqslant 2\varepsilon,$$

由此 $Y=\lim\limits_{n\to\infty}X_n$ 这样每一个基本序列 $X_n\in E$ 在 E 中都有一个极限, 证毕.

定理 37 也就被证明了, 我们再加一点附记: 已给空间 R 的完备化空间在同构的范畴内是唯一的.

2. **附记**　*若两个空间 E' 及 E'' 都是空间 R 的完备化空间, 则它们彼此同构.*

设 E'_1 和 E''_1 为 E' 和 E'' 中与空间 R 同构的子空间, 则 E'_1 和 E''_1 也是同构的. 这个同构可以扩充为 E' 和 E'' 的同构. 这可以证明如下; 设 X' 是空间 E' 的任意一个元素, 则由完备化空间的性质 b), 有一个向 X' 收敛的序列 $X'_n\in E''_1$, 由于 E'_1 和 E''_1 的同构性, E'_1 的元素间的距离和 E''_1 中对应元素间的距离相等. 因而, 在任何

[1] 应补添一句, 我们定义 (x_n,y_n) 的极限为 X 和 Y 的数积 —— 译者.

情况下, X'_n 所对应的序列 $X''_n \in E''_1$ 也是基本的. 因为 E'' 是完备的, 在 E'' 中有一个元素 $X'' = \lim\limits_{n\to\infty} X''_n$, 设这个元素 $X'' \in E''$ 与元素 $X' \in E'$ 对应. 由于 E'_1 中相抵的序列对应于 E''_1 中相抵的序列, 而用相抵的序列去代替 X'_n 也引起用相抵的序列去代替 X''_n, 所以点 X'' 是唯一确定的. 这样指出的对应是一一对应的, 而且遍及 E' 和 E'' 间的所有元素. 因为线性运算和数积都是连续的运算, 而对应 $E' \leftrightarrow E''$ 是按连续性建立的, 所以, 这个对应是一个同构.

§85. 空间 $L_2(a,b)$

在这一节里, 我们将利用实函数论的一些定理, 读者可以在 И. П. 那汤松著的《实变函数论》那一类书里找到它们的证明.

1. 我们在 §83 已经知道, 由线段 $a \leqslant x \leqslant b$ 上所有连续函数所构成而用公式

$$(f,g) = \int_a^b f(x)g(x)dx$$

确定数积的欧氏空间 $C_2(a,b)$ 不是完备的; 在这个空间里, 基本序列不一定有极限, 利用在 §84 证明过的定理, 空间 $C_2(a,b)$ 有一个完备化空间, 我们用 $L_2(a,b)$ 表示它.

自然产生这样一个问题, 对于在 §84 中用抽象的方式所定义的空间 $L_2(a,b)$ 的元素, 是否可以添一些具体意义, 而用某一类函数去体现? 我们将说明这是可能的.

首先介绍一些重要的概念. 区间 $[a,b]$ 上的点集 E, 如果能够包含在有限或可数多个长度总和小于 $\varepsilon > 0$ 的区间中, 则称为具有小于 ε 的测度. 已给在区间 $[a,b]$ 上定义的函数 $f(x)$, 如果对于任意的 $\varepsilon > 0$, 我们在一个测度小于 ε 的集上变动 $f(x)$ 的值以后, 可以使函数成为一个连续函数, 则 $f(x)$ 称为可测的.

1. 设函数 $f_1(x)$ 当 $a \leqslant x < c$ 时等于零, 当 $c \leqslant x \leqslant b$ 时等于 1, 则 $f_1(x)$ 是可测的; 若在区间 $c-\varepsilon < x < c$ 上, 用一个在端点的值为 0 与 1 的线性函数去代替 $f_1(x)$ 的值, 则函数变为一个连续函数.

2. 设函数 $f_2(x)$ 当 $0 < x \leqslant 1$ 时等于 $\frac{1}{x^r}$ $(r>0)$ 当 $x=0$ 时, 例如等于零, 则 $f_2(x)$ 是可测的; 若在区间 $0 < x < \varepsilon$ 上, 用一个在端点的值为 0 和 $\frac{1}{\varepsilon^r}$ 的线性函数去代替 $f_2(x)$, 则函数变为连续的.

对于非负值的可测函数 $f(x)$, 我们将引进勒贝格积分的概念. 为此, 我们采取下列的说法: 考虑一个数列 $\varepsilon_n \to 0$, 而且对于每一个 n, 作一个连续函数 $f_n(x)$, 它与 $f(x)$ 只在一个测度小于 ε_n 的集上有区别. 显然函数 $f_n(x)$ 也可以造成非负的. 如果可以选择函数组 $f_n(x)$, 使它们的积分 (黎曼积分) 整个是有界的, 则我们称 $f(x)$ 是勒贝格可积的. 于此, 可以选择函数 $f_n(x)$, 使它们的积分构成一个收敛序列. 这个序列的极限并不由 $f(x)$ 唯一确定而与序列 $f_n(x)$ 的选择有关. 在函数 $f_n(x)$ 的积分

的所有可能极限中, 最小的一个称为函数 $f(x)$①的勒贝格积分, 而且用

$$(L)\int_a^b f(x)dx$$

表示.

我们可以证明, 若函数 $f(x)$ 在普通的黎曼意义下可积, 例如, 若函数 $f(x)$ 连续, 则它也是勒贝格可积的, 而且它的勒贝格积分与黎曼积分相等. 所以, 符号 (L) 并不重要, 以后可以省略.

若 $f(x)$ 是广义的黎曼可积的, 例如 $f(x)=\frac{1}{x^r}$ $(0<x\leqslant 1, 0<r<1)$, 则 $f(x)$ 也是勒贝格可积的, 而且它的黎曼积分 (广义的) 与勒贝格积分相等. 此外, 可以找出很多函数, 它们不是黎曼可积的, 也不是广义黎曼可积的, 而是勒贝格可积的. 例如狄利克雷函数 $\chi(x)$, 当 x 为有理数时它等于 1, 而当 x 为无理数时它等于 0, 它的黎曼积分不存在, 但勒贝格积分存在而且等于零.

其次, 若函数 $f(x)$ 是勒贝格可积分的, 而函数 $g(x)$ 是可测的, 并且不超过 $f(x)$, 则 $g(x)$ 也是勒贝格可积的而且

$$\int_a^b g(x)dx \leqslant \int_a^b f(x)dx.$$

若函数 $f(x)$ 取不同符号的值, 则当它的绝对值是一个可积函数时, 我们称它是勒贝格可积的. 在这种情况下, 非负值的组成部分

$$f^+(x)=\max\{0, f(x)\}\leqslant |f(x)|, \quad f^-(x)=\max\{0, -f(x)\}\leqslant |f(x)|,$$

按照上面所说的, 也是可积函数. 因为

$$f(x)=f^+(x)-f^-(x),$$

作为定义, 我们令

$$\int_a^b f(x)dx=\int_a^b f^+(x)dx-\int_a^b f^-(x)dx.$$

可以证明, 勒贝格积分具有普通积分的线性性质

$$\int_a^b \alpha f(x)dx=\alpha\int_a^b f(x)dx,$$

$$\int_a^b [f(x)+g(x)]dx=\int_a^b f(x)dx+\int_a^b g(x)dx.$$

2. 用 L_2 表示一切平方勒贝格可积而且使 $\int_a^b f^2(x)dx<\infty$ 的函数 $f(x)$ 所构成的集, 我们将证明这个集是线性空间.

令 $f\in L_2$ 而 α 为一实数; 我们将验证 $\alpha f\in L_2$. 若 $f_n(x)$ 是一个与 $f(x)$ 只在一个测度小于 ε_n 的集上有区别的连续函数, 则 $\alpha f_n(x)$ 也是连续函数, 它与 $\alpha f(x)$ 也只在一个测度小于 ε_n 的集上有区别. 因此, 和 $f(x)$ 一样, $\alpha f(x)$ 也是可测的. 若 $f_n^2(x)$ 的积分是有界的, 则 $\alpha^2 f_n^2(x)$ 的积分也同样是有界的, 因此, $\alpha^2 f^2(x)$ 和 $f^2(x)$ 同样是可积的.

---

①这种说明勒贝格积分的方法称为托内利法.

现在设 $f \in L_2, g \in L_2$; 我们将证明 $f+g \in L_2$. 若 $f_n(x)$ 是一个与 $f(x)$ 只在一定测度小于 ε_n 的集上有区别的连续函数, 而 $g_n(x)$ 是一个与 $g(x)$ 只在一个测度小于 ε_n 的集上有区别的连续函数, 则 $f_n(x)+g_n(x)$ 是一个与 $f(x)+g(x)$ 只在一个测度小于 $2\varepsilon_n$ 的集上有区别的连续函数. 这样, $f+g$ 和 f 与 g 一样都是可测的. 若 $f_n^2(x)$ 和 $g_n^2(x)$ 的积分都是有界的, 则

$$(f_n+g_n)^2 = f_n^2 + 2f_n g_n + g_n^2 \leqslant 2f_n^2 + 2g_n^2$$

的积分也是有界的. 因此 $(f+g)^2$ 和 f^2 与 g^2 一样, 都是可积分的.§11 中线性空间的公理 a) — h) 我们让读者去验证.

3. 在空间 L_2 中, 用公式

$$(f,g) = \int_a^b f(x)g(x)dx$$

引进数积. 这里我们指出, 根据不等式

$$|fg| \leqslant \frac{1}{2}(f^2+g^2),$$

乘积 fg 是可积分的.

§49 中关于数积的前三个公理 a) — c) 的满足是明显的; 我们只需注意最后的第四个公理. 这个公理断定, 任意一个向量与它自己的数积一定不是负的, 而且只有当它是这个空间的零向量时, 这个数积才等于零. 由于非负值函数的积分的定义, 这个命题的第一部分也是明显的. 第二部分可能引起一些复杂的问题: 可以有非负值的函数, 它在一些地方取正值, 而它的积分却等于零, 例如上面所说的狄利克雷函数. 我们用下面的方法去解决这个问题, 可以证明, 非负值函数 $u(x)$ 的积分等于零的充要条件是: 使 $u(x)>0$ 的 x 所构成的集的测度等于零, 也就是这个集可以用长度总和小于任意预先给的 $\varepsilon>0$ 的有限多个或可数多个区间盖住. 若两个在 L_2 上的函数 f 和 g 仅仅在一个测度等于零的集上不相等, 则我们认为它们是等价的. 特殊地, 每一个积分等于零的非负值函数仅仅在一个测度等于零的集上不等于零, 因而, 它等价于零. 空间 L_2 的元素从此不简单的看作是平方可积的函数, 而是互相等价的函数所构成的类, 这一点并不需要数积定义的任何变更, 这是因为, 当函数在一个测度为零的集上所取的值有变化时, 积分值并不改变. 不过, 这样得到的一个满足欧氏度量条件的空间, 我们仍旧用 $L_2(a,b)$ 表示. 我们指出, 它包含 $C_2(a,b)$ 作为一个等距的部分[①]. 并且 $C_2(a,b)$ 是含在 $L_2(a,b)$ 内的一个稠密子集; 因为按照 $L_2(a,b)$ 的度量, 定义 $f^2(x)$ 的积分时所运用的连续函数序列向 $f(x)$ 收敛.

现在我们叙述由里斯及菲舍尔所证明的, 关于空间 $L_2(a,b)$ 的基本定理: *空间 $L_2(a,b)$ 是完备的欧氏空间.*

特殊地, 从这个定理可以推出, 空间 $L_2(a,b)$, 按照它的度量, 与空间 $C_2(a,b)$ 的完备化空间是等距 (也可以说重合) 的.

这里我们不给出这个定理的证明, 它需要实变函数论的一些细致的方法, 读者

---

①这就是说 $c_2(a,b)$ 在 $L_2(a,b)$ 中的度量与 $c_2(a,b)$ 原有的度量相同 —— 译者.

可以在上文提到的 И. П. 那汤松的书里找到它.

4. 上面的办法可以毫无困难地推广到几个独立变量的情况. 仅仅还必需确定测度小于 ε 的意义, 为了明确起见, 我们将考虑在长方形 $\sqsubset\!\sqsupset = \{a \leqslant x \leqslant b, c \leqslant y \leqslant d\}$ 上定义的两个变量的函数 $f(x,y)$. 若集 $E \subset \sqsubset\!\sqsupset$ 能够被面积总和小于 ε 的有限或可数多个长方形盖住, 则我们说 E 的测度小于 ε.

进一步的构造是和一个变量的情形没有什么不同的, 函数 $f(x,y)$ 在长方形 $\sqsubset\!\sqsupset$ 上的勒贝格积分用

$$L\int_a^b\int_c^d f(x,y)dxdy$$

表示, 或简单地记作

$$\int_a^b\int_c^d f(x,y)dxdy.$$

所有平方勒贝格可积的函数所构成的集也产生一个线性欧氏空间, 这个空间用 L_{22} $(\sqsubset\!\sqsupset)$ 表示.

和普通黎曼积分的情况一样, 我们介绍一个能够用累次积分去计算勒贝格重积分的定理 (富比尼定理).

设函数 $f(x,y)$ 在长方形 $\sqsubset\!\sqsupset = \{a \leqslant x \leqslant b, c \leqslant x \leqslant d\}$ 上是可积的. 若 y 固定, 函数 $f(x,y)$ 变为 x 的一个函数. 除了可能除去测度为零的 y 之值的集外, 这个函数对 x 是可积的, 它对 x 的积分是对 y 的一个可积函数, 而且

$$\int_c^d\left\{\int_a^b f(x,y)dx\right\}dy = \int_a^b\int_c^d f(x,y)dxdy.$$

同样的, 除了可能除去测度为 0 的 x 值的集外, $f(x,y)$ 对于 y 是可积的, 它对于 y 的积分是对于 x 的一个可积函数, 而且

$$\int_a^b\left\{\int_c^d f(x,y)dy\right\}dx = \int_a^b\int_c^d f(x,y)dxdy.$$

§86. 正交余空间

我们在 §50, 第 3 段内曾经给过欧氏空间 R 的子空间 F 的正交余空间的定义, 它是与子空间 F 内每一个向量正交的所有向量 $x \in R$ 的集合. 但是, 必须一般地考察在空间 R 内是否有非零向量 x 存在, 它满足所要求的条件.

设已给向量 x 与欧氏空间 R 的某一子空间 A 正交. 我们证明, x 与子空间 A 的闭包 $\overline{A}$ 正交 (§82, 第 3 段). 事实上, 若 $y \in \overline{A}$, 即有一序列 $y_n \in A$ 向 y 收敛. 按照假设, $(x, y_n) = 0$. 但是根据 §82 引理 1,

$$(x,y) = \lim(x,y_n) = 0,$$

也就是向量 y 也与向量 x 正交. 由于 y 是子空间 $\overline{A}$ 内的任意向量, x 与所有的 $\overline{A}$ 正交. 证毕.

所以, 例如, 没有向量 $x \neq 0$ 与某一稠密子空间 $A \in R$ 正交 (§82, 第 4 段). 事实上, 如果有这样的向量 x, 则按上面所证明的结果, 它将与闭包 $\overline{A} = R$ 正交, 也就是与空间 R 的每一个向量正交. 特殊地, 我们有 $(x, x) = 0$, 这与所设 $x \neq 0$ 矛盾.

因此, 以后我们可以只考虑闭子空间 F 的情形.

特殊地, 有限维子空间 F 总是闭的 (§82). 在这样的情形下, 我们也指出, 只要 $F \neq R$, 与 F 正交的向量总是存在的 (§56).

我们在这里证明, 对于完备欧氏空间 R 的每一个闭子空间 F, 都有与 F 正交的非零向量存在.

引理 1 (平行四边形定理) 对于欧氏空间的任意两个向量 x 和 y, 不等式

$$\|x+y\|^2 + \|x-y\|^2 = 2\|x\|^2 + 2\|y\|^2$$

成立 (平行四边形对角线的平方和等于它的边的平方和).

证明 由简单的计算, 我们有

$$\begin{aligned}\|x+y\|^2 + \|x-y\|^2 &= (x+y, x+y) + (x-y, x-y) \\ &= 2(x,x) + 2(y,y) = 2\|x\|^2 + 2\|y\|^2.\end{aligned}$$

引理 2 已知向量 f 不在封闭子空间 $F \subset R$ 内, 则有分解式

$$f = g + h, \tag{3}$$

其中 $g \in F$, 而 h 则与 F 正交, 而且 g 和 h 是唯一确定的.

证明 记 $d = \inf_{g \in F} \rho(f, q)$. 在两个可能性 $d = 0, d > 0$ 中, 可以把第一个除去: 假如 $d = 0$, 则有一个序列 $q_n \in F$, 使 $\rho(f, q_n) \to 0$, 因而 f 是空间 F 的一个聚点; 因为 F 是封闭的, 点 f 也属于 F, 这与假设矛盾, 因此 $d > 0$.

考虑使 $\rho(f, q_n) \to d$ 的一个序列, $q_n \in F$, 应用刚证明的关于平行四边形的引理于向量 $x = f - q_n$ 及 $y = f - q_m$, 我们得

$$2\|f - q_n\|^2 + 2\|f - q_m\|^2 = 4\left\|f - \frac{q_n + q_m}{2}\right\|^2 + \|q_n - q_m\|^2.$$

当 $n, m \to \infty$ 时, 左边趋于 $4d^2$, 因为 $\frac{q_n+q_m}{2} \in F, \|f - \frac{q_n+q_m}{2}\| \geqslant d$, 故右边第一项不小于 $4d^2$. 因此, 右边的第二项趋近于零, 这说明序列 q_n 是一个基本序列. 因为 R 是完备空间, 当 $n \to \infty$ 时序列 q_n 有极限 g. 由于子空间 F 是闭的, 所以 g 属于 F.

我们将证明向量 $h = f - g$ 与 F 正交. 因为对于任意的 $q \in F$ 和任意的 λ, 我们有

$$\begin{aligned}d^2 &\leqslant \|f - (g - \lambda q)\|^2 = \|h - \lambda q\|^2 = (h - \lambda q, h - \lambda q) \\ &= d^2 - 2\lambda(h, q) + \lambda^2\|q\|^2,\end{aligned}$$

因此

$$-2\lambda(h, q) + \lambda^2\|q\|^2 \geqslant 0.$$

但是, 这式对于任意 λ 成立, 故只能 $(h, q) = 0$.

因此, 分解式 (3) 成立. 我们将证明, 分量 g, h 是唯一确定的. 假定

$$f = g + h = g' + h',$$

其中 g, g' 属于 F, 而 h, h' 与 F 正交. 相减后得

$$0 = (g - g') + (h - h'),$$

其中 $g - g' \in F$ 而 $h - h'$ 则与 F 正交. 由 §50 引理 1, $g - g' = h - h' = 0$, 因此 $g = g', h = h'$, 证毕.

引理 2 说明了对于完备欧氏空间 R 的每一个闭子空间 F, 存在着一个正交向量. 我们已知道, 所有这种向量所成的集构成子空间 F 的正交余空间 G, 这个正交余空间 G 是一个子空间, 而且是闭的 (§82, 第 2 段).

以上的一切讨论可以归结为下面的定理.

定理 38 *对于完备欧氏空间 R 的每一个闭子空间 F, 存在着一个闭的正交余空间 G, 每一个向量 $z \in R$ 可以表示成 $z = u + v$ 的形状, 其中 $u \in G, v \in F$, 这里的 u 及 v 是由向量 z 和子空间 F 唯一确定的.*

§87. 正交展开式

1. 我们知道, 在有限维欧氏空间中, 每一个向量可以按已给的正交基底分解. 在这一节, 我们对于无穷维完备欧氏空间, 将建立类似的定理.

设 $\{e_n\}$ 为欧氏空间 R 的一个正交归一向量系, 若在空间 R 中没有与所有向量 e_n 正交的 (不等于零的) 向量, 我们称 $\{e_n\}$ 为一个*完备系*或者*基底*. 换言之: 若由方程 $(g, e_n) = 0$ $(n = 1, 2, \cdots)$ 即可以推出 $g = 0$, 则向量系 $\{e_n\}$ 是完备的.

设 f 为空间 R 的一个向量, 假定有展开式

$$f = \sum_{n=1}^{\infty} a_n e_n, \tag{4}$$

并且这个级数按照空间 R 的度量是收敛的. 我们来找出这个展开式的系数. 为此, 把展开式 (4) 中前 m 项的和记为 s_m, 而且用向量 e_n 乘关系 $s_m \to f$ (n 固定), 由于 §82 引理 1, 我们有 $(\varepsilon_m, e_n) \to (f, e_n)$. 当 $m > n$ 时, 由关系

$$(e_j, e_n) = \begin{cases} 0, & \text{当 } j \neq n \text{ 时}, \\ 1, & \text{当 } j = n \text{ 时}, \end{cases}$$

我们有 $(s_m, e_n) = (a_1 e_1 + \cdots + a_m e_m, e_n) = a_n$. 因此 $(f, e_n) = \lim\limits_{m \to \infty} (s_m, e_n) = a_n$, 这样我们得到公式

$$a_n = (f, e_n). \tag{5}$$

在展开式 (4) 存在的假定下, 这证明了它的唯一性.

2. 数 $a_n = (f, e_n)$ 称为 (参考 §51) 向量 f 对于基底 $\{e_n\}$[①]的*傅里叶系数*. 由公

① 显然这个数可以用与开始的分解式 (4) 无关的方法去定义.

式 (5), 傅里叶系数的几何意义是明显的:

$$a_n = (f, e_n) = \|f\|\|e_n\| \cos(\widehat{f, e_n}) = \|f\| \cos(\widehat{f, e_n}),$$

在这里, $(\widehat{f, e_n})$ 表示 f 和 e_n 之间的角. 这样, a_n 是 f 在向量 e_n 的方向上的投影.

在 §56, 我们也遇过数量 (5), 当时, 我们解决了向量 f 分解为两个相互正交的向量之和的问题, 其中的第一个属于一个有限维子空间, 此子空间是由正交归一基底 $e_1, e_2, \cdots, e_n$ 所产生的. 与在 §56 所证明过的一样, 当 k 为一有限数时, 对于数 $a_j = (f, e_j)$, 贝塞尔不等式

$$\sum_{j=1}^{k} a_j^2 \leqslant \|f\|^2$$

成立. 因为这个不等式对**任意的** k 成立, 当 k 变成无穷大时, 我们可以得出结论: 由这些项 a_j^2 所构成的无穷级数是收敛的, 而且满足不等式

$$\sum_{j=1}^{\infty} a_j^2 \leqslant \|f\|^2. \tag{6}$$

这个不等式依然称为贝塞尔不等式.

3. 现在我们把问题换一个提法, 设已给一个正交归一完备系 $\{e_n\}$ 和向量 f.

考虑由下面公式作出的级数

$$\sum_{n=1}^{\infty} a_n e_n, \tag{7}$$

这里 $a_n = (f, e_n)$. 我们将证明, 这个级数按照空间 R 的度量是收敛的, 而且其和为 f.

设 s_p 为级数 (7) 前面 p 项的和而且 $q > p$. 则

$$\|s_q - s_p\|^2 = \left\|\sum_{p+1}^{q} a_n e_n\right\|^2 = \sum_{p+1}^{q} a_n^2.$$

当 $p \to \infty$ 时, 由于由数 a_n^2 所成的级数的收敛性, 上面的数值趋于零. 因此 s_p 构成一个基本序列. 按照假定, R 是完备的, 因此, 当 $p \to \infty$ 时 s_p 有一个极限 $s \in R$, 我们将证明 $s = f$. 为此, 我们指出, 当 m 固定及 $p > m$ 时:

$$(s, e_m) = \lim_{p\to\infty} (s_n, e_m) = \lim_{p\to\infty} \left(\sum_{j=1}^{p} a_j e_j, e_m\right)$$
$$= \lim_{p\to\infty} a_m = a_m = (f, e_m).$$

因此, 对于任意的 m,

$$(f - s, e_m) = (f, e_m) - (s, e_m) = 0. \tag{8}$$

因为按假设, 系 e_m 是完备的, 由等式 (8), 得 $f = s$. 这样,

$$f = \lim_{p\to\infty} s_p = \sum_{n=1}^{\infty} a_n e_n,$$

证毕. 我们的结果可以叙述如下:

定理 39 在一个完备的欧氏空间 R 中, 每一个向量 f 对于已给完备正交归一系 $\{e_n\}$ 的傅里叶级数 $\sum_{n=1}^{\infty}(f, e_n)e_n$ 按照模方向 f 收敛.

附记 设在定理 39 的条件下, $f=\sum_{k=1}^{\infty}a_ke_k, g=\sum_{k=1}^{\infty}b_ke_k$, 则由 §82 引理 1,

$$(f,g)=\left(\lim_{n\to\infty}\sum_{k=1}^{n}a_ke_k,\lim_{n\to\infty}\sum_{k=1}^{n}b_ke_k\right)$$

$$=\lim_{n\to\infty}\left(\sum_{k=1}^{n}a_ke_k,\sum_{k=1}^{n}b_ke_k\right)=\lim_{n\to\infty}\sum_{k=1}^{n}a_kb_k=\sum_{k=1}^{\infty}a_kb_k,$$

特殊地, 当 $g=f$ 时,

$$(f,f)=\|f\|^2=\sum_{k=1}^{\infty}a_k^2.$$

这样, 展开式 (4) 保证把贝塞尔不等式 (6) 变为等式. *若元素 f 能够展开成 (4) 的形状, 则它的长度的平方等于它在所有轴 $e_1,e_2,\cdots,e_n,\cdots$ 上的投影的平方和.*

这个公式包含毕达哥拉斯定理 (§50) 在无穷维空间的推广.

4. 为了应用定理 39, 必须有一个完备正交归一向量系 $e_1,e_2,\cdots,e_n,\cdots$ 我们知道, 从任意一个向量系 $g_1,g_2,\cdots,g_n,\cdots$, 利用正交化过程, 可以得出一个正交系. 但是, 一般的, 可能得到不**完备**的向量系. 为了从 $g_1,g_2,\cdots,g_n,\cdots$ 得出一个完备系 $e_1,e_2,\cdots,e_n,\cdots$, 必须增加条件.

定理 40 *要使从已给系 $g_1,g_2,\cdots,g_n,\cdots$ 得出的正交系 $e_1,e_2,\cdots,e_n,\cdots$ 是完备的. 其必要而且充分条件是: 向量 $g_1,g_2,\cdots,g_n,\cdots$ 的线性组合在 R 中是稠密的.*

证明

必要性 线性包 $L(e_1,e_2,e_n,\cdots)$ 及 $L(g_1,g_2,\cdots,g_n,\cdots)$ 按照作法是重合的. 若系 $e_1,e_2,\cdots$ 是完备的, 则由定理 39, 每一向量 $f\in R$ 是傅里叶级数 $\sum_{n=1}^{\infty}a_ne_n$ 的和, 因此, 是系 $\{e_n\}$ 的有限线性组合的极限, 即线性包 $L(e_1,e_2,\cdots)$ 在空间 R 中是稠密的. 和 $L(e_1,e_2,\cdots)$ 一样, $L(g_1,g_2,\cdots)$ 在 R 中也是稠密的.

充分性 假定线性包 $L(e_1,e_2,\cdots)=L(g_1,g_2,\cdots)$ 在空间 R 中是稠密的. 则和在 §86 开始时所指出的那样, 不可能存在一个向量 $g\neq 0$ 而与子空间 $L(e_1,e_2,\cdots)$ 正交. 因此, 不可能存在一个向量 $g\neq 0$ 而与向量 $e_1,e_2,\cdots,e_n,\cdots$ 中的每一个向量正交. 这样, 系 $\{e_n\}$ 就是完备的. 证毕.

例

1. 幂函数 $1,t_1,\cdots,t^n,\cdots$ 的线性包, 或所有 t 的多项式所成的集, 在空间 $C_2(a,b)$ 中是稠密的 (§82, 第 4 段). 空间 $C_2(a,b)$ 在它的完备化空间 $L_2(a,b)$ 中也是稠密的 (§82 引理 2). 因此, 所有多项式所成的集, 在 $L_2(a,b)$ 中也是稠密的. 所以, 由 t 的乘幂, 经过正交化所得的一切多项式所构成的系, 在空间 $L_2(a,b)$ 中是完备的. 特殊的, 勒让德多项式 (§58) 构成空间 $L_2(-1,1)$ 中的一个完备正交系.

2. 三角函数系 $1,\cos t,\sin t,\cdots$ 在空间 $C_2(-\pi,\pi)$ 中是完备的. 由已知定理①, 即连续导函数的周期函数可以展开为一个均匀收敛的傅里叶级数, 所以, 若 B 为一切

① 见 A. Я. 辛钦, 数学分析简明教程, 中译本 399 页, 高等教育出版社 1957 年版.

在数轴上可以扩充为具有连续导函数的连续周期函数 $f(t)$ $(-\pi \leqslant t \leqslant \pi)$ 所构成的集, 则三角函数系的线性包在 B 中是稠密的.

例如在上面所说的函数里面, 有些函数在 $[-\pi,\pi]$ 上具有连续导函数, 而且在区间 $(-\pi,-\pi+\delta)$ 及 $(\pi-\delta,\pi)$ 上为零. 我们将证明: 这种函数所构成的集在 $[-\pi,\pi]$ 上所有的多项式 $P(t)$ 所构成的集内也是稠密的.

考虑函数序列 $h_n(t), 0 \leqslant h_n(t) \leqslant 1, h_n(t)$ 具有连续导函数, 而且满足条件:

$$h_n(t) = \begin{cases} 0, & \text{当 } -\pi \leqslant t \leqslant -\pi + \dfrac{1}{2^n} \quad \text{或} \quad \pi - \dfrac{1}{2^n} \leqslant t \leqslant \pi, \\ 1, & \text{当 } -\pi + \dfrac{1}{2^{n-1}} \leqslant t \leqslant \pi - \dfrac{1}{2^{n-1}}. \end{cases}$$

可以用明显的公式给出 $h_n(f)$, 但对我们是不必要的.

对于任意的 n 和任意的多项式 $P(t)$, 乘积 $h_n(t)P(t)$ 属于集 B 中. 另一方面, 当 $n\to\infty$ 时, 我们有

$$\begin{aligned}\int_{-\pi}^{\pi} |P(t) - P(t)h_n(t)|dt &= \int_{-\pi}^{\pi} |P(t)(1-h_n(t))|dt \\ &\leqslant \int_{-\pi}^{-\pi+\frac{1}{2^{n-1}}} |P(t)|dt + \int_{\pi-\frac{1}{2^{n-1}}}^{\pi} |P(t)|dt \to 0,\end{aligned}$$

也就是: 函数 $P(t)h_n(t)$ 向 $P(t)$ 平均收敛. 这样, 三角函数的线性包在多项式所构成的集中是稠密的, 而后者在 $L_2(-\pi,\pi)$ 中是稠密的 (例 1), 因此, 三角函数的线性包在 $L_2(-\pi,\pi)$ 中是稠密的. 所以, 三角函数系是空间 $L_2(-\pi,\pi)$ 的完备正交系. 再把这个函数系归一化, 即得空间 $L_2(-\pi,\pi)$ 中的完备正交归一系: $\frac{1}{\sqrt{2\pi}}, \frac{1}{\sqrt{\pi}}\sin t, \frac{1}{\sqrt{\pi}}\cos t, \cdots$. 由定理 39, 向量 $f \in L_2(-\pi,\pi)$ 按照这一系的展开式 (很容易说明, 这个展开式与一般的 $f(t)$ 的傅里叶级数的展开式是一致的), 向函数 $f(t)$ 平均收敛.

3. 在空间 $L_2(0,\pi)$ 中, 正交系 $1, \cos t, \cos 2t, \cdots$ 及正交系 $\sin t, \sin 2t, \cdots$ 的两个线性包在 $L_2(0,\pi)$ 中都是稠密的. 因为在 $[0,\pi]$ 上的已给函数 $f(t)$ 可以按照我们的愿望在区间 $[-\pi,0]$ 上扩充成为一个偶函数或奇函数. 所得出函数的傅里叶级数展开式, 则依次只包含余弦或正弦. 这个展开式在 $[-\pi,\pi]$ 上的平均收敛性也保证了它在 $[0,\pi]$ 上的平均收敛性.

4. 取区间 $0 \leqslant t, s \leqslant \pi$ (平面 t, s 上的正方形) 上有定义的所有函数 $f(t,s)$. 在它们所构成的空间中, 若数积公式是

$$(f(t,s), g(t,s)) = \int_0^{\pi}\int_0^{\pi} f(t,s)g(t,s)dtds,$$

则三角函数系 $\sin nt, \sin ms, \sin nt, \sin ms$ $(n, m = 1, 2, \cdots)$ 在这个空间中是正交的. 若把在例 2 中所说的关于普通的傅里叶级数的定理代以二重傅里叶级数[①], 则利用例 2 和例 3 的同样的方法, 可以证明, 这个函数系在所论区域中的一切平方可积函数所构成的空间里是完备的.

5. 利用三角多项式系及勒让德多项式系的完备性, 可以加强我们在 §67 内所得的关于斯图姆 – 刘维尔算子的结果. 就是, 我们可以证明下列论断:

---

①参考例如 Г. М. 菲赫金哥尔茨, 微积分教程第 3 卷, 中译本 397 页, 高等教育出版社 2006 年版.

1. a) 在区间 $-\pi \leqslant t \leqslant \pi$ 上满足 §67 的条件 (9) 的两次可微的函数类中, 方程 $x''(t) = \lambda x(t)$ 只在 $\lambda = -n^2 (n = 0, 1, 2, \cdots)$ 时有解.

1. b) 对于每一个 n, 这些解都包括在公式

$$x_n(t) = A_n \cos nt + B_n \sin nt$$

内, 其中 A_n 及 B_n 是任意的常数.

2. a) 在区间 $-1 \leqslant t \leqslant 1$ 上两次可微的函数类中, 方程 $[(t^2 - 1)x'(t)]' = \lambda x(t)$ 只在 $\lambda = n(n+1)(n = 0, 1, 2, \cdots)$ 时有解.

2. b) 对于每一个 n, 这个方程的解都包括在公式

$$x_n(t) = C_n P_n(t)$$

内, 其中 C_n 是任意常数.

命题 1. a) 及 2. a) 的证明可以根据以下的论点: 假定命题不正确, 则按照 §66 的引理 1, 就有函数存在, 它与所有三角函数 $\cos nt, \sin nt (n = 0, 1, 2, \cdots)$ 都正交; 或者有函数存在, 与所有的勒让德多项式 $P_n(t)(n = 0, 1, 2, \cdots)$ 都正交. 但是由于这两个正交系是完备的, 这是不可能的.

命题 1. b) 及 2. b) 就是说, 所讨论的斯图姆 — 刘维尔算子的特征子空间 $R^{(1)}, R^{(2)}, \cdots, R^{(n)}, \cdots$ 具有确定的维数 (依次为 2 和 1).

显然地, 算子 $L(x) = x''$ 对应于数值 $\lambda = -n^2$ 的特征子空间 $R^{(n)}$ 的维数不小于 2, 因为方程 $x'' = -n^2 x$ 可以有两个线性无关的解 $x_1 = \cos nt, x_2 = \sin nt$ 满足边值条件. 同样显然地, 算子 $L(x) = [(t^2 - 1)'x']'$ 对应于数值 $\lambda = n(n+1)$ 的特征子空间的维数不小于 1, 因为方程 $L(x) = n(n+1)x$ 可以有非零解 $x = P_n(t)$.

假若某一个特征子空间 $R^{(n)}$ 的维数大于命题中所指出的, 则在它里面可以找到一个向量 z, 它和 $R^{(n)}$ 里已经得到的那些特征向量正交. 此外, 按 §66 的引理 1, 这个向量还应当与所有对应于其他 n 值的, 已经得到的那些特征向量正交; 根据特征向量系的完备性, 可见向量 z 必是零.

附记 1. a) 和 1. b) 两个结果可从以下事实直接推得: 方程 $x''(t) = \lambda x(t)$ 的通解可以用公式 $x(t) = A \cos \sqrt{-\lambda} t + B \sin \sqrt{-\lambda} t$ 表示.

6. 利用定理 39, 我们可以把 §52 中关于有限维欧氏空间的同构定理推广到某类无穷维空间中. 引进下面定义:

设 R 为欧氏空间. 如果可以找到一个可数子集 $E \subset R$, 使得每一点 $x \in R$ 都是它的聚点 (§85, 第 2 段), 则 R 称为可离的.

例

1. 作为一维欧氏空间的实直线 R_1, 是可离的; 因为我们可以取一切有理数作为那个可数集.

2. 有限维欧氏空间 R_n 是可离的; 因为如果在 R 中取正交归一基底 $e_1, e_2, \cdots, e_n$, 那么, 我们可以取那些对于基底 $e_1, e_2, \cdots, e_n$ 的所有坐标都是有理数的向量所构成的集合作为可数集 E.

3. 空间 l_2 (§83, 第 3 段) 是可离的; 因为可以取所有具形状 $(\xi_1, \xi_2, \cdots, \xi_n, 0, \cdots)$ 的元素作为 E 集, 其中 $\xi_1, \xi_2, \cdots, \xi_n$ 是有理数, 而 n 则取一切整数.

定理 41 每一个可离的完备欧氏空间 R 与空间 l_2 同构.

证明 我们首先证明, 在空间 R 内有完备的正交向量系存在. 为此, 我们把可数点集 E 的所有点写成一个序列 $f_1, f_2, \cdots, f_n, \cdots$, 并且把这个序列正交化 (§57). 设 $\{e_k\}$ $(k = 1, 2, \cdots)$

是所得正交向量系; 我们证明它是完备的. 假定有一向量 $x \neq 0$ 与每一向量 e_k $(k=1,2,\cdots)$ 正交. 因为对于任意的 n, 向量 f_n 属于向量 $e_1, e_2, \cdots, e_n$ 的线性包, 所以元素 x 和每一个向量 f_n $(n=1,2,\cdots)$ 正交. 按照毕达哥拉斯定理,

$$\|x-f_n\|^2 = \|x\|^2 + \|f_n\|^2 \geqslant \|x\|^2 > 0,$$

所以, 从向量 $\{f_n\}$ 不可能作出一个向 x 收敛的序列, 这与假设矛盾. 于是与所有向量 $e_1, e_2, \cdots, e_n, \cdots$ 都正交的向量 $x \neq 0$ 不可能存在; 因而 $\{e_k\}$ 系是完备的. 于是这部分证毕.

我们总可以使 $\{e_k\}$ 系是归一的. 按照定理 39, 每一个向量 $x \in R$ 都有展开式

$$x = \sum_{k=1}^{\infty} (x, e_k) e_k,$$

其中系数 (x, e_k) 构成一个序列, 它们的平方的级数是收敛的. 因此包含在 l_2 内. 令向量 $\overline{x} = \{(x,e_1),(x,e_2),\cdots\} \in l_2$ 与向量 $x \in R$ 相对应. 现在, 设 $\overline{x} = (\xi_1, \xi_2, \cdots)$ 为空间 l_2 内任意向量. 考虑在空间 R 内的级数 $\sum_{k=1}^{\infty} \xi_k e_k$. 按定理 39, 并且由于 R 是完备的, 这个级数向某一个向量 $x \in R$ 收敛. 由于傅里叶级数的唯一性, 向量 x 的傅里叶系数与 $\xi_m (m=1,2,\cdots)$ 诸数一致. 这样, 我们就作出了 R 及 l_2 间的一一对应关系. 这个对应关系显然保存线性运算. 我们验证数积也被保存. 设

$$x = \sum_{k=1}^{\infty} \xi_k e_k, \quad y = \sum_{k=1}^{\infty} \eta_k e_k, \quad \overline{x} = \{\xi_k\} \in l_2, \quad \overline{y} = \{\eta_k\} \in l_2.$$

根据引理 2, $(x,y) = \sum_{k=1}^{\infty} \xi_k \eta_k$; 但按照在空间 l_2 内数积的定义, $(\overline{x}, \overline{y}) = \sum_{k=1}^{\infty} \xi_k \eta_k$. 所以 $(x,y) = (\overline{x}, \overline{y})$. 这一部分证毕, 现在定理全部证明.

至于在线段 $[a,b]$ 上的一切平方可积函数所构成的空间 $L_2(a,b)$ 也是可离的. 因为, 在 §82, 第 4 段里, 我们已经知道, 空间 $C_2(a,b)$ 内有一个由多项式构成的可数稠密集 S. 另一方面, $C_2(a,b)$ 在它的完备化空间 $L_2(a,b)$ 中又是稠密的, 由 §82, 第 4 段, 引理 2, 集 S 在空间 $L_2(a,b)$ 也是稠密的. 这样, 空间 $L_2(a,b)$ 是可离的. 又因为 $L_2(a,b)$ 是完备的, 可以利用定理 39, 我们得出结论: 空间 $L_2(a,b)$ 与空间 l_2 同构.

§88. 有界全连续线性算子

我们已在 §66 知道, 在有限维欧氏空间中, 对称线性算子总有特征向量. 在无穷维欧氏空间中, 一般地说, 这种性质不成立; 我们讨论过, 空间 $C_2(a,b)$ 内乘上自变量的算子 (§26 例 7; §64 例 5; §67 例 1), 这个例子使我们相信, 的确存在着没有任何特征向量的线性对称算子. 虽然如此, 在数学物理上是很重要的具有特征向量的对称线性算子也是存在的, 而且它们数目也是够多的.

在这一章的相当大的篇幅是用来讨论这些算子的.

1. 设已给一个作用于欧氏空间 R 的算子 A. 假定当 x 在空间 R 中的单位球上变化时, 数值函数 $\|\mathrm{A}x\|$ 是有界的. 我们在 §53 里已经研究过这种情况, 数

$$\|\mathrm{A}\| = \sup_{\|x\| \leqslant 1} \|\mathrm{A}x\|$$

以前称为算子 A 的模方. 具有有限的模方的算子, 我们将称为有界的. 对于任意 $x \in R$ 及任意有界算子 A, §53 中不等式 (20)

$$\|\mathrm{A}x\| \leqslant \|\mathrm{A}\|\|x\|$$

成立. 从这个不等式可知: 每一个有界算子在下列意义之下也是连续的. 当 $n \to \infty$ 时, 若向量序列 $x_n \in R$ 向向量 x 收敛, 则 $\mathrm{A}x_n \to \mathrm{A}x$. 这可以由关系

$$\|\mathrm{A}x - \mathrm{A}x_n\| = \|\mathrm{A}(x - x_n)\| \leqslant \|\mathrm{A}\|\|x - x_n\|$$

推出.

作用于欧氏空间 $L_2(a,b)$ 的弗雷德霍姆积分算子

$$y(t) \equiv \mathrm{A}x(t) = \int_a^b K(t,s)x(s)ds \tag{9}$$

是一个最重要的有界线性算子. 函数 $K(s,t)$ 称为积分算子 A 的核, 这里假定它的平方在区域 $a \leqslant s, t \leqslant b$ 上是可积的, 而且

$$\int_a^b \int_a^b K^2(t,s)dtds = K^2 < \infty.$$

根据富比尼定理 (参考 §85), 存在函数

$$k^2(t) = \int_a^b K^2(t,s)ds$$

和

$$\int_a^b k^2(t)dt = \int_a^b \int_a^b K^2(t,s)dtds = K^2,$$

于是 $k(t) \in L_2(a,b)$. 因为作为 s 的函数, $K(t,s)$ 是属于 $L_2(a,b)$ 的, 所以对于任意函数 $x(t) \in L_2(a,b)$ 表示函数 $K(t,s)$ 和 $x(t)$ 数积的积分 (9) 是有意义的. 利用柯西 – 布尼亚科夫斯基不等式去估计这个数积, 得

$$|y(t)|^2 \leqslant \int_a^b K^2(t,s)ds \cdot \int_a^b x^2(s)ds = k^2(t)\|x\|^2.$$

若 $\|x\| \leqslant 1$, 则

$$|y(t)|^2 \leqslant k^2(t),$$

由此得

$$\|y\|^2 = \int_a^b |y(t)|^2 dt \leqslant \int_a^b k^2(t)dt \leqslant K^2.$$

这样, 弗雷德霍姆算子 A 在空间 $L_2(a,b)$ 中是有界的, 而且它的模方不超过 K:

$$\|\mathrm{A}\|^2 \leqslant \int_a^b \int_a^b K^2(t,s)dtds. \tag{10}$$

2. 若在欧氏空间 R 内的集 F 内的每一个无穷子集 $F' \subset F$ 至少包含一个基本序列, 则 F 称为紧致的.

例

1. 在实直线 R 上每一个无穷的有界点集 F, 按著名的波尔查诺定理, 是紧致的. 在同一直线上的无界集则不是紧致的, 因为从它里面总可以选出一个不含收敛序列的子集 (为什么?).

2. 可以证明关于 n 维欧氏空间 R_n 中有界的无穷集的、完全同样的命题. 令 F' 表示 F 的一个任意的无穷子集. 在 R_n 里随意选出一个正交归一基底. 在这个基底中, 每一个向量 x 有一组坐标 $\xi_1, \xi_2, \cdots, \xi_n$. 一切 $x \in F'$ 的坐标 $\{\xi_1\}$ 所成的数集是有界的, 因此按波尔查诺定理, 它包含一个收敛的子序列. 因此, 在集 F' 中总可以选出向量序列 $x_1, x_2, \cdots, x_m, \cdots$, 它们的第一个坐标成为一个收敛的数序列. 这个向量序列的第二个坐标所成的数集 $\{\xi_2\}$ 仍旧是有界的; 因此, 我们可以删去一些不必要的向量, 而且变动它们的号数, 使在序列 $x_1, x_2, \cdots, x_m, \cdots$ 中, 不仅第一个坐标而且第二个坐标也成为一个收敛的序列. 把这种步骤继续下去, 最后可使 $m \to \infty$ 时序列 $x_1, x_2, \cdots, x_m, \cdots$ 的每一个坐标都成为一个收敛的序列. 则序列 $x_1, x_2, \cdots, x_m, \cdots$ 自然在度量空间 R_n 中是收敛的. 因此, 在 n 维欧氏空间中, 每一个有界的无穷集是紧致的.

特殊地, n 维欧氏空间 R_n 中的单位球是紧致的.

附记 度量空间中的有限集可以看成紧致的, 我们对于紧致集所证明的一切定理, 对于有限集说, 就完全成为当然成立的了.

引理 1 任何欧氏空间中的紧致集是有界的. 因为假定某个紧致集 $F \subset R$ 是无界的. 先选定某一点 $x_0 \subset F$, 则对于每一个自然数 n, 我们可以找出点 $x_n \in F$, 使 $\|x_n\| > n$. 由 $x_1, x_2, \cdots, x_n, \cdots$ 所成的子集 $F' \subset F$ 不能包含一个基本序列, 因为由 §83 引理 2, 每一个基本序列是有界的. 因此, F 不是紧致的, 由此推得引理的命题的正确性.

因此, 对 n 维欧氏空间的无穷集来说, 紧致和有界是等价的. 在无穷维欧氏空间里有界的无穷集可能不是紧致的.

例

在无穷维欧氏空间 R 里的单位球面不是紧致的. 因为它含有一组无穷多个相互正交的单位向量 $e_1, e_2, \cdots, e_n, \cdots$. 因为 $|e_n - e_m|^2 = (e_n - e_m, e_n - e_m) = 2$, 在这一组向量里, 不可能选出一个收敛的子序列.

习题

证明在空间 l_2 中, 满足不等式 $|\xi_n| \leqslant \frac{1}{n}$ $(n = 1, 2, \cdots)$ 的点 $x = (\xi_1, \xi_2, \cdots, \xi_n, \cdots)$ 所构成的集合是紧致的.

3. 作用于欧氏空间 R 的算子 A, 若它把 R 的单位球面变为紧致集, 则称为全连续的.

在有限维空间中, 任意线性算子都是全连续的, 因为线性算子把单位球面变为有界集, 而在有限维空间中, 每一个有界集都是紧致的. 在无穷维欧氏空间中, 甚至单位算子 E 也不是全连续的, 因为它把单位球面变为自身, 因而不变成一个紧致集.

若有界线性算子 A 把空间 R 变为有限维子空间 R_0, 则 A 是全连续的; 在这种情形下, 空间 R 的单位球的像是空间 R_0 的一个有界集, 由于 R_0 的维数是有限的, 这个有界集是紧致的.

引理 2 设在欧氏空间 R 内, 已给一个线性算子序列 $\mathrm{A}_1, \mathrm{A}_2, \cdots, \mathrm{A}_n, \cdots$, 假定 $\mathrm{A}_1, \mathrm{A}_2, \cdots, \mathrm{A}_n, \cdots$ 按照下面意义向算子 A 收敛: 当 $n \to \infty$ 时, $\|\mathrm{A} - \mathrm{A}_n\| \to 0$. 如果算子 A_n $(n = 1, 2, \cdots)$ 是全连续的, 则极限算子 A 也是全连续的.

证明 设 $f_1, f_2, \cdots, f_n, \cdots$ 为空间 R 的任意一个向量序列. 它们的模方不超过 1. 因为算子 A_1 是全连续的, 序列 $\mathrm{A}_1 f_1, \mathrm{A}_1 f_2, \cdots, \mathrm{A}_1 f_n, \cdots$ 包含一个基本子序列 $\mathrm{A}_1 f_{m1}$, 同样, 利用算子 A_2 的全连续性, 我们可以从序列 $\mathrm{A}_2 f_{m1}$ 选出一个基本子序列 $\mathrm{A}_2 f_{m2}$. 继续下去, 我们可以从每一个序列 $\mathrm{A}_k f_{m,k-1}$ 选出一个基本的子序列 $\mathrm{A}_k f_{mk}$ $(m \to \infty)$. 每一个算子 A_k 把对角序列 $f_{11}, f_{22}, \cdots, f_{mm}, \cdots$ 变为一个基本序列. 我们将证明算子 A 也把序列 f_{mm} 变为基本序列. 对于任意的 $\varepsilon > 0$, 我们可以找出一个数 $k > 0$, 使

$$\|\mathrm{A} - \mathrm{A}_k\| < \frac{\varepsilon}{4},$$

又可以找出一个数 m, 使得当 p 及 $q \geqslant m$ 时,

$$\|\mathrm{A}_k f_{pp} - \mathrm{A}_k f_{qq}\| < \frac{\varepsilon}{2}.$$

于是

$$\begin{aligned}\|\mathrm{A} f_{pp} - \mathrm{A} f_{qq}\| &= \|\mathrm{A}(f_{pp} - f_{qq})\| \\ &\leqslant \|\mathrm{A}_k(f_{pp} - f_{qq})\| + \|(\mathrm{A} - \mathrm{A}_k)(f_{pp} - f_{qq})\| \\ &\leqslant \frac{\varepsilon}{2} + \|\mathrm{A} - \mathrm{A}_k\| \|f_{pp} - f_{qq}\| \leqslant \frac{\varepsilon}{2} + \frac{\varepsilon}{4} \cdot 2 = \varepsilon.\end{aligned}$$

这样, 序列 $\mathrm{A} f_{mm}$ 满足柯西条件, 即是基本的, 证毕.

利用引理 2 能够很容易的推出弗雷德霍姆积分算子 (9) 的全连续性.

若函数 $K(t, s)$ 具有下面形状

$$K(t, s) = \sum_{k=1}^{n} \varphi_k(t) \psi_k(s),$$

其中 $\varphi_k(t), \psi_k(s) (k = 1, 2, \cdots, n)$ 是平方可积函数 (这种核 $K(t, s)$ 称为退化的), 则算子 $K(t, s)$ 是有界的, 而且

$$\mathrm{A}x(t) = \int_a^b \sum_{k=1}^{n} \varphi_k(t) \psi_k(s) x(s) ds = \sum_{k=1}^{n} \left\{ \int_a^b \psi_k(s) x(s) ds \right\} \varphi_k(t),$$

即是, 算子 A 把空间 $L_2(a, b)$ 变为函数 $\varphi_1(t), \cdots, \varphi_n(t)$ 所产生的有限维子空间, 因此, 具有退化核的弗雷德霍姆算子是全连续的.

另一方面, 在区域 $a \leqslant t, s \leqslant b$ 上的每一个平方可积函数 $K(t, s)$ 可以展开为傅里叶级数

$$K(t, s) = \sum_{k,m} a_{km} \sin k\pi \frac{s - a}{b - a} \sin m\pi \frac{t - a}{b - a}.$$

这个级数向函数 $K(t, s)$ 平均收敛①. 由级数的部分和所构成的退化核确定一个全连续算子的序列. 由不等式 (10), 按照所说的意义, 这些算子趋于算子 A. 根据引理 2, 和算子 A_n 一样, 算子 A 也是全连续的. 证毕.

①参考 §86 第 4 段, 例 4, 那里 $a = 0, b = \pi$.

附记 特殊的, 若核 $K(t,s)$ 是在区域 $a \leqslant s,t \leqslant b$ 上的连续函数, 则这个定理的所有条件都已适合. 在这种情形下, 弗雷德霍姆算子把每个函数 $x(t) \in L_2(a,b)$ 变为**连续函数**. 因为, 设

$$y(t)=\int_a^b K(t,s)x(s)ds,$$

则对于任意的 t' 和 t'',

$$|y(t')-y(t'')| \leqslant \int_a^b |K(t',s)-K(t'',s)||x(s)|ds,$$

由此立刻得到函数 $y(t)$ 的连续性.

§89. 全连续对称算子的特征向量

引理 1 对称全连续算子有一个最大向量 (§53).

证明 因为当 $\|x\| \leqslant 1$ 时, 一切向量 $y=\mathrm{A}x$ 所成的集, 按照条件, 在 R 中是紧致的, 因而它们是有界的 (§88, 第 2 段): $\sup\|y\|=M<\infty$. 这个数 M 等于算子 A 的模方 $\|\mathrm{A}\|$ (§53). 因此, 全连续算子 A 是有界的, 因而也是连续的 (§88, 第 1 段). 可以选出序列 $y_n=\mathrm{A}x_n$, 其中 $\|x_n\|=1$, 使 $\lim_{n\to\infty}\|y_n\|=M(n=1,2,\cdots)$. 从序列 y_n 中, 按照条件, 可以选出一个收敛的子序列, 去掉多余的向量, 重新编排号数后, 我们可以把序列 y_n 看成是当 $n\to\infty$ 时收敛的; 令 $y=\lim_{n\to\infty}\|y_n\|=M$. 由于模方的连续性 (§82 引理 1) $\|y\|=\lim_{n\to\infty}\|y_n\|=M$. 我们来验证 $z=\frac{1}{M}y$ 是所求的最大向量.

首先, 由于算子 A 的连续性, 我们有

$$\mathrm{A}z=\lim_{n\to\infty}\mathrm{A}\left(\frac{y_n}{M}\right)=\lim_{n\to\infty}\mathrm{A}\left(\frac{\mathrm{A}x_n}{M}\right).$$

向量 $\frac{\mathrm{A}x_n}{M}$ 属于单位球面. 因此, 向量 $\mathrm{A}\left(\frac{\mathrm{A}x_n}{M}\right)$ 的长不会超过 M. 利用 §66 引理 3 我们有

$$M \geqslant \left\|\mathrm{A}\left(\frac{\mathrm{A}x_n}{M}\right)\right\|=\|\mathrm{A}^2x_n\| \geqslant \frac{1}{M}\|\mathrm{A}x_n\|^2 \to M.$$

由此, 有

$$\|\mathrm{A}z\|=\lim\left\|\mathrm{A}\left(\frac{\mathrm{A}x_n}{M}\right)\right\|=M,$$

这就说明 z 是最大向量. 证毕.

应用 §66 的引理 4, 我们得

引理 2 对称的全连续的算子 A 有一个具特征值 $\pm M=\pm\|\mathrm{A}\|$ 的特征向量.

利用在定理 33 (§65) 所用的方法. 能够作出另外一些特征向量. 以这种作法为前提, 我们有下面的引理:

引理 3 已给全连续算子 A 的任一组正交归一特征向量, 若这些特征向量的对应特征值的绝对值大于一个固定正数 δ, 则这一组特征的个数是有限的.

证明 假定我们有一组无穷多个这种特征向量. 它们中的每一个被算子 A 变为自身乘上一个绝对值比 δ 大的因子.

令 e_i 及 e_j 为任何两个这种特征向量: $\|e_i\| = \|e_j\| = 1, (e_i, e_j) = 0, \mathrm{A}e_i = \lambda_i e_i$, $\mathrm{A}e_j = \lambda_j e_j$. 我们有

$$\|\mathrm{A}e_i - \mathrm{A}e_j\|^2 = \|\lambda_i e_i - \lambda_j e_j\|^2 = \lambda_i^2 + \lambda_j^2 > 2\delta^2.$$

这表示: 经过算子 A 的作用于向量系 F 的向量以后, 所得的诸向量, 彼此间的距离超过 $\delta\sqrt{2}$. 因此, 从这些向量的全体, 选不出任何一个收敛的子序列, 这与算子 A 的全连续性相抵触.

特殊地, 只有有限多个具有已给特征值 $\lambda \neq 0$ 而又相互正交的向量; 换句话说, 全连续对称算子 A 的每一个不等于零的特征根所对应的特征子空间是有限维的. 这一个引理使我们能够对于算子 A 的一切特征向量及特征值作一定的结论. 在实数轴上, 我们考虑算子 A 的一切特征值的集合, 由于引理 3, 仅可以有有限多个特征值, 其绝对值超过已给正数 δ; 因而如果特征值是无穷的数集, 则它们产生一个收敛于零的序列, 因此, 可以按照绝对值递减的次序, 把所有的特征值用自然数编号. 而且在这里, 还可以规定每个特征值重复若干次, 使重复的次数等于它所对应的特征子空间的维数. 在这种情形下, 对应于算子 A 的所有不等于零的特征值的序列

$$\lambda_1, \lambda_2, \lambda_3, \cdots, \lambda_n, \cdots,$$

我们可以作出特征向量所成的序列

$$e_1, e_2, e_3, \cdots, e_n, \cdots,$$

使 $\mathrm{A}e_n = \lambda_n e_n$ $(n = 1, 2, \cdots)$. 可以假定 $e_1, e_2, \cdots$ 相互正交而且归一. 因为若 $\lambda_n \neq \lambda_m$, 则由 §66 的引理 1, 可以推知 e_n 及 e_m 正交; 若 $\lambda_n = \lambda_m$, 则在特征值 $\lambda_n = \lambda_m$ 所对应的有限维特征子空间内, 我们总可以使其正交化. 再把所有这些得到的向量归一化, 作法就完成了.

现在来证明, 若一个向量 z 与刚才作出来的所有向量 $e_1, e_2, \cdots, e_n, \cdots$ 正交, 就被 A 变为零.

我们研究与所有向量 $e_1, e_2, \cdots, e_n, \cdots$ 正交的向量 z 的集 P, 作为是线性包 $L(e_1, e_2, \cdots)$ 的正交余空间, 这个集合是闭合的子空间. 由于线性包 $L(e_1, e_2, \cdots)$ 对于算子 A 显然是不变的, 按照 §66 引理 2, 它的正交余空间对于算子 A 也是不变的. 用 $M(P)$ 表示 $|\mathrm{A}x|$ 在子空间 P 的单位球面上的上确界. 利用引理 2, 在子空间 P 中, 有一具特征值 $\lambda_0 = M(P)$ 的特征向量 e_0. 但按照子空间 P 的作法, 它不可能包含一个具有非零特征值的向量. 因此, $\lambda_0 = M(P) = 0$; 这就表示, 对于任何向量 $z \in P, \mathrm{A}(z) = 0$ 成立. 证毕.

我们用 R' 表示这些向量的线性包 $L(e_1, e_2, \cdots)$ 的闭包, 而用 R'' 表示这个闭包的正交余空间. 则每个向量 $x \in R$ 可以表示成下面的和的形状:

$$x = x' + x'',$$

其中 $x' \in R', x'' \in R''$. 由于系 $e_1, e_2, \cdots, e_n, \cdots$ 在空间 R' 内是完备的, 向量 x' 可

以展开为对系 $e_1, e_2, \cdots, e_n, \cdots$ 的傅里叶级数; 按照上面的证明, 向量 x'' 被算子 A 变为零. 我们得到下面的基本定理:

定理 42 *若在一个完备欧氏空间 R 中, 已给一对称全连续算子 A, 则每一个向量 x 可以表示为正交和的形状*

$$x = x' + x'' = \xi_1 e_1 + \xi_2 e_2 + \cdots + \xi_n e_n + \cdots + x'',$$

其中 $e_1, e_2, \cdots$ 为算子 A 的具有非零特征值的特征向量, 而 $\mathrm{A}x'' = 0$.

§90. 弗雷德霍姆算子的特征向量

§89 的结果, 特殊的, 也适用于具有在区域 $a \leqslant t, s \leqslant b$ 上平方可积对称核 $K(s,t) = K(t,s)$ 的弗雷德霍姆算子 A. 对称核的特殊性保证了算子 A 的对称性 (§67)①, 而平方可积则保证了算子的全连续性 (§88). 这样, 在空间 $L_2(a,b)$ 中的每一向量 $x = x(t)$ 可以表示为一个平均收敛的级数

$$x(t) = \sum \xi_n e_n(t) + z(t),$$

其中 $e_1(t), e_2(t), \cdots$ 为算子 A 的具有非零特征值的正交归一特征函数系, 而 $\mathrm{A}z = 0$, 系数 ξ_n, 如通常那样, 可用公式 $\xi_n = (x, e_n)$ 来计算.

利用算子 A 的具体性质, 这些结果还可以加强一些.

首先, 确定弗雷德霍姆算子的特征函数的等式

$$\int_a^b K(t,s)e_n(s)ds = \lambda_n e_n(t), \tag{11}$$

说明值 $\lambda_n e_n(t)$ 是函数 $K(t,s)$ (当 t 为常数时) 的傅里叶系数. 由此, 应用贝塞尔不等式 (§87), 我们得

$$\int_a^b K^2(t,s)ds \geqslant \sum_{n=0}^{N} \lambda_n^2 e_n^2(t), \tag{12}$$

这个关系对于每一个正整数 N 成立. 对于 t 取这个不等式的积分, 可得对于任何正整数 N 都成立的不等式

$$\int_a^b \int_a^b K^2(t,s)dsdt \geqslant \sum_{n=0}^{N} \lambda_n^2.$$

由此可见, 弗雷德霍姆对称算子的特征值的平方和的级数是收敛的. (注意对于一般对称全连续算子, 这个性质不成立.)

对于任意函数 $f(s) \in L_2(a,b)$, 具有下列形状

$$g(t) = \int_a^b K(t,s)f(s)ds = Af$$

① 在假定核 $K(t,s)$ 对称的情况下, 在 §67 里已经证明过算子 A 的对称性; 若利用富比尼定理 (§85), 还可以推广到一般的情形.

的函数 $g(t)$ 称为用核 $K(t,s)$ “源形表示” 的函数①.

下列重要定理 (希尔伯特) 成立.

定理 43 每一个用对称核 $K(t,s)$ “源形表示” 的函数可以按照具有核 $K(t,s)$ 的弗雷德霍姆算子的特征函数展开为均匀而绝对收敛的傅里叶级数

$$g=\sum_{k=1}^{\infty}\lambda_k(f,e_k)e_k. \tag{13}$$

这里核 $K(t,s)$ 满足不等式

$$\int_a^b K^2(t,s)ds\leqslant C, \tag{14}$$

C 是不依赖 t 的常数.

证明

对展开式

$$f(t)=\sum_{k=1}^{\infty}\xi_k e_k(t)+z(t)\quad(\xi_n=(f,e_n))$$

应用算子 A, 再考虑它的连续性, 我们得

$$g=\mathrm{A}f=\sum_{k=1}^{\infty}\xi_k\mathrm{A}e_k=\sum_{n=1}^{\infty}\lambda_k(f,e_k)e_k(t).$$

余下要证明的是: 这个级数绝对而均匀的收敛, 我们有

$$(g,e_k)=(\mathrm{A}f,e_k)=(f,\mathrm{A}e_k)=(f,\lambda_k e_k)=\lambda_k(f,e_k),$$

所以对于任何整数 n 及 m,

$$\begin{aligned}\left[\sum_{k=n}^{n+m}|(g,e_k)\cdot e_k(t)|\right]^2&=\left[\sum_{k=n}^{n+m}|(f,e_k)\cdot\lambda_k e_k(t)|\right]^2\\&\leqslant\sum_{k=n}^{n+m}(f,e_k)^2\cdot\sum_{k=n}^{n+m}\lambda_k^2e_k^2(t)\end{aligned} \tag{15}$$

(后者根据有限和的柯西不等式; 参考 §50, (9)). 因为不等式 (5) 的右端的和 $\lambda_n^2e_n^2(t)+\cdots$ 在任何情形下都是有界的 (由不等式 (12)), 而当 n 充分大时, 和 $(f,e_n)^2+\cdots$ 变成任意的小 (由于 §87 的 (6) 里的贝塞尔不等式), 所以当 n 充分大时, (15) 式的左端的和也变成任意的小; 因此, 所考虑的傅里叶级数绝对的并且均匀的收敛. 证毕.

附记 特别是在连续核 $K(t,s)$ 的情形下, 所有的叙述都是适用的, 注意在这种情形下, 具有非零特征值的所有特征函数都是连续的, 这一点可以 §88 最后的附记推出.

---

① 函数 $g(t)$ 具有下面的物理意义. 例如研究在枢轴上沿着区间 $a\leqslant t\leqslant b$ 上的温度的传播. 当这个枢轴上的一个物理点 s 处, 有一个功率为 1 的热源时, 假定其热的传播用函数 $K(t,s)$ 表示. 当枢轴上每一点有一功率为已给函数 $f(s)$ 的热源时, 则积分

$$g(t)=\int_b^a K(t,s)f(s)ds$$

表示在这个情形下的热的传导, 因此 $g(t)$ 可以用源泉来表示, 这就是 “源形” 表示名称的由来.

§91. 非齐次积分方程的解

特征函数系是顺利地解决与弗雷德霍姆算子有关的问题的自然基础. 解非齐次积分方程

$$\varphi(t)=f(t)+\int_a^b K(t,s)\varphi(s)ds$$

是这种问题的典型例子, 这里 $f(t)$ 及 $K(t,s)\equiv K(s,t)$ 是已知的, 而 $\varphi(t)$ 则是待定的函数.

在抽象空间中也有相似的, 具有形状

$$\varphi=f+\mathrm{A}\varphi \tag{16}$$

的方程, 此处 A 为全连续的对称算子.

取等式 (6) 的左端和右端在由特征向量 e_k 所确定的轴上的投影 (因为 $\mathrm{A}e_k=\lambda_k e_k$), 我们得到

$$\begin{aligned}(\varphi,e_k)&=(f,e_k)+(\mathrm{A}\varphi,e_k)=(f,e_k)+(\varphi,\mathrm{A}e_k)\\&=(f,e_k)+(\varphi,\lambda_k e_k)=(f,e_k)+\lambda_k(\varphi,e_k);\end{aligned} \tag{17}$$

于是当 $\lambda_k\neq 1$ 时, 就得

$$(\varphi,e_k)=\frac{(f,e_k)}{1-\lambda_k}. \tag{18}$$

这样, 向量 φ 的傅里叶系数就被唯一地确定了. 在 $\lambda_k=1$ 和 $(f,e_k)\neq 0$ 的情形下, 得出一个不合理的等式, 因此, 所求的向量 φ 不存在. 若 $\lambda_k=1,(f,e_k)=0$, 则等式 (17) 对于 (φ,e_k) 的值没有任何限制, 因此 (φ,e_k) 可以是任意的. 我们得到下面的结果:

若算子 A 的特征值都不等于 1, 则按照系 $e_1,e_2,\cdots$ 从公式 (18) 所确定的所有傅里叶系数是唯一的. 若算子 A 的特征值有等于 1 的, 而 f 不与所对应的特征子空间正交, 则所求的解 φ 根本不存在; 若 f 与上述的子空间正交, 则所求的解 φ 的傅里叶系数可以随便选择.

设解 φ 存在, 则向量 $\varphi-f=\mathrm{A}\varphi$ 是 "源形表示的". 按定理 47, $\varphi-f$ 可以展开为傅里叶级数

$$\varphi-f=\sum_{k=1}^{\infty}c_k e_k, \tag{19}$$

由于满足 §90 (13) 的条件, 它是收敛的, 不仅按模方收敛, 而且均匀而绝对地收敛.

现在计算等式 (19) 的傅里叶系数 c_k, 当 $\lambda_k\neq 1$ 时, 得

$$\begin{aligned}c_k&=(\varphi-f,e_k)=(\varphi,e_k)-(f,e_k)\\&=\frac{(f,e_k)}{1-\lambda_k}-(f,e_k)=(f,e_k)\frac{\lambda_k}{1-\lambda_k},\end{aligned}$$

因此,

$$\varphi = f + \sum_{k=1}^{\infty}(f, e_k)\frac{\lambda_k}{1-\lambda_k}e_k. \tag{20}$$

但是与前面的研究无关的新作出来的级数

$$\sum_{k=1}^{\infty}(f, e_k)\frac{\lambda_k}{1-\lambda_k}e_k,$$

在完备空间 R 中, 按模方收敛, 这是因为系数的平方显然构成一个收敛级数.

对于满足条件 (13) 的弗雷德霍姆积分算子, 这个级数也是绝对而均匀地收敛. 因为设用 K 表示 $\frac{1}{|1-\lambda_k|}$①的最大值, 利用类似 §90 中的计算, 我们得到

$$\begin{aligned}\left[\sum_{k=n}^{n+m}\left|(f, e_k)\frac{\lambda_k}{1-\lambda_k}e_k(t)\right|\right]^2 &\leqslant K^2\left[\sum_{k=n}^{n+m}|(f, e_k)\lambda_n e_k(t)|\right]^2\\ &\leqslant K^2\sum_{k=n}^{n+m}(f, e_k)^2\cdot\sum_{k=n}^{n+m}\lambda_k^2 e_k^2(t).\end{aligned}$$

因此, 由公式 (20) 所确定的向量 φ 是存在的. 我们来验证它是方程 (16) 的解. 事实上,

$$\begin{aligned}A\varphi &= Af + \sum_{k=1}^{\infty}(f, e_k)\frac{\lambda_k}{1-\lambda_k}\lambda_k e_k\\ &= \sum_{k=1}^{\infty}\lambda_k(f, e_k)e_k + \sum_{k=1}^{\infty}(f, e_k)\frac{\lambda_k}{1-\lambda_k}\lambda_k e_k\\ &= \sum_{k=1}^{\infty}\left(1+\frac{\lambda_k}{1-\lambda_k}\right)\lambda_k(f, e_k)e_k\\ &= \sum_{k=1}^{\infty}\frac{\lambda_k}{1-\lambda_k}(f, e_k)e_k = \varphi - f.\end{aligned}$$

最后, 若 $\lambda_k = 1$ 是算子的特征值之一, 而且对应的系数 (f, e_k) 等于零 (我们已经知道这是方程 (16) 有解的必要条件), 则级数 (20) 也确定一个解; 不过当 $\lambda_k = 1$ 时, 有限多个系数 $\frac{(f,e_k)}{1-\lambda_k}$ 没有意义, 因而它们可以随便选择. 利用和上面同样的计算, 这一点也可以证明.

§92. 关于具有对称全连续的逆算子的无界算子

在欧氏空间 R 中, 设 L 为一个无界线性算子, 具有线性定义域 $R' \subset R$, 设 A 为定义在整个空间的, 具有下列性质的有界算子: 对于任意的 $x \in R$, 元素 $Ax \in R'$ 而且 $LAx = x$; 又对于任意的 $y \in R'$, $ALy = y$. 这样的 A 称为 L 的逆算子.

例

在空间 $C_2(a, b)$ 内, 考虑一切当 $x = a$ 时等于零, 而且有连续的导函数的函数.

---

①因为 $\lambda_k \to 0$ (§89), 所以 $\frac{1}{|1-\lambda_k|}$ 整个是有界的.

设 L 为作用于这些函数的微分算子

$$\mathrm{L}x(t) = x'(t),$$

设算子 A 为以自变量作为积分上限的积分

$$\mathrm{A}x(t) = \int_a^t x(s)ds.$$

很容易证明算子 A 在 $C_2(a,b)$ 内有界 (参考在 §88 中弗雷德霍姆算子有界的证明). 对于任意的 $x(t) \in C_2(a,b)$, 显然 $\mathrm{LA}x(t) = x(t)$ 成立. 并且对于 L 的定义域中的任意 $x(t)$, $\mathrm{AL}x(t) = x(t)$ 成立. 因此, A 是 L 的逆算子.

假定已给无界算子 L 具有逆算子 A, 在这种情形下, 可以断定算子 A 的一切特征值都不等于零; 因为如果对于某些 x 有 $\mathrm{A}x = 0$, 则 $x = \mathrm{LA}x$ 将为零向量. 其次, 算子 A 的每一个具特征值 λ 的特征向量同时也是算子 L 的具特征值 $\frac{1}{\lambda}$ 的特征向量. 因为假如 $\mathrm{A}x = \lambda x$, 则 $x = \mathrm{LA}x = \mathrm{L}\lambda x = \lambda \mathrm{L}x$, 因此 $\mathrm{L}x = \frac{1}{\lambda}x$.

现在假定 L 的逆算子 A 是全连续并且对称的.

运用已得的结果及定理 42, 我们推知: 算子 A 有一组具有非零特征值的, 完备正交特征向量系. 由此可知: 算子 L 也有一组具有非零特征值的闭合的正交特征向量系.

取斯图姆 – 刘维尔微分算子 (§27) 为例. 我们将引用微分方程论的以下定理而不加证明: 设斯图姆 – 刘维尔方程 $\mathrm{L}[x] = 0$ 在区间 $a \leqslant t \leqslant b$ 上没有满足边值条件的[①]而且又不等于零的解 (这种方程和所对应的斯图姆 – 刘维尔算子称为非奇异的), 则有含两个变量的对称连续函数 $K(t,s)$ (格林函数) 存在, 具有下面性质: 若 $\varphi(t) \in C_2(a,b)$, 则等式

$$x(t) = \int_a^b K(t,s)\varphi(s)ds, \tag{21}$$

所确定的函数 $x(t)$ 满足边值条件及微分方程

$$\mathrm{L}[x] = \varphi(t); \tag{22}$$

倒转过来, 满足边值条件及方程 (21) 的每一个函数可以用公式 (22) 表示.[②]

换句话说, 非奇异的斯图姆 – 刘维尔算子 $\mathrm{L}[x]$ 具有有界逆算子, 这个算子并且还是对称的和全连续的. 由此, 我们得到一个重要的结论: 对于斯图姆 – 刘维尔算子, 一定有一组完备的正交特征函数系 $e_1(t), e_2(t), \cdots, e_n(t), \cdots$ 存在.

现在, 更设 $x(t)$ 为满足边值条件的两次可微函数, 并令 $\varphi(t) = \mathrm{L}(x)$. 按上述定理, $x(t)$ 是一个用核 $K(t,s)$ 源形表示的, 因此利用 §90, 它可以按特征函数 $e_1(t), e_2(t), \cdots$ 展开为均匀的和绝对收敛的傅里叶级数. 因此, 我们得到下面的定理:

---

①保证斯图姆 – 刘维尔算子的对称性. 参考 §67.

②例如在 И. Г. 彼得罗夫斯基的偏微分方程讲义就有证明, 中译本 193 页, 高等教育出版社 1957 年版.

定理 44 在任何情况下, 每个满足边值条件的两次可微函数按照非奇异斯图姆–刘维尔算子的特征函数展开的傅里叶级数均匀而绝对地收敛 (斯捷潘洛夫定理).

例

1. 我们研究在区间 $0 \leqslant t \leqslant \pi$ 上的斯图姆–刘维尔方程 $y'' = 0$, 其边值条件为 $y(0) = 0, y(\pi) = 0$. 对于这个方程, 满足所给边值条件的唯一解为 $y = 0$, 而且上面定理的先决条件成立. 在这个情况下, 这个定理保证了算子 $\mathrm{L}[y] = y''$ 有一个有界的、全连续的而且对称的逆算子. 而且对于算子 $\mathrm{L}[y]$, 一定有一组具有非零特征值的、闭合的正交特征函数系 $e_1(t), e_2(t), \cdots$, 并且每一个两次可微并且满足边值条件的函数 $f(t) \in C_2(0,\pi)$, 可以按这些特征函数展开为绝对而均匀收敛的级数. 显然, 在这种情况下, 函数 $e_n(t) = \sin nt$ $(n = 1, 2, \cdots)$ 是特征函数. 因为它们构成一个完备的正交系 (§87), 别的特征函数不存在. 在这种情况下的关于展开的定理保证每一个满足边值条件 $f(0) = f(\pi) = 0$ 的二次可微函数可以展开为绝对而均匀收敛的级数

$$f(t) = \sum_{n=1}^{\infty} b_n \sin nt.$$

这个结论可以从函数展开为傅里叶三角级数的普通定理得到 (§87).

2. 若应用定理 44 到作用于具边值条件 $y(-\pi) = y(\pi), y'(-\pi) = y'(\pi)$ 的空间 C_2 的斯图姆–刘维尔算子 $\mathrm{L}[y] = y''$, 或者应用这个定理到我们在前面 (§67, §87) 考虑过的空间 $C_2(-1,1)$ 内的算子 $\mathrm{L}[y] = [(t^2-1)y']'$, 我们就遇到困难. 这个困难就是, 对应的方程 $\mathrm{L}[y] = 0$ 可以有一个非零解 $y(t) \equiv 1$, 因此定理 49 的先决条件不成立. 下面的引理使我们能避开这个困难.

引理 假定线性算子 A 有对应于特征值 $\lambda_1, \lambda_2, \cdots, \lambda_n, \cdots$ 的特征向量 $e_1, e_2, \cdots, e_n, \cdots$. 设 λ_0 为一固定常数, 并考虑算子 $\mathrm{A} - \lambda_0 \mathrm{E}$, 则 $e_1, e_2, \cdots, e_n, \cdots$ 也是算子 $\mathrm{A} - \lambda_0 \mathrm{E}$ 的特征向量, 并且其对应的特征值分别为 $\lambda_1 - \lambda_0, \lambda_2 - \lambda_0, \cdots, \lambda_n - \lambda_0, \cdots$.

证明 运用算子 $\mathrm{A} - \lambda_0 \mathrm{E}$ 于向量 e_n, 我们有

$$(\mathrm{A} - \lambda_0 \mathrm{E})e_n = \mathrm{A}e_n - \lambda_0 e_n = (\lambda_n - \lambda_0)e_n,$$

即, 向量 e_n 也是算子 $\mathrm{A} - \lambda_0 \mathrm{E}$ 的特征向量, 且其对应的特征值为 $\lambda_n - \lambda_0$.

现在回到上面所指出的斯图姆–刘维尔算子. 已经知道, 在空间 $C_2(-\pi,\pi)$ 内的算子 $\mathrm{L}[y] = y''$ 的特征函数是 $1, \cos t, \sin t, \cdots, \cos nt, \sin nt, \cdots$, 其特征值分别为 $0, -1, -1, \cdots, -n^2, -n^2, \cdots$; 这个算子没有对应于其他特征值的特征函数 (§87). 取一个与一切 $-n^2 (n = 0, 1, 2, \cdots)$ 不同的常数 λ_0, 则按照引理, 算子 $\mathrm{L}[y] - \lambda_0 y$ 具有不等于零的特征值 $-n^2 - \lambda_0$ 的特征函数系. 由于这个函数系在空间 $C_2(-\pi,\pi)$ 是完备的, 所以算子 $\mathrm{L}[y] - \lambda_0 y$ 没有其他的特征值. 应用定理 44 可知: 满足条件 $f(-\pi) = f(\pi), f'(-\pi) = f'(\pi)$ 的二次可微函数 $f(t)$, 在 $-\pi \leqslant t \leqslant \pi$ 上可以展开为绝对而均匀收敛的傅里叶级数

$$f(t) = \frac{a_0}{2} + \sum_{n=1}^{\infty} (a_n \cos nt + b_n \sin nt).$$

类似地, 研究在空间 $C_2(-1,1)$ 内的算子 $\mathrm{L}[y] = ((t^2-1)y')'$, 再利用我们的引理, 可以得到关于任何二次可微函数 $f(t) \in C_2(-1,1)$ 展开为勒让德多项式级数的定理.

在前面 (§99), 我们曾经得到一个条件较弱的, 关于函数 $f(t) \in C_2(-\pi, \pi)$ 展开为傅里叶级数的定理 (例如 $f'(t)$ 逐段连续). 我们在这里得到的定理要求 $f(t)$ 满足更强的条件, 但是它也有相当大的普遍性.

在一般情况下, 可以去掉加在 $f(t)$ 上的过分严格的限制. 可以证明, 每一个保证傅里叶三角级数均匀收敛的条件, 同时保证按斯图姆 – 刘维尔算子的特征函数的展开式的均匀收敛①.

§93. 特征函数及特征值的计算

为了实际地运用所有我们得到的结果, 需要一些关于弗雷德霍姆算子特征函数系 $e_k(t)(k = 1, 2, \cdots)$ 的一些知识.

1. 假定弗雷德霍姆算子 A 的核是退化的, 于是

$$K(s, t) = \sum_{i=1}^{m} p_i(s) q_i(t) \quad (i = 1, 2, \cdots, m),$$

我们已经知道算子 A 把整个空间 L_2 变为由函数 $q_i(t)(i = 1, 2, \cdots, m)$ 所产生的有限维空间. 因此, 具有非零特征值的特征函数只能在这个空间中找到, 它应该具有下面形状:

$$e(t) = \sum_{i=1}^{m} c_i \cdot q_i(t). \tag{23}$$

为了确定系数 c_i, 把函数 (23) 代入方程 (2) 中, 得:

$$\begin{aligned} \lambda e(t) = \sum_{i=1}^{m} \lambda c_i q_i(t) &= \int_a^b K(t, s) \sum_{k=1}^{m} c_k q_k(s) ds \\ &= \sum_{k=1}^{m} \sum_{i=1}^{m} c_k \left(\int_a^b p_i(s) q_k(s) ds \right) q_i(t) \\ &= \sum_{k=1}^{m} \sum_{i=1}^{m} c_k p_{ik} q_i(t), \end{aligned}$$

其中

$$p_{ik} = \int_a^b p_i(s) q_k(s) ds. \tag{24}$$

因此,

$$\lambda c_i = \sum_{k=1}^{m} c_k p_{ik} \quad (i = 1, 2, \cdots, m). \tag{25}$$

从这个方程, 可以用普通方法找出 λ 及常数 c_i.

当 $p_i(s) \equiv q_i(s)$ 及对于 $i \neq k, (p_i, q_k) = 0$ 时, 我们得到一种形状极为简单的方程组.

---

①Б. М. 列维坦, 一阶微分方程按照特征函数的展开, 第一章, Гостехиздат (国家科技出版社) 1950.

在这种情形下，当 $i \neq k$ 时，p_{ik} 应等于零，而方程组 (24) 有一组显然的解：对于某一个 $k, c_k = 1$；在 $i \neq k, \lambda = p_{kk}$ 时，$c_i = 0$. 按公式 (23)，对应于这个解的特征函数应该与函数 $p_k(t) = q_k(t)$ 重合．这样，函数 $p_k(t)(k = 1, 2, \cdots, m)$ 也是特征函数，而特征值 p_{kk} 则是这些函数的模方的平方．

下面的习题可以用上面讨论的方法去解决．

习题

解方程

1. $\varphi(t) = 3\int_0^2 st\varphi(s)ds + 3t - 2.$

答 $\varphi(t) = \frac{9}{7}t - 2.$

2. $\varphi(t) = 3\int_0^1 st\varphi(s)ds + 3t - 2.$

答 $\varphi(t) = Ct - 2, C$ 为常数．

3. $\varphi(t) = \int_0^1 (s + t)\varphi(s)ds + 18t^2 - 9t - 4.$

答 $\varphi(t) = 18t^2 + 12t + 9.$

4. $\varphi(t) = \int_0^\pi \cos(s + t)\varphi(s)ds + 1.$

答 $\varphi(t) = 1 - \frac{2\sin t}{1 - \frac{\pi}{2}}.$

2. 若弗雷德霍姆算子 A 的核不是退化的，则常常可以利用下面的逼近法去计算特征函数和特征值．把所给的核 $K(s, t)$ 用近似于它的退化核 $K_n(s, t)$ (例如，傅里叶级数的部分和) 去代替，并且用上面所说的方法去找出对应的算子 A_n 的特征函数和特征值．可以看出，在对于核 $K(s, t)$ 的光滑性的若干假设之下，所得出的算子 A_n 的特征函数和特征值将分别趋于算子 A 的特征函数和特征值．由于不可能停留在讨论这个问题上，我们建议读者去查阅专门文献①．

§94. 具有非对称核的积分方程．弗雷德霍姆备择定理

1. 考虑积分方程

$$\varphi(t) - \int_a^b K(t, s)\varphi(s)ds = f(t), \tag{26_1}$$

这里，并不假定核 $K(t, s)$ 是对称的 (但假定 $K(t, s)$ 是平方可积的，区域仍取 $a \leqslant t, s \leqslant b$)．函数 $f(t)$ 则假定属于空间 $L_2(a, b)$，而且未知函数 $\varphi(t)$ 也要在这个空间找出．

①参考 R. 柯朗, D. 希尔伯特, 数学物理方法, 第 3 章, §9; Л. В. 康托罗维奇, В. И. 克雷洛夫, 高等分析中的近似方法, 第 2 章, §4.

当 $f(t) \equiv 0$ 时, 得一个齐次方程, 这里的未知函数将用 $\varphi_0(t)$ 表示:

$$\varphi_0(t) - \int_a^b K(t,s)\varphi_0(s)ds = 0. \tag{26_2}$$

除了方程 $(26_1), (26_2)$ 外, 我们还考虑具有核 $K(t,s)$ 的 "联立" 方程:

$$\psi(t) - \int_a^b K(s,t)\psi(s)ds = g(t), \tag{26_3}$$

$$\psi_0(t) - \int_a^b K(s,t)\psi_0(s)ds = 0. \tag{26_4}$$

这里的核是从原有的核 $K(t,s)$ 把变量互换而成, 因而与原有的核不同.

下列重要定理称为弗雷德霍姆备择定理, 它说明了方程 $(26_1), (26_2), (26_3), (26_4)$ 的解的关系.

定理 45 可能的两个情况是

a) 方程 (26_2) 有唯一的解 $\varphi_0(t) \equiv 0$;

b) 方程 (26_2) 有解 $\varphi_0(t) \neq 0$.

在情况 a) 下, 对于每一个 $f(t) \in L_2$, 方程 (26_1) 有解而且解是唯一的; 方程 (26_4) 也有唯一的解 $\psi_0(t) \equiv 0$, 对于每一个 $g(t) \in L_2$, 方程 (26_3) 也有唯一的解.

在情况 (b) 下, 方程 (26_2) 的线性无关解的个数是有限的; 这个数目用 v 表示. 方程 (26_4) 也有同样多的线性无关的解. 当函数 $f(t)$ 与方程 (26_4) 的 v 个解都正交时, 而且只当此时, 方程 (26_1) 是有解的, 它的解不是唯一确定的, 但这些解的差却是方程 (26_2) 的解; 在方程 (26_1) 的所有解中, 有一个而且只有一个与方程 (26_2) 的所有解正交. 对于方程 (26_3) 有类似的结论.

2. 我们首先考虑和定理 45 类似的线性代数方程组

$$\sum_{j=1}^{m} a_{ij}\xi_j = b_i \quad (i = 1, 2, \cdots, m) \tag{27_1}$$

的情况. 我们写出对应的齐次方程组

$$\sum_{j=1}^{m} a_{ij}\xi_j^0 = 0, \tag{27_2}$$

及其联立方程组

$$\sum_{j=1}^{m} a_{ji}\eta_j = c_i, \tag{27_3}$$

$$\sum_{j=1}^{m} a_{ji}\eta_j^0 = 0, \tag{27_4}$$

这个组的矩阵是方程组 (27_1) 及 (27_2) 的矩阵的转置矩阵. 在这里, 需要解决与弗雷德霍姆备择定理类似的命题.

a) 假定方程组 (27_2) 只有零解. 这就是说, 矩阵 $A = [a_{ij}]$ 的秩等于 m (§20), 即 $\det A \neq 0$. 因此, 对于右边任意的 b_i, 系 (27_1) 是有解的 (§7). 方程组 (27_4) 的行列式为 $\det[a_{ji}] = \det[a_{ij}]$ (§3), 因而也是不等于零的; 因此, 对于右边任意的 c_i, 方程组

(27_3) 也有解而且解是唯一的; 特殊的, 当 $c_i = 0$, 则只有唯一的解 $\eta_j^0 = 0$. 这样, 与弗雷德霍姆的备择定理情况 (a) 类似的命题得到了证明.

b) 假定系 (27_2) 有一组非零解 ξ_j^0. 这就是说, 矩阵 A 的秩 r **小于**数 m (§20). 这样, 方程组 (27_1) 的线性无关解的个数 v 等于 $m-r$ (§23). 但取转置矩阵时, 秩数并不变更 (§9), 故方程组 (27_4) 的线性无关解的个数也等于 $m-r=v$. 对于右边任意一组的 b_i, 方程组 (27_1) 不一定是有解的. 为了知道方程组 (27_1) 有解时, b_i 需要适合的条件, 要使方程组 (27_1) 有解, 我们用几何去解释方程组 (27_1), 把所有的数组 $(\xi_1,\cdots,\xi_m)$ 看成 m 维欧氏空间 T_m 的向量 (§49). 方程组 (27_1) 的解存在, 相当于这样的命题: 向量 $b=(b_1,b_2,\cdots,b_m)$ 包含在向量 $a_1=(a_{11},a_{21},\cdots,a_{m1}), a_2=(a_{12},a_{22},\cdots,a_{m2}),\cdots,a_m=(a_{1m},a_{2m},\cdots,a_{mm})$ 的线性包中. 假如 Z 是这个线性包的正交余空间, 则上面的结论可以用这种方式表示: 当向量 b 与子空间 Z 正交时, 而且只当此时, 方程组 (27_1) 是有解的. 一个向量 η^0 包含在子空间 Z 中的条件可以写为方程组 (27_4) 的形状. 由此可见当向量 b 与方程组 (27_4) 的任意解正交时, 而且只当此时, 方程组 (27_1) 是有解的. 此外, 在所考虑的情形下, 方程组 (27_1) 的一切解所构成的几何图形是一个与方程组 (27_2) 的一切解所构成的子空间 (§23) 平行的超平面. 由原点到这个超平面 (§56) 的垂线, 在所有这些解中确定唯一的一个解, 它与方程组 (27_2) 的所有解正交. 这样, 我们也证明了类似弗雷德霍姆备择定理情况 (b) 的命题.

3. 现在我们转到积分方程上去. 我们首先考虑具有退化核的积分方程,

$$K(t,s)=\sum_{k=1}^{m} p_k(t)q_k(s),$$

$$K(s,t)=\sum_{k=1}^{m} p_k(s)q_k(t).$$

函数 $P_k(t)$ 和函数 $q_k(s)$, 我们都可以看作线性无关的, 方程 (26_1) — (26_4) 则成为这种形状

$$\varphi(t)-\sum_{k=1}^{m} p_k(t)\int_a^b q_k(s)\varphi(s)ds=f(t), \tag{28_1}$$

$$\varphi_0(t)-\sum_{k=1}^{m} p_k(t)\int_a^b q_k(s)\varphi_0(s)ds=0, \tag{28_2}$$

$$\psi(t)-\sum_{k=1}^{m} q_k(t)\int_a^b p_k(s)\psi(s)ds=g(t), \tag{28_3}$$

$$\psi_0(t)-\sum_{k=1}^{m} q_k(t)\int_a^b p_k(s)\psi_0(s)ds=0. \tag{28_4}$$

这些方程可以写成抽象的形状:

$$\varphi-\sum p_k(q_k,\varphi)=f, \tag{29_1}$$

$$\varphi_0 - \sum p_k(q_k, \varphi_0) = 0, \tag{29_2}$$

$$\psi - \sum q_k(p_k, \psi) = g, \tag{29_3}$$

$$\psi_0 - \sum q_k(p_k, \psi_0) = 0, \tag{29_4}$$

其中 $\varphi, f, p_k, q_k, \cdots$ 属于某一个欧氏空间 E.

包含在这些方程式里的算子属于退化算子的类型, 所谓退化算子指的是用这种形状

$$\mathrm{B}\varphi = \sum_{k=1}^{m} p_k(q_k, \varphi)$$

的公式给出的算子. 显然, 退化算子 B 把整个空间变成一个由向量 $p_1, p_2, \cdots, p_m$ 所产生的有限维空间. 从方程 (29_1) 可见, 假如它有一个解, 则这个解一定具有形状:

$$\varphi = f + \sum \xi_k p_k, \tag{30_1}$$

其中 ξ_k 为一些未知系数. 剩下各方程组的解也具有形状:

$$\varphi_0 = \sum \xi_k^0 p_k, \tag{30_2}$$

$$\psi = g + \sum \eta_k q_k, \tag{30_3}$$

$$\psi_0 = \sum \eta_k^0 q_k. \tag{30_4}$$

把表达式 (30_1) 式代入 (29_1) 中, 我们得知, ξ_k 诸数应该适合方程组

$$\sum_{k=1}^{m} \xi_k p_k - \sum_{k=1}^{m} p_k(q_k, f) - \sum_{k=1}^{m} p_k \left(q_k, \sum_{i=1}^{m} \xi_i p_i \right) = 0,$$

或者, 因为向量 p_k 是线性无关的,

$$\xi_k - \sum_{i=1}^{m} \xi_i(p_i, q_k) - (f, q_k) \quad (k = 1, 2, \cdots, m).$$

记 $(p_i, q_k) = a_{ik} (i \neq k), 1 + (p_i, q_i) = a_{ii}, (f, q_k) = b_k$, 我们把这一方程组化为

$$\sum_{j=1}^{m} a_{ij}\xi_j = b_i \quad (i = 1, 2, \cdots, m). \tag{31_1}$$

相似地, 方程 (29_2) — (29_4) 分别化为以下形状:

$$\sum_{j=1}^{m} a_{ij}\xi_j^0 = 0, \tag{31_2}$$

$$\sum_{j=1}^{m} a_{ji}\eta_j = c_i, \tag{31_3}$$

$$\sum_{j=1}^{m} a_{ji}\eta_j^0 = 0, \tag{31_4}$$

其中 $c_i = (g, p_i)$. 若 (31_1) — (31_4) 中任何一个是有解的, 则按照在系 (30_1) — (30_4) 所对应的公式, 可以得到一组 (29_1) — (29_4) 中对应方程组的解, 从而得到系 (28_1) — (28_4) 中对应方程组的解.

我们已经知道对于系 (31_1) — (31_4), 类似弗雷德霍姆的备择定理的命题是正确的. 因此, 它们对于系 (28_1) — (28_4) 也是正确的. 跟着需要验证的只是: 例如, 在抽象欧氏空间 E 的度量的意义下, 向量 f 和方程 (29_4) 的解 ψ_0 的数积, 与在有限维欧氏空间 T_m 中, 具有坐标 $b_k = (f, q_k)$ 的向量 b 和向量 $\eta^0 = (\eta_1^0, \eta_2^0, \cdots, \eta_m^0)$ 的数积是相等的. 这个验证可以通过下面简单的计算进行:

$$(f, \psi_0) = \left(f, \sum_{k=1}^{m} \eta_k^0 q_k\right) = \sum_{k=1}^{m} \eta_k^0 (f, q_k) = \sum_{k=1}^{m} b_k \eta_k^0 = (b, \eta^0).$$

这样, 在退化核 $K(t,s)$ 情况下, 弗雷德霍姆备择定理是成立的.

4. 我们再转到一般的情况. 设 $K(t,s)$ 为任意一个在区域 $a \leqslant t; s \leqslant b$ 上平方可积的函数. 在 §88 已经指出, 积分算子

$$\mathrm{A}\varphi = \int_a^b K(t,s)\varphi(s)ds$$

可以表示为具有退化核 $K_n(t,s)$ 的积分算子

$$\mathrm{A}_n\varphi = \int_a^b K_n(t,s)\varphi(s)ds$$

的极限 (按照模方). 显然, 同时其共轭的积分算子

$$\mathrm{A}'\psi = \int_a^b K(s,t)\psi(s)ds$$

也可以表示为其核是退化的积分算子

$$\mathrm{A}_n'\psi = \int_a^b K_n(s,t)\psi(s)ds$$

的极限.

方程组 (26_1) — (26_4) 可以写成抽象的形状, 把向量 $\varphi, f, \cdots$ 看作某一个欧氏空间 E 的元素,

$$\varphi - \mathrm{A}\varphi = f, \tag{32_1}$$

$$\varphi_0 - \mathrm{A}\varphi_0 = 0, \tag{32_2}$$

$$\psi - \mathrm{A}'\psi = g, \tag{32_3}$$

$$\psi_0 - \mathrm{A}'\psi_0 = 0. \tag{32_4}$$

(32_2) 类型的方程的解是对应算子的特征值为 1 的特征向量. 为简单计, 我们就称它为特征向量. 我们指出, 共轭算子 A' 和算子 A 有下列等式关系

$$(\mathrm{A}'p, q) = (p, \mathrm{A}q), \tag{33}$$

它对于任意向量 p, q 成立. 为了证明这个关系, 我们指出,

$$(\mathrm{A}'p, q) = \int_a^b \left\{\int_a^b K(s,t)p(s)ds\right\} q(t)dt,$$

$$(p, \mathrm{A}q) = \int_a^b p(t) \left\{\int_a^b K(t,s)q(s)ds\right\} dt;$$

交换变量 t 和 s 的位置和积分的次序, 这些积分中的第一式可以变为第二式, 由富比尼定理 (§85), 在一般情况下, 这是正确的. 退化核 $K_n(t,s)$ 及 $K_n(s,t)$ 所对应的算子分别用 A_n 和 A'_n 表示. 我们将考虑齐次方程

$$\varphi_n^0 - \mathrm{A}_n\varphi_n^0 = 0. \tag{34}$$

引理 1 *若对于每一个 n, 方程 (34) 有一个解 $\varphi_n^0 \neq 0$, 则方程 (32_2) 有一个非零解.*

证明 我们总可以把方程 (34) 的解 φ_n^0 看成归一的, $\|\varphi_n^0\| = 1$. 因为算子 A 是全连续的, 序列 $\mathrm{A}\varphi_n^0$ 包含一个收敛子序列; 去掉一些多余的下标而且变动下标的号数, 我们可把序列 $\mathrm{A}\varphi_n^0$ 看成是收敛的, 这样 $\mathrm{A}_n\varphi_n^0$ 也是收敛的, 因为

$$\mathrm{A}_n\varphi_n^0 = (\mathrm{A}_n - \mathrm{A})\varphi_n^0 + \mathrm{A}\varphi_n^0$$

而

$$\|(\mathrm{A}_n - \mathrm{A})\varphi_n^0\| \leqslant \|\mathrm{A}_n - \mathrm{A}\|\|\varphi_n^0\| \to 0.$$

和 $\mathrm{A}_n\varphi_n^0$ 一样, 序列 $\varphi_n^0 = \mathrm{A}_n\varphi_n^0$ 也是收敛的; 设 $\varphi_0 = \lim\limits_{n\to\infty} \varphi_n^0$, 向量 φ_0 和 φ_n^0 一样, 都以 1 为模方, 而

$$\mathrm{A}\varphi_0 = \lim_{n\to\infty} \mathrm{A}\varphi_n^0 = \lim_{n\to\infty} \mathrm{A}_n\varphi_n^0 = \lim_{n\to\infty} \varphi_n^0 = \varphi_0;$$

这样, 方程 (32_2) 确有一个非零解 φ_0.

引理 2 *若对于每一个 n 方程 (34) 有 k 个线性无关的解 $\varphi_{1n}^0, \varphi_{2n}^0, \cdots, \varphi_{kn}^0$, 则方程 (32_2) 也有 k 个线性无关的解 $\varphi_1^0, \varphi_2^0, \cdots, \varphi_k^0$.*

证明 方程 (34) 的解 $\varphi_{1n}^0, \varphi_{2n}^0, \cdots, \varphi_{kn}^0$ 可以看成正交归一的. 作序列:

$$\begin{gathered}
\varphi_{11}^0, \varphi_{12}^0, \cdots, \varphi_{1n}^0, \cdots \\
\varphi_{21}^0, \varphi_{22}^0, \cdots, \varphi_{2n}^0, \cdots \\
\cdots\cdots\cdots\cdots \\
\varphi_{k1}^0, \varphi_{k2}^0, \cdots, \varphi_{kn}^0, \cdots.
\end{gathered}$$

和在引理 1 的证明一样, 上述的每一个序列包含一个收敛子序列. 去掉一些多余的下标而且变动下标的号数, 所有这些序列都可以看成是收敛的, 它们的极限 $\varphi_1^0, \varphi_2^0, \cdots,$ φ_k^0 则是方程 (32_2) 的非零解. 此外, 因为对于任意的 n, 函数 $\varphi_{1n}^0, \varphi_{2n}^0, \cdots, \varphi_{kn}^0$ 是正交的, 它们的极限 $\varphi_1^0, \varphi_2^0, \cdots, \varphi_k^0$ 也是正交的, 而且也是线性无关的. 证毕.

方程 (32_2) 的一切解所构成的集也是一个子空间, 用 Φ_0 表示它. 我们将证明, 它是有限维的. 若它是无穷维的, 则在这个空间中, 可以找出一系无穷多个正交归一的向量 $e_1, e_2, \cdots, e_n, \cdots$, 因为算子 A 是全连续的. 向量 $\mathrm{A}e_n$ 应该形成一个紧致集. 但 e_n 又是方程 (32_2) 的解, 因而 $\mathrm{A}e_n = e_n$; 显然的, 对于任意的 n 和 m, $\|e_n - e_m\| = \sqrt{2}$, 故在序列 e_n 中不可能选出一个收敛的子序列. 所得的矛盾说明子空间 Φ_0 是有限维的. 它的维数用 ν 表示.

引理 3 若全连续算子 A 可以表示为退化算子 A_n 的极限, 则它也可以表示为这样的退化算子 $\widetilde{\mathrm{A}}_n$ 的极限, 这里的每一个 $\widetilde{\mathrm{A}}_n$ 的特征向量所构成的空间与子空间 Φ_0 重合.

证明 设 $\varphi_1^0, \cdots, \varphi_\nu^0$ 为空间 Φ_0 的正交归一系. 此外, 设

$$h_i^n = \varphi_i^0 - \mathrm{A}_n \varphi_i^0 \quad (i = 1, 2, \cdots, \nu).$$

我们用公式

$$\widetilde{\mathrm{A}}_n \varphi = \mathrm{A}_n \varphi + \sum_{i=1}^{\nu} h_i^n (\varphi, \varphi_i^0)$$

来规定算子 $\widetilde{\mathrm{A}}_n, \widetilde{\mathrm{A}}_n$ 显然是退化的. 由于 $h_i^n \to 0$, 显然 $\|\widetilde{\mathrm{A}}_n - \mathrm{A}_n\| \to 0$, 由此有 $\|\widetilde{\mathrm{A}}_n - \mathrm{A}\| \to 0$. 我们将证明, 向量 φ_j^0 是算子 $\widetilde{\mathrm{A}}_n$ 的特征向量. 这是因为

$$\widetilde{\mathrm{A}}_n \varphi_j^0 = \mathrm{A}_n \varphi_j^0 + \sum_{i=1}^{\nu} (\varphi_i^0 - \mathrm{A}_n \varphi_i^0)(\varphi_j^0, \varphi_i^0) = \mathrm{A}_n \varphi_j^0 + \varphi_j^0 - \mathrm{A}_n \varphi_j^0 = \varphi_j^0,$$

证毕.

一般说来, 算子 $\widetilde{\mathrm{A}}_n$ 可能有多于 ν 个线性无关的特征向量, 但是, 我们将证明不可能有无穷多个 $\widetilde{\mathrm{A}}_n$ 具有这个性质. 因为否则如果我们仅仅考虑那些至少有 $\nu + 1$ 线性无关的特征向量的 $\widetilde{\mathrm{A}}_n$, 再应用引理 2, 我们可以得出, 算子 $\widetilde{\mathrm{A}}$ 至少有 $\nu + 1$ 个线性无关的特征向量, 而这是与假设矛盾的.

因此, 只有有限多个算子 $\widetilde{\mathrm{A}}_n$ 有多于 ν 个线性无关的特征向量. 去掉多余的下标而且相应的变动下标号数, 我们得到满足引理 3 的条件的算子序列 $\widetilde{\mathrm{A}}_n$.

现在我们证明: 方程 (32_4) 的解所构成的子空间 Ψ_0 和子空间 Φ_0 具有相同的维数.

考虑在引理 3 所指出的退化算子序列 $\widetilde{\mathrm{A}}_n$ 及其共轭算子序列 $\widetilde{\mathrm{A}}_n$, 因为对于退化算子, 弗雷德霍姆备择定理成立, 每一个算子 $\widetilde{\mathrm{A}}_n'$ 的特征向量所构成的空间的维数等于 ν. 因为 $\widetilde{\mathrm{A}}_n \to \mathrm{A}$, 我们同样有 $\widetilde{\mathrm{A}}_n' \to \mathrm{A}'$.

由引理 2, 方程 $\mathrm{A}'\psi_0 = \psi_0$ 一定有 ν 个相互正交而且归一的解. 大于 ν 个这样的解是不存在的, 因为利用 $(\nu + 1)$ 个解, 按照相反的顺序由算子 A' 到算子 A 进行推论, 我们可以得出方程 $\mathrm{A}\varphi_0 = \varphi_0$ 的 $\nu + 1$ 个线性无关的解, 而这是为假设所排斥的.

因此, 方程 $\mathrm{A}\varphi_0 = \varphi_0$ 和方程 $\mathrm{A}'\psi_0 = \psi_0$ 的线性无关解的个数是相同的.

现在, 我们将讨论方程 (32_1) 的解的存在问题. 假定向量 φ 是这个方程的一个解, 而 ψ_0 是方程 (32_4) 的一个解. 以 ψ_0 乘 (32_1) 并利用 (33), 得

$$(\varphi, \psi_0) - (\mathrm{A}\varphi, \psi_0) = (f, \psi_0).$$

而利用方程 (32_4), 得

$$(\varphi, \psi_0) - (\varphi, \mathrm{A}'\psi_0) = (\varphi, \psi_0) - (\varphi, \psi_0) = 0,$$

因而对于方程 (32_4) 的任意解 ψ_0,

$$(f, \psi_0) = 0.$$

这样, 只有在当向量 f 与方程 (32_4) 的一切解正交时, 方程 (32_1) 才可能有解. 我们将证明, 当这个条件成立时, 方程 (32_1) 的解一定存在.

考虑退化算子序列 $\widetilde{\mathrm{A}}_n \to \mathrm{A}$, 其中每一个 $\widetilde{\mathrm{A}}_n$ 的特征向量所构成空间, 和算子 A 的一样, 都是 ν 维子空间 Φ_0. 引理 3 已经说明这种序列是存在的.

由于备择定理对于退化算子是正确的, 每一个算子 $\widetilde{\mathrm{A}}'_n$ 具有 (同样多的) ν 个正交归一特征向量 ψ_i^n, 由引理 2, 我们可以认为当 $n \to \infty$ 时, 这些向量分别趋于算子 A' 的特征向量 ψ_i^0 $(i = 1, 2, \cdots, \nu)$. 考虑右部为 $f_n = f - \sum_{i=1}^{\nu} (f, \psi_j^n)\psi_i^n$ 的方程 (32_1), 向量 f_n 与所有向量 ψ_i^n 正交 (f_n 是由向量 f 的终点到子空间 $L\{\psi_i^n, \psi_2^n, \cdots, \psi_n^n\}$ 的垂线), 因此, 应用关于退化算子 $\widetilde{\mathrm{A}}_n$ 的备择定理, 我们得知, 满足方程

$$\varphi_n - \widetilde{\mathrm{A}}_n \varphi_n = f_n$$

的向量 φ_n 是存在的. 由于 $\psi_i^n \to \psi_i^0, (f, \psi_i^0) = 0$ $(i = 1, 2 \cdots, \nu)$, 当 $n \to \infty$ 时, 向量 f_n 向向量 f_0 收敛. 可以选择向量 φ_n, 使对于任意的 n, φ 与算子 $\widetilde{\mathrm{A}}_n$ 的特征向量所构成的子空间正交, 即与子空间 Φ_0 正交.

我们将证明, 这种向量 φ_n **按照模方说来是有界的**. 假设不是这样: 设向量 φ_n 的模方不是有界的, 则去掉一些不必要的向量后我们可以认为 $\|\varphi_n\| \to \infty$. 设 $\widetilde{\varphi}_n = \frac{\varphi_n}{\|\varphi_n\|}$, 我们得出一个满足下面条件的归一向量序列:

$$\widetilde{\varphi}_n - \widetilde{\mathrm{A}}_n \widetilde{\varphi}_n = \frac{f}{\|\varphi_n\|}. \tag{35}$$

这个等式的右部当 $n \to \infty$ 时趋于零, 按照和上面同样的理由, 序列 $\widetilde{\mathrm{A}}_n \widetilde{\varphi}_n$ 可以认为是收敛的, 和它一样, 向量序列 $\widetilde{\varphi}_n$ 也收敛.

设 $\varphi_0 = \lim_{n\to\infty} \widetilde{\varphi}_n$; 因为 $\|\widetilde{\varphi}_n\| = 1, \|\varphi_0\| = 1$, 在方程 (35) 中取极限, 我们得知, 向量 φ_0 满足方程

$$\varphi_0 - \mathrm{A}\varphi_0 = 0.$$

因此, 向量 φ_0 包含在子空间 Φ_0 中. 另一方面, 由于所有向量 $\widetilde{\varphi}_n$ 与子空间 Φ_0 正交, 极限向量 φ_0 也与 Φ_0 正交. 所得的矛盾说明: 向量 φ_n 事实上是按模方有界的.

因为 φ_n 是有界的, 序列 $\mathrm{A}\varphi_n$ 和以前一样, 也可以认为是收敛的; 和它一样, 序列 $\widetilde{\mathrm{A}}_n \varphi_n = (\widetilde{\mathrm{A}}_n - \mathrm{A})\varphi_n + \mathrm{A}\varphi_n$ 也是收敛的, 因而序列 $\varphi_n = f_n + \widetilde{\mathrm{A}}_n \varphi_n$ 也是这样. 用 φ 表示序列 φ_n 的极限; 在等式

$$\varphi_n = f_n + (\widetilde{\mathrm{A}}_n - \mathrm{A})\varphi_n + \mathrm{A}\varphi_n$$

中取极限, 我们得

$$\varphi = f + \mathrm{A}\varphi,$$

即: 向量 φ 是方程 (32_1) 的解.

因此, 假如方程 (32_1) 的右部的 f 与方程 (32_4) 的任何解正交, 则方程 (32_1) 显然是有解的. 除了还差齐次方程 (32_2) 的一个解以外, 方程 (32_1) 的解是唯一确定的. 因为 (32_2) 的一切解所构成的集具有限的维数, 可以选方程 (32_1) 的解, 使与方程 (32_2) 的一切解正交. 这种选法已经表示了方程 (32_1) 的解的唯一性.

我们已经证明了备择定理在情况 (b) 下所有的命题, 剩下要证明的是在情况 (a) 下的命题.

在情况 (a) 下, 方程 (32_2) 没有非零解, 子空间 Φ_0 只包含零向量. 按照已经证明过的结果, 在这种情况下, 方程 (32_4) 的一切解所构成的子空间 Ψ_0 也只包含零向量. 我们已经说过的, 对于任意与子空间 Ψ_0 正交的 f, 方程 (32_1) 一定有解, 在这种情况下, 任意向量都满足这个条件, 因而对于任意 $f \in E$, 方程 (32_1) 一定有解. 这个解是唯一的, 因为方程 (32_1) 的解的差是方程 (32_2) 的解, 而按照假定, 这个差一定等于零.

这样定理 44 完全得到证明.

注意, 若核 $K(t,s)$ 是连续的, 而且自由项 $f(t)$ 也是连续的, 则由 §88 的最后附记可以推出, 积分方程 (26_1) 的解也是连续函数.

§95. 对于势论的应用

1. 我们将假定下列微分方程上的性质为已知的:

a) 在 (x,y) 平面中的区域 G 上, 满足条件

$$\Delta u \equiv \frac{\partial^2 u}{\partial x^2} + \frac{\partial^2 u}{\partial y^2} = 0$$

的函数 $u(x,y)$ 称为调和函数. 函数

$$\ln \frac{1}{\sqrt{(x-\xi)^2 + (y-\eta)^2}} \tag{36}$$

是一个例, 这个函数以 ξ, η 为参数, 它在所有使根式不等于零的点 (即除了 $x=\xi, y=\eta$ 以外的所有点) 都是调和的, 设 $(x,y)=P, (\xi,\eta)=Q$, 函数 (36) 可以简写为

$$\ln \frac{1}{r(P,Q)}.$$

当 $P \neq Q$ 时, 函数 (36) 的偏导数也是调和函数.

b) 设 C 为一简单闭光滑曲线, 它把平面分成两个区域, 外部 G_e 与内部 G_i. 考虑在区域 G_i 及区域 G_e 上连续的、可微分的函数 v (在闭曲线 C 上可能有不连续点). 当点从内部接近 C 时, 函数 v 的极限值用 v_i 表示, 当点从外部接近 C 时, 函数 v 的极限值则用 v_e 表示. 法向导数 $\frac{\partial v_i}{\partial n}$ 及 $\frac{\partial v_e}{\partial n}$ 也有相似的意义 (假定法线以外侧为正向).

若 v 是一个在域 G_i 上的调和函数, 下列格林公式成立:

$$\iint\limits_{G_i} \left[\left(\frac{\partial v}{\partial x} \right)^2 + \left(\frac{\partial v}{\partial y} \right)^2 \right] dxdy = \int_C v_i \frac{\partial v_i}{\partial n} dl. \tag{37}$$

若 v 为域 G_e 上的调和函数, 则

$$\iint\limits_{G_e} \left[\left(\frac{\partial v}{\partial x} \right)^2 + \left(\frac{\partial v}{\partial y} \right)^2 \right] dxdy = -\int_C v_e \frac{\partial v_e}{\partial n} dl, \tag{38}$$

这里假定上式右部的积分是存在的 (例如要求 $\frac{\partial v}{\partial x}$ 和 $\frac{\partial v}{\partial y}$ 的减小的速度不慢于 $\frac{1}{r^{1+\varepsilon}}$, 即可以保证这一点).

c) 设 C 为 b) 中所讨论的闭曲线, 我们用 l 表示这个闭曲线上的点的坐标, 例如从某一个固定始点 Q_0 到一点 Q 的弧长. 设已给一个连续函数 $\rho(l)$, 则函数

$$v(P)=\int_C \rho(l)\frac{\partial}{\partial n}\ln\frac{1}{r(P,Q)}dl \tag{39}$$

(称为具有密度 $\rho(l)$ 的双层势) 是一个在区域 G_i 和 G_e 上的调和函数, 积分 (39) 对于闭曲线 C 上的点 P 也是存在的.

特殊的, 在 $\rho(l)\equiv 1$ 的情形下, 简单的几何解释指出, 当 Q 在闭曲线 C 上按照 C 的负向绕过一周时, 函数 $v(P)$ 就是半线 PQ 所描绘的角的全部改变量. 因而

$$\int_C \frac{\partial}{\partial n}\ln\frac{1}{r(P,Q)}dl=-2\pi,\quad \text{对于 } P\in G_i, \tag{40}$$

$$\int_C \frac{\partial}{\partial n}\ln\frac{1}{r(P,Q)}dl=-\pi,\quad \text{对于 } P\in C, \tag{41}$$

$$\int_C \frac{\partial}{\partial n}\ln\frac{1}{r(P,Q)}dl=0,\quad \text{对于} P\in G_e, \tag{42}$$

这样, 在这种情况下, 函数 $v(P)$ 在区域 G_i 的值比在边界上的值小一个 π, 而在 G_e 上的值则比在边界上的值大一个 π. 在密度是连续函数 $\rho(Q)$ 的一般情况下, 下列公式成立:

$$v_i(Q)=v(Q)-\pi\rho(Q), \tag{43}$$

$$v_e(Q)=v(Q)+\pi\rho(Q), \tag{44}$$

$$\frac{\partial v_i(Q)}{\partial n}=\frac{\partial v_e(Q)}{\partial n}. \tag{45}$$

函数

$$u(P)=\int_C \rho(l)\ln\frac{1}{r(P,Q)}dl \tag{46}$$

(具有密度 $\rho(l)$ 的单层势) 也是在区域 G_i 和 G_e 上的调和函数, 而且下列公式成立:

$$u_i(Q)=u_e(Q)=u(Q), \tag{47}$$

$$\frac{\partial u_i(P)}{\partial n}=\int_C \rho(l)\frac{\partial}{\partial n_P}\ln\frac{1}{r(P,Q)}dl+\pi\rho(P)\quad (P\in C), \tag{48}$$

$$\frac{\partial u_e(P)}{\partial n}=\int_C \rho(l)\frac{\partial}{\partial n_P}\ln\frac{1}{r(P,Q)}dl+\pi\rho(P)\quad (P\in C). \tag{49}$$

2. 我们提出下列问题:

a) 第一边界问题 (狄利克雷问题): 求一个函数 $v(P)$, 它在域 G_i 内是调和的 (内部问题), 或者在域 G_e 内是调和的 (外部问题), 而且, 它在闭曲线 C 上具有预给的极限值 $f(Q)$.

b) 第二边界值问题 (诺伊曼问题): 求一个函数 $u(P)$, 它在域 G_i 上是调和的 (内部问题), 或在 G_e 上是调和的 (外部问题), 而且在闭曲线 C 上, 它的法向导数具有已给极限值 $g(Q)$.

若假定这些解是存在的, 格林公式 (37) 和 (38) 能够说明这些问题的解的宽广程度. 例如, 已给两个对应于同一边界值函数 $f(Q)$ 的狄利克雷内部问题的解. 则它们的差 $v(P)$ 也是一个在域

G_i 上的调和函数, 而且 $v_i=0$. 由格林公式 (37), $\frac{\partial v}{\partial x}=0, \frac{\partial v}{\partial y}=0$, 因而在域 G_i 上一定是一个常数函数, 但因为 $v_i=0$, 所以 $v=0$.

这样, 狄利克雷内部问题只有唯一的解. 相似地, 诺伊曼内部问题除了差一个常数项以外, 也只有唯一的解, 如果公式 (38) 右部的积分收敛, 则两个外部问题也只能有唯一解.

下面将介绍在闭曲线 C 具有连续曲率的情况下, 由弗雷德霍姆所提出的所有这些问题的解法.

3. 化狄利克雷内部问题的解为二层势的形状.

$$v(P)=\int_C \rho(l)\frac{\partial}{\partial n}\ln\frac{1}{r(P,Q)}dl, \tag{50}$$

其中 $\rho(l)$ 为一个未知的连续函数. 由等式 (43) 及问题的条件 (闭曲线 C 上的点 P 的坐标用 x 表示),

$$v_i(P)\equiv v_i(x)=\int_C \rho(l)\frac{\partial}{\partial n}\ln\frac{1}{r(P,Q)}dl-\pi\rho(x)=f(x),$$

这样, $\rho(x)$ 应该由具有核

$$K(x,l)=\frac{\partial}{\partial n}\ln\frac{1}{r(P,Q)}$$

的弗雷德霍姆的第二种积分方程所确定. 这个核对闭曲线 C 上的所有点 P 和 Q 都是连续的. 可以计算出来, 当 $P\to Q$ 时, 这个函数的极限是 C 在 Q 点的曲率.

由 §94 所介绍的弗雷德霍姆的备择定理, 只需证明: 对应的齐次积分方程

$$\int_C \rho(l)K(x,l)dl-\pi\rho(x)=0$$

仅有零解. 假定不是这样: 设 $\rho_0(l)$ 为这个齐次方程的非零解, 则对于调和函数

$$v_0(P)=\int_C K(x,l)\rho_0(l)dl.$$

我们有

$$v_{i0}(P)=v_0(P)-\pi\rho_0(P)\equiv 0.$$

更根据格林公式 (37), 得: 在区域 G_i 上, $v_0(P)\equiv 0$. 因此, $\frac{\partial v_{i0}(P)}{\partial n}\equiv 0$. 根据 (45), 又得 $\frac{\partial v_{e0}(P)}{\partial n}=0$. 因为, 对于函数 $v_0(P)$ 来说, (38) 的左部的积分存在, 应用这个公式, 我们得知, 在区域 G_e 上, $v_0(P)=$ 常数; 但因为在无穷远处, $v_0(P)=0$, 故在 G_e 上, $v_0(P)\equiv 0$. 因此, $v_{e_0}(P)=0$. 从公式 (43) 和 (44), 我们即得 $\rho(P)=0$, 证毕.

利用 §94 的结果, 对于任意函数 $f(P)$, 积分方程 (50) 是有解的. 若 $f(P)$ 是连续函数, 则利用核的连续性和 §94 末的附记, 解 $\rho(P)$ 也是连续函数. 对于这个解 $\rho(P)$, 公式 (43) — (45) 也是正确的, 因而把狄利克雷问题化为势 (50) 也是合理的.

因此, 对于任意连续边界值 $f(P)$, 狄利克雷内部问题是有解的.

把狄利克雷外部问题的解也化成 (50) 的形式. 这里, 我们得到方程

$$v_e(P)=\int_C \rho(l)\frac{\partial}{\partial n}\ln\frac{1}{r(P,Q)}dl+\pi\rho(P)=f(P). \tag{51}$$

这时, 对应齐次方程

$$\int \rho(l)K(x,l)dl+\pi\rho(x)=0$$

有一个非零解 $\rho(x) \equiv 1$ (参考公式 (41)). 这个解是唯一的 (至多差一个常数因子). 这是因为, 在前面推理过程中, 如果把所有下标 e 换为 i, 把所有下标 i 换为 e, 则可以得到 $\frac{\partial v_i(P)}{\partial n} = 0$ 的结论, 因而根据格林公式, 在 G_i 上, $v(P) =$ 常数. 由公式 (43) 和 (44), 又得 $\rho(P) =$ 常数.

因此, 根据弗雷德霍姆的备择定理, 方程 (51) 不是对于所有 f 有解, 而只有当 f 与某一个固定函数 $\rho_0(P)$ 正交时, (51) 才是有解的, 在这里, $\rho_0(P)$ 是共轭方程的至多差一个因子的唯一的解.

对于任意边界值函数 f, 除了由公式 (50) 所确定的在无穷远处趋于零的解以外, 可以考虑由这种函数添加一个常数的函数, 我们能够得出这个问题的解, 因为, 若 f 是任意一个在边界上的已给函数, 即可以找到一个常数 c, 使 $f-c$ 与函数 ρ_0 正交. 按照已证明的, 存在着一个边界值为 $f-c$ 的外部问题的解 $v(P)$. 另一方面, $v_0(P) \equiv c$ 是边界值为 c 的外部问题的一个解. 因此, $v(P)+v_0(P)$ 是边界值为 f 的狄利克雷外部问题的一个解. 这样, 对于任意连续函数 f, 狄利克雷外部问题是可解的.

4. 化诺伊曼内部问题的解为简单势函数

$$u(P) = \int_C \rho(l) \ln \frac{1}{r(P,Q)} dl, \tag{52}$$

其中 $\rho(l)$ 为一未知函数. 由等式 (48) 和问题的条件

$$\frac{\partial u_i(P)}{\partial n} = \int \rho(l) \frac{\partial}{\partial n_P} \ln \frac{1}{r(P,Q)} dl + \pi\rho(P) = g(P), \tag{53}$$

这样, 对于函数 $\rho(P)$ 可以求得具有核

$$K_1(x,l) = \frac{\partial}{\partial n_P} \ln \frac{1}{r(P,Q)}$$

的弗雷德霍姆积分方程式, $K_1(x,l)$ 是从狄利克雷问题里的核 $K(x,l)$, 经过互换变量而成. 按照已经证明的结果, 齐次共轭方程

$$\int \rho(l) \frac{\partial}{\partial n} \ln \frac{1}{r(P,Q)} dl + \pi\rho(x) = 0$$

只有一个常数解. 由弗雷德霍姆备择定理, 当函数 $g(P)$ 与 1 正交时而且只当此时, 即

$$\int_C g(l)dl = 0 \tag{54}$$

时, 方程 (53) 有解. 但是对于在区域 G_i 上的任意调和函数 $u(P)$. 不论是否是 (46) 式的形状, 等式

$$\int_C \frac{\partial u(l)}{\partial n} dl = 0$$

成立.

我们看出: 条件 (54) 是诺伊曼内部问题有解的充分和必要条件.

最后, 把诺伊曼外部问题的解化成和 (52) 式同样的形状, 则得积分方程

$$\frac{\partial u_e(P)}{\partial n} = \int_C \rho(l) \frac{\partial}{\partial n_P} \ln \frac{1}{r(P,Q)} dl - \pi\rho(P) = g(P).$$

按照已经证明的结果, 齐次共轭方程

$$\int_C \rho(l)K(x,l)dl - \pi\rho(x) = 0$$

没有非零解. 因此, 对于任意连续边界值函数 $g(P)$, 诺伊曼外部问题有解.

附记 弗雷德霍姆用来保证 $K(x,l)$ 的连续性的条件 —— 闭曲线 C 具有连续的曲率 —— 是可以大大地减弱的. 我们不可能再讨论这个问题, 建议读者去查阅专门文献①.

①В. И. 斯密尔诺夫, 高等数学教程, 中译本, 高等教育出版社, 1953, 第 4 卷.

索引

注: 1. 索引项后为小节号; 2. [ ] 表示可以省略的字, 另外的称法.

E

F

G

H

J

T

W

X

Y

Z

人名译名对照表

A

阿达马, Hadamard

B

贝塞尔, Bessel
彼得罗夫斯基, Petrovskiĭ
毕达哥拉斯, Pythagoras
波尔查诺, Bolzano
布尼亚科夫斯基, Bunyakovskiĭ

D

狄利克雷, Dirichlet
迪潘, Dupin

F

法热, Fage
范德蒙德, Vandermonde
菲舍尔, Fischer
冯 · 诺伊曼, von Neumann
弗雷德霍姆, Fredholm
傅里叶, Fourier
富比尼, Fubini

G

格拉姆, Gram
格列本卡, Гребенча
格林, Green

J

京特, Gyunter

K

卡佩利, Capelli
康托罗维奇, Kantorovich
柯西, Cauchy
克拉默, Cramér
克拉斯诺谢尔斯基, Krasnoselsky
克赖因, Kreĭn
克雷洛夫, Krylov
克罗内克, Kronecker
库朗, Courant
库兹明, Kuzmin

L

拉格朗日, Lagrange
拉普拉斯, Laplace
莱布尼茨, Leibniz
赖科夫, Raikov
勒贝格, Lebesgue
勒让德, Legendre
黎曼, Riemann
里斯, Riesz
列维坦, Levitan
刘维尔, Liouville

罗德里格斯, Rodrigues
罗渥舍诺夫, Новосёлов

M

莫杰诺夫, Modenov

N

那汤松, Natanson

O

欧几里得, Euclid
欧拉, Euler

S

斯捷潘洛夫, Stepanov
斯米尔诺夫, Smirnov
斯图姆, Sturm
索明斯基, Sominski

T

托内利, Toneill

W

魏尔斯特拉斯, Weierstrass

X

希尔伯特, Hilbert
希洛夫, Shilov
辛钦, Khinchin

Y

雅可比, Jacobi
叶菲莫夫, Efimov

相关图书清单

序号	书号	书名	作者
1	9787040183030	微积分学教程（第一卷）（第 8 版）	[俄] Г. М. 菲赫金哥尔茨
2	9787040183047	微积分学教程（第二卷）（第 8 版）	[俄] Г. М. 菲赫金哥尔茨
3	9787040183054	微积分学教程（第三卷）（第 8 版）	[俄] Г. М. 菲赫金哥尔茨
4	9787040345261	数学分析原理（第一卷）（第 9 版）	[俄] Г. М. 菲赫金哥尔茨
5	9787040351859	数学分析原理（第二卷）（第 9 版）	[俄] Г. М. 菲赫金哥尔茨
6	9787040287554	数学分析（第一卷）（第 7 版）	[俄] В. А. 卓里奇
7	9787040287561	数学分析（第二卷）（第 7 版）	[俄] В. А. 卓里奇
8	9787040183023	数学分析（第一卷）（第 4 版）	[俄] В. А. 卓里奇
9	9787040202571	数学分析（第二卷）（第 4 版）	[俄] В. А. 卓里奇
10	9787040345247	自然科学问题的数学分析	[俄] В. А. 卓里奇
11	9787040183061	数学分析讲义（第 3 版）	[俄] Г. И. 阿黑波夫 等
12	9787040254396	数学分析习题集（根据 2010 年俄文版翻译）	[俄] Б. П. 吉米多维奇
13	9787040310047	工科数学分析习题集（根据 2006 年俄文版翻译）	[俄] Б. П. 吉米多维奇
14	9787040295313	吉米多维奇数学分析习题集学习指引（第一册）	沐定夷、谢惠民 编著
15	9787040323566	吉米多维奇数学分析习题集学习指引（第二册）	谢惠民、沐定夷 编著
16	9787040322934	吉米多维奇数学分析习题集学习指引（第三册）	谢惠民、沐定夷 编著
17	9787040305784	复分析导论（第一卷）（第 4 版）	[俄] Б. В. 沙巴特
18	9787040223606	复分析导论（第二卷）（第 4 版）	[俄] Б. В. 沙巴特
19	9787040184075	函数论与泛函分析初步（第 7 版）	[俄] А. Н. 柯尔莫戈洛夫 等
20	9787040292213	实变函数论（第 5 版）	[俄] И. П. 那汤松
21	9787040183986	复变函数论方法（第 6 版）	[俄] М. А. 拉夫连季耶夫 等
22	9787040183993	常微分方程（第 6 版）	[俄] Л. С. 庞特里亚金
23	9787040225211	偏微分方程讲义（第 2 版）	[俄] О. А. 奥列尼克
24	9787040257663	偏微分方程习题集（第 2 版）	[俄] А. С. 沙玛耶夫
25	9787040230635	奇异摄动方程解的渐近展开	[俄] А. Б. 瓦西里亚娃 等
26	9787040272499	数值方法（第 5 版）	[俄] Н. С. 巴赫瓦洛夫 等
27	9787040373417	线性空间引论（第 2 版）	[俄] Г. Е. 希洛夫
28	9787040205251	代数学引论（第一卷）基础代数（第 2 版）	[俄] А. И. 柯斯特利金
29	9787040214918	代数学引论（第二卷）线性代数（第 3 版）	[俄] А. И. 柯斯特利金
30	9787040225068	代数学引论（第三卷）基本结构（第 2 版）	[俄] А. И. 柯斯特利金
31	9787040502343	代数学习题集（第 4 版）	[俄] А. И. 柯斯特利金
32	9787040189469	现代几何学（第一卷）曲面几何、变换群与场（第 5 版）	[俄] Б. А. 杜布洛文 等

（续表）

序号	书号	书名	作者
33	9787040214925	现代几何学（第二卷）流形上的几何与拓扑（第 5 版）	［俄］Б. А. 杜布洛文 等
34	9787040214345	现代几何学（第三卷）同调论引论（第 2 版）	［俄］Б. А. 杜布洛文 等
35	9787040184051	微分几何与拓扑学简明教程	［俄］А. С. 米先柯 等
36	9787040288889	微分几何与拓扑学习题集（第 2 版）	［俄］А. С. 米先柯 等
37	9787040220599	概率（第一卷）（第 3 版）	［俄］А. Н. 施利亚耶夫
38	9787040225556	概率（第二卷）（第 3 版）	［俄］А. Н. 施利亚耶夫
39	9787040225549	概率论习题集	［俄］А. Н. 施利亚耶夫
40	9787040223590	随机过程论	［俄］А. В. 布林斯基 等
41	9787040370980	随机金融数学基础（第一卷）事实 • 模型	［俄］А. Н. 施利亚耶夫
42	9787040370973	随机金融数学基础（第二卷）理论	［俄］А. Н. 施利亚耶夫
43	9787040184037	经典力学的数学方法（第 4 版）	［俄］В. И. 阿诺尔德
44	9787040185300	理论力学（第 3 版）	［俄］А. П. 马尔契夫
45	9787040348200	理论力学习题集（第 50 版）	［俄］И. В. 密歇尔斯基
46	9787040221558	连续介质力学（第一卷）（第 6 版）	［俄］Л. И. 谢多夫
47	9787040226331	连续介质力学（第二卷）（第 6 版）	［俄］Л. И. 谢多夫
48	9787040292237	非线性动力学定性理论方法（第一卷）	［俄］L. P. Shilnikov 等
49	9787040294644	非线性动力学定性理论方法（第二卷）	［俄］L. P. Shilnikov 等
50	9787040355338	苏联中学生数学奥林匹克试题汇编 (1961—1992)	苏淳 编著
51	9787040533705	苏联中学生数学奥林匹克集训队试题及其解答 (1984—1992)	姚博文、苏淳 编著
52	9787040498707	图说几何（第二版）	［俄］Arseniy Akopyan

郑重声明